向晓汉　李润海　主编

西门子
S7-1200/1500 PLC
学习手册
——基于LAD和SCL编程

U0387527

化学工业出版社
·北京·

本书从基础和实用出发，全面详细介绍了西门子 S7-1200/1500 PLC 编程及应用。全书共分两部分：第一部分为基础入门篇，主要介绍西门子 S7-1200/1500 的硬件和接线，TIA 博途软件的使用，PLC 的编程语言、编程方法与调试；第二部分为应用精通篇，包括西门子 S7-1200/1500 PLC 的通信及其应用，工艺功能及其应用，西门子人机界面（HMI）应用，S7-1200/1500 PLC 的故障诊断技术和工程应用。

本书内容全面系统、重点突出，强调知识的实用性，为便于读者更深入理解并掌握西门子 S7-1200/1500 PLC 编程及应用，本书配有大量实用案例，实例都有详细的软硬件配置清单，并配有接线图和程序，读者可以模仿学习。

为方便读者学习，书中的重点内容还专门配有视频及程序源文件，读者用手机扫描书中二维码即可观看和下载，辅助学习书本内容。

本书可供从事西门子 PLC 技术学习和应用的人员使用，也可作为高等院校相关专业的教材使用。

图书在版编目（CIP）数据

西门子 S7-1200/1500 PLC 学习手册：基于 LAD 和 SCL 编程/向晓汉，李润海主编. —北京：化学工业出版社，2018.8（2024.11重印）

ISBN 978-7-122-32295-1

Ⅰ.①西… Ⅱ.①向…②李… Ⅲ.①PLC 技术-教材 Ⅳ.①TM571.61

中国版本图书馆 CIP 数据核字（2018）第 115345 号

责任编辑：李军亮 徐卿华　　　　　　　　装帧设计：张　辉
责任校对：边　涛

出版发行：化学工业出版社（北京市东城区青年湖南街 13 号　邮政编码 100011）
印　　装：北京盛通数码印刷有限公司
787mm×1092mm　1/16　印张 38½　字数 991 千字　2024 年 11 月北京第 1 版第 10 次印刷

购书咨询：010-64518888　　　　　　　售后服务：010-64518899
网　　址：http://www.cip.com.cn
凡购买本书，如有缺损质量问题，本社销售中心负责调换。

定　　价：148.00 元

前　言

随着计算机技术的发展，以可编程控制器、变频器调速、计算机通信和组态软件等技术为主体的新型电气控制系统已经逐渐取代传统的继电器电气控制系统，并广泛应用于各行业。由于西门子PLC具有卓越的性能，因此在工控市场占有非常大的份额，应用十分广泛。虽然西门子大中型PLC被大多数技术人员所接受，但长期以来，西门子大中型PLC一直是公认比较难入门的。本书力求详略得当，用较多的小例子引领读者入门，让读者读完基础入门部分后，能完成简单的工程。应用精通部分精选工程实际案例，供读者模仿学习，提高读者解决实际问题的能力。

为了使读者能系统地掌握西门子S7-1200/1500 PLC相关知识，我们在总结长期的教学经验和工程实践的基础上，联合相关企业人员，共同编写了本书，力争使读者通过"看书"就能学会S7-1200/1500 PLC编程及应用。

在编写过程中，除了全面系统介绍西门子PLC技术知识外，还结合实际应用，将一些生动的操作实例融入到书中，以提高读者的学习兴趣。本书与其他相关书籍相比，具有以下特点。

(1) 内容由浅入深、由基础到应用，理论联系实际，重点突出，既适合初学者学习使用，也可供有一定基础的人结合书中大量实例深入学习西门子S7-1200/1500 PLC工程应用。

(2) 用实例引导读者学习。书中的大部分章节采用精选的例子讲解。例如，用例子说明现场总线通信实现的全过程。实例包含软硬件配置清单、接线图和程序，而且为确保程序的正确性，程序已经在PLC上运行通过。

(3) 二维码视频学习。对于比较复杂的例子，均配有学习资源，包括视频和程序源文件，如工业以太网通信的硬件组态较复杂，书中就配有编者的组态过程的视频。读者用手机扫描书中二维码即可观看相关视频（视频为案例的操作步骤演示，无音频解说，只为辅助学习使用），同时读者可以扫描二维码　　　下载书中所讲案例的程序源文件，对学习书本知识起到辅助作用。

本书共分14章。第1章和第2章由唐克彬编写；第3～6章由无锡职业技术学院的向晓汉编写；第7章和第8章由无锡职业技术学院的李润海编写；第9章由陕西工业职业技术学院的张文亭编写；第10章由无锡雷华科技有限公司的欧阳思惠和陆彬编写；第11章由无锡雪浪环保科技有限公司的刘摇摇编写；第12章由无锡雪浪环保科技有限公司的王飞飞编写；第13章由无锡雪浪环保科技有限公司的曹英强编写；第14章由桂林电子科技大学的向定汉编写，付东升也参与了本书部分章节内容的编写工作。本书由向晓汉和李润海任主编，唐克彬和张文亭任副主编，无锡职业技术学院的林伟任主审。

由于编者水平有限，不足之处在所难免，敬请读者批评指正，编者将万分感激！

编者

目 录

第 2 篇　应用精通篇

第1篇

基础入门篇

第1章

可编程序控制器（PLC）基础

本章介绍可编程序控制器的历史、功能、特点、应用范围、发展趋势、在我国的使用情况、结构和工作原理等知识，使读者初步了解可编程序控制器，这是学习本书后续内容的必要准备。

1.1 概述

可编程序控制器（Programmable Logic Controller）简称 PLC，国际电工委员会（IEC）于 1985 年对可编程序控制器作了如下定义：可编程序控制器是一种数字运算操作的电子系统，专为在工业环境下应用而设计。它采用可编程序的存储器，用来在其内部存储执行逻辑运算、顺序控制、定时、计数和算术运算等操作的指令，并通过数字、模拟的输入和输出，控制各种类型的机械或生产过程。可编程序控制器及其有关设备，都应按易于与工业控制系统连成一个整体，易于扩充功能的原则设计。PLC 是一种工业计算机，其种类繁多，不同厂家的产品有各自的特点，但作为工业标准设备，可编程序控制器又有一定的共性。

1.1.1 PLC 的发展历史

20 世纪 60 年代以前，汽车生产线的自动控制系统基本上都是由继电器控制装置构成。当时每次改型都直接导致继电器控制装置的重新设计和安装，福特汽车公司的老板曾经说："不管顾客需要什么，我生产的汽车都是黑色的"，从侧面反映汽车改型和升级换代比较困难。为了改变这一现状，1969 年，美国的通用汽车公司（GM）公开招标，要求用新的装置取代继电器控制装置，并提出十项招标指标，要求编程方便、现场可修改程序、维修方便、采用模块化设计、体积小及可与计算机通信等。同一年，美国数字设备公司（DEC）研制出了世界上第一台可编程序控制器 PDP-14，在美国通用汽车公司的生产线上试用成功，并取得了满意的效果，可编程序控制器从此诞生。由于当时的 PLC 只能取代继电器接触器控制，功能仅限于逻辑运算、计时及计数等，所以称为"可编程逻辑控制器"。伴随着微电子技术、控制技术与信息技术的不断发展，可编程序控制器的功能不断增强。美国电气制造商协会（NEMA）于 1980 年正式将其命名为"可编程序控制器"，简称 PC，由于这个名称和个人计算机的简称相同，容易混淆，因此在我国，很多人仍然习惯称可编程序控制器为 PLC。

由于 PLC 具有易学易用、操作方便、可靠性高、体积小、通用灵活和使用寿命长等一系列优点，因此，很快就在工业中得到了广泛应用。同时，这一新技术也受到其他国家的重视。1971 年日本引进这项技术，很快研制出日本第一台 PLC；欧洲于 1973 年研制出第一台 PLC；我国从 1974 年开始研制，1977 年国产 PLC 正式投入工业应用。

进入 20 世纪 80 年代以来，随着电子技术的迅猛发展，以 16 位和 32 位微处理器构成的微机化 PLC 得到快速发展（例如 GE 的 RX7i，使用的是赛扬 CPU，其主频达 1GHz，其信息处理能力几乎和个人电脑相当），使得 PLC 在设计、性能价格比以及应用方面有了突破，不仅控制功能增强、功耗和体积减小、成本下降、可靠性提高及编程和故障检测更为灵活方便，而且随着远程 I/O 和通信网络、数据处理和图像显示的发展，PLC 已经普遍用于控制复杂的生产过程。PLC 已经成为工厂自动化的三大支柱之一。

1.1.2　PLC 的主要特点

PLC 之所以高速发展，除了工业自动化的客观需要外，还有许多适合工业控制的独特优点，它较好地解决了工业控制领域中普遍关心的可靠、安全、灵活、方便以及经济等问题，其主要特点如下。

（1）抗干扰能力强，可靠性高

在传统的继电器控制系统中，使用了大量的中间继电器、时间继电器，由于器件的固有缺点，如器件老化、接触不良以及触点抖动等现象，大大降低了系统的可靠性。而在 PLC 控制系统中大量的开关动作由无触点的半导体电路完成，因此故障大大减少。

此外，PLC 的硬件和软件方面采取了措施，提高了其可靠性。在硬件方面，所有的 I/O 接口都采用了光电隔离，使得外部电路与 PLC 内部电路实现了物理隔离。各模块均采用屏蔽措施，以防止辐射干扰。电路中采用了滤波技术，以防止或抑制高频干扰。在软件方面，PLC 具有良好的自诊断功能，一旦系统的软硬件发生异常情况，CPU 会立即采取有效措施，以防止故障扩大。通常 PLC 具有看门狗功能。

对于大型的 PLC 系统，还可以采用双 CPU 构成冗余系统或者三 CPU 构成表决系统，使系统的可靠性进一步提高。

（2）程序简单易学，系统的设计调试周期短

PLC 是面向用户的设备。PLC 的生产厂家充分考虑到现场技术人员的技能和习惯，可采用梯形图或面向工业控制的简单指令形式。梯形图与继电器原理图很相似，直观、易懂、易掌握，不需要学习专门的计算机知识和语言。设计人员可以在设计室设计、修改和模拟调试程序，非常方便。

（3）安装简单，维修方便

PLC 不需要专门的机房，可以在各种工业环境下直接运行，使用时只需将现场的各种设备与 PLC 相应的 I/O 端相连接，即可投入运行。各种模块上均有运行和故障指示装置，便于用户了解运行情况和查找故障。

（4）采用模块化结构，体积小，重量轻

为了适应工业控制需求，除整体式 PLC 外，绝大多数 PLC 采用模块化结构。PLC 的各部件，包括 CPU、电源及 I/O 等都采用模块化设计。此外，PLC 相对于通用工控机，其体积和重量要小得多。

（5）丰富的 I/O 接口模块，扩展能力强

PLC 针对不同的工业现场信号（如交流或直流、开关量或模拟量、电压或电流、脉冲或电位及强电或弱电等）有相应的 I/O 模块与工业现场的器件或设备（如按钮、行程开关、接近开关、传感器及变送器及电磁线圈、控制阀等）直接连接。另外，为了提高操作性能，它还有多种人-机对话的接口模块；为了组成工业局部网络，有多种通信联网的接口模块等。

1.1.3　PLC 的应用范围

目前，PLC 在国内外已广泛应用于专用机床、机床、控制系统、自动化楼宇、钢铁、石油、化工、电力、建材、汽车、纺织机械、交通运输、环保以及文化娱乐等各行各业。随着 PLC 性能价格比的不断提高，其应用范围还将不断扩大，其应用场合可以说是无处不在，具体应用大致可归纳为如下几类。

（1）顺序控制

是 PLC 最基本、最广泛应用的领域，它取代传统的继电器顺序控制，PLC 用于单机控制、多机群控制、自动化生产线的控制。例如数控机床、注塑机、印刷机械、电梯控制和纺织机械等。

（2）计数和定时控制

PLC 为用户提供了足够的定时器和计数器，并设置相关的定时和计数指令，PLC 的计数器和定时器精度高、使用方便，可以取代继电器系统中的时间继电器和计数器。

（3）位置控制

目前大多数的 PLC 制造商都提供拖动步进电动机或伺服电动机的单轴或多轴位置控制模块，这一功能可广泛用于各种机械，如金属切削机床、装配机械等。

（4）模拟量处理

PLC 通过模拟量的输入/输出模块，实现模拟量与数字量的转换，并对模拟量进行控制，有的还具有 PID 控制功能。例如用于锅炉的水位、压力和温度控制。

（5）数据处理

现代的 PLC 具有数学运算、数据传递、转换、排序和查表等功能，也能完成数据的采集、分析和处理。

（6）通信联网

PLC 的通信包括 PLC 相互之间、PLC 与上位计算机以及 PLC 和其他智能设备之间的通信。PLC 系统与通用计算机可以直接或通过通信处理单元、通信转接器相连构成网络，以实现信息的交换，并可构成"集中管理、分散控制"的分布式控制系统，满足工厂自动化系统的需要。

1.1.4 PLC 的分类与性能指标

（1）PLC 的分类

1）从组成结构形式分类　可以将 PLC 分为两类：一类是整体式 PLC（也称单元式），其特点是电源、中央处理单元和 I/O 接口都集成在一个机壳内；另一类是标准模板式结构化的 PLC（也称组合式），其特点是电源模板、中央处理单元模板和 I/O 模板等在结构上是相互独立的，可根据具体的应用要求，选择合适的模块，安装在固定的机架或导轨上，构成一个完整的 PLC 应用系统。

2）按 I/O 点容量分类

① 小型 PLC。小型 PLC 的 I/O 点数一般在 128 点以下。

② 中型 PLC。中型 PLC 采用模块化结构，其 I/O 点数一般在 256~1024 点之间。

③ 大型 PLC。一般 I/O 点数在 1024 点以上的称为大型 PLC。

（2）PLC 的性能指标

各厂家的 PLC 虽然各有特色，但其主要性能指标是相同的。

① 输入/输出（I/O）点数　输入/输出（I/O）点数是最重要的一项技术指标，是指 PLC 面板上连接外部输入、输出的端子数，常称为"点数"，用输入与输出点数的和表示。点数越多表示 PLC 可接入的输入器件和输出器件越多，控制规模越大。点数是 PLC 选型时

最重要的指标之一。

② 扫描速度　扫描速度是指 PLC 执行程序的速度。以 ms/K 为单位，即执行 1K 步指令所需的时间。1 步占 1 个地址单元。

③ 存储容量　存储容量通常用 K 字（KW）或 K 字节（KB）、K 位来表示。这里 1K＝1024。有的 PLC 用"步"来衡量，一步占用一个地址单元。存储容量表示 PLC 能存放多少用户程序。例如，三菱型号为 FX2N-48MR 的 PLC 存储容量为 8000 步。有的 PLC 的存储容量可以根据需要配置，有的 PLC 的存储器可以扩展。

④ 指令系统　指令系统表示该 PLC 软件功能的强弱。指令越多，编程功能就越强。

⑤ 内部寄存器（继电器）　PLC 内部有许多寄存器用来存放变量、中间结果、数据等，还有许多辅助寄存器可供用户使用。因此寄存器的配置也是衡量 PLC 功能的一项指标。

⑥ 扩展能力　扩展能力是反映 PLC 性能的重要指标之一。PLC 除了主控模块外，还可配置实现各种特殊功能的高功能模块。例如 AD 模块、DA 模块、高速计数模块和远程通信模块等。

1.1.5　PLC 与继电器系统的比较

在 PLC 出现以前，继电器硬接线电路是逻辑、顺序控制的唯一执行者，它结构简单、价格低廉，一直被广泛应用。PLC 出现后，几乎所有的方面都超过继电器控制系统，两者的性能比较见表 1-1。

表 1-1　可编程序控制器与继电器控制系统的比较

序号	比较项目	继电器控制	可编程序控制器控制
1	控制逻辑	硬接线多、体积大、连线多	软逻辑、体积小、接线少、控制灵活
2	控制速度	通过触点开关实现控制，动作受继电器硬件限制，通常超过 10ms	由半导体电路实现控制，指令执行时间段，一般为微秒级
3	定时控制	由时间继电器控制，精度差	由集成电路的定时器完成，精度高
4	设计与施工	设计、施工及调试必须按照顺序进行，周期长	系统设计完成后，施工与程序设计同时进行，周期短
5	可靠性与维护	继电器的触点寿命短，可靠性和维护性差	无触点、寿命长、可靠性高和有自诊断功能
6	价格	价格低	价格高

1.1.6　PLC 与微机的比较

采用微电子技术制造的 PLC 与微机一样，也由 CPU、ROM（或者 FLASH）、RAM 及 I/O 接口等组成，但又不同于一般的微机，可编程序控制器采用了特殊的抗干扰技术，是一种特殊的工业控制计算机，更加适合工业控制。两者的性能比较见表 1-2。

表 1-2　PLC 与微机的比较

序号	比较项目	可编程序控制器控制	微机控制
1	应用范围	工业控制	科学计算、数据处理、计算机通信
2	使用环境	工业现场	具有一定温度和湿度的机房

续表

序号	比较项目	可编程序控制器控制	微机控制
3	输入/输出	控制强电设备,需要隔离	与主机弱电联系,不隔离
4	程序设计	一般使用梯形图语言,易学易用	编程语言丰富,如 C、BASIC 等
5	系统功能	自诊断、监控	使用操作系统
6	工作方式	循环扫描方式和中断方式	中断方式

1.1.7 PLC 的发展趋势

PLC 的发展趋势主要有以下几个方面。

① 向高性能、高速度、大容量发展。

② 网络化。

强化通信能力和网络化,向下将多个可编程序控制器或者多个 I/O 框架相连;向上与工业计算机、以太网等相连,构成整个工厂的自动化控制系统。即便是微型的 S7-200 系列 PLC 也能组成多种网络,通信功能十分强大。

③ 小型化、低成本、简单易用。目前,有的小型 PLC 的价格只需几百元人民币。

④ 不断提高编程软件的功能。

编程软件可以对 PLC 控制系统的硬件组态,在屏幕上可以直接生成和编辑梯形图、指令表、功能块图和顺序功能图程序,并可以实现不同编程语言的相互转换。程序可以下载、存盘和打印,通过网络或电话线,还可以实现远程编程。

⑤ 适合 PLC 应用的新模块。

随着科技的发展,对工业控制领域将提出更高的、更特殊的要求,因此,必须开发特殊功能模块来满足这些要求。

⑥ PLC 的软件化与 PC 化。

目前已有多家厂商推出了在 PC 上运行的可实现 PLC 功能的软件包,也称为"软PLC","软 PLC"的性能价格比比传统的"硬 PLC"更高,是 PLC 的一个发展方向。

PC 化的 PLC 类似于 PLC,但它采用了 PC 的 CPU,功能十分强大,如 GE 的 RX7i 和 RX3i 使用的就是工控机用的赛扬 CPU,主频已经达到 1GHz。

1.1.8 国内 PLC 的应用

(1) 国外 PLC 品牌

目前 PLC 在我国得到了广泛的应用,国外很多知名厂家的 PLC 在我国都有应用。

① 美国是 PLC 生产大国,有一百多家 PLC 生产厂家。其中 A-B 公司的 PLC 产品规格比较齐全,主推大中型 PLC,主要产品系列是 PLC-5。通用电气也是知名 PLC 生产厂商,大中型 PLC 产品系列有 RX3i 和 RX7i 等。得州仪器也生产大、中、小全系列 PLC 产品。

② 欧洲的 PLC 产品也久负盛名。德国的西门子公司、AEG 公司和法国的 TE(施耐德)公司都是欧洲著名的 PLC 制造商。其中西门子公司的 PLC 产品与美国 A-B 公司的 PLC 产品齐名。

③ 日本的小型 PLC 具有一定的特色,性价比高,知名的品牌有三菱、欧姆龙、松下、富士、日立和东芝等,在小型机市场,日系 PLC 的市场份额曾经高达 70%。

(2) 国产 PLC 品牌

我国自主品牌的 PLC 生产厂家有三十余家。在目前已经上市的众多 PLC 产品中,还没有形成规模化的生产和名牌产品，甚至还有一部分是以仿制、来件组装或"贴牌"方式生产。单从技术角度来看，国产小型 PLC 与国际知名品牌小型 PLC 差距正在缩小，使用越来越多。例如和利时、深圳汇川和无锡信捷等公司生产的微型 PLC 已经比较成熟，其可靠性在许多低端应用中得到了验证，逐渐被用户认可，但其知名度与世界先进水平还有一定的差距。

　　总的来说，我国使用的小型 PLC 主要以日本和国产的品牌为主，而大中型 PLC 主要以欧美品牌为主。目前 95％以上的 PLC 市场被国外品牌所占领。

1.2　PLC 的结构和工作原理

1.2.1　PLC 的硬件组成

　　可编程序控制器种类繁多，但其基本结构和工作原理相同。可编程序控制器的功能结构区由 CPU（中央处理器）、存储器和输入接口/输出接口三部分组成，如图 1-1 所示。

1.2.1.1　CPU（中央处理器）

　　CPU 的功能是完成 PLC 内所有的控制和监视操作。中央处理器一般由控制器、运算器和寄存器组成。CPU 通过数据总线、地址总线和控制总线与存储器、输入输出接口电路连接。

1.2.1.2　存储器

　　在 PLC 中使用两种类型的存储器：一种是只读类型的存储器，如 EPROM 和 EEP-ROM，另一种是可读/写的随机存储器 RAM。PLC 的存储器分为 5 个区域，如图 1-2 所示。

　　程序存储器的类型是只读存储器（ROM），PLC 的操作系统存放在这里，程序由制造商固化，通常不能修改。存储器中的程序负责解释和编译用户编写的程序、监控 I/O 口的状态、对 PLC 进行自诊断以及扫描 PLC 中的程序等。系统存储器属于随机存储器（RAM），主要用于存储中间计算结果和数据、系统管理，有的 PLC 厂家用系统存储器存储一些系统信息如错误代码等，系统存储器不对用户开放。I/O 状态存储器属于随机存储器，用于存储 I/O 装置的状态信息，每个输入接口和输出接口都在 I/O 映像表中分配一个地址，而且这个地址是唯一的。数据存储器属于随机存储器，主要用于数据处理功能，为计数器、定时器、算术计算和过程参数提供数据存储。有的厂家将数据存储器细分为固定数据存储器和可变数据存储器。用户编程存储器，其类型可以是随

图 1-1　PLC 结构框图

图 1-2　存储器的区域划分

机存储器、可擦除存储器（EPROM）和电擦除存储器（EEPROM），高档的 PLC 还可以用 FLASH。用户编程存储器主要用于存放用户编写的程序。存储器的关系如图 1-3 所示。

图 1-3 存储器的关系

只读存储器可以用来存放系统程序，PLC 断电后再上电，系统内容不变且重新执行。只读存储器也可用来固化用户程序和一些重要参数，以免因偶然操作失误而造成程序和数据的破坏或丢失。随机存储器中一般存放用户程序和系统参数。当 PLC 处于编程工作时，CPU 从 RAM 中取指令并执行。用户程序执行过程中产生的中间结果也在 RAM 中暂时存放。RAM 通常由 CMOS 型集成电路组成，功耗小，但断电时内容消失，所以一般使用大电容或后备锂电池保证掉电后 PLC 的内容在一定时间内不丢失。

1.2.1.3 输入/输出接口

PLC 的输入和输出信号可以是开关量或模拟量。输入/输出接口是 PLC 内部弱电（low power）信号和工业现场强电（high power）信号联系的桥梁。输入/输出接口主要有两个作用：一是利用内部的电隔离电路将工业现场和 PLC 内部进行隔离，起保护作用；二是调理信号，可以把不同的信号（如强电、弱电信号）调理成 CPU 可以处理的信号（5V、3.3V 或 2.7V 等），如图 1-4 所示。

输入/输出接口模块是 PLC 系统中最大的部分，输入/输出接口模块通常需要电源，输入电路的电源可以由外部提供，对于模块化的 PLC 还需要背板（安装机架）。

图 1-4 输入/输出接口

（1）输入接口电路

① 输入接口电路的组成和作用 输入接口电路由接线端子、输入调理和电平转换电路、模块状态显示、电隔离电路和多路选择开关模块组成，如图 1-5 所示。现场的信号必须连接在输入端子才可能将信号输入到 CPU 中，它提供了外部信号输入的物理接口；调理和电平转换电路十分重要，可以将工业现场的信号（如强电 AC 220V 信号）转化成电信号（CPU 可以识别的弱电信号）；电隔离电路主要是利用电隔离器件将工业现场的机械或者电输入信号和 PLC 的 CPU 的信号隔开，它能确保过高的电干扰信号和浪涌不串入 PLC 的微处理器，起保护作用有三种隔离方式，用得最多的是光电隔离，其次是变压器隔离和干簧继电器隔离；当外部有信号输入时，输入模块上有指示灯显示，这个电路比较简单，当线路中有故障时，它帮助用户查找故障，由于氖灯或 LED 灯的寿命比较长，所以这个灯通常是氖灯或 LED 灯；多路选择开关接受调理完成的输入信号，并存储在多路开关模块中，当输入循环扫描时，多路开关模块中信号输送到 I/O 状态寄存器中。

图1-5 输入接口的结构

② 输入信号的设备种类 输入信号可以是离散信号和模拟信号。当输入端是离散信号时，输入端的设备类型可以是限位开关、按钮、压力继电器、继电器触点、接近开关、选择开关以及光电开关等，如图1-6所示。当输入为模拟量输入时，输入设备的类型可以是压力传感器、温度传感器、流量传感器、电压传感器、电流传感器以及力传感器等。

图1-6 输入/输出接口（当输入端是离散信号时）

(2) 输出接口电路

① 输出接口电路的组成和作用 输出接口电路由多路选择开关模块、信号锁存器、电隔离电路、模块状态显示、输出电平转换电路和接线端子组成，如图1-7所示。在输出扫描期间，多路选择开关模块接受来自映像表中的输出信号，并对这个信号的状态和目标地址进行译码，最后将信息送给锁存器；信号锁存器是将多路选择开关模块的信号保存起来，直到下一次更新；输出接口的电隔离电路作用和输入模块的一样，但是由于输出模块输出的信号比输入信号要强得多，因此要求隔离电磁干扰和浪涌的能力更高；输出电平转换电路将隔离电路送来的信号放大成可以足够驱动现场设备的信号，放大器件可以是双向晶闸管、三极管和干簧继电器等；输出的接线端子用于将输出模块与现场设备相连接。

图1-7 输出接口的结构

PLC有三种输出接口形式，即继电器输出、晶体管输出和晶闸管输出形式。继电器输出形式的PLC的负载电源可以是直流电源或交流电源，但其输出频率响应较慢，其内部电路如图 1-8 所示。晶体管输出的 PLC 负载电源是直流电源，其输出频率响应较快，其内部电路如图 1-9 所示。晶闸管输出形式的 PLC 的负载电源是交流电源，西门子 S7-200 系列 PLC 的 CPU 模块暂时还没有晶闸管输出形式的产品出售，但三菱 FX 系列有这种产品。选型时要特别注意 PLC 的输出形式。

图 1-8　继电器输出内部电路

图 1-9　晶体管输出内部电路

② 输出信号的设备种类　输出信号可以是离散信号和模拟信号。当输出端是离散信号时，输出端的设备类型可以是电磁阀的线圈、电动机启动器、控制柜的指示器、接触器线圈、LED 灯、指示灯、继电器线圈、报警器和蜂鸣器等。当输出为模拟量输出时，输出设备的类型可以是流量阀、AC 驱动器（如交流伺服驱动器）、DC 驱动器、模拟量仪表、温度控制器和流量控制器等。

> ◆【关键点】PLC 的继电器型输出虽然响应速度慢，但其驱动能力强，一般为 2A，这是继电器型输出 PLC 的一个重要的优点。一些特殊型号的 PLC，如西门子 LOGO! 的某些型号驱动能力可达 5A 和 10A，能直接驱动接触器。此外，从图 1-8 中可以看出继电器型输出形式的 PLC，对于一般的误接线，通常不会引起 PLC 内部器件的烧毁（高于交流 220V 电压是不允许的）。因此，继电器输出形式是选型时的首选，在工程实践中用得比较多。
>
> 　　晶体管输出的 PLC 的输出电流一般小于 1A，西门子 S7-200 的输出电流源是 0.75A（西门子有的型号的 PLC 的输出电流甚至只有 0.5A），可见晶体管输出的驱动能力较小。此外，从图 1-9 可以看出晶体管型输出形式的 PLC，对于一般的误接线，可能会引起 PLC 内部器件的烧毁，所以要特别注意。

1.2.2　PLC 的工作原理

　　PLC 是一种存储程序的控制器。用户根据某一对象的具体控制要求，编制好控制程序后，用编程器将程序输入到 PLC（或用计算机下载到 PLC）的用户程序存储器中寄存。PLC 的控制功能就是通过运行用户程序来实现的。

　　PLC 运行程序的方式与微型计算机相比有较大的不同。微型计算机运行程序时，一旦执行到 END 指令，程序运行便结束；而 PLC 从 0 号存储地址所存放的第一条用户程序开始，在无中断或跳转的情况下，按存储地址号递增的方向顺序逐条执行用户程序，直到 END 指令结束。然后再从头开始执行，并周而复始地重复，直到停机或从运行（RUN）切换到停止（STOP）工作状态。把 PLC 这种执行程序的方式称为扫描工作方式。每扫描完一次程序就构成一个扫描周期。另外，PLC 对输入、输出信号的处理与微型计算机不同。微型计算机对输入、输出信号实时处理，而 PLC 对输入、输出信号是集中批处理。下面具体介绍 PLC 的扫描工作过程。其运行和信号处理示意如图 1-10 所示。

图 1-10　PLC 内部运行和信号处理示意

PLC 扫描工作方式主要分为三个阶段：输入扫描、程序执行和输出刷新。

（1）输入扫描

PLC 在开始执行程序之前，首先扫描输入端子，按顺序将所有输入信号，读入到寄存器-输入状态的输入映像寄存器中，这个过程称为输入扫描。PLC 在运行程序时，所需的输入信号不是现时取输入端子上的信息，而是取输入映像寄存器中的信息。在本工作周期内这个采样结果的内容不会改变，只有到下一个扫描周期输入扫描阶段才被刷新。PLC 的扫描速度很快，取决于 CPU 的时钟速度。

（2）程序执行

PLC 完成了输入扫描工作后，按顺序从 0 号地址开始的程序进行逐条扫描执行，并分别从输入映像寄存器、输出映像寄存器以及辅助继电器中获得所需的数据进行运算处理。再将程序执行的结果写入输出映像寄存器中保存。但这个结果在全部程序未被执行完毕之前不会送到输出端子上，也就是物理输出是不会改变的。扫描时间取决于程序的长度、复杂程度和 CPU 的功能。

（3）输出刷新

在执行到 END 指令，即执行完用户所有程序后，PLC 上将输出映像寄存器中的内容送到输出锁存器中进行输出，驱动用户设备。扫描时间取决于输出模块的数量。

从以上的介绍可以知道，PLC 程序扫描特性决定了 PLC 的输入和输出状态并不能在扫描的同时改变，例如一个按钮开关的输入信号的输入刚好在输入扫描之后，那么这个信号只有在下一个扫描周期才能被读入。

上述三个步骤是 PLC 的软件处理过程，可以认为就是程序扫描时间。扫描时间通常由三个因素决定，一是 CPU 的时钟速度，越高档的 CPU，时钟速度越高，扫描时间越短；二是 I/O 模块的数量，模块数量越少，扫描时间越短；三是程序的长度，程序长度越短，扫描时间越短。一般的 PLC 执行容量为 1K 的程序需要的扫描时间是 1～10ms。

图 1-11 所示表达了 PLC 循环扫描工作过程。

图 1-11　PLC 循环扫描工作过程

1.2.3 PLC 的立即输入、输出功能

比较高档的 PLC 都有立即输入、输出功能。

(1) 立即输出功能

所谓立即输出功能就是输出模块在处理用户程序时,能立即被刷新。PLC 临时挂起(中断)正常运行的程序,将输出映像表中的信息输送到输出模块,立即进行输出刷新,然后再回到程序中继续运行,立即输出的示意图如图 1-12 所示。注意,立即输出功能并不能立即刷新所有的输出模块。

(2) 立即输入功能

立即输入适用于要求对反应速度很严格的场合,例如几毫秒的时间对于控制来说十分关键的情况下。立即输入时,PLC 立即挂起正在执行的程序,扫描输入模块,然后更新特定的输入状态到输入映像表,最后继续执行剩余的程序,立即输入的示意图如图 1-13 所示。

图 1-12 立即输出过程　　　　　图 1-13 立即输入过程

第2章

S7-1200 PLC的硬件

本章介绍常用 S7-1200 的 CPU 模块、数字量输入/输出模块、模拟量输入/输出模块、通信模块和电源模块的功能、接线与安装，该内容是后续程序设计和控制系统设计的前导知识。

2.1 S7-1200 PLC 概述

2.1.1 西门子 PLC 简介

德国西门子（SIEMENS）公司是欧洲最大的电子和电气设备制造商之一，其生产的 SIMATIC（"Siemens Automatic" 即西门子自动化）可编程控制器在欧洲处于领先地位。

西门子公司的第一代 PLC 是 1975 年投放市场的 SIMATIC S3 系列的控制系统。之后在 1979 年，西门子公司将微处理器技术应用到 PLC 中，研制出了 SIMATIC S5 系列，取代了 S3 系列，目前 S5 系列产品仍然有小部分在工业现场使用，20 世纪末，又在 S5 系列的基础上推出了 S7 系列产品。

SIMATIC S7 系列产品分为：S7-200、S7-200CN、S7-200 SMART、S7-1200、S7-300、S7-400 和 S7-1500 共七个产品系列。S7-200 PLC 是在西门子公司收购的小型 PLC 的基础上发展而来，因此其指令系统、程序结构和编程软件和 S7-300/400 PLC 有较大的区别，在西门子 PLC 产品系列中是一个特殊的产品。S7-200 SMART PLC 是 S7-200 PLC 的升级版本，是西门子家族的新成员，于 2012 年 7 月发布，其绝大多数的指令和使用方法与 S7-200 PLC 类似，其编程软件也和 S7-200 PLC 的类似，而且在 S7-200 PLC 中运行的程序，相当一部分可以在 S7-200 SMART PLC 中运行。S7-1200 PLC 是在 2009 年推出的小型 PLC，定位于 S7-200 PLC 和 S7-300 PLC 产品之间。S7-300/400 PLC 是由西门子的 S5 系列发展而来，是西门子公司最具竞争力的 PLC 产品。2013 年西门子公司又推出了新品 S7-1500 PLC。西门子的 PLC 产品系列的定位见表 2-1。

表 2-1 SIMATIC 控制器的定位

序号	控制器	定位	主要任务和性能特征
1	LOGO!	低端独立自动化系统中简单的开关量解决方案和智能逻辑控制器	简单自动化 作为时间继电器、计数器和辅助接触器的替代开关设备 模块化设计，柔性应用 有数字量、模拟量和通信模块 用户界面友好，配置简单 使用拖放功能和智能电路开发

续表

序号	控制器	定位	主要任务和性能特征
2	S7-200 和 S7-200CN	低端的离散自动化系统和独立自动化系统中使用的紧凑型逻辑控制器模块	串行模块结构、模块化扩展 紧凑设计,CPU集成I/O 实时处理能力,高速计数器和报警输入和中断 易学易用的软件 多种通信选项
3	S7-200 SMART	低端的离散自动化系统和独立自动化系统中使用的紧凑型逻辑控制器模块,是S7-200的升级版本	串行模块结构、模块化扩展 紧凑设计,CPU集成I/O 集成了PROFINET接口 实时处理能力,高速计数器和报警输入和中断 易学易用的软件 多种通信选项
4	S7-1200	低端的离散自动化系统和独立自动化系统中使用的小型控制器模块	可升级及灵活的设计 集成了PROFINET接口 集成了强大的计数、测量、闭环控制及运动控制功能 直观高效的STEP7 Basic工程系统可以直接组态控制器和HMI
5	S7-300	中端的离散自动化系统中使用的控制器模块	通用型应用和丰富的CPU模块种类 高性能 模块化设计,紧凑设计 由于使用MMC存储程序和数据,系统免维护
6	S7-400	高端的离散和过程自动化系统中使用的控制器模块	特别高的通信和处理能力 定点加法或乘法的指令执行速度最快为$0.03\mu s$ 大型I/O框架和最高20MB的主内存 快速响应,实时性强,垂直集成 支持热插拔和在线I/O配置,避免重启 具备等时模式,可以通过PROFIBUS控制高速机器
7	S7-1500	中高端系统	S7-1500控制器除了包含多种创新技术之外,还设定了新标准,最大程度提高生产效率。无论是小型设备还是对速度和准确性要求较高的复杂设备装置,都一一适用。S7-1500 PLC无缝集成到TIA博途中,极大提高了工程组态的效率。

SIMATIC产品除了SIMATIC S7外,还有M7、C7和WinAC系列。

SIMATIC C7是基于S7-300系列PLC性能,同时集成了HMI,具有节省空间的特点。

SIMATIC M7-300/400采用了与S7-300/400相同的结构,又具有兼容计算机的功能,可以用C、C++等高级语言编程,SIMATIC M7-300/400适于需要大数量处理和实时性要求高的场合。

WinAC是在个人计算机上实现PLC功能,突破了传统PLC开放性差、硬件昂贵等缺点,WinAC具有良好的开放性和灵活性,可以很方便地集成第三方的软件和硬件。

2.1.2 S7-1200 PLC的性能特点

S7-1200 PLC具有集成PROFINET接口、强大的集成工艺功能和灵活的可扩展性等特点,为各种工艺任务提供了简单的通信和有效的解决方案。S7-1200 PLC新的性能特点具体描述如下。

(1) 集成了 PROFINET 接口

集成的 PROFINET 接口用于编程、HMI 通信和 PLC 间的通信。此外，它还通过开放的以太网协议支持与第三方设备的通信。该接口带一个具有自动交叉网线（auto-cross-over）功能的 RJ-45 连接器，提供 10/100Mbit/s 的数据传输速率，支持以下协议：TCP/IP、ISO-on-TCP 和 S7 通信。最大连接数为 23 个连接。

(2) 集成了工艺功能

① 高速输入。S7-1200 控制器带有多达 6 个高速计数器。其中 3 个输入为 100kHz，3 个输入为 30kHz，用于计数和测量。

② 高速输出。S7-1200 控制器集成了 4 个 100kHz 的高速脉冲输出，用于步进电机或伺服驱动器的速度和位置控制（使用 PLCopen 运动控制指令）。这 4 个输出都可以输出脉宽调制信号来控制电机速度、阀位置或加热元件的占空比。

③ PID 控制。S7-1200 控制器中提供了多达 16 个带自动调节功能的 PID 控制回路，用于简单的闭环过程控制。

(3) 存储器

为用户指令和数据提供高达 150KB 的共用工作内存。同时还提供了高达 4MB 的集成装载内存和 10KB 的掉电保持内存。

SIMATIC 存储卡是可选件，通过不同的设置可用作编程卡、传送卡和固件更新卡三种功能。

(4) 智能设备

通过简单的组态，S7-1200 控制器通过对 I/O 映射区的读写操作，实现主从架构的分布式 I/O 应用。

(5) 通信

S7-1200 PLC 提供各种各样的通信选项以满足网络通信要求，其可支持的通信协议如下：

- I-Device；
- PROFINET；
- PROFIBUS；
- 远距离控制通信；
- 点对点（PtP）通信；
- USS 通信；
- Modbus RTU；
- AS-I；
- I/O Link MASTER。

2.2　S7-1200 PLC 常用模块及其接线

S7-1200 PLC 的硬件主要包括电源模块、CPU 模块、信号模块、通信模块和信号板（CB 和 SB）。S7-1200 PLC 最多可以扩展 8 个信号模块和 3 个通信模块，最大本地数字 I/O 点数为 284 个，最大本地模拟 I/O 点数为 69 个。S7-1200 PLC 外形如图 2-1 所示，通信模块安装在 CPU 模块的左侧，信号模块安装在 CPU 模块的右侧，西门子早期的 PLC 产品，扩展模块只能安装在 CPU 模块的右侧。

图 2-1   S7-1200 PLC 外形

2.2.1   S7-1200 PLC 的 CPU 模块及接线

S7-1200 PLC 的 CPU 模块是 S7-1200 PLC 系统中最核心的成员。目前，S7-1200 PLC 的 CPU 有 5 类：CPU 1211C、CPU 1212C、CPU 1214C、CPU 1215C 和 CPU 1217C。每类 CPU 模块又细分三种规格：DC/DC/DC、DC/DC/RLY 和 AC/DC/RLY，印刷在 CPU 模块的外壳上。其含义如图 2-2 所示。

AC/DC/RLY 的含义是：CPU 模块的供电电压是交流电，范围为 120～240VAC；输入电源是直流电源，范围为 20.4～28.8VDC；输出形式是继电器输出。

(1) CPU 模块的外部介绍

S7-1200 PLC 的 CPU 模块将微处理器、集成电源、模拟量 I/O 点和多个数字量 I/O 点集成在一个紧凑的盒子中，形成功能比较强大的 S7-1200 系列微型 PLC，如图 2-3 所示。以下按照图中序号为顺序介绍其外部的各部分的功能。

图 2-2   细分规格含义

图 2-3 S7-1200 PLC 的 CPU 外形

① 电源接口。用于向 CPU 模块供电的接口，有交流和直流两种供电方式。

② 存储卡插槽。位于上部保护盖下面，用于安装 SIMATIC 存储卡。

③ 接线连接器。也称为接线端子，位于保护盖下面。接线连接器具有可拆卸的优点，便于 CPU 模块的安装和维护。

④ 板载 I/O 的状态 LED。通过板载 I/O 的状态 LED 指示灯（绿色）的点亮或熄灭，指示各输入或输出的状态。

⑤ 集成以太网口（PROFINET 连接器）。位于 CPU 的底部，用于程序下载、设备组网。这使得程序下载更加方便快捷，节省了购买专用通信电缆的费用。

⑥ 运行状态 LED。用于显示 CPU 的工作状态，如运行状态、停止状态和强制状态等，详见下文介绍。

(2) CPU 模块的常规规范

要掌握 S7-1200 PLC 的 CPU 的具体技术性能，必须要查看其常规规范，见表 2-2。

表 2-2　S7-1200 PLC 的 CPU 常规规范

特征		CPU 1211C	CPU 1212C	CPU 1214C	CPU 1215C	CPU 1217C
物理尺寸/mm		90×100×75		110×100×75	130×100×75	150×100×75
用户存储器	工作/KB	50	75	100	125	150
	负载/MB	1		4		
	保持性/KB	10				
本地板载 I/O	数字量	6 点输入/4 点输出	8 点输入/6 点输出	14 点输入/10 点输出		
	模拟量	2 路输入			2 点输入/2 点输出	
过程映像大小	输入(I)	1024 个字节				
	输出(Q)	1024 个字节				
位存储器(M)		4096 个字节		8192 个字节		
信号模块(SM)扩展		无	2	8		
信号板(SB)、电池板(BB)或通信板(CB)		1				
通信模块(CM)，左侧扩展		3				
高速计数器	总计	最多可组态 6 个，使用任意内置或 SB 输入的高速计数器				
	1MHz					Ib. 2～Ib. 5
	100/80kHz	Ia. 0～Ia. 5				
	30/20kHz	—	Ia. 6～Ia. 7	Ia. 6～Ib. 5		Ia. 6～Ib. 1
脉冲输出	总计	最多可组态 4 个，使用任意内置或 SB 输出的脉冲输出				
	1MHz	—				Qa. 0～Qa. 3
	100kHz	Qa. 0～Qa. 3				Qa. 4～Qb. 1
	20kHz	—	Qa. 4～Qa. 5	Qa. 4～Qb. 1		—
存储卡		SIMATIC 存储卡(选件)				
实时时钟保持时间		通常为 20 天，40℃时最少为 12 天(免维护超级电容)				
PROFINET 以太网通信端口		1		2		
实数数学运算执行速度		2.3μs/指令				
布尔运算执行速度		0.08μs/指令				

(3) S7-1200 PLC 的指示灯

① S7-1200 PLC 的 CPU 状态 LED 指示灯　S7-1200 PLC 的 CPU 上有三盏状态 LED，分别是 STOP/RUN、ERROR 和 MAINT，用于指示 CPU 的工作状态，其亮灭状态代表一定的含义见（表2-3）。

表 2-3　S7-1200 PLC 的 CPU 状态 LED 含义

说明	STOP/RUN(黄色/绿色)	ERROR(红色)	MAINT(黄色)
断电	灭	灭	灭
启动、自检或固件更新	闪烁(黄色和绿色交替)	—	灭
停止模式	亮(黄色)	—	—
运行模式	亮(绿色)	—	—
取出存储卡	亮(黄色)	—	闪烁
错误	亮(黄色或绿色)	闪烁	—
请求维护 • 强制 I/O • 需要更换电池(如果安装了电池板)	亮(黄色或绿色)	—	亮
硬件出现故障	亮(黄色)	亮	灭
LED 测试或 CPU 固件出现故障	闪烁(黄色和绿色交替)	闪烁	闪烁
CPU 组态版本未知或不兼容	亮(黄色)	闪烁	闪烁

② 通信状态的 LED 指示灯　S7-1200 PLC 的 CPU 还配备了两个可指示 PROFINET 通信状态的 LED 指示灯。打开底部端子块的盖子可以看到这两个 LED 指示灯，分别是 Link 和 Rx/Tx，其点亮的含义如下：

• Link（绿色）点亮，表示通信连接成功；

• Rx/Tx（黄色）点亮，表示通信传输正在进行。

③ 通道 LED 指示灯　S7-1200 PLC 的 CPU 和各数字量信号模块（SM）为每个数字量输入和输出配备了 I/O 通道 LED 指示灯。通过 I/O 通道 LED 指示灯（绿色）的点亮或熄灭，指示各输入或输出的状态。例如 Q0.0 通道 LED 指示灯点亮，表示 Q0.0 线圈得电。

(4) CPU 的工作模式

CPU 有以下三种工作模式：STOP 模式、STARTUP 模式和 RUN 模式。CPU 前面的状态 LED 指示当前工作模式。

① 在 STOP 模式下，CPU 不执行程序，但可以下载项目。

② 在 STARTUP 模式下，执行一次启动 OB（如果存在）。在启动模式下，CPU 不会处理中断事件。

③ 在 RUN 模式，程序循环 OB 重复执行。可能发生中断事件，并在 RUN 模式中的任意点执行相应的中断事件 OB。可在 RUN 模式下下载项目的某些部分。

CPU 支持通过暖启动进入 RUN 模式。暖启动不包括储存器复位。执行暖启动时，CPU 会初始化所有的非保持性系统和用户数据，并保留所有保持性用户数据值。

存储器复位将清除所有工作存储器、保持性及非保持性存储区、将装载存储器复制到工作存储器并将输出设置为组态的"对 CPU STOP 的响应"（Reaction to CPU STOP）。

存储器复位不会清除诊断缓冲区，也不会清除永久保存的 IP 地址值。

注意：目前 S7-1200/1500 CPU 仅有暖启动模式，而部分 S7-400 CPU 有热启动和冷启动。

（5）CPU 模块的接线

S7-1200 PLC 的 CPU 规格虽然较多，但接线方式类似，因此本书仅以 CPU 1215C 为例进行介绍，其余规格产品请读者参考相关手册。

① CPU 1215C（AC/DC/RLY）的数字量输入端子的接线 S7-1200 PLC 的 CPU 数字量输入端接线与三菱的 FX 系列的 PLC 的数字量输入端接线不同，后者不必接入直流电源，其电源可以由系统内部提供，而 S7-1200 PLC 的 CPU 输入端则必须接入直流电源。

下面以 CPU 1215C（AC/DC/RLY）为例介绍数字量输入端的接线。"1M"是输入端的公共端子，与 24V DC 电源相连，电源有两种连接方法，对应 PLC 的 NPN 型和 PNP 型接法。当电源的负极与公共端子相连时，为 PNP 型接法，如图 2-4 所示，"N"和"L1"端子为交流电的电源接入端子，输入电压范围为 120～240V AC，为 PLC 提供电源。"M"和"L+"端子为 24V DC 的电源输出端子，可向外围传感器提供电源。

图 2-4 CPU 1215C 输入端子的接线（PNP）

② CPU 1215C（DC/DC/RLY）的数字量输入端子的接线 而当电源的正极与公共端子 1M 相连时，为 NPN 型接法，其输入端子的接线如图 2-5 所示。

图 2-5 CPU 1215C 输入端子的接线（NPN）

注意：在图 2-5 中，有两个"L+"和两个"M"端子，有箭头向 CPU 模块内部指向的"L+"和"M"端子是向 CPU 供电电源的接线端子，有箭头向 CPU 模块外部指向的"L+"和"M"端子是 CPU 向外部供电的接线端子，切记两个"L+"不要短接，否则容易烧毁 CPU 模块内部的电源。

初学者往往不容易区分 PNP 型和 NPN 型的接法，经常混淆，若读者掌握以下的方法，就不会出错。把 PLC 作为负载，以输入开关（通常为接近开关）为对象，若信号从开关流出（信号从开关流出，向 PLC 流入），则 PLC 的输入为 PNP 型接法；把 PLC 作为负载，以输入开关（通常为接近开关）为对象，若信号从开关流入（信号从 PLC 流出，向开关流入），则 PLC 的输入为 NPN 型接法。三菱的 FX2 系列 PLC 只支持 NPN 型接法。

【例 2-1】 有一台 CPU 1215C（AC/DC/RLY），输入端有一只三线 PNP 接近开关和一只二线 PNP 接近开关，应如何接线？

解 对于 CPU 1215C（AC/DC/RLY），公共端接电源的负极。而对于三线 PNP 接近开关，只要将其正、负极与电源的正、负极相连，将信号线与 PLC 的"I0.0"相连即可；而对于二线 PNP 接近开关，只要将电源的正极与其正极相连，将信号线与 PLC 的"I0.1"相连即可，如图 2-6 所示。

③ CPU 1215C（DC/DC/RLY）的数字量输出端子的接线　CPU 1215C 的数字量输出有两种形式，一种是 24V 直流输出（即晶体管输出），另一种是继电器输出。标注为"CPU 1215C（DC/DC/DC）"的含义是：第一个 DC 表示供电电源电压为 24V DC，第二个 DC 表示输入端的电源电压为 24V DC，第三个 DC 表示输出为 24V DC，在 CPU 的输出点接线端子旁边印刷有"24V DC OUTPUTS"字样，含义是晶体管输出。标注为"CPU 1215C（AC/DC/RLY）"的含义是：AC 表示供电电源电压为 120～240V AC，通常用 220V AC，DC 表示输入端的电源电压为 24V DC，"RLY"表示输出为继电器输出，在 CPU 的输出点接线端子旁边印刷有"RELAY OUTPUTS"字样，含义是继电器输出。

CPU 1215C 输出端子的接线（继电器输出）如图 2-7 所示。可以看出，输出是分组安排的，每组既可以是直流电源，也可以是交流电源，而且每组电源的电压大小可以不同，接直流电源时，CPU 模块没有方向性要求。

图 2-6　例 2-1 输入端子的接线

图 2-7　CPU 1215C 输出端子的接线——继电器输出

在给 CPU 进行供电接线时，一定要注意分清是哪一种供电方式，如果把 220V AC 接到 24V DC 供电的 CPU 上，或者不小心接到 24V DC 传感器的输出电源上，都会造成 CPU 的损坏。

④ CPU 1215C（DC/DC/DC）的数字量输出端子的接线　目前 24V 直流输出只有一种形式，即 PNP 型输出，也就是常说的高电平输出，这点与三菱 FX 系列 PLC 不同，三菱 FX 系列 PLC（FX3U 除外，FX3U 有 PNP 型和 NPN 型两种可选择的输出形式）为 NPN 型输出，也就是低电平输出，理解这一点十分重要，特别是利用 PLC 进行运动控制（如控制步进电动机）时，必须考虑这一点。

CPU 1215C 输出端子的接线（晶体管输出）如图 2-8 所示，负载电源只能是直流电源，且输出高电平信号有效，因此是 PNP 输出。

⑤ CPU 1215C 的模拟量输入/输出端子的接线 CPU 1215C 模块集成了两个模拟量输入通道和两个模拟量输出通道。模拟量输入通道的量程范围是 0～10V，模拟量输出通道的量程范围是 0～20mA。

CPU 1215C 的模拟量输入/输出端子的接线如图 2-9 所示。左侧的方框 □ 代表模拟量输出的负载，常见的负载是变频器或各种阀门。右侧的圆框 ⊕ 代表模拟量输入，一般与各类模拟量的传感器或变送器相连接，圆框中的"＋"和"－"代表传感器的正信号端子和负信号端子。

图 2-8 CPU 1215C 输出端子的接线——晶体管输出（PNP） 图 2-9 模拟量输入/输出端子的接线

注意：应将未使用的模拟量输入通道短路。

2.2.2 S7-1200 PLC 数字量扩展模块及接线

S7-1200 PLC 的数字量扩展模块比较丰富，包括数字量输入模块（SM1221）、数字量输出模块（SM1222）、数字量输入/直流输出模块（SM1223）和数字量输入/交流输出模块（SM1223）。以下将介绍几个典型的扩展模块。

(1) 数字量输入模块（SM1221）

① 数字量输入模块（SM1221）的技术规范 目前 S7-1200 PLC 的数字量输入模块有多个规格，其部分典型模块的技术规范见表 2-4。

表 2-4 数字量输入模块（SM1221）的技术规范

型号	SM 1221 DI 8×24V DC	SM 1221 DI 16×24V DC
订货号（MLFB）	6ES7 221-1BF32-0XB0	6ES7 221-1BH32-0XB0
常规		
尺寸（W×H×D）/mm	45×100×75	
质量/g	170	210
功耗/W	1.5	2.5
电流消耗（SM 总线）/mA	105	130
所用的每点输入电流消耗（24V DC）/mA	4	4

数字输入		
输入点数	8	16
类型	漏型/源型	
额定电压	4mA 时，24V DC	

② 数字量输入模块（SM1221）的接线　数字量输入模块有专用的插针与 CPU 通信，并通过此插针由 CPU 向扩展输入模块提供 5V DC 的电源。SM1221 数字量输入模块的接线如图 2-10 所示，可以为 PNP 输入，也可以为 NPN 输入。

(a) PNP输入　　　　　　　　　　(b) NPN输入

图 2-10　数字量输入模块（SM1221）的接线

(2) 数字量输出模块（SM1222）

① 数字量输出模块（SM1222）的技术规范　目前 S7-1200 PLC 的数字量输出模块有十多个规格，其典型模块的技术规范见表 2-5。

表 2-5　数字量输出模块（SM1222）的技术规范

型号	SM1222 DQ×RLY	SM1222 DQ 8×RLY(双态)	SM1222 DQ 16×RLY	SM1222 DQ 8×24V DC	SM1222 DQ 16×24V DC
订货号（MLFB）	6ES7 222-1HF32-0XB0	6ES7 222-1XF32-0XB0	6ES7 222-1HH32-0XB0	6ES7 222-1BF32-0XB0	6ES7 222-1BH32-0XB0

续表

常规					
尺寸（$W \times H \times D$）/mm	$45 \times 100 \times 75$	$70 \times 100 \times 75$	$45 \times 100 \times 75$	$45 \times 100 \times 75$	$45 \times 100 \times 75$
质量/g	190	310	260	180	220
功耗/W	4.5	5	8.5	1.5	2.5
电流消耗（SM 总线）/mA	120	140	135	120	140
每个继电器线圈电流消耗（24V DC）/mA	11	16.7	11	—	
数字输出					
输出点数	8	8	16	8	16
类型	继电器, 干触点	继电器切换触点	继电器, 干触点	固态-MOSFET	
电压范围	5～30V DC 或 5～250V AC			20.4～28.8V DC	

② 数字量输出模块（SM1222）的接线　SM1222 数字量继电器输出模块的接线如图 2-11(a) 所示，L＋和 M 端子是模块的 24V DC 供电接入端子，而 1L 和 2L 可以接入直流和交流电源，给负载供电，这点要特别注意。可以发现，数字量输入输出扩展模块的接线与 CPU 的数字量输入输出端子的接线是类似的。

(a) 继电器输出　　　　　　　　　　(b) 晶体管输出(PNP)

图 2-11　数字量输出模块（SM1222）的接线

SM1222 数字量晶体管输出模块的接线如图 2-11(b) 所示，只能为 PNP 输出。

(3) 数字量输入/直流输出模块 (SM1223)

① 数字量输入/直流输出模块 (SM1223) 的技术规范　目前 S7-1200 PLC 的数字量输入/直流输出模块有十多个规格，其典型模块的技术规范见表 2-6。

表 2-6　数字量输入/直流输出模块 (SM1223) 的技术规范

型号	SM 1223 DI 8×24V DC, DQ 8×RLY	SM 1223 DI 16×24V DC, DQ 16×RLY	SM 1223 DI 8×24V DC, DQ 8×24V DC	SM 1223 DI 16×24V DC, DQ16×24V DC
订货号(MLFB)	6ES7 223-1PH32-0XB0	6ES7 223-1PL32-0XB0	6ES7 223-1BH32-0XB0	6ES7 223-1BL32-0XB0
尺寸(W×H×D)/mm	45×100×75	70×100×75	45×100×75	70×100×75
质量/g	230	350	210	310
功耗/W	5.5	10	2.5	4.5
电流消耗(SM 总线)/mA	145	180	145	185
电流消耗(24V DC)	所用的每点输入 4mA 所用的每个继电器线圈 11mA		所用的每点输入 4mA	
数字输入				
输入点数	8	16	8	16
类型	漏型/源型			
额定电压	4mA 时,24V DC			
允许的连续电压	最大 30V DC			
数字输出				
输出点数	8	16	8	16
类型	继电器,干触点		固态-MOSFET	
电压范围	5～30V DC 或 5～250V AC		20.4～28.8V DC	
每个公共端的电流/A	10	8	4	8
机械寿命(无负载)	10000000 个断开/闭合周期		—	
额定负载下的触点寿命	100000 个断开/闭合周期		—	
同时接通的输出数	8	16	8	16

② 数字量输入/直流输出模块 (SM1223) 的接线　有的资料将数字量输入/输出模块 (SM1223) 称为混合模块。数字量输入/直流输出模块既可是 PNP 输入也可是 NPN 输入，根据现场实际情况决定。根据不同的工况，可以选择继电器输出或者晶体管输出。在图 2-12 (a) 中，输入为 PNP 输入(也可以改换成 NPN 输入)，但输出只能是 PNP 输出，不能改换成 NPN 输出。

在图 2-12(b) 中，输入为 NPN 输入(也可以改换成 PNP 输入)，输出只能是继电器输出，输出的负载电源可以是直流或者交流电源。

(a) PNP输入，晶体管PNP输出　　　　　　(b) NPN输入，继电器输出

图 2-12　数字量输入/直流输出模块（SM1223）的接线

2.2.3　S7-1200 PLC 模拟量模块

S7-1200 PLC模拟量模块包括模拟量输入模块（SM1231）、模拟量输出模块（SM1232）、热电偶和热电阻模拟量输入模块（SM1231）和模拟量输入/输出模块（SM1234）。

2.2.3.1　模拟量输入模块（SM1231）

（1）模拟量输入模块（SM1231）的技术规范

目前 S7-1200 PLC 的模拟量输入模块（SM1231）有多个规格，其典型模块的技术规范见表 2-7。

表 2-7　模拟量输入模块（SM1231）的技术规范

型号	SM 1231 AI 4×13 位	SM 1231 AI 8×13 位	SM 1231 AI 4×16 位
订货号（MLFB）	6ES7 231-4HD32-0XB0	6ES7 231-4HF32-0XB0	6ES7 231-5ND32-0XB0

续表

常规			
尺寸（$W \times H \times D$）/mm	$45 \times 100 \times 75$	$45 \times 100 \times 75$	$45 \times 100 \times 75$
质量/g	180	180	180
功耗/W	2.2	2.3	2.0
电流消耗（SM总线）/mA	80	90	80
电流消耗（24V DC）/mA	45	45	65
模拟输入			
输入路数	48		4
类型	电压或电流（差动）：可2个选为一组		电压或电流（差动）
范围	$\pm 10V$、$\pm 5V$、$\pm 2.5V$ 或 $0 \sim 20mA$		$\pm 10V$、$\pm 5V$、$\pm 2.5V$、$\pm 1.25V$、$0 \sim 20mA$ 或 $4 \sim 20mA$
满量程范围（数据字）	$-27648 \sim 27648$		
过冲/下冲范围（数据字）	电压：$32511 \sim 27649/-27649 \sim -32512$ 电流：$32511 \sim 27649/0 \sim -4864$		电压：$32511 \sim 27649/-27649 \sim -32512$ 电流：（$0 \sim 20mA$）：$32511 \sim 27649/0 \sim -4864$； $4 \sim 20mA$：$32511 \sim 27649/-1 \sim -4864$
上溢/下溢（数据字）	电压：$32767 \sim 32512/-32513 \sim -32768$ 电流：$32767 \sim 32512/-4865 \sim -32768$		电压：$32767 \sim 32512/-32513 \sim -32768$ 电流：$0 \sim 20mA$：$32767 \sim 32512/-4865 \sim -32768$ $4 \sim 20mA$：$32767 \sim 32512/-4865 \sim -32768$
精度	12位+符号位		15位+符号位
精度（25℃/0~55℃）	满量程的 $\pm 0.1\%/\pm 0.2\%$		满量程的 $\pm 0.1\%/\pm 0.3\%$
工作信号范围	信号加共模电压必须小于$+12V$且大于$-12V$		
诊断			
上溢/下溢	电压：$32767 \sim 32512/-32513 \sim -32768$	电流 $0 \sim 20mA$：$32767 \sim 32512/-4865 \sim -32768$	电流 $4 \sim 20mA$：$32767 \sim 32512$（值小于-4864时表示开路）
对地短路（仅限电压模式）	不适用	不适用	不适用
断路（仅限电流模式）	不适用	不适用	仅限 $4 \sim 20mA$ 范围（如果输入低于-4164；1.0mA）
24V DC低压	√	√	√

（2）模拟量输入模块（SM1231）的接线

S7-1200 PLC的模拟量输入模块主要用于处理电流或者电压信号。模拟量输入模块SM1231的接线如图2-13所示，通道0和1不能同时测量电流和电压信号，只能二选其一；通道2和3也是如此。信号范围：$\pm 10V$、$\pm 5V$、$\pm 2.5V$ 和 $0 \sim 20mA$；满量程数据字格式：-27648～+27648，这点与 S7-300/400 PLC 相同，但不同于 S7-200 PLC。

模拟量输入模块有两个参数容易混淆，即模拟量转换的分辨率和模拟量转换的精度（误差）。分辨率是 AD 模拟量转换芯片的转换精度，即用多少位的数值来表示模拟量。若模拟量模块的转换分辨率是 12 位，能够反映模拟量变化的最小单位是满量程的 1/4096。模拟量转换的精度除了取决于 AD 转换的分辨率，还受到转换芯片的外围电路的影响。在实际应用中，输入模拟量信号会有波动、噪声和干扰，内部模拟电路也会产生噪声、漂移，这些都会对转换的最后精度造成影响。这些因素造成的误差要大于 AD 芯片的转换误差。

图 2-13　模拟量输入模块（SM1231）的接线

当模拟量的扩展模块正常状态时，LED 指示灯为绿色显示，而当为供电时，为红色闪烁。

使用模拟量模块时，要注意以下问题。

① 模拟量模块有专用的插针接头与 CPU 通信，并通过此电缆由 CPU 向模拟量模块提供 5V DC 的电源。此外，模拟量模块必须外接 24V DC 电源。

② 每个模块能同时输入/输出电流或者电压信号，对于模拟量输入的电压或者电流信号选择和量程的选择都是通过软件组态选择，如图 2-14 所示，模块 SM1231 的通道 0 设定为电压信号，量程为±2.5V。而 S7-200 的信号类型和量程是由 DIP 开关设定。

图 2-14　SM1231 信号类型和量程选择

双极性就是信号在变化的过程中要经过"零"，单极性不过零。由于模拟量转换为数字量是有符号整数，所以双极性信号对应的数值会有负数。在 S7-1200 PLC 中，单极性模拟量输入/输出信号的数值范围是 0~27648；双极性模拟量信号的数值范围是-27648~27648。

③ 对于模拟量输入模块，传感器电缆线应尽可能短，而且应使用屏蔽双绞线，导线应避免弯成锐角。靠近信号源屏蔽线的屏蔽层应单端接地。

④ 一般电压信号比电流信号容易受干扰，应优先选用电流信号。电压型的模拟量信号由于输入端的内阻很高，极易引入干扰。一般电压信号是用在控制设备柜内电位器设置，或者距离非常近、电磁环境好的场合。电流型信号不容易受到传输线沿途的电磁干扰，因而在工业现场获得广泛的应用。电流信号可以传输比电压信号远得多的距离。

⑤ 前述的 CPU 和扩展模块的数字量的输入点和输出点都有隔离保护，但模拟量的输入和输出则没有隔离。如果用户的系统中需要隔离，则需另行购买信号隔离器件。

⑥ 模拟量输入模块的电源地和传感器的信号地必须连接（工作接地），否则将会产生一个很高的上下振动的共模电压，影响模拟量输入值，测量结果可能是一个变动很大的不稳定的值。

⑦ 西门子的模拟量模块的端子排是上下两排分布，容易混淆。在接线时要特别注意，先接下面的端子的线，再接上面端子的线，而且不要弄错端子号。

2.2.3.2 模拟量输出模块（SM1232）

(1) 模拟量输出模块（SM1232）的技术规范

目前 S7-1200 PLC 的模拟量输出模块（SM1232）有多个规格，其典型模块的技术规范见表 2-8。

表 2-8 模拟量输出模块（SM1232）的技术规范

型号	SM1232 AQ 2×14 位	SM1232 AQ 4×14 位
订货号（MLFB）	6ES7 232-4HB32-0XB0	6ES7 232-4HD32-0XB0
常规		
尺寸(W×H×D)/mm	45×100×75	45×100×75
质量/g	180	180
功耗/W	1.5	1.5
电流消耗(SM 总线)/mA	80	80
电流消耗(24V DC),无负载/mA	45	45
模拟输出		
输出路数	2	4
类型	电压或电流	
范围	±10V 或 0~20mA	
精度	电压:14 位;电流:13 位	
满量程范围(数据字)	电压:-27648~27648;电流:0~27648	
精度(25℃/0~55℃)	满量程的±0.3%/±0.6%	
稳定时间(新值的 95%)	电压:300μs(R)、750μs(1μF);电流:600μs(1mH)、2ms(10mH)	
隔离(现场侧与逻辑侧)	无	
电缆长度	100m(屏蔽双绞线)	
诊断		
上溢/下溢	√	√

续表

诊断		
对地短路(仅限电压模式)	√	√
断路(仅限电流模式)	√	√
24V DC 低压	√	√

(2) 模拟量输出模块 (SM1232) 的接线

模拟量输出模块 SM1232 的接线如图 2-15 所示，两个通道的模拟输出电流或电压信号，可以按需要选择。信号范围：±10V、0～20mA 和 4～20mA；满量程数据字格式：-27648～$+27648$，这点与 S7-300/400PLC 相同，但不同于 S7-200PLC。

图 2-15　模拟量输出模块 SM1232 的接线

2.2.3.3　热电偶和热电阻模拟量输入模块 (SM1231)

(1) 热电偶和热电阻模拟量输入模块 (SM1231) 的技术规范

如果没有热电偶和热电阻模拟量输入模块，那么也可以使用前述介绍的模拟量输入模块测量温度，工程上通常需要在模拟量输入模块和热电阻或者热电偶之间加专用变送器。目前 S7-1200 PLC 的热电偶和热电阻模拟量输入模块有多个规格，其典型模块的技术规范见表 2-9。

表 2-9　热电偶和热电阻模拟量输入模块的技术规范

型号	SM1231 AI4×16 位 热电偶	SM1231 AI8×16 位 热电偶	SM1231 AI4×16 位 热电阻	SM1231 AI8×16 位 热电阻
订货号(MLFB)	6ES7 231-5QD32-0XB0	6ES7 231-5QF32-0XB0	6ES7 231-5PD32-0XB0	6ES7 231-5PF32-0XB0

续表

常规				
尺寸(W×H×D)/mm	45×100×75	45×100×75	45×100×75	70×100×75
质量/g	180	190	220	270
功耗/W	1.5	1.5	1.5	1.5
电流消耗（SM总线）/mA	80	80	80	90
电流消耗（24V DC）/mA	40	40	40	40
模拟输入				
输入路数	4	8	4	8
类型	热电偶	热电偶	模块参考接地的热电阻	模块参考接地的热电阻
范围	J、K、T、E、R、S、N、C 和 TXK/XK(L)，电压范围：+/−80mV	J、K、T、E、R、S、N、C 和 TXK/XK(L)，电压范围：+/−80mV	铂（Pt）、铜（Cu）、镍（Ni）、LG-Ni 或电阻	铂（Pt）、铜（Cu）、镍（Ni）、LG-Ni 或电阻
精度 温度 电阻	0.1℃/0.1℉ 15 位＋符号位	0.1℃/0.1℉ 15 位＋符号位	0.1℃/0.1℉ 15 位＋符号位	0.1℃/0.1℉ 15 位＋符号位
最大耐压	±35V	±35V	±35V	±35V
噪声抑制(10Hz/50Hz/60Hz/400Hz时)/dB	85	85	85	85
隔离/V AC 现场侧与逻辑侧 现场侧与 24V DC 侧 24V DC 侧与逻辑侧	500 500 500	500 500 500	500 500 500	500 500 500
通道间隔离/V AC	120	120	无	无
重复性	±0.05%FS	±0.05%FS	±0.05%FS	±0.0%FS
测量原理	积分	积分	积分	积分
冷端误差	±1.5℃	±1.5℃	—	—
电缆长度	到传感器的最大长度为100m	到传感器的最大长度为100m	到传感器的最大长度为100m	到传感器的最大长度为100m
电缆电阻	最大100Ω	最大100Ω	20Ω，最大为 2.7Ω（对 10ΩRTD）	20Ω，最大为 2.7Ω（对 10ΩRTD）
诊断				
上溢/下溢	√	√	√	√
断路(仅电流模式)	√	√	√	√
24V DC 低压	√	√	√	√

（2）热电偶模拟量输入模块（SM1231）的接线

限于篇幅，本书只介绍热电偶模拟量输入模块的接线，如图 2-16 所示。

2.2.4　S7-1200 PLC 信号板及接线

S7-1200 PLC 的 CPU 上可安装信号板，S7-200/300/400 PLC 没有种信号板。目前有模拟量输入板、模拟量输出板、数字量输入板、数字量输出板、数字量输入/输出板和通信板，以下分别介绍。

（1）数字量输入板（SB1221）

数字量输入板安装在 CPU 模块面板的上方，节省了安装空间，其接线如图 2-17 所示，目前只能采用 NPN 输入接线，其电源可以是 24V DC 或者 5V DC。HSC 时钟输入最大频率，单相 200kHz，正交相位 160kHz。

（2）数字量输出板（SB1222）

数字量输出板安装在 CPU 模块面板的上方，节省了安装空间，其接线如图 2-18 所示。目前只能采用 PNP 输出方式，其电源可以是 24V DC 或者 5V DC。脉冲串输出频率：最大 200kHz，最小 2Hz。

图 2-16　热电偶模拟量输入
模块（SM1231）的接线

图 2-17　数字量输入板（SB1221）的接线

图 2-18　数字量输出板（SB1222）的接线

（3）数字量输入/输出板（SB1223）

数字量输入/输出板（SB1223）是 2 个数字量输入点和 2 个数字量输出点，输入点只能是 NPN 输入，输出点是 PNP 输出，其电源可以是 24V DC 或者 5V DC。数字量输入/输出板的接线如图 2-19 所示。

（4）模拟量输入板（SB1231）

模拟量输入板（SB1231）的量程范围为 ±10V、±5V、±2.5V 和 0～20mA。模拟量输入板的接线如图 2-20 所示。

图 2-19 数字量输入/输出板（SB1223）的接线　　图 2-20 模拟量输入板（SB1231）的接线

（5）模拟量输出板（SB1232）

模拟量输出板（SB1232）只有一个输出点，由 CPU 供电，不需要外接电源。输出电压或者电流，其范围是电流 0～20mA，对应满量程为 0～27648，电压范围是±10V，对应满量程为 -27648～27648。模拟量输出板（SB1232）的接线如图 2-21 所示。

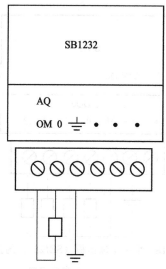

图 2-21 模拟量输出板（SB1232）的接线

（6）通信板（CB1241）

通信板（CB1241）可以作为 RS-485 模块使用，它集成的协议有：自由端口、ASCII、Modbus和 USS。通信板（CB1241）的接线如图 2-22 所示。自由口通信一般与第三方设备通信时采用，而USS 通信则是西门子 PLC 与西门子变频器专用的通信协议。

图 2-22 通信板（CB1241）的接线

2.2.5　S7-1200 PLC 通信模块

S7-1200 PLC 通信模块安装在 CPU 模块的左侧，而一般扩展模块安装在 CPU 模块的右侧。

S7-1200 PLC 通信模块规格较为齐全，主要有串行通信模块 CM1241、紧凑型交换机模块 CSM1277、PROFIBUS-DP 主站模块 CM1243-5、PROFIBUS-DP 从站模块 CM1242-5、GPRS 模块 CP1242-7 和 I/O 主站模块 CM1278。S7-1200 PLC 通信模块的基本功能见表 2-10。

表 2-10　S7-1200 PLC 通信模块的基本功能

序号	名称	功能描述
1	串行通信模块 CM1241	• 用于执行强大的点对点高速串行通信，支持 RS-485/422 • 执行协议：ASCII、USS drive protocol 和 Modbus RTU • 可装载其他协议 • 通过 STEP 7 Basic V13 SP1 可简化参数设定
2	紧凑型交换机模块 CSM1277	• 能够以线型、树型或星型拓扑结构，将 S7-1200 PLC 连接到工业以太网 • 增加了 3 个用于连接的节点 • 节省空间，可便捷安装到 S7-1200 导轨上 • 低成本的解决方案，实现小的、本地以太网连接 • 集成了坚固耐用、工业标准的 RJ45 连接器 • 通过设备上 LED 灯实现简单、快速的状态显示 • 集成的 autocrossover 功能，允许使用交叉连接电缆和直通电缆 • 无风扇的设计，维护方便 • 应用自检测(autosensing)和交叉自适应(autocrossover)功能实现数据传输速率的自动检测 • 是一个非托管交换机，不需要进行组态配置
3	PROFIBUS-DP 主站模块 CM 1243-5	通过使用 PROFIBUS-DP 主站通信模块，S7-1200 可以和下列设备通信： • 其他 CPU • 编程设备 • 人机界面 • PROFIBUS DP 从站设备(例如 ET 200 和 SINAMICS)
4	PROFIBUS-DP 从站模块 CM 1242-5	通过使用 PROFIBUS-DP 从站通信模块 CM 1242-5，S7-1200 可以作为一个智能 DP 从站设备与任何 PROFIBUS-DP 主站设备通信
5	GPRS 模块 CP 1242-7	通过使用 GPRS 通信处理器 CP 1242-7，S7-1200 可以与下列设备远程通信： • 中央控制站 • 其他的远程站 • 移动设备(SMS 短消息) • 编程设备(远程服务) • 使用开放用户通信(UDP)的其他通信设备
6	I/O 主站模块 CM1278	可作为 PROFINET IO 设备的主站

注意：本节讲解的通信模块不包含上节的通信板。

2.2.6　其他模块

(1) 电源模块 (PM1207)

电源模块 (PM1207) 是 S7-1200 PLC 系统中的一员，为 S7-1200 PLC 提供稳定电源，其输入为 120/230VAC（自动调整输入电压范围），输出为 24V DC/2.5 A。

(2) 存储卡

存储卡可以组态为多种形式。

① 程序卡。将存储卡作为 CPU 的外部装载存储器，可以提供一个更大的装载存储区。

② 传送卡。复制一个程序到一个或多个 CPU 的内部装载存储区而不必使用 STEP 7 Basic 编程软件。

③ 固件更新卡。更新 S7-1200 CPU 固件版本（对 V3.0 及之后的版本不适用）。

此外，还有 TS 模块和仿真模块，限于篇幅，在此不再赘述。

第3章

S7-1500 PLC的硬件

本章主要介绍 S7-1500 PLC 的 CPU 模块及其扩展模块的技术性能和接线方法。本章的内容非常重要。

3.1　S7-1500 PLC 的性能特点

S7-1500 PLC 是对 S7-300/400PLC 进行进一步开发的自动化系统。其新的性能特点具体描述如下。

（1）提高了系统性能

① 缩短了响应时间，提高了生产效率。

② 缩短了程序扫描周期。

③ CPU 位指令处理时间最短可达 1ns。

④ 集成运动控制，可控制高达 128 轴。

（2）CPU 配置显示面板

① 统一纯文本诊断信息，缩短停机和诊断时间。

② 即插即用，无需编程。

③ 可设置操作密码。

④ 可设置 CPU 的 IP 地址。

（3）配置 PROFINET 标准接口

① 具有 PN IRT 功能，可确保精准的响应时间以及工厂设备的高精度操作。

② 集成具有不同 IP 地址的标准以太网口和 PROFINET 网口。

③ 集成网络服务器，可通过网页浏览器快速浏览诊断信息。

（4）优化的诊断机制

① STEP7、HMI、Web Server、CPU 显示面板支持统一数据显示，可进行高效故障分析。

② 集成系统诊断功能，模块系统诊断功能支持即插即用模式。

③ 即便 CPU 处于停止模式，也不会丢失系统故障和报警消息。

S7-1500 PLC 配置标准的通信接口是 PROFINET 接口（PN 接口），取消了 S7-300/400 标准配置的 MPI 口，S7-1500 PLC 在少数的 CPU 上配置了 PROFIBUS-DP 接口，因此用户如需要进行 PROFIBUS-DP 通信，则需要配置相应的通信模块。

3.2 S7-1500 PLC 常用模块及其接线

S7-1500 PLC 的硬件系统主要包括电源模块、CPU 模块、信号模块、通信模块、工艺模块和分布式模块（如 ET200SP 和 ET200MP）。S7-1500 PLC 的中央机架上最多可以安装 32 个模块，而 S7-300 最多只能安装 11 个。

3.2.1 电源模块

S7-1500 PLC 电源模块是 S7-1500 PLC 系统中的一员。S7-1500 PLC 有两种电源：系统电源（PS）和负载电源（PM）。

（1）系统电源（PS）

系统电源（PS）通过 U 型连接器连接到背板总线，并专门为背板总线提供内部所需的系统电源，这种系统电源可为模块电子元件和 LED 指示灯供电。当 CPU 模块、PROFI-BUS 通信模块、Ethernet 通信模块、接口模块等模块，没有连接到 DC 24V 电源上，系统电源可为这些模块供电。系统电源的特点如下。

① 总线电气隔离和安全电气隔离符合 EN 61131-2 标准。

② 支持固件更新、标识数据 I&M0 到 I&M4、在 RUN 模式下组态、诊断报警和诊断中断。

到目前为止系统电源有三种规格，其技术参数见表 3-1。

表 3-1 系统电源的技术参数

电源型号	PS 25W 24V DC	PS 60W 24/48/60V DC	PS 60W 120/230V AC/DC
订货号	6ES7505-0KA00-0AB0	6ES7505-0RA00-0AB0	6ES7507-0RA00-0AB0
尺寸($W \times H \times D$)/mm	$35 \times 147 \times 129$	$70 \times 147 \times 129$	
额定输入电压(DC)	24V:SELV	24V/48V/60V	120V/230V
范围,下限(DC)	静态 19.2V,动态 18.5V	静态 19.2V,动态 18.5V	88V
范围,上限(DC)	静态 28.8V,动态 30.2V	静态 72V,动态 75.5V	300V
短路保护	是		
输出电流短路保护	是		
背板总线上的馈电功率	25W	60W	

（2）负载电源（PM）

负载电源（PM）与背板总线没有连接，负载电源为 CPU 模块、IM 模块、I/O 模块、PS 电源等提供高效、稳定、可靠的 DC 24V 供电，其输入电源是 120～230V AC，不需要调节，可以自适应世界各地供电网络。负载电源的特点如下。

① 具有输入抗过压性能和输出过压保护功能，有效提高了系统的运行安全。

② 具有启动和缓冲能力，增强了系统的稳定性。

③ 符合 SELV，提高了 S7-1500 PLC 的应用安全。

④ 具有 EMC 兼容性能，符合 S7-1500 PLC 系统的 TIA 集成测试要求。

到目前为止负载电源有两种规格，其技术参数见表 3-2。

表 3-2 负载电源的技术参数

产品	PM1507	PM1507
电源型号	24V/3A	24V/8A
订货号	6EP1 332-4BA00	6EP1 333-4BA00
尺寸($W \times H \times D$)/mm	50×147×129	75×147×129
额定输入电压	120/230V AC 自适应	
范围	85～132V/170～264V AC	

3.2.2 S7-1500 PLC 的 CPU 模块及其附件

S7-1500 PLC 的 CPU 有二十多个型号,分为标准 CPU(如 CPU1511-1PN)、紧凑型 CPU(如 CPU1512C-1PN)、分布式模块 CPU(如 CPU1510SP-1PN)、工艺型 CPU(如 CPU1511T-1PN)、故障安全 CPU 模块(如 CPU1511F-1PN)和开放式控制器(如 CPU 1515SP PC)等。

3.2.2.1 S7-1500 PLC 的外观及显示面板

S7-1500 PLC 的外观如图 3-1 所示。S7-1500 PLC 的 CPU 都配有显示面板,可以拆卸,CPU1516-3PN/DP 配置的显示面板如图 3-2 所示。三盏 LED 灯,分别是运行状态指示灯、错误指示灯和维修指示灯。显示屏显示 CPU 的信息。操作按钮与显示屏配合使用,可以查看 CPU 内部的故障、设置 IP 地址等。

图 3-1 S7-1500 PLC 的外观

图 3-2 S7-1500 PLC 的 CPU 模块显示面板
1—LED 指示灯;2—显示屏;3—操作员操作按钮

将显示面板拆下,其 CPU 模块的前视图如图 3-3 所示,后视图如图 3-4 所示。

3.2.2.2 S7-1500 PLC 的指示灯

如图 3-5 所示为 S7-1500 PLC 的指示灯,上面的分别是运行状态指示灯(RUN/STOP LED)、错误指示灯(ERROR LED)和维修指示灯(MAINT LED),中间的是网络端口指示灯(P1 端口和 P2 端口指示灯)。

S7-1500 PLC 的操作模式和诊断状态 LED 指示灯的含义见表 3-3。

图 3-3　CPU 模块的前视图　　图 3-4　CPU 模块的后视图　　　图 3-5　指示灯

表 3-3　S7-1500 PLC 的操作模式和诊断状态 LED 指示灯的含义

RUN/STOP 指示灯	ERROR 指示灯	MAINT 指示灯	含义
指示灯熄灭	指示灯熄灭	指示灯熄灭	CPU 电源缺失或不足
指示灯熄灭	红色指示灯闪烁	指示灯熄灭	发生错误
绿色指示灯点亮	指示灯熄灭	指示灯熄灭	CPU 处于 RUN 模式
绿色指示灯点亮	红色指示灯闪烁	指示灯熄灭	诊断事件未决
绿色指示灯点亮	指示灯熄灭	黄色指示灯点亮	设备要求维护。必须在短时间内更换受影响的硬件
绿色指示灯点亮	指示灯熄灭	黄色指示灯闪烁	设备需要维护。必须在合理的时间内更换受影响的硬件
			固件更新已成功完成
黄色指示灯点亮	指示灯熄灭	指示灯熄灭	CPU 处于 STOP 模式
黄色指示灯点亮	红色指示灯闪烁	黄色指示灯闪烁	SIMATIC 存储卡上的程序出错
			CPU 故障
黄色指示灯闪烁	指示灯熄灭	指示灯熄灭	CPU 处于 STOP 状态时,将执行内部活动,如 STOP 之后启动
			装载用户程序
黄色/绿色指示灯闪烁	指示灯熄灭	指示灯熄灭	启动(从 RUN 转为 STOP)
黄色/绿色指示灯闪烁	红色指示灯闪烁	黄色指示灯闪烁	启动(CPU 正在启动)
			启动、插入模块时测试指示灯
			指示灯闪烁测试

S7-1500 PLC 的每个端口都有 LINK RX/TX-LED，其 LED 指示灯的含义见表 3-4。

表 3-4　S7-1500 PLC 的 LINK RX/TX LED 指示灯的含义

LINK RX/TX LED	含　义
指示灯熄灭	PROFINET 设备的 PROFINET 接口与通信伙伴之间没有以太网连接 当前未通过 PROFINET 接口收发任何数据 没有 LINK 连接
绿色指示灯闪烁	已执行"LED 指示灯闪烁测试"
绿色指示灯点亮	PROFINET 设备的 PROFINET 接口与通信伙伴之间没有以太网连接
黄色指示灯闪烁	当前正在通过 PROFINET 设备的 PROFINET 接口从以太网上的通信伙伴接收数据

3.2.2.3　S7-1500 PLC 的技术参数

目前 S7-1500 PLC 已经推出超过 20 个型号，部分 S7-1500 PLC 的技术参数见表 3-5。

表 3-5　S7-1500 PLC 的技术参数

标准型 CPU	CPU1511-1PN	CPU1513-1PN	CPU1515-2PN	CPU1518-4PN/DP
	LAD,FBD,STL,SCL,GRAPH			
工作温度	0～60℃(水平安装);0～40℃(垂直安装)			
典型功耗	5.7W		6.3W	24W
中央机架最大模块数量	32 个			
分布式 I/O 模块	通过 PROFINET(CPU 上集成的 PN 口或 CM)连接,或 PROFIBUS(通过 CM/CP)连接			
位运算指令执行时间	60ns	40ns	30ns	1ns
浮点运算指令执行时间	384ns	256ns	192ns	6ns
工作存储器	150KB	300KB	500KB	4MB
集成程序内存				
集成数据存储	1MB	1.5MB	3MB	20MB
装载存储器插槽式 (SIMATIC 存储卡)	最大 32G			
块总计	2000	2000	6000	10000
DB 大小(最大)	1MB	1.5MB	3MB	10MB
FB 大小(最大)	150KB	300KB	500KB	512KB
FC 大小(最大)	150KB	300KB	500KB	512KB
OB 大小(最大)	150KB	300KB	500KB	512KB
最大模块/子模块数量	1024	2048	8192	16384
I/O 地址区域:输入/输出	输入输出各 32KB;所有输入/输出均在过程映像中			
转速轴数量/定位轴数量	6/6	6/6	30/30	128/128
同步轴数量/外部编码器数量	3/6	3/6	15/30	64/128
通信				
扩展通信模块 CM/CP 数量 (DP、PN、以太网)	最多 4 个	最多 6 个	最多 8 个	
S7 路由连接资源数	16	16	16	64
集成的以太网接口数量	1×PROFINET(2 端口交换机)		1×PROFINET (2 端口交换机) 1×ETHERNET	1×PROFINET (2 端口交换机) 2×ETHERNET

通信		
X1/X2 支持的 SIMATIC 通信	S7 通信，服务器/客户端	
X1/X2 支持的开放式 IE 通信	TCP/IP，ISO-on-TCP(RFC1006)，UDP，DHCP，SNMP，DCP，LLDP	
X1/X2 支持的 Web 服务器	HTTP，HTTPS	
X1/X2 支持的其他协议	MODBUS TCP	
DP 口	无	PROFIBUS-DP 主站，SIMATIC 通信

3.2.2.4 S7-1500 PLC 的分类

(1) 标准型 CPU

图 3-6 CPU1516-3PN/DP 的外观

标准型 CPU 最为常用，目前已经推出的产品分别是：CPU1511-1PN、 CPU1513-1PN、 CPU1515-2PN、 CPU1516-3PN/DP、CPU1517-3PN/DP、CPU1518-4PN/DP 和 CPU1518-4PN/DP ODK 等。

CPU1511-1PN、CPU1513-1PN 和 CPU1515-2PN 只集成 PROFINET 或以太网通信口。没有集成 PROFIBUS-DP 通信口，但可以扩展 PROFIBUS-DP 通信模块。

CPU1516-3PN/DP、 CPU1517-3PN/DP、 CPU1518-4PN/DP 和 CPU1518-4PN/DP ODK 除集成了 PROFINET 或以太网通信口外，还集成了 PROFIBUS-DP 通信口。

CPU1516-3PN/DP 的外观如图 3-6 所示。

S7-1500 PLC CPU 的应用范围见表 3-6。

表 3-6 CPU 的应用范围

CPU	性能特性	工作存储器	位运算的处理时间
CPU1511-1PN	适用于中小型应用的标准 CPU	1.23MB	60ns
CPU1513-1PN	适用于中等应用的标准 CPU	1.95MB	40ns
CPU1515-2PN	适用于大中型应用的标准 CPU	3.75MB	30ns
CPU1516-3PN/DP	适用于高要求应用和通信任务的标准 CPU	6.5MB	10ns
CPU1517-3PN/DP	适用于高要求应用和通信任务的标准 CPU	11MB	2ns
CPU1518-4PN/DP CPU1518-4PN/DP ODK	适用于高性能应用、高要求通信任务和超短响应时间的标准 CPU	26MB	1ns

(2) 紧凑型 CPU

目前紧凑型 CPU 只有 2 个型号，分别是 CPU1511C-1PN 和 CPU1512C-1PN。

紧凑型 CPU 基于标准型控制器，集成了离散量、模拟量输入输出和高达 400kHz（4 倍频）的高速计数功能。还可以如标准型控制器一样扩展 25mm 和 35mm 的 IO 模块。

(3) 分布式模块 CPU

分布式模块 CPU 是一款兼备 S7-1500 PLC 的突出性能与 ET 200SP I/O 简单易用，身形小巧于一身的控制器。对机柜空间大小要求的机器制造商或者分布式控制应用提供了完美解决方案。

分布式模块 CPU 分为 CPU 1510SP-1PN 和 CPU 1512SP-1PN。

(4) 开放式控制器 (CPU1515 SP PC)

开放式控制器 (CPU1515 SP PC) 是将 PC-based 平台与 ET 200SP 控制器功能相结合的可靠、紧凑的控制系统。可以用于特定的 OEM 设备以及工厂的分布式控制。控制器右侧可直接扩展 ET 200SP I/O 模块。

CPU1515 SP PC 开放式控制器使用双核 1GHz，AMD G Series APU T40E 处理器，2G/4G 内存，使用 8G/16G Cfast 卡作为硬盘，Windows 7 嵌入版 32 位或 64 位操作系统。

目前 CPU 1515SP PC 开放式控制器有多个订货号供选择。

(5) S7-1500 PLC 软控制器

S7-1500 PLC 软件控制器采用 Hypervisor 技术，在安装到 SIEMENS 工控机后，将工控机的硬件资源虚拟成两套硬件，其中一套运行 Windows 系统，另一套运行 S7-1500 PLC 实时系统，两套系统并行运行，通过 SIMATIC 通信的方式交换数据。软 PLC 与 S7-1500 硬 PLC 代码 100％兼容，其运行独立于 Windows 系统，可以在软 PLC 运行时重启 Windows。

目前 S7-1500 PLC 软控制器只有 2 个型号，分别是 CPU1505S 和 CPU1507S。

(6) S7-1500 PLC 故障安全 CPU

故障安全自动化系统 (F 系统) 用于具有较高安全要求的系统。F 系统用于控制过程，确保中断后这些过程可立即处于安全状态。也就是说，F 系统用于控制过程，在这些过程中发生即时中断不会危害人身或环境。

故障安全 CPU 除了拥有 S7-1500 PLC 所有特点外，还集成了安全功能，支持到 SIL3 安全完整性等级，其将安全技术轻松地和标准自动化无缝集成在一起。

故障安全 CPU 目前已经推出两大类，分别如下。

① S7-1500 F CPU (故障安全 CPU 模块)　目前推出产品规格，分别是 CPU1511F-1PN、CPU1513F-1PN、CPU1515F-2PN、CPU1516F-3PN/DP、CPU1517F-3PN/DP、CPU1517TF-3PN/DP、CPU1518F-4PN/DP 和 CPU1518F-4PN/DP ODK。

② ET 200 SP F CPU (故障安全 CPU 模块)　目前推出产品规格，分别是 CPU 1510SP F-1PN 和 CPU 1512SP F-1PN。

(7) S7-1500 PLC 工艺型 CPU

S7-1500T 均可通过工艺对象控制速度轴、定位轴、同步轴、外部编码器、凸轮、凸轮轨迹和测量输入，支持标准 Motion Control (运动控制) 功能。

目前推出的工艺型 CPU 有 CPU1511T-1PN、CPU1515T-2PN、CPU1517T-3PN/DP 和 CPU1517TF-3PN/DP 等型号。S7-1500 PLC T CPU 的外观如图 3-7 所示。

3.2.2.5　CPU 的工作模式

CPU 有以下三种工作模式：STOP 模式、STARTUP 模式和 RUN 模式。CPU 前面的状态 LED 指示当前工作模式。

① 在 STOP 模式下，CPU 不执行程序，但可以下载项目。

② 在 STARTUP 模式下，执行一次启动 OB (如果存在)。在启动模式下，CPU 不会处理中断事件。

③ 在 RUN 模式下，程序循环 OB 重复执行。可能发生中断事件，并在 RUN 模式中的任意点执行相应的中断事件 OB。可在 RUN 模式下下载项目的某些部分。

CPU 支持通过暖启动进入 RUN 模式。暖启动不包括储存器复位。执行暖启动时，CPU 会初始化所有的非保持性系统和用户数据，并保留所有保持性用户数据值。

图 3-7 S7-1500 PLC T CPU 的外观

存储器复位将清除所有工作存储器、保持性及非保持性存储区、将装载存储器复制到工作存储器并将输出设置为组态的"对 CPU STOP 的响应"（Reaction to CPU STOP）。

存储器复位不会清除诊断缓冲区，也不会清除永久保存的 IP 地址值。

注意：目前 S7-1200/1500 CPU 仅有暖启动模式，而部分 S7-400CPU 有热启动和冷启动。

3.2.2.6 S7-1500 PLC 的 CPU 模块接线

(1) S7-1500 PLC 的 CPU 模块的电源接线

标准的 S7-1500 PLC 的 CPU 模块只有电源接线端子，S7-1500 PLC 模块接线如图 3-8 所示，1L＋和 2L＋端子与电源 24VDC 相连接，1M 和 2M 与电源 0V 相连接，同时 0V 与接地相连接。

图 3-8 S7-1500 PLC 电源接线端子的接线

（2）紧凑型 S7-1500 PLC 的 CPU 模块模拟量端子的接线

以 CPU1511C 的接线为例介绍。CPU1511C 有 5 个模拟量输入通道，0～3 通道可以接受电流或电压信号，第 4 通道只能和热电阻连接。CPU1511C 有 2 个模拟量输出通道，可以输出电流或电压信号。模拟量输入/输出（电压型）接线如图 3-9 所示，模拟量输入是电压型，模拟量输出也是电压型，热电阻是四线式（也可以连接二线和三线式）。41 和 43 端子用于屏蔽。

图 3-9　模拟量输入/输出（电压型）接线

模拟量输入/输出（电流型）接线如图 3-10 所示，模拟量输入是电流型，模拟量输出也是电流型，热电阻是二线式（也可以连接三线和四线式）。41 和 43 端子用于屏蔽。

可见：信号是电流和电压虽然占用同一通道，但接线端子不同，这点必须注意，此外，同一通道接入了电压信号，就不能接入电流信号，反之亦然。

（3）紧凑型 S7-1500 PLC 的 CPU 模块的数字量端子的接线

CPU1511C 自带 16 点数字量输入，16 点数字量输出，接线如图 3-11 所示。左侧是输入端子，高电平有效，为 PNP 输入。右侧是输出端子，输出的高电平信号，为 PNP 输出。

【例 3-1】　某设备的控制器为 CPU1511C-1PN，控制三相交流电动机的启停，并有一只接近开关限位，请设计接线图。

解　根据题意，只需要 3 个输入点和 1 个输出点，因此使用 CPU1511C-1PN 上集成的 I/O 即可，输入端和输出端都是 PNP 型，因此接近开关只能用 PNP 型的接近开关（不用转换电路时），接线图如图 3-12 所示。交流电动机的启停一般要用交流接触器，交流回路由读

图 3-10 模拟量输入/输出（电流型）接线

图 3-11 数字量输入/输出接线

者自行设计，在此不作赘述。

图 3-12　接线图

3.2.3　S7-1500 PLC 信号模块及其接线

信号模块通常是控制器和过程之间的接口。S7-1500 PLC 标准型 CPU 连接的信号模块和 ET200MP 的信号模块是相同的，且在工程中最为常见，以下将作为重点介绍。

（1）信号模块的分类

信号模块分为数字量模块和模拟量模块。数字量模块分为：数字量输入模块（DI）、数字量输出模块（DQ）和数字量输入/输出混合模块（DI/DQ）。模拟量模块分为模拟量输入模块（AI）、模拟量输出模块（AQ）和模拟量输入/输出混合模块（AI/AQ）。

同时，其模块还有 35mm 和 25mm 宽之分。25mm 模块自带前连接器，而 35mm 模块的前连接器需要另行购买。

（2）数字量输入模块

数字量输入模块将现场的数字量信号转换成 S7-1500 PLC 可以接收的信号，S7-1500 PLC 的 DI 有直流 16 点

图 3-13　直流输入模块（6ES7521-1BH00-0AB0）的外形

和直流 32 点以及交流 16 点。直流输入模块（6ES7521-1BH00-0AB0）的外形如图 3-13 所示。数字量输入模块的技术参数见表 3-7。

表 3-7　数字量输入模块的技术参数

数字量输入模块	16DI，DC 24V 高性能型	16DI，DC 24V 基本型	16DI，AC 230V 基本型	16DI，DC 24V SRC 基本型
订货号	6ES7521-1BH00-0AB0	6ES7521-1BH10-0AA0	6ES7521-1FH00-0AA0	6ES7521-1BH50-0AA0
输入通道数	16	16	16	16
输入额定电压	DC 24V	DC 24V	120/230V AC	DC 24V
是否包含前连接器	否	是	否	否
硬件中断	√	—	—	—
诊断中断	√	—	—	—
诊断功能	√；通道级	—	√	—
模块宽度/mm	35	25	35	35

① 典型的直流输入模块（6ES7521-1BH00-0AB0）的接线如图 3-14 所示，目前仅有

PNP 型输入模块,即输入为高电平有效。

图 3-14 直流输入模块(6ES7521-1BH00-0AB0)的接线(PNP)

② 交流模块一般用于强干扰场合。典型的交流输入模块(6ES7521-1FH00-0AA0)的接线如图 3-15 所示。注意:交流模块的电源电压是 120/230V AC,其公共端子 8、18、28、38 与交流电源的零线 N 相连接。

图 3-15 交流输入模块(6ES7521-1FH00-0AA0)的接线

（3）数字量输出模块

数字量输出模块将 S7-1500 PLC 内部的信号转换成过程需要的电平信号输出，直流输出模块（6ES7 522-1BF00-0AB0）的技术参数见表 3-8。

表 3-8　数字量输出模块的技术参数

数字量输出模块	8DQ,230V AC/2A 标准型	8DQ,DC 24V/2A 高性能型	8RQ,230V AC/5A 标准型
订货号	6ES7522-5FF00-0AB0	6ES7522-1BF00-0AB0	6ES7522-5HF00-0AB0
输出通道数	8	8	8
输出类型	晶闸管	晶体管源型输出	继电器输出
额定输出电压	AC 120/230V	DC 24V	DC 24V-AC 230V
额定输出电流	2A	2A	5A
硬件中断	—	√	—
诊断中断	—	√	√
诊断功能	√;模块级	√;通道级	√;模块级
模块宽度/mm	35	35	35

数字量输出模块可以驱动继电器、电磁阀和信号灯等负载，主要有三类。

① 晶体管输出　只能接直流负载，响应速度最快。晶体管输出的数字量模块（6ES7522-1BF00-0AB0）的接线如图 3-16 所示，有 8 个点输出，4 个点为一组，输出信号为高电平有效，即 PNP 输出。负载电源只能是直流电。

图 3-16　晶体管输出的数字量模块（6ES7522-1BF00-0AB0）的接线图

② 晶闸管输出（可控硅）　接交流负载，响应速度较快，应用较少；晶闸管输出的数字量模块（6ES7522-5FF00-0AB0）的接线如图 3-17 所示，有 8 个点输出，每个点为单组一组，输出信号为交流信号，即负载电源只能是交流电。

图 3-17　晶闸管输出的数字量模块（6ES7522-5FF00-0AB0）的接线

③ 继电器输出　接交流和直流负载，响应速度最慢，但应用最广泛。继电器输出的数字量模块（6ES7522-5HF00-0AB0）的接线如图 3-18 所示，有 8 个点输出，每个点为单组一

图 3-18　继电器输出的数字量模块（6ES7522-5HF00-0AB0）的接线

组，输出信号为继电器的开关触点，所以其负载电源可以是直流电或交流电。通常交流电压不大于 230V。

注意：此模块的供电电源是直流 24V。

(4) 数字量输入/输出混合模块

数字量输入/输出混合模块就是一个模块上既有数字量输入点也有数字量输出点。典型的数字量输入/输出混合模块（6ES7523-1BL00-0AA0）的接线如图 3-19 所示。16 点的数字量输入为直流输入，高电平信号有效，即 PNP 型输入。16 点的数字量输出为直流输出，高电平信号有效，即 PNP 型输出。

图 3-19　数字量输入/输出混合模块（6ES7523-1BL00-0AA0）的接线

(5) 模拟量输入模块

S7-1500 PLC 的模拟量输入模块是将采集模拟量（如电压、电流、温度等）转换成 CPU 可以识别的数字量的模块，一般传感器或变送器相连接。部分 S7-1500 PLC 的模拟量输入模块技术参数见表 3-9。

表 3-9　S7-1500 PLC 的模拟量输入模块技术参数

模拟量输入模块	4AI，U/I/RTD/TC 标准型	8AI，U/I/RTD/TC 标准型	8AI，U/I 高速型
订货号	6ES7531-7QD00-0AB0	6ES7531-7KF00-0AB0	6ES7531-7NF10-0AB0
输入通道数	4（用作电阻、热电阻测量时 2 通道）	8	8
输入信号类型	电流、电压、热电阻、热电偶和电阻	电流、电压、热电阻、热电偶和电阻	电流和电压
分辨率（最高）	16 位	16 位	16 位

续表

转换时间（每通道）	9/23/27/107ms	9/23/27/107ms	所有通道 62.5μs
等时模式	—	—	√
屏蔽电缆长度（最大）	U/I 800m；R/RTD 200m；TC 50m	U/I 800m；R/RTD 200m；TC 50m	800m
是否包含前连接器	是	否	否
限制中断 诊断中断 诊断功能	√ √ √；通道级	√ √ √；通道级	√ √ √；通道级
模块宽度/mm	25	35	35

　　以下仅以模拟量输入模块（6ES7531-7KF00-0AB0）为例介绍模拟量输入模块的接线。此模块功能比较强大，可以测量电流、电压，还可以通过电阻、热电阻和热电偶测量温度。其测量电压信号的接线如图 3-20 所示，图中的，连接电源电压与端子是 41（L＋）和 44（M），然后通过端子 42（L＋）和 43（M）为下一个模块供电。

　　注意：图 3-20 中的虚线是等电位连接电缆，当信号有干扰时，可采用。

图 3-20　模拟量输入模块（6ES7531-7KF00-0AB0）的接线（电压）

　　测量电流信号的四线式接线如图 3-21 所示，二线式如图 3-22 所示。标记②表示等电位接线。

图 3-21　模拟量输入模块（6ES7531-7KF00-0AB0）的接线（四线式电流）

　　测量温度的二线式、三线式和四线式热电阻接线如图 3-23 所示。注意：此模块来测量电压和电流信号是 8 通道，但用热电阻测量温度只有 4 通道。标记①是四线式热电阻接法，标记②是三线式热电阻接法，标记③是二线式热电阻接法。标记⑦表示等电位接线。

　　(6) 模拟量输出模块

　　S7-1500 PLC 模拟量输出模块是将 CPU 传来的数字量转换成模拟量（电流和电压信号），一般用于控制阀门的开度或者变频器的频率给定等。S7-1500 PLC 常用的模拟量输出模块技术参数见表 3-10。

图 3-22 模拟量输入模块 (6ES7531-7KF00-0AB0) 的接线 (二线线式电流)

表 3-10 S7-1500 PLC 的模拟量输出模块技术参数

模拟量输出模块	2AQ,U/I 标准型	4AQ,U/I 标准型	8AQ,U/I 高速型
订货号	6ES7532-5NB00-0AB0	6ES7532-5HD00-0AB0	6ES7532-5HF00-0AB0
输出通道数	2	4	8
输出信号类型	电流,电压	电流,电压	电流,电压
分辨率(最高)	16 位	16 位	16 位
转换时间(每通道)	0.5ms	0.5ms	所有通道 50μs
等时模式	—	—	√
屏蔽电缆长度(最大)	电流 800m;电压 200m	电流 800m;电压 200m	200m
是否包含前连接器	是	否	否
硬件中断	—	—	—
诊断中断	√	√	√
诊断功能	√;通道级	√;通道级	√;通道级
模块宽度/mm	25	35	35

　　模拟量输出模块 (6ES7532-5HD00-0AB0) 电压输出的接线如图 3-24 所示,标记①是电压输出二线式接法,无电阻补偿,精度相对低些,标记②是电压输出四线式接法,有电阻

图 3-23　模拟量输入模块（6ES7531-7KF00-0AB0）的接线图（热电阻）

图 3-24　模拟量输出模块（6ES7532-5HD00-0AB0）电压输出的接线

补偿，精度比二线式接法高。

　　模拟量输出模块（6ES7532-5HD00-0AB0）电流输出的接线如图3-25所示。

图3-25　模拟量输出模块（6ES7532-5HD00-0AB0）电流输出的接线

(7) 模拟量输入/输出混合模块

　　S7-1500 PLC模拟量输入/输出混合模块就是一个模块上有模拟量输入通道和模拟量输出通道。S7-1500 PLC常用的模拟量输入/输出混合模块的技术参数见表3-11。

表3-11　S7-1500 PLC的模拟量输入/输出混合模块技术参数

模拟量输入/输出模块		4AI,U/I/RTD/TC标准型/2AQ,U/I标准型
订货号		6ES7534-7QE00-0AB0
输入通道	输入通道数	4(用作电阻/热电阻测量时2通道)
	输入信号类型	电流、电压、热电阻、热电偶或电阻
	分辨率,最高	16位
	转换时间(每通道)	9/23/27/107ms
输出通道	输出通道数	2
	输出信号类型	电流或电压
	分辨率(最高)	16位
	转换时间(每通道)	0.5ms

续表

硬件中断	—
诊断中断	√
诊断功能	√；通道级
模块宽度/mm	25

模拟量输入/输出混合模块（6ES7534-7QE00-0AB0）如图 3-26 所示，标记⑥处是 4 个通道的模拟量输入，图中为四线式电流信号输入，还可以为电压、热电阻输入信号。标记⑦处是二线式电压输出，标记⑧处是四线式电压输出。

图 3-26　模拟量输入/输出混合模块（6ES7534-7QE00-0AB0）的接线

3.2.4　S7-1500 PLC 通信模块

通信模块集成有各种接口，可与不同接口类型设备进行通信，而具有安全功能的工业以太网模块，可以极大提高连接的安全性。

（1）通信模块的分类

S7-1500 PLC 的通信模块包括 CM 通信模块和 CP 通信处理器模块。CM 通信模块主要用于小数据量通信场合，而 CP 通信处理器模块主要用于大数据量的通信场合。

通信模块按照通信协议分，主要有 PROFIBUS 模块（如 CM1542-5）、点对点连接串行通信模块（如 CM PtP RS232 BA）、以太网通信模块（如 CP1543-1）和 PROFINET 通信模块（如 CM1542-1）等。

（2）通信模块的技术参数

常见的 S7-1500 PLC 的通信模块的技术参数见表 3-12。

表 3-12　S7-1500 PLC 通信模块的技术参数

通信模块	S7-1500-PROFIBUS CM1542-5	S7-1500-PROFIBUS CP1542-5	S7-1500-Ethernet CP1543-1	S7-1500-PROFINET CM1542-1
订货号	6GK7542-5DX00-0XE0	6GK7542-5FX00-0XE0	6GK7543-1AX00-0XE0	6GK7542-1AX00-0XE0
连接接口	RS485（母头）	RS485（母头）	RJ45	RJ45
通信接口数量	1 个 PROFIBUS		1 个以太网	2 个 PROFINET
通信协议	DPV1 主/从 S7 通信 PG/OP 通信		开放式通信 -ISO 传输 -TCP、ISO-on-TCP、UDP -基于 UDP 连接组播 S7 通信 IT 功能 -FTP -SMTP -WebServer -NTP -SNMP	PROFINET IO -RT -IRT -MRP -设备更换无需可交换存储介质 -IO 控制器 -等时实时开放式通信 -ISO 传输 -TCP、ISO-on-TCP、UDP -基于 UDP 连接组播 S7 通信 其他如 NTP，SNMP 代理，WebServer（详情参考手册）
通信速率	9.6Kbps～12Mbps		10/100/1000Mbps	10/100Mbps
最多连接从站数量	125	32	—	128
VPN	否	否	是	否
防火墙功能	否		否	是
模块宽度/mm	35			

3.2.5　S7-1500 PLC 工艺模块及接线

工艺模块具有硬件级的信号处理功能，可对各种传感器进行快速计数、测量和位置记录。支持定位增量式编码器和 SSI 绝对值编码器，支持集中和分布式操作。S7-1500 PLC 工艺模块目前有 TM Count 计数模块和 TM PosInput 定位模块两种。工艺模块的技术参数见表 3-13。

表 3-13　S7-1500 PLC 工艺模块的技术参数

工艺模块	TM Count 2×24V	TM PosInput 2
订货号	6ES7550-1AA00-0AB0	6ES7551-1AB00-0AB0

供电电压	24V DC(20.4~28.8V DC)	
可连接的编码器数量	2	
可连接的编码器种类	-带和不带信号 N 的 24V 增量编码器 -具有方向信号的 24V 脉冲编码器 -不具有方向信号的 24V 脉冲编码器 -用于向上和向下计数脉冲的 24V 脉冲编码器	SSI 绝对编码器 -带和不带信号 N 的 RS422/TTL 增量编码器 -具有方向信号的 RS422/TTL 脉冲编码器 -不具有方向信号的 RS422/TTL 脉冲编码器 -用于向上和向下计数脉冲的 RS422/TTL 脉冲编码器
最大计数频率	200kHz;800kHz(4 倍脉冲评估)	1MHz;4MHz(4 倍脉冲评估)
计数功能	2 个计数器;最大计数频率 800kHz(4 倍脉冲评估)	2 个计数器;最大计数频率 4MHz(4 倍脉冲评估)
比较器	√	√
测量功能	频率,周期,速度	频率,周期,速度
位置检测	绝对位置和相对位置	绝对位置和相对位置
数字量输入通道数	6;每个计数通道 3 个	4;每个通道 2 个
数字量输出通道数	4;每个计数通道 2 个	4;每个通道 2 个
等时模式	√	√
是否包含前连接器	否	否
硬件中断	√	√
诊断中断	√	√
诊断功能	√;模块级	√;模块级
模块宽度/mm	35	

高速计数模块（6ES7550-1AA00-0AB0）有 2 个高速计数通道，即可以连接 2 台光电编码器，其接线如图 3-27 所示，接线端子的 1、2、3 分别与光电编码器的 A、B、N 相连，端子 9 和 10 是电源，与光电编码器的电源相连。端子 4、5、6 是数字量输入，端子 7、8 是数字量输出，可以不用。

3.2.6　S7-1500 PLC 分布式模块

S7-1500 PLC 支持的分布式模块分为 ET200MP 和 ET200SP。ET200MP 是一个可扩展且高度灵活的分布式 I/O 系统，用于通过现场总线（PROFINET 或 PROFIBUS）将过程信号连接到中央控制器。相较于 S7-300/400 的分布式模块 ET200M 和 ET200S，ET200MP 和 ET200SP 的功能更加强大。

(1) ET200MP 模块

ET200MP 模块包含 IM 接口模块和 I/O 模块。ET200MP 的 IM 接口模块将 ET200MP 连接到 PROFINET 或 PROFIBUS 总线，与 S7-1500 PLC 通信，实现 S7-1500 PLC 的扩展。ET200MP 模块的 I/O 模块与 S7-1500 PLC 本机上的 I/O 模块通用，前面已经介绍，在此不再重复介绍。ET200MP 的 IM 接口模块的技术参数见表 3-14。

图 3-27 高速计数模块（6ES7550-1AA00-0AB0）的接线

表 3-14 ET200MP 的 IM 接口模块的技术参数

通信模块	IM 155-5PN 标准型	IM 155-5PN 高性能型	IM 155-5 DP 标准型
订货号	6ES7155-5AA00-0AB0	6ES7155-5AA00-0AC0	6ES7155-5BA00-0AB0
供电电压	24V DC(20.4～28.8V DC)		
通信方式	PROFINET IO	PROFINET IO	PROFIBUS-DP
接口类型	2×RJ45(共享一个 IP 地址,集成交换机功能)		RS485,DP 接头
支持 I/O 模块数量	30		12
S7-400H 冗余系统	—	PROFINET 系统冗余	—
支持等时同步模式	√(最短周期 250μs)	√(最短周期 250μs)	
IRT	√	√	
MRP	√	√	
MRPD	—	√	
优先化启动	√	√	
共享设备	√;2 个 IO 控制器	√;4 个 IO 控制器	

续表

TCP/IP	√	√	—
SNMP	√	√	
LLDP	√	√	
硬件中断	√	√	√
诊断中断	√	√	√
诊断功能	√	√	√
模块宽度/mm	35		

（2）ET200SP 模块

SIMATIC ET200SP 是新一代分布式 I/O 系统，具有体积小，使用灵活，性能突出的特点，具体如下。

① 防护等级 IP20，支持 PROFINET 和 PROFIBUS。

② 更加紧凑的设计，单个模块最多支持 16 通道。

③ 直插式端子，无需工具单手可以完成接线。

④ 模块和基座的组装更方便。

⑤ 各种模块可任意组合。

⑥ 各个负载电势组的形成无需 PM-E 电源模块。

⑦ 运行中可以更换模块（支持热插拔）。

SIMATIC ET200SP 安装于标准 DIN 导轨，一个站点基本配置包括支持 PROFINET 或 PROFIBUS 的 IM 通信接口模块、各种 I/O 模块，功能模块以及所对应的基座单元和最右侧用于完成配置的服务模块（无需单独订购，随接口模块附带）。

每个 ET200SP 接口通信模块最多可以扩展 32 个或者 64 个模块。ET200SP 的 IM 接口模块的技术参数见表 3-15。

表 3-15　ET200SP 的 IM 接口模块的技术参数

接口模块	IM155-6PN 基本型	IM155-6PN 标准型	IM155-6PN 高性能型	IM155-6 DP 高性能型
电源电压	24V			
功耗（典型值）	1.7W	1.9W	2.4W	1.5W
通信方式	PROFINET IO			PROFIBUS-DP
总线连接	集成 2×RJ45	总线适配器	总线适配器	PROFIBUS DP 接头
编程环境 STEP7 TIA Portal STEP7 V5.5	V13 SP1 以上 SP4 以上	V12 以上 SP3 以上	V12 SP1 以上 SP3 以上	V12 以上 SP3 以上
支持模块数量	12	32	64	32
Profisafe 故障安全	—	√	√	—
S7-400H 冗余系统	—	—	PROFINET 系统冗余	可以通过-Ylink
扩展连接 ET 200AL	—	√	√	√
PROFINET RT/IRT	√ / —	√/√	√/√	n. a.
PROFINET 共享设备	—	√	√	n. a.

续表

状态显示	√	√	√	√
中断	√	√	√	√
诊断功能	√	√	√	√
尺寸($W \times H \times D$)/mm	35×117×74	50×117×74	50×117×74	50×117×74

ET200SP 的 I/O 模块非常丰富，包括数字量输入模块、数字量输出模块、模拟量输入模块、模拟量输出模块、工艺模块和通信模块等。

3.3 S7-1500 PLC 的硬件安装

S7-1500 PLC 自动化系统应按照系统手册的要求和规范进行安装，安装前应依照安装清单检查是否准备好系统所有的硬件，并按照要求安装导轨、电源、CPU 模块、接口模块和 I/O 模块等。

3.3.1 硬件配置

(1) S7-1500 PLC 自动化系统的硬件配置

S7-1500 PLC 自动化系统采用单排配置，所有模块都安装在同一根安装导轨上。这些模块通过 U 形连接器连接在一起，形成了一个自装配的背板总线。S7-1500 PLC 本机的最大配置是 32 个模块，槽号范围是 0～31，安装电源和 CPU 模块需要占用 2 个槽位，除此之外，最多可以安装 I/O 模块 30 个，如图 3-28 所示。

图 3-28　S7-1500 PLC 最大配置

S7-1500 PLC 安装在特制的铝型材导轨上，负载电源只能安装在 0 号槽位，CPU 模块安装在 1 号槽位上，且都只能组态一个。系统电源可以组态在 0 号槽位和 2～31 槽位，最多可以组态 3 个。其他模块只能位于 2～31 槽位，数字量 I/O 模块、模拟量 I/O 模块、工艺模块和点对点通信模块可以组态 30 个，而 PROFINET/以太网和 PROFIBUS 通信模块最多组态 4～8 个，具体参考相关手册。

(2) 带 PROFINET 接口模块的 ET200MP 分布式 I/O 系统的硬件配置

带 PROFINET 接口模块的 ET200MP 分布式 I/O 系统的硬件配置与 S7-1500 PLC 本机上的配置方法类似，其最大配置如图 3-29 所示。

　　最多支持三个系统电源（PS），其中一个插入接口模块的左侧，其他两个可插入接口模块的右侧，每个电源模块占一个槽位。如果在接口模块的左侧插入一个系统电源（PS），则将生成总共 32 个模块的最大组态（接口模块右侧最多 30 个模块）。

图 3-29　带 PROFINET 接口模块的 ET200MP 分布式 I/O 系统的最大配置

（3）带 PROFIBUS 接口模块的 ET200MP 分布式 I/O 系统的硬件配置

　　带 PROFIBUS 接口模块的 ET200MP 分布式 I/O 系统最多配置 13 个模块，其最大配置如图 3-30 所示。接口模块位于第 2 槽，I/O 模块、工艺模块、通信模块等位于 3～14 槽，最多配置 12 个。

图 3-30　带 PROFIBUS 接口模块的 ET200MP 分布式 I/O 系统的最大配置

　　一个带电源的完整系统配置如图 3-31 所示。

图 3-31　带电源的完整系统配置

3.3.2 硬件安装

S7-1500 PLC 自动化系统、ET200MP 分布式 I/O 系统的所有模块都是开放式设备。该系统只能安装室内、控制柜或电气操作区中。

（1）安装导轨

S7-1500 PLC 自动化系统、ET200MP 分布式 I/O 系统，采用水平安装时，可安装在最高 60℃ 的环境温度中，采用垂直安装时，最高环境温度为 40℃。水平安装有利于散热，比较常见。

西门子有 6 种长度的安装导轨可被选用，长度范围是 160～2000mm。安装导轨需要预留合适的间隙，以利于模块的散热，一般顶部和底部离开导轨边缘需要预留至少 25mm 的间隙，如图 3-32 所示。

图 3-32　S7-1500 PLC 的安装间隙

S7-1500 PLC 自动化系统、ET200MP 分布式 I/O 系统必须连接到电气系统的保护导线系统，以确保电气安全。将导轨附带的 M6 的螺钉插入导轨下部的 T 形槽中，再将垫片、带接地连接器的环形端子（已经压上了线径为 $10mm^2$ 的导线）、扁平垫圈和锁定垫圈插入螺栓。旋转六角头螺母，通过该螺母将组件拧紧到位。最后将接地电缆的另一端连接到中央接地点/保护性母线（PE）。连接保护性导线示意如图 3-33 所示。

（2）安装电源模块

S7-1500 PLC 的电源分为系统电源和负载电源，负载电源的安装与系统电源安装类似，而且更简单，因此仅介绍安装系统电源，具体步骤如下。

① 将 U 形连接器插入系统电源背面。

② 将系统电源挂在安装导轨上。

③ 向后旋动系统电源。

④ 打开前盖。

⑤ 从系统电源断开电源线连接器的连接。

⑥ 拧紧系统电源（扭矩 1.5N·m）。

⑦ 将已经接好线的电源线连接器插入系统电源模块。

安装系统电源的示意如图 3-34 所示。

图 3-33　连接保护性导线示意图

图 3-34　安装系统电源的示意

（3）安装 CPU 模块

电源模块的安装与安装系统电源类似，具体操作步骤如下。

① 将 U 形连接器插入 CPU 后部的右侧。

② 将 CPU 钩挂在安装导轨上，并将其滑动至左侧的系统电源。

③ 确保 U 形连接器插入系统电源，向后旋动 CPU。

④ 拧紧 CPU 的螺钉（扭矩为 1.5N·m）。

安装 CPU 模块的示意如图 3-35 所示。I/O 模块、工艺模块和通信模块的安装方法与安装 CPU 模块基本相同，在此不作介绍。

3.3.3　接线

导轨和模块安装完毕后，就需要安装 I/O 模块和工艺模块的前连接器（实际为接线端子排），最后接线。

图 3-35　安装 CPU 模块的示意

S7-1500 PLC 的前连接器分为三种，分别是：带螺钉型端子的 35mm 前连接器、带推入式端子的 25mm 前连接器和带推入式端子的 35mm 前连接器，如图 3-36 所示。都是 40 针的连接器，不同于 S7-300 前连接器有 20 针的规格。

前连接器的安装如下。

不同模块的前连接器的安装大致类似，仅以 I/O 模块前连接器的安装为例进行说明，其安装步骤如下。

① 根据需要，关闭负载电流电源。

② 将电缆束上附带的电缆固定夹（电缆扎带）放置在前连接器上。

③ 向上旋转已接线的 I/O 模块前盖直至其锁定。

④ 将前连接器接入预接线位置。需将前连接器挂到 I/O 模块底部，然后将其向上旋转直至前连接器锁上如图 3-37 所示。

(a) 35mm螺钉型　　(b) 25mm推入式　　(c) 35mm推入式

图 3-36　前连接器外观　　　　　　　　图 3-37　安装前连接器

之后的工作是接线，接线按照电工接线规范完成。

第4章

TIA博途（Portal）软件使用入门

本章介绍 TIA 博途（Portal）软件的使用方法，并介绍使用 TIA 博途软件编译一个简单程序完整过程的例子，这是学习本书后续内容必要的准备。

4.1 TIA 博途软件简介

4.1.1 初识 TIA 博途软件

TIA 博途软件是西门子新推出的，面向工业自动化领域的新一代工程软件平台，主要包括三个部分：SIMATIC STEP 7、SIMATIC WinCC 和 SINAMICS StartDrive。TIA 博途软件的体系结构如图 4-1 所示。

图 4-1　TIA 博途软件的体系结构

（1）SIMATIC STEP 7（TIA Portal）

STEP 7（TIA Portal）是用于组态 SIMATIC S7-1200、S7-1500、S7-300/400 和 WinAC 控制器系列的工程组态软件。STEP 7（TIA Portal）有两种版本，具体使用取决于可组态的控制器系列，分别介绍如下。

① STEP 7 Basic 主要用于组态 S7-1200，并且自带 WinCC Basic，用于 Basic 面板的组态。

② STEP 7 Professional 用于组态 S7-1200、S7-1500、S7-300/400 和 WinAC，且自带 WinCC Basic，用于 Basic 面板的组态。

（2）SIMATIC WinCC（TIA Portal）

WinCC（TIA Portal）是使用 WinCC Runtime Advanced 或 SCADA 系统 WinCC Runtime Professional 可视化软件，组态 SIMATIC 面板、SIMATIC 工业 PC 以及标准 PC 的工

程组态软件。

WinCC（TIA Portal）有 4 种版本，具体使用取决于可组态的操作员控制系统，分别介绍如下。

① WinCC Basic 用于组态精简系列面板，WinCC Basic 包含在每款 STEP 7 Basic 和 STEP 7 Professional 产品中。

② WinCC Comfort 用于组态包括精智面板和移动面板的所有面板。

③ WinCC Advanced 用于通过 WinCC Runtime Advanced 可视化软件，组态所有面板和 PC。WinCC Runtime Advanced 是基于 PC 单站系统的可视化软件。WinCC Runtime Advanced 外部变量许可根据个数购买，有 128、512、2k、4k 以及 8k 个外部变量许可出售。

④ WinCC Professional 用于使用 WinCC Runtime Advanced 或 SCADA 系统 WinCC Runtime Professional 组态面板和 PC。WinCC Professional 有以下版本：带有 512 和 4096 个外部变量的 WinCC Professional 以及 WinCC Professional（最大外部变量）。

WinCC Runtime Professional 是一种用于构建组态范围从单站系统到多站系统（包括标准客户端或 Web 客户端）的 SCADA 系统。可以购买带有 128、512、2k、4k、8k 和 64k 个外部变量许可的 WinCC Runtime Professional。

通过 WinCC（TIA Portal）还可以使用 WinCC Runtime Advanced 或 WinCC Runtime Professional 组态 SINUMERIK PC 以及使用 SINUMERIK HMI Pro sl RT 或 SINUMERIK Operate WinCC RT Basic 组态 HMI 设备。

(3) SINAMICS StartDrive（TIA Portal）

SINAMICS StartDrive 软件能够直观地将 SINAMICS 变频器集成到自动化环境中。由于具有相同操作概念，消除了接口瓶颈，并且具有较高的用户友好性，因此可将 SINAMICS 变频器快速集成到自动化环境中，并使用 TIA 博途对它们进行调试。

1）SINAMICS StartDrive 的用户友好性

① 直观的参数设置：可借助于用户友好的向导和屏幕画面进行最佳设置。

② 可根据具体任务，实现结构化变频器组态。

③ 可对配套 SIMOTICS 电机进行简便组态。

2）SINAMICS StartDrive 具有的出色特点

① 所有强大的 TIA 博途软件功能都可支持变频器的工程组态。

② 无需附加工具即可实现高性能跟踪。

③ 可通过变频器消息进行集成系统诊断。

3）支持的 SINAMICS 变频器

① SINAMICS G120，模块化单机传动系统，适用于中低端应用。

② SINAMICS G120C，紧凑型单机传动系统，额定功率较低，具有相关功能。

③ SINAMICS G120D，分布式变频器，采用无机柜式设计。

④ SINAMICS G120P，适用于泵、风机和压缩机的专用变频器。

4.1.2　安装 TIA 博途软件的软硬件条件

(1) 硬件要求

TIA 博途软件对计算机系统的硬件的要求比较高，计算机最好配置固态硬盘（SSD）。

安装"SIMATIC STEP 7 Professional"软件包对硬件的最低要求和推荐要求见表 4-1。

表 4-1　安装"SIMATIC STEP 7 Professional"对硬件要求

项目	最低配置要求	推荐配置
RAM	4GB	8GB 或更大
硬盘	5GB	300GB,固态硬盘
CPU	Intel® Celeron® Dual Core 2.2GHz	Intel® Core™ i5-3320M 3.3GHz
屏幕分辨率	1024×768	15.6"宽屏显示器(1920×1080)

(2) 操作系统要求

西门子 TIA 博途软件对计算机系统的操作系统的要求比较高。专业版、企业版或者旗舰版的操作系统是必备的条件，不支持家庭版操作系统，Windows 7（32 位）的专业版、企业版或者旗舰版都可以安装 TIA 博途软件，但由于 32 位操作系统只支持不到 4GB 内存，所以不推荐安装，推荐安装 64 位的操作系统。安装"SIMATIC STEP 7 Professional"软件包对操作系统的最低要求和推荐要求见表 4-2。

表 4-2　安装"SIMATIC STEP 7 Professional"对操作系统要求

可以安装的操作系统	推荐操作系统
Windows 7(32 位) • Windows 7 Professional SP1 • Windows 7 Enterprise SP1 • Windows 7 Ultimate SP1 Windows 7(64 位) • Windows 7 Professional SP1 • Windows 7 Enterprise SP1 • Windows 7 Ultimate SP1 Windows 8.1(64 位) • Windows 8.1 Professional • Windows 8.1 Enterprise Windows Server(64 位) • Windows Server 2008 R2 StdE SP1(完全安装) • Windows Server 2012 R2 StdE(完全安装)	Windows 7(64 位) • Windows 7 Professional SP1 • Windows 7 Enterprise SP1 • Windows 7 Ultimate SP1 Windows 8.1(64 位) • Windows 8.1 • Windows 8.1 Professional • Windows 8.1 Enterprise Windows Server(64 位) • Windows Server 2008 R2 StdE SP1(完全安装) • Windows Server 2012 R2 StdE(完全安装)

可在虚拟机上安装"SIMATIC STEP 7 Professional"软件包。推荐选择使用下面指定版本或较新版本的虚拟平台：

• VMware vSphere Hypervisor（ESXi）5.5；
• VMware Workstation 10；
• VMware Player 6.0；
• Microsoft Windows Server 2012 R2 Hyper-V。

4.1.3　安装 TIA 博途软件的注意事项

① 无论是 Windows 7 还是 Windows 8.1 系统的家庭（HOME）版，都不能安装西门子的 TIA 博途软件。Windows XP 系统的专业版也不支持安装 TIA 博途 V13 软件。

② 安装 TIA 博途软件时，最好关闭监控和杀毒软件。

③ 安装软件时，软件的存放目录中不能有汉字，此时弹出错误信息，表明目录中有不能识别的字符。例如将软件存放在"C:/软件/STEP 7"目录中就不能安装。

④ 在安装 TIA 博途的过程中出现提示"请重新启动 Windows"字样。这可能是 360 安

全软件作用的结果，重启电脑有时是可行的方案，有时计算机会重复提示重启电脑，在这种情况下解决方案如下：

在 Windows 的菜单命令下，单击"开始"按钮，在"搜索程序和文件"对话框 `搜索程序和文件 🔍` 中输入"regedit"，打开注册表编辑器。选中注册表中的"HKEY_LOCAL_MACHINE \ System \ CurrentControlset \ Control"中的"Session manager"，删除右侧窗口的"PendingFileRenameOperations"选项。重新安装，就不会出现重启计算机的提示了。

⑤ 允许在同一台计算机的同一个操作系统中安装 STEP7 V5.5、STEP7 V12 和 STEP7 V13，早期的 STEP7 V5.5 和 STEP7 V5.4 不能安装在同一个操作系统中。

4.1.4　安装和卸载 TIA 博途软件

(1) 安装 TIA 博途软件

安装软件的前提是计算机的操作系统和硬件符合安装 TIA 博途的条件，当满足安装条件时，首先要关闭正在运行的其他程序，如 Word 等软件，然后将 TIA 博途软件安装光盘插入计算机的光驱中，安装程序会自动启动。如安装程序没有自动启动，则双击安装盘中的可执行文件"Start.exe"，手动启动。具体安装顺序如下。

① 初始化。当安装开始进行时，首先初始化，这需要一段时间，如图 4-2 所示。

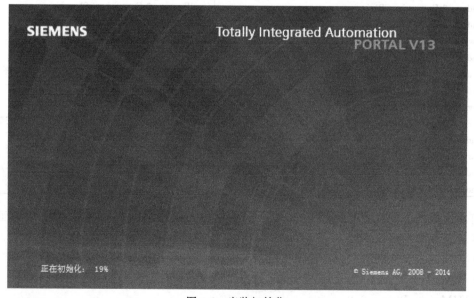

图 4-2　安装初始化

② 选择安装语言。TIA 博途提供了英语、德语、中文、法语、西班牙语和意大利语，供选择安装，本例选择"中文"，如图 4-3 所示，单击"下一步"按钮，弹出需要安装的软件的界面。

③ 选择需要安装的软件。如图 4-4 所示，有三个选项可供选择，本例选择"用户自定义"选项卡，选择需要安装的软件，这需要根据购买的授权确定，本例选择所有选项。

④ 选择许可条款。如图 4-5 所示，勾选两个选项，同意许可条款，单击"下一步"按钮。

图 4-3　选择安装语言

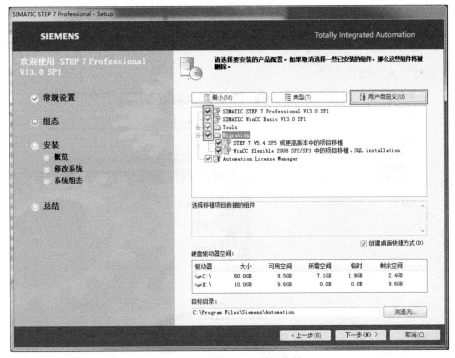

图 4-4　选择需要安装的软件

⑤ 安全控制。如图 4-6 所示，勾选"我接受此计算机上的安全和权限设置"，单击"下一步"按钮。

图 4-5　选择许可条款

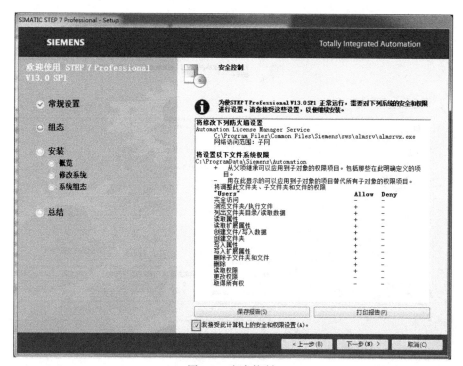

图 4-6　安全控制

⑥ 预览安装和安装。如图 4-7 所示是预览界面，显示要安装产品的具体位置。如确认需要安装 TIA 博途，单击"安装"按钮，TIA 博途程序开始安装，安装界面如图 4-8

所示。安装完成后，选择"重新启动计算机"选项。重新启动计算机后，TIA 博途程序安装完成。

图 4-7　预览

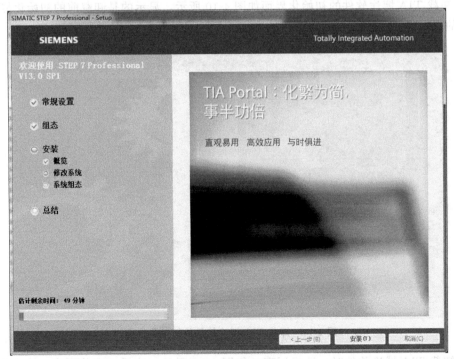

图 4-8　安装过程

（2）卸载 TIA 博途软件

卸载 TIA 博途软件和卸载其他软件比较类似，具体操作过程如下。

① 打开控制面板的"程序和功能"界面。先打开控制面板，再在控制面板中，双击并打开"程序和功能"界面，如图 4-9 所示，单击"卸载"按钮，弹出初始化界面。

图 4-9　程序和功能

② 卸载 TIA 博途软件的初始化界面如图 4-10 所示，显示的是卸载前的初始化界面，需要一定的时间完成。

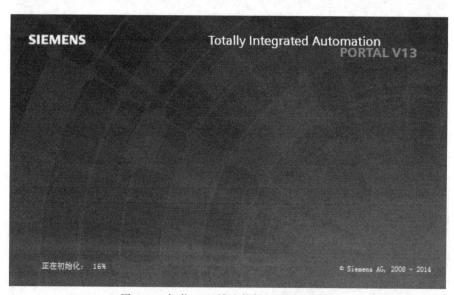

图 4-10　卸载 TIA 博途软件的初始化界面

③ 卸载 TIA 博途软件时，选择语言。如图 4-11 所示，选择"安装语言：中文"，单击"下一步"按钮，弹出"选择要卸载的软件"的界面。

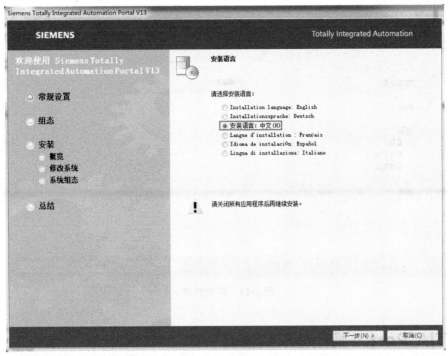

图 4-11　选择语言

④ 选择要卸载的软件。如图 4-12，选择"要卸载的软件"，本例全部选择，单击"下一步"按钮，弹出卸载预览界面，如图 4-13 所示，单击"卸载"按钮，卸载开始进行，直到完成后，重新启动计算机即可。

图 4-12　选择要卸载的软件

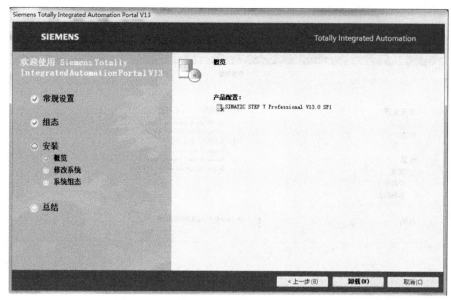

图 4-13　卸载程序

4.2　TIA Portal 视图与项目视图

4.2.1　TIA Portal 视图结构

TIA Portal 视图的结构如图 4-14 所示，以下分别对各个主要部分进行说明。

图 4-14　TIA Portal 视图的结构

（1）登录选项

如图 4-14 所示的序号"1"，登陆选项为各个任务区提供了基本功能。在 Portal 视图中提供的登录选项取决于所安装的产品。

（2）所选登录选项对应的操作

如图 4-14 所示的序号"2"，此处提供了在所选登录选项中可使用的操作。可在每个登录选项中调用上下文相关的帮助功能。

（3）所选操作的选择面板

如图 4-14 所示的序号"3"，所有登录选项中都提供了选择面板。该面板的内容取决于操作者的当前选择。

（4）切换到项目视图

如图 4-14 所示的序号"4"，可以使用"项目视图"链接切换到项目视图。

（5）当前打开的项目的显示区域

如图 4-14 所示的序号"5"，在此处可了解当前打开的是哪个项目。

4.2.2　项目视图

项目视图是项目所有组件的结构化视图，如图 4-15 所示，项目视图是项目组态和编程的界面。

图 4-15　项目视图的组件

单击如图 4-14 所示 TIA Portal 视图界面的"项目视图"按钮，可以打开项目视图界面，界面中包含如下区域。

（1）标题栏

项目名称显示在标题栏中，如图 4-15 所示的"1"处的"项目 1 _ V13 _ SP1"。

（2）菜单栏

菜单栏如图 4-15 所示的"2"处所示，包含工作所需的全部命令。

（3）工具栏

工具栏如图 4-15 所示的"3"处所示，工具栏提供了常用命令的按钮。可以更快地访问"复制"、"粘贴"、"上传"和"下载"等命令。

（4）项目树

项目树如图 4-15 所示的"4"处所示，使用项目树功能，可以访问所有组件和项目数据。可在项目树中执行以下任务：

① 添加新组件；

② 编辑现有组件；

③ 扫描和修改现有组件的属性。

（5）工作区

工作区如图 4-15 的"5"处所示，在工作区内显示打开的对象。例如，这些对象包括：编辑器、视图和表格。

在工作区可以打开若干个对象。但通常每次在工作区中只能看到其中一个对象。在编辑器栏中，所有其他对象均显示为选项卡。如果在执行某些任务时要同时查看两个对象，则可以水平或垂直方式平铺工作区，或浮动停靠工作区的元素。如果没有打开任何对象，则工作区是空的。

（6）任务卡

任务卡如图 4-15 中"6"处所示，根据所编辑对象或所选对象，提供了用于执行附加操作的任务卡。这些操作包括：

① 从库中或者从硬件目录中选择对象；

② 在项目中搜索和替换对象；

③ 将预定义的对象拖拽到工作区。

在屏幕右侧的条形栏中可以找到可用的任务卡。可以随时折叠和重新打开这些任务卡。哪些任务卡可用取决于所安装的产品。比较复杂的任务卡会划分为多个窗格，这些窗格也可以折叠和重新打开。

（7）详细视图

详细视图如图 4-15"7"处所示，详细视图中显示总览窗口或项目树中所选对象的特定内容。其中可以包含文本列表或变量。但不显示文件夹的内容。要显示文件夹的内容，可使用项目树或巡视窗口。

（8）巡视窗口

巡视窗口如图 4-15"8"处所示，对象或所执行操作的附加信息均显示在巡视窗口中。巡视窗口有三个选项卡：属性、信息和诊断。

①"属性"选项卡　此选项卡显示所选对象的属性。可以在此处更改可编辑的属性。属性的内容非常丰富，读者应重点掌握。

②"信息"选项卡　此选项卡显示有关所选对象的附加信息以及执行操作（例如编译）时发出的报警。

③"诊断"选项卡　此选项卡中将提供有关系统诊断事件，已组态消息事件以及连接诊断的信息。

（9）切换到 Portal 视图

点击如图 4-15 所示"9"处的"Portal 视图"按钮，可从项目视图切换到 Portal 视图。

（10）编辑器栏

编辑器栏如图 4-15"10"处所示，编辑器栏显示打开的编辑器。如果已打开多个编辑器，它们将组合在一起显示。可以使用编辑器栏在打开的元素之间进行快速切换。

（11）带有进度显示的状态栏

状态栏如图 4-15"11"处所示，在状态栏中，显示当前正在后台运行的过程的进度条。其中还包括一个图形方式显示的进度条。将鼠标指针放置在进度条上，系统将显示一个工具提示，描述正在后台运行的过程的其他信息。单击进度条边上的按钮，可以取消后台正在运行的过程。

如果当前没有任何过程在后台运行，则状态栏中显示最新生成的报警。

4.2.3　项目树

在项目视图左侧项目树界面中主要包括的区域如图 4-16 所示。

（1）标题栏

项目树的标题栏有两个按钮，可以自动▥和手动◀折叠项目树。手动折叠项目树时，此按钮将"缩小"到左边界。它此时会从指向左侧的箭头变为指向右侧的箭头，并可用于重新打开项目树。在不需要时，可以使用"自动折叠"▥按钮自动折叠到项目树。

（2）工具栏

可以在项目树的工具栏中执行以下任务。

① 用 ✷ 按钮，创建新的用户文件夹；例如，为了组合"程序块"文件夹中的块。

② 用 ◀ 按钮向前浏览到链接的源，用 ▶ 按钮，往回浏览到链接本身。项目树中有两个用于链接的按钮。可使用这两个按钮从链接浏览到源，然后再往回浏览。

③ 用 ▦ 按钮，在工作区中显示所选对象的总览。

显示总览时，将隐藏项目树中元素的更低级别的对象和操作。

（3）项目

在"项目"文件夹中，可以找到与项目相关的所有对象和操作，例如：

① 设备；

② 语言和资源；

③ 在线访问。

（4）设备

项目中的每个设备都有一个单独的文件夹，该文件夹具有内部的项目名称。属于该设备的对象和

图 4-16　项目树

操作都排列在此文件夹中。

（5）公共数据

此文件夹包含可跨多个设备使用的数据，例如公用消息类、日志、脚本和文本列表。

（6）文档设置

在此文件夹中，可以指定要在以后打印的项目文档的布局。

（7）语言和资源

可在此文件夹中确定项目语言和文本。

（8）在线访问

该文件夹包含了 PG/PC 的所有接口，即使未用于与模块通信的接口也包括在其中。

（9）读卡器/USB 存储器

该文件夹用于管理连接到 PG/PC 的所有读卡器和其他 USB 存储介质。

4.3 创建和编辑项目

4.3.1 创建项目

新建博途项目的方法如下。

① 方法1：打开 TIA 博途软件，如图 4-17 所示，选中"启动"→"创建新项目"，在"项目名称"中输入新建的项目名称（本例为 LAMP），单击"创建"按钮，完成新建项目。

② 方法2：如果 TIA 博途软件处于打开状态，在项目视图中，选中菜单栏中"项目"，单击"新建"命令，如图 4-18 所示，弹出如图 4-19 所示的界面，在"项

图 4-17 新建项目（1）

目名称"中输入新建的项目名称（本例为 LAMP），单击"创建"按钮，完成新建项目。

③ 方法 3：如果 TIA 博途软件处于打开状态，而且在项目视图中，单击工具栏中"新建"按钮，弹出如图 4-19 所示的界面，在"项目名称"中输入新建的项目名称（本例为 LAMP），单击"创建"按钮，完成新建项目。

图 4-18　新建项目（2）

图 4-19　新建项目（3）

4.3.2　添加设备

项目视图是 TIA 博途软件的硬件组态和编程的主窗口，在项目树的设备栏中，双击"添加新设备"选项卡栏，然后弹出"添加新设备"对话框，如图 4-20 所示。可以修改设备名称，也可保持系统默认名称。选择需要的设备，本例为：6ES7511-1AK00-0AB0，勾选"打开设备视图"，单击"确定"按钮，完成新设备添加，并打开设备视图，如图 4-21 所示。

图 4-20　添加新设备（1）

图 4-21　添加新设备（2）

4.3.3 编辑项目（打开、保存、另存为、关闭和删除）

(1) 打开项目

打开已有的项目有如下方法。

① 方法 1：打开 TIA 博途软件，如图 4-22 所示，选中"启动"→"打开现有项目"，再选中要打开的项目，本例为"LAMP"，单击"打开"按钮，选中的项目即可打开。

② 方法 2：如果 TIA 博途软件处于打开状态，而且在项目视图中，选中菜单栏中"项目"，单击"打开"命令，弹出如图 4-23 所示的界面，再选中要打开的项目，本例为"LAMP"，单击"打开"按钮，现有的项目即可打开。

图 4-22 打开项目（1）

图 4-23 打开项目（2）

③ 方法 3：打开博途项目程序的存放目录，如图 4-24 所示，双击 "LAMP"，现有的项目即可打开。

图 4-24　打开项目（3）

（2）保存项目

保存项目的方法如下。

① 方法 1：在项目视图中，选中菜单栏中 "项目"，单击 "保存" 命令，现有的项目即可保存。

② 方法 2：在项目视图中，选中工具栏中 "保存" 按钮 🖫，现有的项目即可保存。

（3）另存为项目

保存项目的方法：在项目视图中，选中菜单栏中 "项目"，单击 "另存为（A）…" 命令，弹出如图 4-25 所示，在 "文件名" 中输入新的文件名（本例为 LAMP2），单击 "保存" 按钮，另存为项目完成。

图 4-25　另存为项目

（4）关闭项目

关闭项目的方法如下。

① 方法 1：在项目视图中，选中菜单栏中 "项目"，单击 "退出" 命令，现有的项目即可退出。

② 方法 2：在项目视图中，单击如图 4-21 所示的 "退出" 按钮 ⊠，即可退出项目。

（5）删除项目

删除项目的方法如下。

① 方法 1：在项目视图中，选中菜单栏中 "项目"，单击 "删除项目" 命令，弹出如

图 4-26 所示的界面，选中要删除的项目（本例为 LAMP2），单击"删除"按钮，现有的项目即可删除。

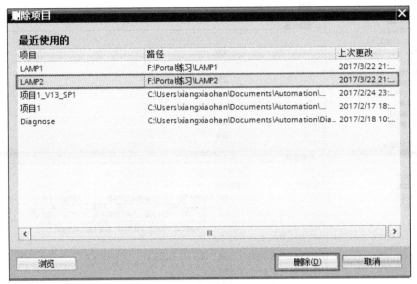

图 4-26　删除项目（1）

② 方法 2：打开博途项目程序的存放目录，如图 4-27 所示，选中并删除"LAMP2"文件夹。

图 4-27　删除项目（2）

4.4　CPU 参数配置

单击机架中的 CPU，可以看到 TIA 博途软件底部 CPU 的属性视图，在此可以配置 CPU 的各种参数，如 CPU 的启动特性、组织块（OB）以及存储区的设置等。以下主要以 CPU1511-1PN 为例介绍 CPU 的参数设置。

4.4.1　常规

单击属性视图中的"常规"选项卡，在属性视图的右侧的常规界面中可见 CPU 的项目信息、目录信息与标识和维护。用户可以浏览 CPU 的简单特性描述，也可以在"名称"、"注释"等空白处作提示性的标注。对于设备名称和位置标识符，用户可以用于识别设备和设备所处的位置，如图 4-28 所示。

4.4.2　PROFINET 接口

PROFINET 接口中包含常规、以太网地址、时间同步、操作模式、高级选项、Web 服务器访问和硬件标识，以下分别介绍。

图 4-28　CPU 属性常规信息

(1) 常规

在 PROFINET 接口选项卡中，单击"常规"选项，如图 4-29 所示，在属性视图的右侧的常规界面中可见 PROFINET 接口的常规信息和目录信息。用户可在"名称"、"作者"和"注释"中作一些提示性的标注。

图 4-29　PROFINET 接口常规信息

(2) 以太网地址

选中"以太网地址"选项卡，可以创建新网络，设置 IP 地址等，如图 4-30 所示。以下将说明"以太网地址"选项卡主要参数和功能。

图 4-30　PROFINET 接口以太网地址信息

① 接口连接到　单击"添加新子网"按钮，可为该接口添加新的以太网网络，新添加的以太网的子网名称默认为 PN/IE_1。

② IP 协议　可根据实际情况设置 IP 地址和子网掩码，如图 4-30 中，默认 IP 地址为"192.168.0.1"，默认子网掩码为"255.255.255.0"。如果该设备需要和非同一网段的设备通信，那么还需要激活"使用 IP 路由器"选项，并输入路由器的 IP 地址。

③ PROFINET　PROFINET 设备名称：表示对于 PROFINET 接口的模块，每个接口都有各自的设备名称，且此名称可以在项目树中修改。

转换的名称：表示此 PROFINET 设备名称转换成符合 DNS 习惯的名称。

设备编号：表示 PROFINET IO 设备的编号，IO 控制器的编号是无法修改的，为默认值"0"。

(3) 时间同步

PROFINET 的时间同步参数设置界面如图 4-31 所示。

图 4-31　PROFINET 接口时间同步信息

NTP 模式表示该 PLC 可以通过 NTP（Network Time Protocol）服务器上获取的时间以同步自己的时间。如激活"启动通过 NTP 服务器进行时间同步"选项，表示 PLC 从 NTP 服务器上获取的时间以同步自己的时钟，然后添加 NTP 服务器的 IP 地址，最多可以添加 4 个 NTP 服务器。

更新周期表示 PLC 每次请求更新时间的时间间隔。

（4）操作模式

PROFINET 的操作模式参数设置界面如图 4-32 所示，其主要参数及选项功能介绍如下。

图 4-32 PROFINET 接口操作模式信息

PROFINET 的操作模式表示 PLC 可以通过该接口作为 PROFINET IO 的控制器或者 IO 设备。

默认时，"IO 控制器"选项是使能的，如果组态了 PROFINET IO 设备，那么会出现 PROFINET 系统名称。如果该 PLC 作为智能设备，则需要激活"IO 设备"选项，并选择"已分配的 IO 控制器"。如果需要"已分配的 IO 控制器"给智能设备分配参数时，选择"此 IO 控制器对 PROFINET 接口的参数化"。

（5）高级选项

PROFINET 的高级选项参数设置界面如图 4-33 所示。其主要参数及选项功能介绍如下。

1）接口选项 PROFINET 接口的通信事件，例如维护信息等，能在 CPU 的诊断缓冲区读出，但不会调用用户程序，如激活"若发生通信错误，则调用用户程序"选项，则可调用用户程序。

"为连接（如 TCP、S7 等）发送保持连接信号"选项的默认值为 30s，表示该服务用于面向连接的协议（如 TCP、S7 等），周期性（30s）地发送 Keep-alive（保持激活）报文检测伙伴的连接状态和可达性，并用于故障检测。

2）介质冗余 PROFINET 接口的模块支持 MRP 协议，即介质冗余协议，也就是 PROFINET 接口的设备可以通过 MRP 协议实现环网连接。

"介质冗余功能"中有三个选项，即管理器、客户端和不是环网中的设备。环网管理器发送报文检测网络连接状态，而客户端只能传递检测报文。选择了"管理器"选项，则还要选取哪两个端口连接 MRP 环网。

3）实时设定 实时设定中有 IO 通信、同步和实时选项三个选项。

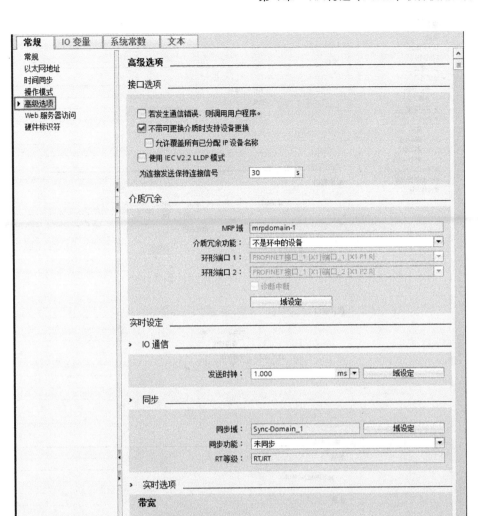

图 4-33　PROFINET 接口高级选项信息

"IO 通信"，可以选择"发送时钟"为"1ms"，范围是 0.25～4ms。此参数的含义是 IO 控制器和 IO 设备交换数据的时间间隔。

"带宽"，表示软件根据 IO 设备的数量和 IO 字节，自动计算"为周期 IO 数据计算的带宽"大小，最大带宽为"可能最短的时间间隔"的一半。

4）Port 1［XP1 R］（PROFINET 端口）　Port1［XP1 R］（PROFINET 端口）参数设置如图 4-34 所示。其具体参数介绍如下。

① 在"常规"部分，用户可以在"名称"、"作者"和"注释"等空白处作一些提示性的标注，支持汉字字符。

② 在"端口互连"中，有"本地端口"和"伙伴端口"两个选项，在"本地端口"中，有介质的类型显示，默认为"铜"，"电缆名称"显示为"--"，即无。

在"伙伴端口"中的"伙伴端口"的下拉选项中，选择需要的伙伴端口。

"介质"选项中的"电缆长度"和"信号延时"参数仅仅适用于 PROFINET IRT 通信。

③ 端口选项。端口选项中有三个选项，即激活、连接和界限。

图 4-34　PROFINET 接口-Port1［XP1 R］

a. 激活。激活"启用该端口以使用",表示该端口可以使用,否则处于禁止状态。

b. 连接。"传输速率/双工"选项中,有"自动"和"TP 100Mbit/s"两个选项,默认为"自动",表示 PLC 和连接伙伴自动协商传输速率和全双工模式,选择此模式时,不能取消激活"启用自动协商协议"选项。"监视"表示端口的连接状态处于监控之中,一旦出现故障,则向 CPU 报警。

如选择"TP 100Mbit/s",会自动激活"监视"选项,且不能取消激活"监视"选项。

同时默认激活"启用自动协商协议"选项，但该选项可取消激活。

c."界限"。表示传输某种以太网报文的边界限制。

"可访问节点检测结束"表示该接口是检测可访问节点的 DCP 协议报文不能被该端口转发。这就意味着该端口的下游设备不能显示在可访问节点的列表中。

"拓扑识别结束"表示拓扑发现 LLDP 协议报文不会被该端口转发。

Port1［XP2 R］是第二个端口，与 Port1［XP1 R］类似，在此不作赘述。

（6）Web 服务器访问

CUP 的存储区中存储了一些含有 CUP 信息和诊断功能的 HTML 页面。Web 服务器功能使得用户可通过 Web 浏览器执行访问此功能。

激活"启用使用该接口访问 Web 服务器"，则意味着可以通过 Web 浏览器访问该 CPU，如图 4-35 所示。本节内容前述部分已经设定 CPU 的 IP 地址为：192.168.0.1。如打开 Web 浏览器（例如 Internet Explorer），并输入"http：//192.168.0.1"（CPU 的 IP 地址），刷新 Internet Explorer，即可浏览访问该 CPU 了。具体使用方法参见 10.4 章节。

图 4-35　启用使用该端口访问 Web 服务器

（7）硬件标识符

模块除了 I 地址和 Q 地址外，还将自动分配一个硬件标识符（HW ID），用于寻址和识别模块。硬件标识符为一个整数，并与诊断报警一起由系统输出，以便定位故障模块或故障子模块，如图 4-36 所示。

图 4-36　硬件标识符

4.4.3　启动

单击"启动"选项，弹出"启动"参数设置界面，如图 4-37 所示。

图 4-37　"启动"参数设置界面

CPU 的"上电后启动"有三个选项：未启动（仍处于 STOP 模式）、暖启动-断电源之前的操作模式和暖启动-RUN。

"将比较预设为实际组态"有两个选项：即便不兼容仍然启动和仅兼容时启动。如选择第一个选项表示不管组态预设和实际组态是否一致 CPU 均启动，如选择第二项则组态预设和实际组态一致 CPU 才启动。

4.4.4 周期

"周期"标签页如图 4-38 所示，其中有两个参数：最大循环时间和最小循环时间。如CPU 的循环时间超出最大循环时间，CPU 将转入 STOP 模式。如果循环时间小于最小循环时间，CPU 将处于等待状态，直到最小循环时间，然后再重新循环扫描。

图 4-38 "周期"参数设置界面

4.4.5 通信负载

在该标签页中设置通信时间占循环扫描时间的最大比例，默认为 50%。

4.4.6 系统和时钟存储器

点击"系统和时钟存储器"标签，弹出如图 4-39 所示的界面。有两项参数，具体介绍如下。

（1）系统存储器位

激活"启用系统存储器字节"，系统默认为"1"，代表的字节为"MB1"，用户也可以指定其他的存储字节。目前只用到了该字节的前 4 位，以 MB1 为例，其各位的含义介绍如下。

① M1.0（FirstScan）：首次扫描为 1，之后为 0。

② M1.1（DiagStatus Update）：诊断状态已更改。

③ M1.2（Always TRUE）：CPU 运行时，始终为 1。

④ M1.3（Always FALSE）：CPU 运行时，始终为 0。

⑤ M1.4～M1.7 未定义，且数值为 0。

注意：S7-300/400 PLC 没有此功能。

（2）时钟存储器位

时钟存储器是 CPU 内部集成的时钟存储器。激活"启用时钟存储器字节"，系统默认为"0"，代表的字节为"MB0"，用户也可以指定其他的存储字节，其各位的含义见表 4-3。

图 4-39　系统和时钟存储器

表 **4-3**　时钟存储器各位的含义

时钟存储器的位	7	6	5	4	3	2	1	0
频率/Hz	0.5	0.625	1	1.25	2	2.5	5	10
周期/s	2	1.6	1	0.8	0.5	0.4	0.2	0.1

4.4.7　系统诊断

单击"系统诊断"选项卡，进入系统诊断参数界面，诊断系统有两个选项，即常规和报警设置，如图 4-40 所示。

①"常规"选项中的"激活该设备的系统诊断"一直处于激活状态，且不能取消激活。

②"报警设置"选项，针对每种报警类别进行设置，例如故障、要求维护、需要维护以及信息。如果要显示该类别报警，就必须确认，要确认哪个选项，就勾选该项。

图 4-40　诊断系统

4.4.8 显示

S7-1500 的 CPU 模块上配有显示器。单击"显示"选项卡，弹出如图 4-41 所示的界面。

图 4-41 "显示"界面

（1）常规

"常规"选项卡下有显示待机模式、节能模式和显示的语言。

在待机模式下，显示器保持黑屏，并在按下某个显示器按键时立即重新激活。在显示器的显示菜单中，还可以更改待机模式，如时间长短或者禁用。

在节能模式下，显示器将以低亮度显示信息。按下任意显示器按键时，节能模式立即结束。在显示器的显示菜单中，还可更改节能模式，如时间长短或者禁用。

显示语言。在使用设定的标准语言装载硬件配置后语言立即更改。还可在显示器的显示菜单中更改语言。

（2）自动更新

更新显示的时间间隔，默认时间间隔为5s，可修改间隔时间。

（3）密码

用户可输入密码以防止未经授权的访问。可以设置在显示屏上输入密码多久后自动注销。要设定屏保，必须激活"启用屏保"选项。

（4）监控表

如果在此处添加了监控表或者强制表，那么操作过程中可在显示屏上使用选择的监控表。以往的 S7-300/400 没有这项功能，要查看监控表一般使用计算机上安装的 STEP7 软件。

（5）用户自定义徽标

可以选择用户自定义徽标并将其与硬件配置一起装载到 CPU。

4.4.9　保护

保护的功能是设置 CPU 的读或者写保护以及访问密码。选中"保护"标签，如图 4-42 所示。

图 4-42　保护

S7-1500 有以下三种访问级别。

① 无保护（完全访问权限）：即默认设置。用户无需输入密码，总是允许进行读写访问。

② 写保护（读访问权限）：只能进行只读访问。无法更改 CPU 上的任何数据，也无法装载任何块或组态。HMI 访问和 CPU 间的通信不能写保护。选择这个保护等级需要指定

密码。

③ 读/写保护（完全保护）：对于"可访问设备"区域或项目中已切换到在线状态的设备，无法进行写访问或读访问。只有 CPU 类型和标识数据可以显示在项目树中"可访问设备"下。可在"可访问设备"下或在线互连设备的项目中来显示在线信息或各个块。

"完全保护"的设置方法是：先选中"不能访问（完全保护）"选项，再点击"密码"下方的下三角，输入密码两次，最后单击"确认"按钮☑即可，如图 4-43 所示。

图 4-43 完全保护

4.4.10 系统电源

"系统电源"标签中有 2 个选项，即"常规"和"电源段概览"，如图 4-44 所示。

"电源段概览"中显示 CPU 和电源模块提供的电量将与信号模块所需的电量进行比较。如果供电/功耗比为负数，即电源的需求高于 CPU 和电源模块提供的电源。图 4-44 中为8.9W，表明有电源功率富余。

图 4-44 系统电源

4.4.11 连接资源

每个连接都需要一定的连接资源，用于相应设备上的端点和转换点（例如 CP、CM）。可用的连接资源数取决于所使用的 CPU/CP/CM 模块类型。

图 4-45 所示显示了"连接资源"标签中的连接资源情况，如 PG 通信最大为 4 个。

图 4-45　连接资源

4.4.12　地址总览

地址总览可以显示模块的型号、模块所在的机架号、模块所在的槽号、模块的起始地址和模块的结束地址等信息。给用户一个详细地址的总览，如图 4-46 所示。

图 4-46　地址总览

4.5　S7-1500 的 I/O 参数配置

S7-1500 模块的一些重要的参数是可以修改的，如数字量 I/O 模块和模拟量 I/O 模块的地址的修改、诊断功能的激活和取消激活等。

4.5.1　数字量输入模块参数的配置

数字量输入模块的参数有三个选项卡：常规、模块参数和输入。常规选项卡中的选项与CPU 的常规选项类似，以后将不作介绍。

(1) 模块参数

模块参数选项卡中包含常规、通道模板和 DI 组态三个选项。

①"常规"选项中有"启动"选项，表示当组态硬件和实际硬件不一致时，硬件是否启动。如图 4-47 所示，选项为"仅兼容时启动 CPU"。

图 4-47　DI 模块参数

②"输入"选项中，如激活了"无电源电压 L＋"和"断路"选项，则模块断路或者电源断电时，会激活故障诊断中断。

在"输入参数"选项中，可选择"输入延时时间"，默认是 3.2ms。

(2) 更改模块的逻辑地址

在机架上插入数字量 I/O 模块时，系统自动为每个模块分配逻辑地址，删除和添加模块不会造成逻辑地址冲突。在工程实践中，修改模块地址是比较常见的现象，如编写程序时，程序的地址和模块地址不匹配，既可修改程序地址，也可以修改模块地址。修改数字量输入模块地址的方法为：先选中要修改数字量输入模块，再选中"输入 0-15"选项卡，如图 4-48 所示，在起始地址中输入希望修改的地址（如输入 10），单击键盘"回车"键即可，结束地址（11）是系统自动计算生成的。

如果输入的起始地址和系统有冲突，系统会弹出提示信息。

图 4-48　修改数字量输入模块地址（1）

(3) 激活诊断中断

选中"输入"选项卡，如图 4-49 所示，激活通道 0 的"启用上升沿检测"，单击 按钮，弹出如图 4-50 所示的界面，单击"新增"按钮，弹出 4-51 所示的界面，单击"确定"按钮，即可增加一个诊断中断组织块 OB40。

图 4-49　修改数字量输入模块地址（2）

图 4-50　新增

图 4-51　新增块

4.5.2　数字量输出模块参数的配置

数字量输出模块的参数有三个选项卡：常规、模块参数和输出。

（1）模块参数

模块参数选项卡中包含常规、通道模板和 DQ 组态三个选项。

①"常规"选项中有"启动"选项，表示当组态硬件和实际硬件不一致时，硬件是否启动。如图 4-52 所示，选项为"仅兼容时启动 CPU"。

②"输出"选项中，如激活了"无电源电压 L+"和"接地短路"选项，则模块短路或者电源断电时，会激活故障诊断中断。

在"输出参数"选项中，可选择"对 CPU STOP 模式的响应"为"关断"，含义是当 CPU 处于 STOP 模式时，这个模块输出点关断；"保持上一个值"的含义是 CPU 处于 STOP 模式时，这个模块输出点输出不变，保持以前的状态；"输出替换为 1"含义是 CPU 处于 STOP 模式时，这个模块输出点状态为"1"。

（2）更改模块的逻辑地址

在机架上插入数字量 I/O 模块时，系统自动为每个模块分配逻辑地址，删除和添加模块不会造成逻辑地址冲突。在工程实践中，修改模块地址是比较常见的现象，如编写程序时，程序的地址和模块地址不匹配，既可修改程序地址，也可以修改模块地址。修改数字量输出模块地址的方法为：先选中要修改数字量输出模块，再选中"输出 0-7"选项卡，如图 4-53 所示，在起始地址中输入希望修改的地址（如输出 20），单击键盘"回车"键即可，结束地址（20）是系统自动计算生成的。

如果输出的起始地址和系统有冲突，系统会弹出提示信息。

图 4-52　DO 模块参数

图 4-53　修改地址

数字量输入/输出模块激活诊断中断的方法类似，在此不再赘述。

4.5.3　模拟量输入模块参数的配置

模拟量输入模块用于连接模拟量的传感器，在工程中非常常用，由于传感器的种类较多，除了接线不同外，在参数配置时也有所不同。

模拟量输入模块的参数有三个选项卡：常规、模块参数和输入。常规选项卡中的选项与 CPU 的常规选项类似，以后将不作介绍。

（1）模块参数

模块参数选项卡中包含常规、通道模板和 AI 组态三个选项。

①"常规"选项中有"启动"选项，表示当组态硬件和实际硬件不一致时，硬件是否启动。如图 4-52 所示，选项为"仅兼容时启动 CPU"。

②"通道模板"选项中，有两个选项"输入"和"AI 组态"。

a. 输入。如图 4-54 所示，如激活了"无电源电压 L＋""上溢"（测量值超出上限时，启用中断）、"下溢"（测量值低于下限时，启用中断）、"共模"和"断路"等选项中的一项或者几项，则模块出现以上描述的故障时，会激活故障诊断中断。

b. 测量。如图 4-54 所示，测量类型选项卡中包含：电流（2 线变送器）、电流（4 线变送器）、电压、热电阻（2 线式）、热电阻（3 线式）、热电阻（4 线式）、热敏电阻（3 线式）、热敏电阻（4 线式）、热电偶和已禁用等选项。测量类型由模块所连接的传感器的类型决定。测量范围实际就是对传感器量程的选择。例如，如果选择的是电压型传感器，有多达 9 个量程可供选择。

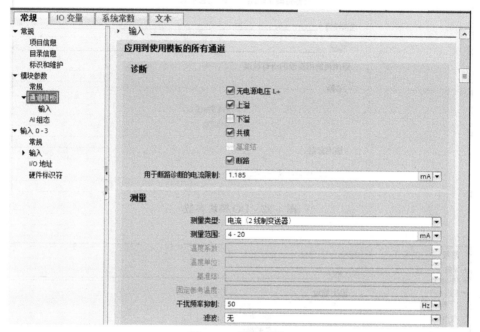

图 4-54　通道模板

注意：在测量类型中，没有"电流（3 线变送器）"选项，如工程中用到 3 线式电流传感器，将它当作 4 线式传感器处理。如一个模块有 4 个通道，只是用了 2 个通道，为了减少干扰，将没有使用的通道的"测量类型"中的选项选定为"已禁用"。

(2) 更改模块的逻辑地址

修改模拟量输入模块地址的方法为：先选中要修改模拟量输入模块，再选中"I/O 地址"选项卡，如图 4-55 所示，在起始地址中输入希望修改的地址（如输入 12），单击"回车"键即可，结束地址（19）是系统自动计算生成的。

如果输入的起始地址和系统有冲突，系统会弹出提示信息。

图 4-55　I/O 地址

4.5.4　模拟量输出模块参数的配置

模拟量输出模块常用于对变频器频率给定和调节阀门的开度，在工程中较为常用。

模拟量输出模块的参数有三个选项卡：常规、模块参数和输出。常规选项卡中的选项与 CPU 的常规选项类似，以后将不作介绍。

（1）模块参数

模块参数选项卡中包含常规、通道模板和 AQ 组态三个选项。

①"常规"选项中有"启动"选项，表示当组态硬件和实际硬件不一致时，硬件是否启动。如图 4-56 所示，选项为"仅兼容时启动 CPU"。

②"通道模板"选项中，有两个选项"输出"和"AQ 组态"。

"输出"选项卡如图 4-56 所示，如激活了"无电源电压 L＋""上溢""下溢""接地短路"和"断路"等选项中的一项或者几项，则模块出现以上描述的故障时，会激活故障诊断中断。

图 4-56　模块参数

"输出参数"选项卡如图 4-56 所示，输出类型选项卡中包含：电流、电压和已禁用选项。输出类型由模块所连接负载的类型决定，如果负载是电流控制信号调节的阀门，那么输出类型选定为"电流"。输出范围也是根据负载接受信号的范围而选择。

在"输出参数"选项中，可选择"对 CPU STOP 模式的响应"为"关断"，含义是当 CPU 处于 STOP 模式时，这个模块输出点关断。"输出参数"还有"保持上一个值"和"输出替换为 1"两个选项。

如一个模块有 4 个通道，只是用了 2 个通道，为了减少干扰，将没有使用的通道的"输出类型"中的选项选定为"已禁用"。

（2）更改模块的逻辑地址

修改模拟量输出模块地址的方法为：先选中要修改模拟量输出模块，再选中"I/O 地址"选项卡，如图 4-57 所示，在起始地址中输入希望修改的地址（如输入 2），单击"回车"

键即可，结束地址（5）是系统自动计算生成的。

如果输出的起始地址和系统有冲突，系统会弹出提示信息。

图 4-57　I/O 地址

4.6　下载和上传

4.6.1　下载

用户把硬件配置和程序编写完成后，即可将硬件配置和程序下载到 CPU 中，下载的步骤如下。

（1）修改安装了 TIA 博途软件的计算机 IP 地址

一般新购买的 S7-1500 的 IP 地址默认为"192.168.0.1"，这个 IP 可以不修改，必须保证安装了 TIA 博途软件的计算机 IP 地址与 S7-1500 的 IP 地址在同一网段。选择并打开"控制面板"→"网络和 Internet"→"网络连接"，如图 4-58 所示，选中"本地连接"，单击鼠标右键，再单击弹出快捷菜单中的"属性"命令，弹出如图 4-59 所示的界面，选中"Internet 协议版本 4（TCP/IP v4）"选项，单击"属性"按钮，弹出如图 4-60 所示的界面，把 IP 地址设为"192.168.0.98"，子网掩码设置为"255.255.255.0"。

图 4-58　打开网络本地连接

注意：本例中，以上 IP 末尾的 "98" 可以被 2~255 中的任意一个整数替换。

图 4-59 本地连接-属性

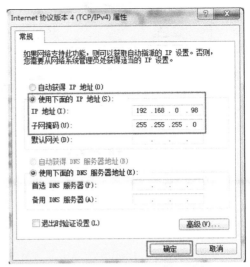

图 4-60 Internet 协议版本 4 (TCP/IP v4)-属性

(2) 下载

下载之前，要确保 S7-1500 与计算机之间已经用网线（正线和反线均可）连接在一起，而且 S7-1500 已经通电。

在项目视图中，如图 4-61 所示，单击 "下载到设备" 按钮🔲，弹出如图 4-62 所示的界面，选择 "PG/PC 接口的类型" 为 "PN/IE"，选择 "PG/PC 接口" 为 "Intel (R) Ethernet…"，"PG/PC 接口" 是网卡的型号，不同的计算机可能不同，此外，初学者容易选择成无线网卡，也容易造成通信失败，单击 "开始搜索" 按钮，TIA 博途软件开始搜索可以连

图 4-61 下载 (1)

图 4-62 下载 (2)

接的设备,搜索到设备显示如图 4-63 所示的界面,单击"下载"按钮,弹出如图 4-64 所示的界面。

图 4-63 下载 (3)

如图 4-64 所示，把第一个"动作"选项修改为"全部接受"，单击"下载"按钮，弹出如图 4-65 所示的界面，单击"完成"按钮，下载完成。

图 4-64　下载预览

图 4-65　下载结果

4.6.2　上传

把 CPU 中的程序上传到计算机中是很有工程应用价值的操作，上传的前提是用户必须拥有读程序的权限，上传程序的步骤如下。

① 新建项目。如图 4-66 所示，新建项目，本例的项目命名为 "Upload"，单击"创建"按钮，再单击"项目视图"按钮，切换到项目视图。

图 4-66　新建项目

　　② 搜索可连接的设备。在项目视图中，如图 4-67 所示，单击菜单栏中的"在线"→"将设备作为新站上传（硬件和软件）"，弹出如图 4-68 所示的界面，选择"PG/PC 接口的类型"为"PN/IE"，选择"PG/PC 接口"为"Intel（R）Ethernet…"，"PG/PC 接口"是

图 4-67　上传（1）

网卡的型号，不同的计算机可能不同，单击"开始搜索"按钮，弹出如图 4-69 所示的界面。

图 4-68　上传（2）

如图 4-69 所示，搜索到可连接的设备"plc_1"，其 IP 地址是"192.168.0.1"。

图 4-69　上传（3）

③ 修改安装了 TIA 博途软件的计算机 IP 地址，计算机的 IP 地址与 CPU 的 IP 地址应

在同一网段（本例为 192.168.0.98），在上一节已经讲解了。

④ 单击如图 4-69 所示界面中的"从设备上传"按钮，当上传完成时，弹出如图 4-70 所示的界面，界面下部的"信息"选项卡中显示"从设备上传完成（错误：0；警告：0）"。

图 4-70　上传成功

4.7　软件编程

不管什么 PLC 项目，编写程序总是必需的，编写程序在硬件组态完成后进行，S7-1500 的主程序一般编写在 OB1 组织块中，也可以在其他的组织块中，S7-300/400 的主程序只能编写在 OB1，其他程序如时间循环中断程序可编写在 OB35 中。

4.7.1　一个简单程序的输入和编译

以下介绍一个最简单的程序的输入和编译过程。

① 新建项目、组态硬件，并切换到项目视图。如图 4-71 所示，在左侧的项目树中，展开"PLC_1"→"PLC 变量"→"显示所有变量"，将地址为"Q0.0"的名称修改为"Motor1"。

② 打开主程序块 OB1，并输入主程序。如图 4-71 所示，双击 Main [OB1]，打开主程序。如图 4-72 所示，先用鼠标的左键选中常开触点"⊣⊢"，并按住不放，沿着箭头方向拖动，直到出现加号"＋"，释放鼠标。再用同样的方法，用鼠标的左键选中线圈"⟨⟩"，并按住不放，沿着箭头方向拖动，直到出现加号"＋"，释放鼠标，如图 4-73 所示。

图 4-71　变量表

图 4-72　输入程序（1）

在常开触点上的红色问号处输入"M0.5"，在线圈上的红色问号处输入"Q0.0"，如图 4-74 所示。

③ 保存项目。单击工具栏的"保存项目"按钮 ![保存项目图标] 保存项目，保存程序。

图 4-73　输入程序（2）

图 4-74　输入程序（3）

4.7.2　使用快捷键

在程序的输入和编辑过程中，使用快捷键能极大地提高项目编辑效率，使用快捷键是良好的工作习惯。常用的快捷键与功能的对照见表 4-4。

表 4-4 常用的快捷键与功能的对照

序号	功能	快捷键	序号	功能	快捷键
1	插入常开触点 ┤├	Shift＋F2	8	新增块	Ctrl＋N
2	插入常闭触点 ┤/├	Shift＋F3	9	展开所有程序段	Alt＋F11
3	插入线圈 ─( )─	Shift＋F7	10	折叠所有程序段	Alt＋F12
4	插入空功能框 ??	Shift＋F5	11	导航至程序段中的第一个元素	Home
5	打开分支 ↱	Shift＋F8	12	导航至程序段中的最后一个元素	End
6	关闭分支 ↰	Shift＋F9	13	导航至程序段中的下一个元素	Tab
7	插入程序段	Ctrl＋R	14	导航至程序段中的上一个元素	Shift＋Tab

注意：有的计算机在使用快捷键时，还需要在表 4-4 列出快捷键前面加 Fn 键。

以下用一个简单的例子介绍快捷键的使用。

在 TIA 博途软件的项目视图中，打开块 OB1，选中"程序段 1"，依次按快捷键"Shift＋F2"、"Shift＋F3"和"Shift＋F7"，则依次插入常开触点、常闭触点和线圈，如图 4-75 所示。

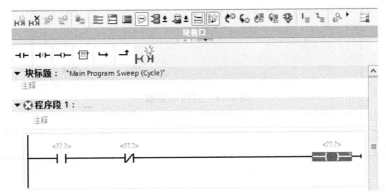

图 4-75 用快捷键输入程序

4.8 打印和归档

一个完整的工程项目包含文字、图表和程序文件。打印的目的就是进行纸面上的交流和存档，项目归档是电子方面的交流和存档。

4.8.1 打印

打印的操作步骤如下。

① 打开相应的项目对象，在屏幕上显示要打印的信息。

② 在应用程序窗口中，使用菜单栏命令"项目"→"打印"，打开打印界面。

③ 可以在对话框中更改打印选项（例如打印机、打印范围和打印份数等）。

也可以将程序等生成 xps 或者 pdf 格式的文档。以下介绍生成 xps 格式的文档的步骤。

在项目视图中，使用菜单栏命令"项目"→"打印"，打开打印对话框，如图 4-76 所示，打印机名称选择"Microsoft XPS Document Writer"，再单击"打印"按钮，生成的

xps 格式的文档如图 4-77 所示。

图 4-76　打印对话框

图 4-77　程序生成 xps 格式的文档例子

4.8.2　归档

项目归档的目的是把整个项目的文档压缩到一个压缩文件中，以方便备份和转移。当需要使用时，使用恢复命令，恢复为原来项目的文档。归档的步骤如下。

打开项目视图，单击菜单栏的"项目"→"归档"，如图 4-78 所示，弹出选择归档的路径和名称选择界面，如图 4-79 所示，单击"保存"按钮，生成一个后缀为".ZAP13"的压缩文件。

图 4-78　归档

图 4-79　选择归档的路径

4.9 用 TIA 博途软件创建一个完整的项目

电气原理图如图 4-80 所示，根据此原理图，用 TIA 博途软件创建一个新项目，实现启停控制功能。

(1) 新建项目，硬件配置

① 新建项目 打开 TIA 博途软件，新建项目，命名为"MyFirstProject"，单击"创建"按钮，如图 4-81 所示，即

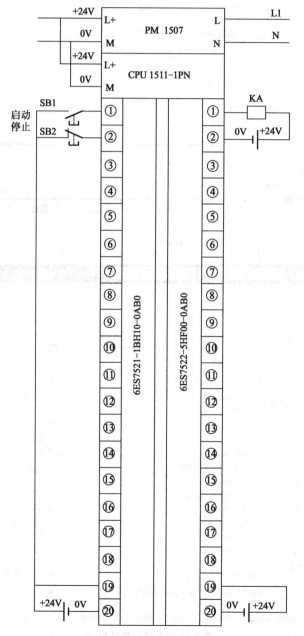

图 4-80 电气原理图

可创建一个新项目，在弹出的视图中，单击"项目视图"按钮，即可切换到项目视图，如图 4-82 所示。

图 4-81　新建项目

② 添加新设备　如图 4-82 所示，在项目视图的项目树中，双击"添加新设备"选项，弹出如图 4-83 所示的界面，选中要添加的 CPU，本例为"6ES7511-1AK00-0AB0"，单击"确定"按钮，CPU 添加完成。

图 4-82　添加新设备

图 4-83　添加 CPU 模块

在项目视图中，选定项目树中的"设备组态"，再选中机架的第 2 槽位，展开最右侧的"硬件目录"，选中并双击"6ES7521-1BH10-0AA0"，此模块会自动添加到机架的第 2 槽位，如图 4-84 所示。用同样的办法把 DO 模块"6ES7522-5HF00-0AB0"添加到第 3 槽位，如图 4-85 所示。至此，硬件配置完成。

图 4-84　添加 DI 模块

图 4-85　添加 DO 模块

（2）输入程序

① 将符号名称与地址变量关联。在项目视图中，选定项目树中的"显示所有变量"，如图 4-86 所示，在项目视图的右上方有一个表格，单击"添加"按钮，先在表格的"名称"栏中输入"Start"，在"地址"栏中输入"I0.0"，这样符号"Start"在寻址时，就代表"I0.0"。用同样的方法将"Stop1"和"I0.1"关联，将"Motor"和"Q0.0"关联。

② 打开主程序。如图 4-86 所示，双击项目树中"Main［OB1］"，打开主程序，如

图 4-86　将符号名称与地址变量关联

图 4-87 所示。

图 4-87 输入梯形图 (1)

③ 输入输入触点和线圈。先把常用"工具栏"中的常开触点和线圈拖放到如图 4-87 所示的位置。用鼠标选中"双箭头",按住鼠标左键不放,向上拖动鼠标,直到出现单箭头为止,松开鼠标。

④ 输入地址。在如图 4-87 所示图中的红色问号处,输入对应的地址,梯形图的第一行分别输入:I0.0、I0.1 和 Q0.0,梯形图的第二行输入 Q0.0,输入完成后,如图 4-88 所示。

图 4-88 输入梯形图 (2)

⑤ 保存项目。在项目视图中，单击"保存项目"按钮 保存项目，保存整个项目。

（3）下载项目

在项目视图中，单击"下载到设备"按钮📲，弹出如图 4-89 所示的界面，选择"PG/PC 接口的类型"为"PN/IE"，选择"PG/PC 接口"为"Intel（R）Ethernet…"。"PG/PC 接口"是网卡的型号，不同的计算机可能不同，单击"开始搜索"按钮，TIA 博途开始搜索可以连接的设备，搜索到设备显示如图 4-90 所示的界面，单击"下载"按钮，弹出如图 4-91 所示的界面。

图 4-89　下载（1）

如图 4-91 所示，把第一个"动作"选项修改为"全部接受"，单击"下载"按钮，弹出如图 4-92 所示的界面，单击"完成"按钮，下载完成。

（4）程序监视

在项目视图中，单击"在线"按钮 🖉 在线 ，如图 4-93 所示的标记处由灰色变为黄色，表明 TIA 博途软件与 PLC 或者仿真器处于在线状态。再单击工具栏中的"启用/禁用监视"按钮 🔍 ，可见：梯形图中连通的部分是绿色实线，而没有连通的部分是蓝色虚线。

图 4-90 下载（2）

图 4-91 下载预览

图 4-92　下载结果

图 4-93　在线状态

4.10　使用帮助

4.10.1　查找关键字或者功能

在工作或者学习时，可以利用"关键字"搜索功能查找帮助信息。以下用一个例子说明查找的方法。

先在项目视图中，在菜单栏中，单击"帮助"→"显示帮助"，此时弹出帮助信息系统界面，选中"搜索"选项卡，再在"键入要查找的关键字"输入框中，输入关键字，本例为

"OB82"，单击"列出主题"按钮，则有关"OB82"的信息全部显示出来，读者通过阅读这些信息，可了解"OB82"的用法，如图 4-94 所示。

图 4-94　信息系统

4.10.2　使用帮助

TIA 博途软件中内置了很多指令，掌握所有的指令是非常困难的，即使是高水平的工程师也会遇到一些生疏的指令。解决的方法是，在项目视图的指令中，先找到这个生疏的指令，本例为"GET"，先选中"GET"，如图 4-95 所示，再按键盘上的"F1"（或者 Fn+

图 4-95　选中指令"GET"

F1)，弹出"GET"的帮助界面，如图 4-96 所示。

图 4-96　帮助界面

4.11　安装支持包和 GSD 文件

4.11.1　安装支持包

西门子公司的 PLC 模块进行了固件升级或者推出了新型号模块后，没有经过升级的博途软件，一般不支持这些新模块（即使勉强支持，也会有警告信息弹出），因此当读者遇到这种情况，就需要安装最新的支持包，安装方法如下。

在博途软件项目视图的菜单中，如图 4-97 所示，单击"选项"→"支持包"命令，弹出"安装信息"界面，如图 4-98 所示，选择"安装支持软件包"选项，单击"从文件系统添加"按钮（前提是支持包已经下载到本计算机中），在本计算机中找到存放支持包的位置，本例支持包存放位置如图 4-99 所示界面，选中需要安装的支持包，单击"打开"按钮。

在图 4-100 中，勾选需要安装的支持包，单击"安装"按钮，支持包开始安装。当支持

图 4-97　安装支持包

图 4-98 安装信息（1）

图 4-99 打开支持包

图 4-100 安装信息（2）

包安装完成后，弹出如图 4-101 所示的界面，单击"完成"按钮。博途软件开始更新硬件目录，之后新安装的硬件就可以在硬件目录中找到。

图 4-101　安装完成

◉【关键点】如果读者没有下载支持包，则单击如图 4-98 中的"从 internet 上下载"按钮，然后再安装。如果读者使用的博途软件过于老旧，如 Portal V12，那么新推出的硬件是不能被支持的，因此建议读者及时更新博途软件的版本。

4.11.2　安装 GSD 文件

当博途软件项目中需要配置第三方设备时（如要配置施耐德的变频器），一般要安装第三方设备的 GSD 文件。安装 GSD 文件的方法如下。

在博途软件项目视图的菜单中，如图 4-102 所示，单击"选项"→"管理通用站描述文件 GSD"命令，弹出界面，如图 4-103 所示，单击"浏览"按钮 …，在本计算机中找到存放 GSD 文件的位置，本例 GSD 文件存放位置如图 4-104 所示界面，选中需要安装的 GSD 文件，单击"安装"按钮。

图 4-102　打开安装菜单

图 4-103　打开 GSD 文件

图 4-104 安装 GSD 文件

当 GSD 文件安装完成后，博途软件开始更新硬件目录，之后新安装的 GSD 文件就可以在硬件目录中找到。

▶【关键点】西门子的 GSD 文件可以在西门子的官网上免费下载，而第三方的 GSD 文件则由第三方公司提供。

第5章

S7-1200/1500 PLC的编程语言

本章介绍 S7-1200/1500 PLC 的编程基础知识（数制、数据类型和数据存储区）、指令系统及其应用。本章内容多，是 PLC 入门的关键。由于 S7-1200 PLC 与 S7-1500 PLC 的数据类型和指令大部分是相同的，因此本章合并讲解。

5.1 S7-1200/1500 PLC 的编程基础知识

5.1.1 数制

PLC 的是一种特殊的工业控制计算机，学习计算机必须掌握数制，对于 PLC 更是如此。

（1）二进制

二进制数的 1 位（bit）只能取 0 和 1 两个不同的值，可以用来表示开关量的两种不同的状态，例如触点的断开和接通、线圈的通电和断电、灯的亮和灭等。在梯形图中，如果该位是 1 可以表示常开触点的闭合和线圈的得电，反之，该位是 0 可以表示常闭触点的断开和线圈的断电。西门子的二进制表示方法是在数值前加前缀 2#，例如 2#1001 1101 1001 1101 就是 16 位二进制常数。十进制的运算规则是逢 10 进 1，二进制的运算规则是逢 2 进 1。

（2）十六进制

十六进制的十六个数字是 0~9 和 A~F（对应于十进制中的 10~15，不区分大小写），每个十六进制数字可用 4 位二进制表示，例如 16#A 用二进制表示为 2#1010。B#16#、W#16# 和 DW#16# 分别表示十六进制的字节、字和双字。十六进制的运算规则是逢 16 进 1。掌握二进制和十六进制之间的转化，对于学习西门子 PLC 来说是十分重要的。

（3）BCD 码

BCD 码用 4 位二进制数（或者 1 位十六进制数）表示一位十进制数，例如一位十进制数 9 的 BCD 码是 1001。4 位二进制有 16 种组合，但 BCD 码只用到前十个，而后六个（1010~1111）没有在 BCD 码中使用。十进制的数字转换成 BCD 码是很容易的，例如十进制数 366 转换成十六进制 BCD 码则是 W#16#0366。

▶【关键点】十进制数 366 转换成十六进制数是 W#16#16E，这是要特别注意的。

BCD 码的最高 4 位二进制数用来表示符号，16 位 BCD 码字的范围是 -999~+999。32

位 BCD 码双字的范围是－9999999～＋9999999。不同数制的数的表示方法见表 5-1。

表 5-1 不同数制的数的表示方法

十进制	十六进制	二进制	BCD 码	十进制	十六进制	二进制	BCD 码
0	0	0000	00000000	8	8	1000	00001000
1	1	0001	00000001	9	9	1001	00001001
2	2	0010	00000010	10	A	1010	00010000
3	3	0011	00000011	11	B	1011	00010001
4	4	0100	00000100	12	C	1100	00010010
5	5	0101	00000101	13	D	1101	00010011
6	6	0110	00000110	14	E	1110	00010100
7	7	0111	00000111	15	F	1111	00010101

5.1.2 数据类型

数据是程序处理和控制的对象，在程序运行过程中，数据是通过变量来存储和传递的。变量有两个要素：名称和数据类型。对程序块或者数据块的变量声明时，都要包括这两个要素。

数据的类型决定了数据的属性，例如数据长度和取值范围等。TIA 博途软件中的数据类型分为三大类：基本数据类型、复合数据类型和其他数据类型。

5.1.2.1 基本数据类型

基本数据类型是根据 IEC61131-3（国际电工委员会指定的 PLC 编程语言标准）来定义的，每个基本数据类型具有固定的长度且不超过 64 位。

基本数据类型最为常用，细分为位数据类型、整数数据类型、字符数据类型、定时器数据类型及日期和时间数据类型。每一种数据类型都具备关键字、数据长度、取值范围和常数表等格式属性。以下分别介绍。

(1) 位数据类型

位数据类型包括布尔型（Bool）、字节型（Byte）、字型（Word）、双字型（DWord）和长字型（LWord）。对于 S7-300/400PLC 仅支持前 4 种数据类型。TIA 博途软件的位数据类型见表 5-2。

表 5-2 位数据类型

关键字	长度(位)	取值范围/格式示例	说明
Bool	1	True 或 False(1 或 0)	布尔变量
Byte	8	B#16#0～B#16#FF	字节
Word	16	十六进制:W#16#0～W#16#FFFF	字(双字节)
DWord	32	十六进制:DW#16#0～DW#16#FFFF_FFFF	双字(四字节)
LWord	64	十六进制:LW#16#0～LW#16#FFFF_FFFF_FFFF_FFFF	长字(八字节)

注：在 TIA 博图软件中，关键字不区分大小写，如 Bool 和 BOOL 都是合法的，不必严格区分。

(2) 整数和浮点数数据类型

整数数据类型包括有符号整数和无符号整数。有符号整数包括：短整数型（SInt）、整数型（Int）、双整数型（DInt）和长整数型（LInt）。无符号整数包括：无符号短整数型（USInt）、无符号整数型（UInt）、无符号双整数型（UDInt）和无符号长整数型（ULInt）。整数没有小数点。对于 S7-300/400PLC 仅支持整数型（Int）和双整数型（DInt）。

实数数据类型包括实数（Real）和长实数（LReal），实数也称为浮点数。对于 S7-300/400PLC 仅支持实数（Real）。浮点数有正负且带小数点。TIA 博途软件的整数和浮点数数据类型见表 5-3。

表 5-3　整数和浮点数数据类型

关键字	长度（位）	取值范围/格式示例	说明
SInt	8	−128～127	8 位有符号整数
Int	16	−32768～32767	16 位有符号整数
DInt	32	−L＃2147483648～L＃2147483647	32 位有符号整数
LInt	64	−9223372036854775808～＋9223372036854775807	64 位有符号整数
USInt	8	0～255	8 位无符号整数
UInt	16	0～65535	16 位无符号整数
UDInt	32	0～4294967295	32 位无符号整数
LLInt	64	0～18446744073709551615	64 位无符号整数
Real	32	−3.402823E38～−1.175495E-38 ＋1.175495E-38～＋3.402823E38	32 位 IEEE754 标准浮点数
LReal	64	−1.7976931348623158e＋308～−2.2250738585072014e-308 ＋2.2250738585072014e-308～＋1.7976931348623158e308	64 位 IEEE754 标准浮点数

（3）字符数据类型

字符数据类型有 Char 和 WChar，数据类型 Char 的操作数长度为 8 个位，在存储器中占用 1 个 Byte。Char 数据类型以 ASCII 格式存储单个字符。

数据类型 WChar（宽字符）的操作数长度为 16 位，在存储器中占用 2 个 Byte。WChar 数据类型存储以 Unicode 格式存储的扩展字符集中的单个字符，但只涉及整个 Unicode 范围的一部分。控制字符在输入时，以美元符号表示。TIA 博途软件的字符数据类型见表 5-4。

表 5-4　字符数据类型

关键字	长度（位）	取值范围/格式示例	说明
Char	8	ASCII 字符集	字符
WChar	16	Unicode 字符集，＄0000～＄D7FF	宽字符

（4）定时器数据类型

定时器数据类型主要包括时间（Time）、S5 时间（S5Time）和长时间（LTime）数据类型。对于 S7-300/400PLC 仅支持前 2 种数据类型。

S5 时间数据类型（S5Time）以 BCD 格式保存持续时间，用于数据长度为 16 位 S5 定时器。持续时间由 0～999（2H＿46M＿30S）范围内的时间值和时间基线决定。时间基线指示定时器时间值按步长 1 减少直至为 "0" 的时间间隔。时间的分辨率可以通过时间基线来控制。

时间数据类型（Time）的操作数内容以毫秒表示，用于数据长度为 32 位的 IEC 定时器。表示信息包括天（d）、小时（h）、分钟（m）、秒（s）和毫秒（ms）。

长时间数据类型（LTime）的操作数内容以纳秒表示，用于数据长度为 64 位的 IEC 定时器。表示信息包括天（d）、小时（h）、分钟（m）、秒（s）、毫秒（ms）、微秒（μs）和纳秒（ns）。TIA 博途软件的定时器数据类型见表 5-5。

表 5-5　定时器数据类型

关键字	长度（位）	取值范围/格式示例	说明
S5Time	16	S5T＃0MS～S5T＃2H_46M_30S_0MS	S5 时间
Time	32	T＃-24d20h31m23s648ms～T＃+24d20h31m23s647ms	时间
LTime	64	LT＃-106751d23h47m16s854ms775μs808ns～ LT＃+106751d23h47m16s854ms775μs807ns	长时间

（5）日期和时间数据类型

日期和时间数据类型包括：日期（Date）、日时间（TOD）、长日时间（LTOD）、日期时间（Date_And_Time）、日期长时间（Date_And_LTime）和长日期时间（DTL），以下分别介绍如下。

① 日期（Date）　Date 数据类型将日期作为无符号整数保存。表示法中包括年、月和日。数据类型 Date 的操作数为十六进制形式，对应于自 1990 年 1 月 1 日以后的日期值。

② 日时间（TOD）　TOD（Time_Of_Day）数据类型占用 1 个双字，存储从当天 0：00h 开始的毫秒数，为无符号整数。

③ 长日时间（LTOD）　LTOD（LTime_Of_Day）数据类型占用 2 个双字，存储从当天 0：00h 开始的纳秒数，为无符号整数。

④ 日期时间（Date_And_Time）　数据类型 DT（Date_And_Time）存储日期和时间信息，格式为 BCD。

⑤ 日期长时间（Date_And_LTime）　数据类型 LDT（Date_And_LTime）可存储自 1970 年 1 月 1 日 0：0 以来的日期和时间信息（单位为 ns）。

⑥ 长日期时间（DTL）　数据类型 DTL 的操作数长度为 12 个字节，以预定义结构存储日期和时间信息。TIA 博途软件的日期和时间数据类型见表 5-6。

表 5-6　日期和时间数据类型

关键字	长度（字节）	取值范围/格式示例	说明
Date	2	D＃1990-01-01～D＃2168-12-31	日期
Time_Of_Day	4	TOD＃00：00：00.000～TOD＃23：59：59.999	日时间
LTime_Of_Day	8	LTOD＃00：00：00.000000000～LTOD＃23：59：59.999999999	长日时间
Date_And_Time	8	最小值：DT＃1990-01-01-00：00：00.000 最大值：DT＃2089-12-31-23：59：59.999	日期时间
Date_And_LTime	8	最小值：LDT＃1970-01-01-0：0：0.000000000 最大值：LDT＃2200-12-31-23：59：59.999999999	日期长时间
DTL	12	最小值：DTL＃1970-01-01-00：00：00.0 最大值：DTL＃2200-12-31-23：59：59.999999999	长日期时间

5.1.2.2　复合数据类型

复合数据类型是一种由其他数据类型组合而成的，或者长度超过 32 位的数据类型，TIA 博途软件中的复合数据类型包含：String（字符串）、WString（宽字符串）、Array（数组类型）、Struct（结构类型）和 UDT（PLC 数据类型），复合数据类型相对较难理解和掌握，以下分别介绍。

（1）字符串和宽字符串

① String（字符串）　其长度最多有 254 个字符的组（数据类型 Char）。为字符串保留的标准区域是 256 个字节长。这是保存 254 个字符和 2 个字节的标题所需要的空间。可以通过定义即将存储在字符串中的字符数目来减少字符串所需的存储空间（例如：String [10]'Siemens'）。

② WString（宽字符串）　数据类型为 WString（宽字符串）的操作数存储一个字符串中多个数据类型为 WChar 的 Unicode 字符。如果不指定长度，则字符串的长度为预置的 254 个字符。在字符串中，可使用所有 Unicode 格式的字符。这意味着也可在字符串中使用中文字符。

（2）Array（数组类型）

Array（数组类型）表示一个由固定数目的同一种数据类型元素组成的数据结构。允许使用除了 Array 之外的所有数据类型。

数组元素通过下标进行寻址。在数组声明中，下标限值定义在 Array 关键字之后的方括号中。下限值必须小于或等于上限值。一个数组最多可以包含 6 维，并使用逗号隔开维度限值。

例如：数组 Array[1..20]of Real 的含义是包括 20 个元素的一维数组，元素数据类型为 Real；数组 Array[1..2,3..4] of Char 含义是包括 4 个元素的二维数组，元素数据类型为 Char。

创建数组的方法。在项目视图的项目树中，双击"添加新块"选项，弹出新建块界面，新建"数据块_1"，在"名称"栏中输入"A1"，在"数据类型"栏中输入"Array [1..20] of Real"，如图 5-1 所示，数组创建完成。单击 A1 前面的三角符号▶，可以查看到数组的所有元素，还可以修改每个元素的"启动值"（初始值），如图 5-2 所示。

图 5-1　创建数组

（3）Struct（结构类型）

该类型是由不同数据类型组成的复合型数据，通常用来定义一组相关数据。例如电动机的一组数据可以按照如图 5-3 所示的方式定义，在"数据块_1"的"名称"栏中输入"Motor"，在"数据类型"栏中输入"Struct"（也可以点击下拉三角选取），之后可创建结

图 5-2　查看数组元素

构的其他元素，如本例的"Speed"。

图 5-3　创建结构

(4) UDT（PLC 数据类型）

UDT 是由不同数据类型组成的复合型数据，与 Struct 不同的是，UDT 是一个模版，可以用来定义其他的变量，UDT 在经典 STEP 7 中称为自定义数据类型。PLC 数据类型的创建方法如下。

① 在项目视图的项目树中，双击"添加新数据类型"选项，弹出如图 5-4 所示界面，创建一个名称为"MotorA"的结构，并将新建的 PLC 数据类型名称重命名为"MotorA"。

图 5-4　创建 PLC 数据类型（1）

② 在"数据块_1"的"名称"栏中输入"MotorA1"和"MotorA2"，在"数据类型"栏中输入"MotorA"，这样操作后，"MotorA1"和"MotorA2"的数据类型变成了"MotorA"，如图 5-5 所示。

图 5-5　创建 PLC 数据类型（2）

使用 PLC 数据类型给编程带来较大的便利性，较为重要，相关内容在后续章节还要介绍。

5.1.2.3　其他数据类型

对于 S7-1200/1500 PLC，除了基本数据类型和复合数据类型外，还有包括指针、参数类型、系统数据类型和硬件数据类型等，以下分别介绍。

(1) 指针类型

S7-1500 PLC 支持 Pointer、Any 和 Variant 三种类型指针，S7-300/400PLC 只支持前两种，S7-1200 PLC 只支持 Variant 类型。

① Pointer　Pointer 类型的参数是一个可指向特定变量的指针。它在存储器中占用 6 个字节（48 位），可能包含变量信息有：数据块编号或 0（若数据块中没有存储数据）和 CPU 中的存储区和变量地址，在图 5-6 中，显示了 Pointer 指针的结构。

图 5-6　Pointer 指针的结构

② Any　Any 类型的参数指向数据区的起始位置，并指定其长度。Any 指针使用存储器中的 10 个字节，可能包含的信息有：数据类型、重复系数、DB 编号、存储区、数据的起始地址（格式为"字节.位"）和零指针。在图 5-7 中，显示了 Any 指针的结构。

③ Variant　Variant 类型的参数是一个可以指向不同数据类型变量（而不是实例）的指针。Variant 指针可以是一个元素数据类型的对象，例如 INT 或 Real。也可以是一个 String、DTL、Struct 数组、UDT 或 UDT 数组。Variant 指针可以识别结构，并指向各个结构元素。Variant 数据类型的操作数在背景 DB 或 L 堆栈中不占用任何空间，但是将占用 CPU 上的存储空间。

图 5-7 Any 指针的结构

Variant 类型的变量不是一个对象，而是对另一个对象的引用。Variant 类型的各元素只能在函数的块接口中声明，因此，不能在数据块或函数块的块接口静态部分中声明。例如，因为各元素的大小未知，所引用对象的大小可以更改。Variant 数据类型只能在块接口的形参中定义。

（2）参数类型

参数类型是传递给被调用块的形参的数据类型。参数类型还可以是 PLC 数据类型。参数数据类型及其用途见表 5-7。

表 5-7 参数数据类型及其用途

参数类型	长度（位）	用途说明
Timer	16	可用于指定在被调用代码块中所使用的定时器。如果使用 TIMER 参数类型的形参，则相关的实参必须是定时器 示例：T1
Counter	16	可用于指定在被调用代码块中使用的计数器。如果使用 Counter 参数类型的形参，则相关的实参必须是计数器 示例：C10
BLOCK_FC BLOCK_FB BLOCK_DB BLOCK_SDB BLOCK_SFB BLOCK_SFC BLOCK_OB	16	可用于指定在被调用代码块中用作输入的块。参数的声明决定所要使用的块类型（例如：FB、FC、DB）。如果使用 BLOCK 参数类型的形参，则将指定一个块地址作为实参 示例：DB3
VOID		VOID 参数类型不会保存任何值。如果输出不需要任何返回值，则使用此参数类型。例如，如果不需要显示错误信息，则可以在输出 STATUS 中指定 VOID 参数类型

（3）系统数据类型

系统数据类型（SDT）由系统提供并具有预定义的结构。系统数据类型的结构由固定数目的可具有各种数据类型的元素构成。不能更改系统数据类型的结构。系统数据类型只能用于特定指令。系统数据类型及其用途见表 5-8。

表 5-8 系统数据类型及其用途

系统数据类型	长度（字节）	用途说明
IEC_Timer	16	定时值为 Time 数据类型的定时器结构。例如，此数据类型可用于"TP"、"TOF"、"TON"、"TONR"、"RT"和"PT"指令

续表

系统数据类型	长度(字节)	用途说明
IEC_LTIMER	32	定时值为 LTime 数据类型的定时器结构。例如,此数据类型可用于"TP"、"TOF"、"TON"、"TONR"、"RT"和"PT"指令
IEC_SCOUNTER	3	计数值为 SINT 数据类型的计数器结构。例如,此数据类型用于"CTU"、"CTD"和"CTUD"指令
EC_USCOUNTER	3	计数值为 USINT 数据类型的计数器结构。例如,此数据类型用于"CTU"、"CTD"和"CTUD"指令
IEC_Counter	6	计数值为 Int 数据类型的计数器结构。例如,此数据类型用于"CTU"、"CTD"和"CTUD"指令
IEC_UCOUNTER	6	计数值为 UINT 数据类型的计数器结构。例如,此数据类型用于"CTU"、"CTD"和"CTUD"指令
IEC_DCOUNTER	12	计数值为 DINT 数据类型的计数器结构。例如,此数据类型用于"CTU"、"CTD"和"CTUD"指令
IEC_UDCOUNTER	12	计数值为 UDINT 数据类型的计数器结构。例如,此数据类型用于"CTU"、"CTD"和"CTUD"指令
IEC_LCOUNTER	24	计数值为 UDINT 数据类型的计数器结构。例如,此数据类型用于"CTU"、"CTD"和"CTUD"指令
IEC_ULCOUNTER	24	计数值为 UINT 数据类型的计数器结构。例如,此数据类型用于"CTU"、"CTD"和"CTUD"指令
ERROR_Struct	28	编程错误信息或 I/O 访问错误信息的结构。例如,此数据类型用于"GET_ERROR"指令
CREF	8	数据类型 ERROR_Struct 的组成,在其中保存有关块地址的信息
NREF	8	数据类型 ERROR_Struct 的组成,在其中保存有关操作数的信息
VREF	12	用于存储 VARIANT 指针。例如,此数据类型可用于 S7-1200Motion Control 的指令
STARTINFO	12	指定保存启动信息的数据结构。例如,此数据类型用于"RD_SINFO"指令
SSL_HEADER	4	指定在读取系统状态列表期间保存有关数据记录信息的数据结构。例如,此数据类型用于"RDSYSST"指令
CONDITIONS	52	用户自定义的数据结构,定义数据接收的开始和结束条件。例如,此数据类型用于"RCV_CFG"指令
TADDR_Param	8	指定用来存储那些通过 UDP 实现开放用户通信的连接说明的数据块结构。例如,此数据类型用于"TUSEND"和"TURSV"指令
TCON_Param	64	指定用来存储那些通过工业以太网(PROFINET)实现开放用户通信的连接说明的数据块结构。例如,此数据类型用于"TSEND"和"TRSV"指令

(4) 硬件数据类型

硬件数据类型由 CPU 提供。可用硬件数据类型的数目取决于 CPU。

根据硬件配置中设置的模块存储特定硬件数据类型的常量。在用户程序中插入用于控制或激活已组态模块的指令时,可将这些可用常量用作参数。部分硬件数据类型及其用途见表 5-9。

表 5-9 部分硬件数据类型及其用途

硬件数据类型	基本数据类型	用途说明
REMOTE	ANY	用于指定远程 CPU 的地址。例如，此数据类型用于"PUT"和"GET"指令
GEOADDR	HW_IOSYSTEM	实际地址信息
HW_ANY	WORD	任何硬件组件(如模块)的标识
HW_DEVICE	HW_ANY	DP 从站/PROFINET IO 设备的标识
HW_DPMASTER	HW_INTERFACE	DP 主站的标识

【例 5-1】 请指出以下数据的含义：DINT♯58、S5t♯58s、58、C♯58、t♯58s 和 P♯M0.0 Byte 10。

解 ① DINT♯58：表示双整数 58。

② S5t♯58s：表示 S5 和 S7 定时器中的定时时间 58s.

③ 58：表示整数 58。

④ C♯58：表示计数器中的预置值 58。

⑤ t♯58s：表示 IEC 定时器中定时时间 58s。

⑥ P♯M0.0 Byte 10：表示从 MB0 开始的 10 个字节。

◐【关键点】理解【例 5-1】中的数据表示方法至关重要，无论对于编写程序还是阅读程序都是必须要掌握的。

5.1.3 S7-1200/1500 PLC 的存储区

S7-1200/1500 PLC 的存储区由装载存储器、工作存储器和系统存储器组成。工作存储器类似于计算机的内存条，装载存储器类似于计算机的硬盘。以下分别介绍三种存储器。

5.1.3.1 装载存储器

装载存储器用于保存逻辑块、数据块和系统数据。下载程序时，用户程序下载到装载存储器。在 PLC 上电时，CPU 把装载存储器中的可执行的部分复制到工作存储器。而 PLC 断电时，需要保存的数据自动保存在装载存储器中。

对于 S7-300/400PLC 符号表、注释不能下载，仍然保存在编程设备中。而对于 S7-1200/1500 PLC，符号表、注释可以下载到装载存储器。

5.1.3.2 工作存储器

工作存储器集成在 CPU 中的高速存取的 RAM 存储器，用于存储 CPU 运行时的用户程序和数据，如组织块、功能块等。用模式选择开关复位 CPU 的存储器时，RAM 中程序被清除，但 FEPROM 中的程序不会被清除。

5.1.3.3 系统存储器

系统存储器是 CPU 为用户提供的存储组件，用于存储用户程序的操作数据，例如过程映像输入、过程映像输出、位存储、定时器、计数器、块堆栈和诊断缓冲区等。

(1) 过程映像输入区 (I)

过程映像输入区与输入端相连，它是专门用来接受 PLC 外部开关信号的元件。在每次扫描周期的开始，CPU 对物理输入点进行采样，并将采样值写入过程映像输入区中。可以按位、字节、字或双字来存取过程映像输入区中的数据，输入寄存器等效电路如图 5-8 所示，真实的回路中当按钮闭合，线圈 I0.0 得电，经过 PLC 内部电路的转化，使得梯形图中，常开触点 I0.0 闭合，理解这一点很重要。

位格式：I [字节地址].[位地址]，如 I0.0。

字节、字或双字格式：I [长度][起始字节地址]，如 IB0、IW0、ID0。

图 5-8　过程映像输入区 I0.0 的等效电路

若要存取存储区的某一位，则必须指定地址，包括存储器标识符、字节地址和位号。图 5-9 是一个位表示法的例子。其中，存储器区、字节地址（I 代表输入，2 代表字节 2）和位地址之间用点号（.）隔开。

图 5-9　位表示方法

(2) 过程映像输出区（Q）

过程映像输出区是用来将 PLC 内部信号输出传送给外部负载（用户输出设备）。过程映像输出区线圈是由 PLC 内部程序的指令驱动，其线圈状态传送给输出单元，再由输出单元对应的硬触点来驱动外部负载，输出寄存器等效电路如图 5-10 所示。当梯形图中的线圈 Q0.0 得电，经过 PLC 内部电路的转化，使得真实回路中的常开触点 Q0.0 闭合，从而使得外部设备线圈得电，理解这一点很重要。

在每次扫描周期的结尾，CPU 将过程映像输出区中的数值复制到物理输出点上。可以按位、字节、字或双字来存取过程映像输出区。

位格式：Q [字节地址].[位地址]，如 Q1.1。

图 5-10　过程映像输出区 Q0.0 的等效电路

字节、字或双字格式：Q［长度］［起始字节地址］，如 QB5、QW6 和 QD8。

（3）标识位存储区（M）

标识位存储区是 PLC 中数量较多的一种存储区，一般的标识位存储区与继电器控制系统中的中间继电器相似。标识位存储区不能直接驱动外部负载，负载只能由过程映像输出区的外部触点驱动。标识位存储区的常开与常闭触点在 PLC 内部编程时，可无限次使用。M 的数量根据不同型号而不同。可以用位存储区作为控制继电器来存储中间操作状态和控制信息，并且可以按位、字节、字或双字来存取位存储区。

位格式：M［字节地址］.［位地址］，如 M2.7。

字节、字或双字格式：M［长度］［起始字节地址］，如 MB10、MW10、MD10。

（4）定时器（T）

定时器存储区位于 CPU 的系统存储器中，其地址标识符为"T"，定时器的数量与 CPU 的型号有关。定时器的表示方法是 Tx，T 表示地址标识符，x 表示第几个定时器。定时器的作用主要用于定时，与继电器控制系统中的时间继电器相似。

格式：T［定时器号］，如 T1。

（5）计数器存储区（C）

计数器存储区位于 CPU 的系统存储器中，其地址标识符为"C"，计数器的数量与 CPU 的型号有关。计数器的表示方法是 Cx，C 表示地址标识符，x 表示第几个计数器。计数器的作用主要用于计数，与继电器控制系统中的计数器相似。

格式：C［计数器号］，如 C1。

（6）数据块存储区（DB）

数据块可以存储在装载存储器、工作存储器以及系统存储器中（块堆栈），共享数据块的标识符为"DB"，函数块 FB 的背景数据块的标识符为"DI"。数据块的大小与 CPU 的型号相关。数据块默认为掉电保持，不需要额外设置。

注意：在语句表中，通过"DB"和"DI"区分两个打开的数据块，在其他应用中函数块 FB 的背景数据块也可以用"DB"表示。

（7）本地数据区（L）

本地数据区位于 CPU 的系统存储器中，其地址标识符为"L"。包括函数、函数块的临时变量、组织块中的开始信息、参数传递信息以及梯形图的内部结果。在程序中访问本地数据区的表示法与输入相同。本地数据区的数量与 CPU 的型号有关。

本地数据区和标识位存储区 M 很相似，但只有一个区别：标识位存储区 M 是全局有效的，而本地数据区只在局部有效。全局是指同一个存储区可以被任何程序存取（包括主程序、子程序和中断服务程序），局部是指存储器区和特定的程序相关联。

位格式：L［字节地址］.［位地址］，如 L0.0。

字节、字或双字格式：L［长度］［起始字节地址］，如 LB3。

（8）物理输入区

物理输入区位于 CPU 的系统存储器中，其地址标识符为"：P"，加在过程映像区地址的后面。与过程映像区功能相反，不经过过程映像区的扫描，程序访问物理区时，直接将输入模块的信息读入，并作为逻辑运算的条件。

位格式：I［字节地址］.［位地址］，如 I2.7：P。

字或双字格式：I［长度］［起始字节地址］：P，如 IW8：P。

(9) 物理输出区

物理输出区位于 CPU 的系统存储器中，其地址标识符为"：P"，加在过程映像区地址的后面。与过程映像区功能相反，不经过过程映像区的扫描，程序访问物理区时，直接将逻辑运算的结果（写出信息）写出到输出模块。

位格式：Q[字节地址].[位地址]，如 Q2.7：P。

字或双字格式：Q[长度][起始字节地址]：P，如 QW8：P。

以上各存储器的存储区及功能见表 5-10。

表 5-10　存储区及功能

地址存储区	范围	S7 符号	举例	功能描述
过程映像输入区	输入（位）	I	I0.0	扫描周期期间，CPU 从模块读取输入，并记录该区域中的值
	输入（字节）	IB	IB0	
	输入（字）	IW	IW0	
	输入（双字）	ID	ID0	
过程映像输出区	输出（位）	Q	Q0.0	扫描周期期间，程序计算输出值并将它放入此区域，扫描结束时，CPU 发送计算输出值到输出模块
	输出（字节）	QB	QB0	
	输出（字）	QW	QW0	
	输出（双字）	QD	QD0	
标识位存储区	标识位存储区（位）	M	M0.0	用于存储程序的中间计算结果
	标识位存储区（字节）	MB	MB0	
	标识位存储区（字）	MW	MW0	
	标识位存储区（双字）	MD	MD0	
定时器	定时器（T）	T	T0	为定时器提供存储空间
计数器	计数器（C）	C	C0	为计数器提供存储空间
共享数据块	数据（位）	DBX	DBX0.0	数据块用"OPN DB"打开，可以被所有的逻辑块使用
	数据（字节）	DBB	DBB0	
	数据（字）	DBW	DBW0	
	数据（双字）	DBD	DBD0	
背景数据块	数据（位）	DIX	DIX0.0	数据块用"OPN DI"打开，数据块包含的信息，可以分配给特定的 FB 或者 SFB
	数据（字节）	DIB	DIB0	
	数据（字）	DIW	DIW0	
	数据（双字）	DID	DID0	
本地数据区	本地数据（位）	L	L0.0	当块被执行时，此区域包含块的临时数据
	本地数据（字节）	LB	LB0	
	本地数据（字）	LW	LW0	
	本地数据（双字）	LD	LD0	
物理输入区	物理输入位	I：P	I0.0：P	外围设备输入区允许直接访问中央和分布式的输入模块
	物理输入字节	IB：P	IB0：P	
	物理输入字	IW：P	IW0：P	
	物理输入双字	ID：P	ID0：P	

续表

地址存储区	范围	S7 符号	举例	功能描述
物理输出区	物理输出位	Q:P	Q0.0:P	外围设备输出区允许直接访问中央和分布式的输入模块
	物理输出字节	QB:P	QB0:P	
	物理输出字	QW:P	QW0:P	
	物理输出双字	QD:P	QD0:P	

【例 5-2】 如果 MD0＝16#1F，那么，MB0、MB1、MB2、MB3、M0.0 和 M3.0 的数值是多少？

解 根据图 5-11，MB0＝0；MB1＝0；MB2＝0；MB3＝16#1F；M0.0＝0；M3.0＝1。这点不同于三菱 PLC，读者要注意区分。如不理解此知识点，在编写通信程序时，如DCS 与 S7-1200/1500 PLC 交换数据时，容易出错。

▶【关键点】在 MD0 中，由 MB0、MB1、MB2 和 MB3 四个字节组成，MB0 是高字节，而 MB3 是低字节，字节、字和双字的起始地址如图 5-11 所示。

图 5-11 字节、字和双字的起始地址

【例 5-3】 如图 5-12 所示的梯形图，是某初学者编写的，请查看有无错误。

解 这个程序的逻辑是正确的，但这个程序在实际运行时，并不能采集数据的。程序段

图 5-12 梯形图

1 是启停控制，当 M10.0 常开触点闭合后开始采集数据，而且 AD 转换的结果存放在 MW10 中，MW10 包含 2 个字节 MB10 和 MB11，而 MB10 包含 8 个位，即 M10.0～ M10.7。只要采集的数据经过 AD 转换，造成 M10.0 位为 0，整个数据采集过程自动停止。初学者很容易犯类似的错误。读者可将 M10.0 改为 M12.0 即可，只要避开 MW10 中包含的 16 个位（M10.0～M10.7 和 M11.0～M11.7）都可行。

5.1.4　全局变量与区域变量

(1) 全局变量

全局变量可以在 CPU 的整个范围内被所有的程序块调用，例如 OB（组织块）、FC（函数）、FB（函数块）中使用，在某一个程序块中赋值后，在其他的程序块中可以读出，没有使用限制。全局变量包括 I、Q、M、T、C、DB、I：P 和 Q：P 等数据区。

(2) 区域变量

也称为局部变量。区域变量只能在所属块（OB、FC 和 FB）范围内调用，在程序块调用时有效，程序块调用完成后被释放，所以不能被其他程序块调用，本地数据区（L）中的变量为区域变量，例如每个程序块中的临时变量都属于区域变量。

5.1.5　编程语言

(1) PLC 编程语言的国际标准

IEC 61131 是 PLC 的国际标准，1992～1995 年发布了 IEC 61131 标准中的 1～4 部分，我国在 1995 年 11 月发布了 GB/T15969-1/2/3/4（等同于 IEC 61131-1/2/3/4）。

IEC 61131-3 广泛地应用于 PLC、DCS、工控机、"软件 PLC"、数控系统和 RTU 等产品。其定义了 5 种编程语言，分别是指令表（Instruction list，IL）、结构文本（Structured text，ST）、梯形图（Ladder diagram，LD）、功能块图（Function block diagram，FBD）和顺序功能图（Sequential function chart，SFC）。

(2) TIA 博途软件中的编程语言

TIA 博途软件中有梯形图、语句表、功能块图、SCL 和 Graph，共 5 种基本编程语言。以下简要介绍。

① 顺序功能图（SFC）　TIA 博途软件中为 S7-Graph，S7-Graph 是针对顺序控制系统进行编程的图形编程语言，特别适合顺序控制程序编写。

② 梯形图（LAD）　梯形图直观易懂，适合于数字量逻辑控制。梯形图适合于熟悉继电器电路的人员使用。设计复杂的触点电路时适合用梯形图，其应用广泛。

③ 语句表（STL）　语句表的功能比梯形图或功能块图的功能强。语句表可供擅长用汇编语言编程的用户使用。语句表输入快，可以在每条语句后面加上注释。语句表有被淘汰的趋势。

④ 功能块图（FBD）　"LOGO！"系列微型 PLC 使用功能块图编程。功能块图适合于熟悉数字电路的人员使用。

⑤ 结构文本（ST）　在 TIA 博途软件中称为 S7-SCL（结构化控制语言），它符合 EN61131-3 标准。S7-SCL 适合于复杂的公式计算、复杂的计算任务和最优化算法或管理大量的数据等。S7-SCL 编程语言适合于熟悉高级编程语言（例如 PASCAL 或 C 语言）的人员使用。S7-SCL 编程语言的使用将越来越广泛。

⑥ S7-HiGraph 编程语言　图形编程语言 S7-HiGraph 属于可选软件包，它用状态图

(State Graphs) 来描述异步、非顺序过程的编程语言。HiGraph 适合于异步非顺序过程的编程。S7-HiGraph 可用于 S7-300/400PLC，在 S7-1200/1500 PLC 中不能使用。

⑦ S7-CFC 编程语言　可选软件包 CFC（Continuous Function Chart，连续功能图）用图形方式连接程序库中以块的形式提供的各种功能。CFC 适合于连续过程控制的编程。S7-HiGraph 可用于 S7-300/400PLC，在 S7-1200/1500 PLC 中不能使用。

在 TIA 博途软件中，如果程序块没有错误，并且被正确地划分为网络，在梯形图和功能块图之间可以相互转换，但梯形图和指令表不可相互转换。注意：在经典 STEP 7 中梯形图、功能块、语句表之间可以相互转换。

5.2 变量表、监控表和强制表的应用

5.2.1 变量表

(1) 变量表（Tag Table）简介

TIA 博途软件中可定义两类符号：全局符号和局部符号。全局符号利用变量表来定义，可以在用户项目的所有程序块中使用。局部符号是在程序块的变量声明表中定义的，只能在该程序块中使用。

PLC 的变量表包含整个 CPU 范围有效的变量和符号常量的定义。系统会为项目中使用的每个 CPU 创建一个变量表，用户也可以创建其他的变量表用于常量和变量进行归类和分组。

在 TIA 博途软件中添加了 CPU 设备后，会在项目树中 CPU 设备下出现一个"PLC 变量"文件夹，在此文件夹中有三个选项：显示所有变量、添加新变量表和默认变量表，如图 5-13 所示。

图 5-13　变量表

"显示所有变量"包含有全部的 PLC 变量、用户常量和 CPU 系统常量。该表不能删除或移动。

"默认变量表"是系统创建，项目的每个 CPU 均有一个标准变量表。该表不能删除、重命名或移动。默认变量表包含 PLC 变量、用户常量和系统常量。可以在默认变量表中声明所有的 PLC 变量，或根据需要创建其他的用户定义变量表。

双击"添加新变量表"，可以创建用户定义变量表，可以根据要求为每个 CPU 创建多个针对组变量的用户定义变量表。可以对用户定义的变量表重命名、整理合并为组或删除。用户定义变量表包含 PLC 变量和用户常量。

① 变量表的工具栏　变量表的工具栏如图 5-14 所示，从左到右含义分别为：插入行、新建行、导出、全部监视和保持性。

图 5-14　变量表的工具栏

② 变量的结构　每个 PLC 变量表包含变量选项卡和用户常量选项卡。默认变量表和"所有变量"表还均包括"系统常量"选项卡。表 5-11 列出了"常量"选项卡的各列的含义，所显示的列编号可能有所不同，可以根据需要显示或隐藏列。

表 5-11　变量表中"常量"选项卡的各列含义

序号	列	说　明
1	⬚	通过单击符号并将变量拖动到程序中作为操作数
2	名称	常量在 CPU 范围内的唯一名称
3	数据类型	变量的数据类型
4	地址	变量地址
5	保持性	将变量标记为具有保持性 保持性变量的值将保留，即使在电源关闭后也是如此
6	可从 HMI 访问	显示运行期间 HMI 是否可访问此变量
7	HMI 中可见	显示默认情况下，在选择 HMI 的操作数时变量是否显示
8	监视值	CPU 中的当前数据值 只有建立了在线连接并选择"监视所有"按钮时，才会显示该列
9	变量表	显示包含有变量声明的变量表 该列仅存在于"所有变量"表中
10	注释	用于说明变量的注释信息

(2) 定义全局符号

在 TIA 博途软件项目视图的项目树中，双击"添加新变量表"，即可生成新的变量表"变量表 _ 1 [0]"，选中新生成的变量表，单击鼠标的右键弹出快捷菜单，选中"重命名"命令，将此变量表重命名为"MyTable[0]"。单击变量表中的"添加行"按钮 ⬚ 2 次，添加 2 行，如图 5-15 所示。

在变量表的"名称"栏中，分别输入"Start""Stop1""Motor"。在"地址"栏中输入"M0.0""M0.1""Q0.0"。三个符号的数据类型均选为"Bool"，如图 5-16 所示。至此，全

图 5-15 添加新变量表

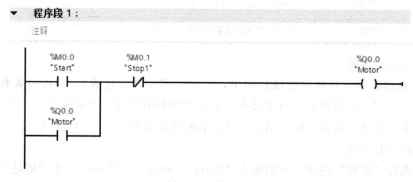

图 5-16 在变量表中，定义全局符号

局符号定义完成，因为这些符号关联的变量是全局变量，所以这些符号在所有的程序中均可使用。

打开程序块 OB1，可以看到梯形图中的符号和地址关联在一起，且一一对应，如图 5-17 所示。

程序段 1：......

注释

```
   %M0.0        %M0.1                              %Q0.0
   "Start"      "Stop1"                            "Motor"
    ┤ ├          ┤/├                                ( )
   %Q0.0
   "Motor"
    ┤ ├
```

图 5-17 梯形图

(3) 导出和导入变量表

① 导出　单击变量表工具栏中的"导出"按钮 ➡️，弹出导出路径界面，如图 5-18 所示，选择适合路径，单击"确定"按钮，即可将变量导出到默认名为"PLCTag.xlsx"的 Excel 文件中。在导出路径中，双击打开导出的 Excel 文件，如图 5-19 所示。

图 5-18　变量表导出路径

	A	B	C	D	E	F	G
1	Name	Path	Data Type	Logical Address	Comment	Hmi Visible	Hmi Accessible
2	Start	默认变量	Bool	%M0.0		True	True
3	Stop1	默认变量	Bool	%M0.1		True	True
4	Motor	默认变量	Bool	%Q0.0		True	True
5							

图 5-19　导出的 Excel 文件

② 导入　单击变量表工具栏中的"导入"按钮 ⬅️，弹出导入路径界面，如图 5-20 所示，选择要导入的 Excel 文件"PLCTag.xlsx"的路径，单击"确定"按钮，即可将变量导入到变量表。

注意：要导入的 Excel 文件必须符合规定的规范。

图 5-20　变量表导入路径

5.2.2　监控表

(1) 监控表（Watch Table）简介

接线完成后需要对所接线和输出设备进行测试，即 I/O 设备测试。I/O 设备的测试可以使用 TIA 博途软件的提供的监控表实现，TIA 博途软件的监控表相当于经典 STEP 7 软件中的变量表的功能。

监控表也称监视表，可以显示用户程序的所有变量的当前值，也可以将特定的值分配给用户程序中的各个变量。使用这两项功能可以检查 I/O 设备的接线情况。

（2）创建监控表

当 TIA 博途软件的项目中添加了 PLC 设备后，系统会自动为该 PLC 的 CPU 生成一个"监控和强制表"文件夹。在项目视图的项目树中，打开此文件夹，双击"添加新监控表"选项，即可创建新的监控表，默认名称为"监控表_1"，如图 5-21 所示。

在监控表中输入要监控的变量，创建监控表完成，如图 5-22 所示。

图 5-21　创建监控表

图 5-22　在监控表中定义要监控的变量

（3）监控表的布局

监视表中显示的列与所用的模式有关，即基本模式或扩展模式。扩展模式比基本模式的列数多，扩展模式下会显示两个附加列：即使用触发器监视和使用触发器修改。

监控表中的工具条中各个按钮的含义见表 5-12。

表 5-12 监控表中的工具条中各个按钮的含义

序号	按钮	说 明
1		在所选行之前插入一行
2		在所选行之后入一行
3		立即修改所有选定变量的地址一次。该命令将立即执行一次,而不参考用户程序中已定义的触发点
4		参考用户程序中定义的触发点,修改所有选定变量的地址
5		禁用外设输出的输出禁用命令。用户因此可以在 CPU 处于 STOP 模式时修改外设输出
6		显示扩展模式的所有列。如果再次单击该图标,将隐藏扩展模式的列
7		显示所有修改列。如果再次单击该图标,将隐藏修改列
8		开始对激活监控表中的可见变量进行监视。在基本模式下,监视模式的默认设置是"永久"。在扩展模式下,可以为变量监视设置定义的触发点
9		开始对激活监控表中的可见变量进行监视。该命令将立即执行并监视变量一次

监控表中各列的含义见表 5-13。

表 5-13 监控表中各列的含义

模式	列	含 义
基本模式	**i**	标识符列
	名称	插入变量的名称
	地址	插入变量的地址
	显示格式	所选的显示格式
	监视值	变量值,取决于所选的显示格式
	修改数值	修改变量时所用的值
		单击相应的复选框可选择要修改的变量
	注释	描述变量的注释
扩展模式显示附加列	使用触发器监视	显示所选的监视模式
	使用触发器修改	显示所选的修改模式

此外,在监控表中还会出现一些其他图标的含义见表 5-14。

表 5-14 监控表中还会出现一些其他图标的含义

序号	图标	含 义
1		表示所选变量的值已被修改为"1"
2		表示所选变量的值已被修改为"0"
3	=	表示将多次使用该地址
4		表示将使用该替代值。替代值是在信号输出模块故障时输出到过程的值,或在信号输入模块故障时用来替换用户程序中过程值的值。用户可以分配替代值(例如,保留旧值)

续表

序号	图标	含 义
5		表示地址因已修改而被阻止
6		表示无法修改该地址
7		表示无法监视该地址
8	**F**	表示该地址正在被强制
9	**F**	表示该地址正在被部分强制
10	**F**	表示相关的I/O地址正在被完全/部分强制
11	**F**	表示该地址不能被完全强制。示例:只能强制地址QW0:P,但不能强制地址QD0:P。这是由于该地址区域始终不在CPU上
12	✖	表示发生语法错误
13	⚠	表示选择了该地址但该地址尚未更改

(4) 监控表的I/O测试

监控表的编辑与编辑Excel类似,因此,监控表的输入可以使用复制、粘贴和拖拽等功能,变量可以从其他项目复制和拖拽到本项目。

如图5-23所示,单击监控表中工具条的"监视变量"按钮 ,可以看到三个变量的监视值。

图5-23 监控表的监控

如图5-24所示,选中"M0.1"后面的"修改值"栏的"FALSE",单击鼠标右键,弹出快捷菜单,选中"修改"→"修改为1"命令,变量"M0.1"变成"TRUE",如图5-25所示。

图5-24 修改监控表中的值(1)

图 5-25　修改监控表中的值（2）

5.2.3　强制表

(1) 强制表简介

使用强制表给用户程序中的各个变量分配固定值，该操作称为"强制"。

强制表功能如下。

① 监视变量　通过该功能可以在 PG/PC 上显示用户程序或 CPU 中各变量的当前值。可以使用或不使用触发条件来监视变量。

强制表可监视的变量有：输入存储器、输出存储器、位存储器和数据块的内容，此外还可监视外设输入的内容。

② 强制变量　通过该功能可以为用户程序的各个 I/O 变量分配固定值。

变量表可强制的变量有：外设输入和外设输出。

(2) 打开监控表

当 TIA 博途软件的项目中添加了 PLC 设备后，系统会自动为该 PLC 的 CPU 生成一个"监控和强制表"文件夹。在项目视图的项目树中，打开此文件夹，双击"强制表"选项，即可打开，不需要创建，输入要强制的变量，如图 5-26 所示。

图 5-26　强制表

如图 5-27 所示，选中"强制值"栏中的"TRUE"，单击鼠标的右键，弹出快捷菜单，

图 5-27　强制表的强制操作（1）

单击"强制"→"强制为1"命令,强制表如图 5-28 所示,在第一列出现 **F** 标识,模块的 Q0.1 指示灯点亮,且 CPU 模块的"MAINT"指示灯变为黄色。

图 5-28 强制表的强制操作 (2)

单击工具栏中的"停止强制"按钮 **F.**,停止所有的强制输出,"MAINT"指示灯变为绿色。

5.3 位逻辑运算指令

位逻辑指令用于二进制数的逻辑运算。位逻辑运算的结果简称为 RLO。

位逻辑指令是最常用的指令之一,主要有与运算指令、与非运算指令、或运算指令、或非运算指令、置位运算指令、复位运算指令、嵌套指令和线圈指令等。

(1) 触点与线圈相关指令

① A(And):与运算指令表示常开触点的串联。使用"与"运算指令来检查二进制操作数的信号状态是否为"1",并且将查询结果与该逻辑运算结果 (RLO) 的信号状态进行"与"运算。因此,查询结果与所检查的操作数信号状态相同。

如果两个相应的信号状态均为"1",则在执行该指令后,RLO 为"1"。如果其中一个相应的信号状态为"0",则在指令执行后,RLO 为"0"。

② O(Or):或运算指令表示常开触点的并联。使用"或"运算指令来检查二进制操作数的信号状态是否为"1",并且将查询结果与该逻辑运算结果 (RLO) 的信号状态进行"或"运算。因此,查询结果与所检查的操作数信号状态相同。

如果其中一个相应的信号状态为"1",则在执行该指令之后,RLO 为"1"。如果这两个相应的信号状态均为"0",则在执行该指令之后,RLO 也为"0"。

③ AN(And Not):与运算取反指令表示常闭触点的串联。检测信号 0,与 And Not 关联。

④ ON(Or Not):或运算取反指令表示常闭触点的并联。

⑤ 赋值指令"=":与线圈相对应,将 CPU 中保存的逻辑运算结果 (RLO) 的信号状态分配给指定操作数。如果 RLO 的信号状态为"1",则置位操作数。如果信号状态为"0",则操作数复位为"0"。

⑥ "赋值取反"指令:可将逻辑运算的结果 (RLO) 进行取反,然后将其赋值给指定操作数。线圈输入的 RLO 为"1"时,复位操作数。线圈输入的 RLO 为"0"时,操作数的信号状态置位为"1"。

与、与运算取反及赋值指令示例如图 5-29 所示,图中左侧是梯形图,右侧是与梯形图对应的 SCL 指令。当常开触点 I0.0 和常闭触点 I0.2 都接通时，输出线圈 Q0.0 得电（Q0.0＝1），Q0.0＝1 实际上就是运算结果 RLO 的数值，I0.0 和 I0.2 是串联关系。

图 5-29　与、与运算取反及赋值指令示例

或、或运算取反及赋值指令示例如图 5-30 所示，当常开触点 I0.0、常开触点 Q0.0 和常闭触点 I0.2 有一个或多个接通时，输出线圈 Q0.0 得电（Q0.0＝1），I0.0、Q0.0 和 I0.2 是并联关系。

注意：在 SCL 程序中，关键字"TRUE"大写和小写都是合法的。"TRUE"可以与"1"相互替换，"FALSE"可以与"0"相互替换。

图 5-30　或、或运算取反及赋值指令示例

触点和赋值指令的 LAD 和 SCL 指令对应关系见表 5-15。

表 5-15　触点和赋值指令的 LAD 和 SCL 指令对应关系

LAD	SCL 指令	功能说明	说　明

"IN"
⊣ ⊢
	IF IN THEN
	　　Statement;
	ELSE
	　　Statement;
	END_IF;
		常开触点	可将触点相互连接并创建用户自己的组合逻辑

"IN"
⊣/⊢
	IF NOT(IN) THEN
	　　Statement;
	ELSE
	　　Statement;
	END_IF;
		常闭触点	

"OUT" ⊣ ⊢	OUT:=<布尔表达式>;	赋值	将 CPU 中保存的逻辑运算结果的信号状态,分配给指定操作数
"OUT" ⊣/⊢	OUT:=NOT<布尔表达式>;	赋值取反	将 CPU 中保存的逻辑运算结果的信号状态取反后,分配给指定操作数

【例 5-4】　CPU 上电运行后，对 MB0～MB3 清零复位，设计此程序。

解　S7-1200/1500 PLC 虽然可以设置上电闭合一个扫描周期的特殊寄存器（FirstScan），但可以用如图 5-31 所示程序取代此特殊寄存器。另一种解法要用到启动组织块 OB100，将在后续章节讲解。

图 5-31 梯形图和 SCL 程序

（2）对 RLO 的直接操作指令

这类指令可直接对逻辑操作结果 RLO 进行操作，改变状态字中 RLO 的状态。对 RLO 的直接操作指令见表 5-16。

表 5-16 对 RLO 的直接操作指令

梯形图指令	SCL 指令	功能说明	说明
—|NOT|—	NOT	取反 RLO	在逻辑串中，对当前 RLO 取反

取反 RLO 指令示例如图 5-32 所示，当 I0.0 为 1 时 Q0.0 为 0，反之当 I0.0 为 0 时 Q0.0 为 1。

图 5-32 取反 RLO 指令示例

【例 5-5】 某设备上有"就地/远程"转换开关，当其设为"就地"挡时，就地灯亮，设为"远程"挡时，远程灯亮，请设计此程序。

解 梯形图如图 5-33 所示。

图 5-33 例 5-5 梯形图

（3）电路块的嵌套

如图 5-34 所示的或运算嵌套，实际就是把两个虚线框当作两个块，再将两个块作或运算。如图 5-35 所示的与运算嵌套，实际就是把两个虚线框当作两个块，再将两个块作与运算。

图 5-34　或运算嵌套示例

图 5-35　与运算嵌套示例

【例 5-6】 编写程序，实现当压下 SB1 按钮奇数次，灯亮，当压下 SB1 按钮偶数次，灯灭，即单键启停控制，请设计梯形图。

解　这个电路是微分电路，但没用到上升沿指令。梯形图和 SCL 程序如图 5-36 所示。

注意：在经典 STEP7 中，如图 5-36 所示的梯形图需要三个程序段。

(a) 梯形图

```
 1 ⊟IF "Start" AND "标识位1" THEN
 2 |     "标识位" := TRUE;
 3 | ELSE
 4 |     "标识位" := FALSE;
 5 | END_IF;
 6 ⊟IF NOT "Start" THEN
 7 |     "标识位1" := TRUE;
 8 | ELSE
 9 |     "标识位1" := FALSE;
10 | END_IF;
11 ⊟IF ("标识位" AND NOT "Motor") OR ("Motor" AND NOT "标识位") THEN
12 |     "Motor" := TRUE;
13 | ELSE
14 |     "Motor" := FALSE;
15 | END_IF;
```

(b) SCL程序

图 5-36　梯形图和 SCL 程序

（4）复位与置位指令

S：置位指令将指定的地址位置位（变为1，并保持）。

R：复位指令将指定的地址位复位（变为0，并保持）。

如图5-37所示为置位/复位指令示例，当I0.0为1，Q0.0为1，之后，即使I0.0为0，Q0.0保持为1，直到I0.1为1时，Q0.0变为0。这两条指令非常有用。STEP 7中没有与R和S对应的SCL指令。

图5-37 置位/复位指令示例

▶【关键点】置位/复位指令不一定要成对使用。

【例5-7】 用置位/复位指令编写"正转—停—反转"的梯形图，其中I0.0是正转按钮，I0.1是反转按钮，I0.2是停止按钮（接常闭触点），Q0.0是正转输出，Q0.1是反转输出。

解 梯形图如图5-38所示，可见使用置位/复位指令后，不需要用自锁，程序变得更加简洁。

图5-38 "正转—停—反转"梯形图

【例5-8】 CPU上电运行后，对M10.2置位，并一直保持为1，设计梯形图及SCL

程序。

　　解　S7-1200/1500 PLC 虽然可以设置上电运行后，一直闭合的特殊寄存器位（Always
TRUE），但设计程序如图 5-39 和图 5-40 所示，可替代此特殊寄存器位。

```
程序段 1:

     %M10.0                              %M10.0
  "AlwaysTRUE"                        "AlwaysTRUE"
  ────┤ ├────────────────────────────────( )────

     %M10.0
  "AlwaysTRUE"
  ────┤/├────

     %M10.0                              %M10.2
  "AlwaysTRUE"                          "1AMP"
  ────┤ ├────────────────────────────────( )────
```

```
1  ┌IF "AlwaysTRUE" OR NOT "AlwaysTRUE" THEN
2  │      "AlwaysTRUE" := TRUE;
3  │ ELSE
4  │      "AlwaysTRUE" := FALSE;
5  └END_IF;
6  ┌IF "AlwaysTRUE" THEN
7  │      "1AMP":=TRUE;
8  │ ELSE
9  │      "1AMP" := FALSE;
10 └END_IF;
```

图 5-39　梯形图和 SCL 程序（1）

```
程序段 1:

     %M10.0          %M10.0          %M10.0
  "AlwaysOFF"     "AlwaysOFF"     "AlwaysOFF"
  ────┤ ├──────────┤/├──────────────( )────

     %M10.0                          %M10.2
  "AlwaysOFF"                        "1AMP"
  ────┤/├──────────────────────────────( )────
```

```
1  ┌IF "AlwaysOFF" AND NOT "AlwaysOFF"  THEN
2  │      "AlwaysOFF" := TRUE;
3  │ ELSE
4  │      "AlwaysOFF" := FALSE;
5  └END_IF;
6  ┌IF NOT "AlwaysOFF" THEN
7  │      "1AMP":=TRUE;
8  │ ELSE
9  │      "1AMP" := FALSE;
10 └END_IF;
```

图 5-40　梯形图和 SCL 程序（2）

(5) SET _ BF 位域/RESET _ BF 位域

　　① SET _ BF："置位位域"指令，对从某个特定地址开始的多个位进行置位。

　　② RESET _ BF："复位位域"指令，可对从某个特定地址开始的多个位进行复位。

　　置位位域和复位位域应用如图 5-41 所示，当常开触点 I0.0 接通时，从 Q0.0 开始的 3
个位置位，而当常开触点 I0.1 接通时，从 Q0.1 开始的 3 个位复位。这两条指令很有用，在
S7-300/400PLC 中没有此指令。

　　STEP 7 中没有与 SET _ BF 和 RESET _ BF 对应的 SCL 指令。

图 5-41　置位位域和复位位域应用

(6) RS/SR 触发器

① RS：复位/置位触发器（置位优先）。如果 R 输入端的信号状态为"1"，S1 输入端的信号状态为"0"，则复位。如果 R 输入端的信号状态为"0"，S1 输入端的信号状态为"1"，则置位触发器。如果两个输入端的 RLO 状态均为"1"，则置位触发器。如果两个输入端的 RLO 状态均为"0"，保持触发器以前的状态。RS/SR 双稳态触发器示例如图 5-42 所示，用一个表格表示这个例子的输入与输出的对应关系，见表 5-17。

图 5-42 RS/SR 触发器示例

表 5-17 RS/SR 触发器输入与输出的对应关系

置位/复位触发器 SR(复位优先)				复位/置位触发器 RS(置位优先)			
输入状态		输出状态	说明	输入状态		输出状态	说明
S (I0.0)	R1 (I0.1)	Q (Q0.0)		R (I0.2)	S1 (I0.3)	Q (Q0.1)	
1	0	1	当各个状态断开后，输出状态保持	1	0	0	当各个状态断开后，输出状态保持
0	1	0		0	1	1	
1	1	0		1	1	1	

② SR：置位/复位触发器（复位优先）。如果 S 输入端的信号状态为"1"，R1 输入端的信号状态为"0"，则置位。如果 S 输入端的信号状态为"0"，R1 输入端的信号状态为"1"，则复位触发器。如果两个输入端的 RLO 状态均为"1"，则复位触发器。如果两个输入端的 RLO 状态均为"0"，保持触发器以前的状态。

STEP 7 中没有与 RS 和 SR 对应的 SCL 指令。

【例 5-9】 设计一个单键启停控制（乒乓控制）的程序，实现用一个单按钮控制一盏灯的亮和灭，即奇数次压下按钮灯亮，偶数次压下按钮灯灭。

解 先设计原理图，如图 5-43 所示。

梯形图如图 5-44 所示，可见使用 SR 触发器指令后，不需要用自锁，程序变得更加简洁。当第一次压下按钮时，Q0.0 线圈得电（灯亮），Q0.0 常开触点闭合，当第二次压下按钮时，S 和 R1 端子同时高电平，由于复位优先，所以 Q0.0 线圈断电（灯灭）。

这个题目还有另一种解法，就是用 RS 指令，梯形图如图 5-45 所示，当第一次压下按钮

图 5-43　原理图

程序段 1： 复位优先

图 5-44　梯形图（1）

时，Q0.0 线圈得电（灯亮），Q0.0 常闭触点断开，当第二次压下按钮时，R 端子高电平，所以 Q0.0 线圈断电（灯灭）。

程序段 1： 置位优先

图 5-45　梯形图（2）

(7) 上升沿和下降沿指令

上升沿和下降沿指令有扫描操作数的信号下降沿指令和扫描操作数的信号上升沿指令。STEP 7 中没有与 FP 和 FN 对应的 SCL 指令。

① 扫描操作数的信号下降沿指令 FN 检测 RLO 从 1 调转到 0 时的下降沿，并保持 RLO＝1 一个扫描周期。每个扫描周期期间，都会将 RLO 位的信号状态与上一个周期获取的状态比较，以判断是否改变。

下降沿示例的梯形图如图 5-46 所示，由图 5-47 所示的时序图可知：当按钮 I0.0 按下后弹起时，产生一个下降沿，输出 O0.0 得电一个扫描周期，这个时间是很短的，肉眼是分辨不出来的，因此若 Q0.0 控制的是一盏灯，肉眼是不能分辨出灯已经亮了一个扫描周期。在后面的章节中多处用到时序图，请读者务必掌握这种表达方式。

图 5-46　下降沿示例

图 5-47　下降沿示例时序图

② 扫描操作数的信号上升沿指令 FP 检测 RLO 从 0 调转到 1 时的上升沿，并保持 RLO＝1 一个扫描周期。每个扫描周期期间，都会将 RLO 位的信号状态与上一个周期获取的状态比较，以判断是否改变。

上升沿示例的梯形图如图 5-48 所示，由图 5-49 所示的时序图可知：当按钮 I0.0 按下时，产生一个上升沿，输出 O0.0 得电一个扫描周期，无论按钮闭合多长的时间，输出 O0.0 只得电一个扫描周期。

图 5-48　上升沿示例

图 5-49　上升沿示例时序图

【例 5-10】　梯形图如图 5-50 所示，如果按钮 I0.0 压下，闭合 1s 后弹起，请分析程序运行结果。

解　时序图如图 5-51 所示，当 I0.0 压下时，产生上升沿，触点产生一个扫描周期的时钟脉冲，驱动输出线圈 Q0.1 通电一个扫描周期，Q0.0 也通电，使输出线圈 Q0.0 置位，并保持。

图 5-50 边沿检测指令示例

图 5-51 边沿检测指令示例时序图

当按钮 I0.0 弹起时，产生下降沿，触点产生一个扫描周期的时钟脉冲，驱动输出线圈 Q0.2 通电一个扫描周期，使输出线圈 Q0.0 复位，并保持，Q0.0 得电共 1s。

【例 5-11】 设计一个程序，实现用一个按钮控制一盏灯的亮和灭，即奇数次压下按钮时灯亮，偶数次压下按钮时灯灭。

解 当 I0.0 第一次合上时，M10.0 接通一个扫描周期，使得 Q0.0 线圈得电一个扫描周期，当下一次扫描周期到达，Q0.0 常开触点闭合自锁，灯亮。

当 I0.0 第二次合上时，M10.0 线圈得电一个扫描周期，使得 M10.0 常闭触点断开，灯灭。梯形图如图 5-52 所示。

图 5-52 梯形图

上面的上升沿指令和下降沿指令没有对应的 SCL 指令。以下介绍的上升沿指令（R_TRIG）和下降沿指令（F_TRIG），其 LAD 和 SCL 指令对应关系见表 5-18。

表 5-18 上升沿指令（R_TRIG）和下降沿指令（F_TRIG）的 LAD 和 SCL 指令对应关系

LAD	SCL 指令	功能说明	说明
"R_TRIG_DB" R_TRIG EN ENO CLK Q	"R_TRIG_DB"(CLK:=_in_, Q=>_bool_out_);	上升沿指令	在信号上升沿置位变量

LAD	SCL 指令	功能说明	说明
"F_TRIG_DB_1" F_TRIG EN ENO CLK Q	"F_TRIG_DB"(CLK:=_in_, Q=>_bool_out_);	下降沿指令	在信号下降沿置位变量

【例 5-12】 设计一个程序，实现点动功能。

解 编写点动程序有多种方法，本例利用上升沿指令（R_TRIG）和下降沿指令（F_TRIG），梯形图和 SCL 程序如图 5-53 所示。

图 5-53 梯形图和 SCL 程序

(8) SAVE 指令

SAVE 指令就是将 RLO 保存到状态字的 BR 位，在下一段程序中，BR 位的状态将参与"与"逻辑运算。在推出逻辑块之前，通过 SAVE 指令，使 BR 位对应的使能输出 ENO 被设置为 RLO 位的值，可以用于块的错误检查。SAVE 指令较为常用，只出现在语句表程序中。

(9) SET 和 CLR 指令

SET 和 CLR 指令无条件将 RLO（逻辑运算结果）置位和复位，随后将 SET 和 CLR 指令后面的赋值指令中的地址变为 1 状态或者 0 状态。SET 和 CLR 指令比较常用，如在初始化组织块 OB100 中，用下列的语句表进行初始化。

```
SET                //将RLO置位
=     Q    0.0     //将Q0.0置位
CLR                //将RLO复位
=     Q    0.1     //将Q0.1复位
```

5.4　定时器和计数器指令

5.4.1　SIMATIC 定时器

TIA 博途软件的定时器指令相当于继电器接触器控制系统的时间继电器的功能。定时器的数量随 CPU 的类型不同，一般而言足够用户使用。SIMATIC 定时器适用于 S7-300/400/1500 PLC，不适用于 S7-1200 PLC。在 STEP 7 中，没有与 SIMATIC 线圈型定时器对应的 SCL 指令，但有线框型定时器对应的 SCL 指令。

（1）定时器的种类

TIA 博途软件的 SIMATIC 定时器指令较为丰富，除了常用的接通延时定时器（SD）和断开延时定时器（SF）以外，还有脉冲定时器（SP）、扩展脉冲定时器（SE）和保持型接通延时定时器（SS）共 5 类。

（2）定时器的使用

定时器有其存储区域，每个定时器有一个 16 位的字和一个二进制的值。定时器的字存放当前定时值。二进制的值表示定时器的接点状态。

① 启动和停止定时器　在梯形图中，定时器的 S 端子可以使能定时器，而定时器的 R 端子可以复位定时器。

② 设定时器的定时时间　TIA 博途软件中的定时时间由时基和定时值组成，定时时间为时基和定时值的乘积，例如定时值为 1000，时基为 0.01s，那么定时时间就是 10s，很多 PLC 的定时都是采用这种方式。定时器开始工作后，定时值不断递减，递减至零，表示时间到，定时器会相应动作。

定时器字的格式如图 5-54 所示，其中第 12 位和 13 位（即 m 和 n）是定时器的时基代码，时基代码的含义见表 5-19。定时的时间值以 3 位 BCD 码格式存放，位于 0～11（即 a～l），范围为 0～999。第 14 位和 15 位不用。

图 5-54　定时器字的格式

定时时间有两种表达方式，十六进制数表示和 S5 时间格式表示。前者的格式为：W#16#wxyz，其中 w 是时间基准代码，xyz 是 BCD 码的时间值。例如时间表述为：W#16#1222，则定时时间为 $222 \times 0.1s = 22.2s$。

表 5-19　时基与定时范围对应表

时基二进制代码	时基	分辨率/s	定时范围
00	10ms	0.01	10ms～9s_990ms
01	100ms	0.1	100ms～1m_39s_900ms
10	1s	1	1s～16m_39s
11	10s	10	10s～2h_46m_30s

S5 时间格式为：S5T♯aH _ bM _ cS _ dMS，其中 a 表示小时，b 表示分钟，c 表示秒钟，d 表示毫秒，含义比较明显。例如 S5T♯1H _ 2M _ 3S 表示定时时间为 1 小时 2 分 3 秒。这里的时基是 PLC 自动选定的。

(3) 脉冲时间定时器 (SP)

SP：产生指定时间宽度脉冲的定时器。当逻辑位有上升沿时，脉冲定时器指令启动计时，同时节点立即输出高电平 "1"，直到定时器时间到，定时器输出为 "0"。脉冲时间定时器可以将长信号变成指定宽度的脉冲。如果定时时间未到，而逻辑位的状态变成 "0" 时，定时器停止计时，输出也变成低电平。脉冲定时器线圈指令和参数见表 5-20。

表 5-20　脉冲定时器线圈指令和参数

LAD	参数	数据类型	存储区	说明
T no. -(SP)	T no.	Timer	T	表示要启动的定时器号
	时间值	S5Time，WORD	I、Q、M、D、L 或常数	定时器时间值

用一个例子说明脉冲定时器的使用，梯形图如图 5-55 所示，对应的时序图如图 5-56 所示。可以看出当 I0.0 接通的时间长于 1s，Q0.0 输出的时间是 1s，而当 I0.0 接通的时间为 0.5s（小于 1s）时，Q0.0 输出 1 的时间是 0.5s，无论 I0.0 是否接通，只要 I0.1 接通时，定时器复位，Q0.0 输出为 0。

图 5-55　脉冲定时器示例　　　　图 5-56　脉冲定时器示例的时序图

TIA 博途软件除了提供脉冲的定时器线圈指令外，还提供更加复杂的方框指令来实现相应的定时功能。脉冲定时器方框指令和参数见表 5-21。

表 5-21　脉冲定时器方框指令和参数

LAD	SCL	参数	数据类型	说明
T no. S_PULSE ─S　　Q─ ─TV　BI─ ─R　BCD─	"Tag_Result"：=S_PULSE(T_NO： =Timer_1"， S：="Tag_1"， TV：="Tag_Number"， R：="Tag_Reset"， Q：="Tag_Status"， BI：="Tag_Value")；	T	Timer	要启动的计时器号，如 T0
		S	BOOL	启动输入端
		TV	S5Time，WORD	定时时间
		R	BOOL	复位输入端
		Q	BOOL	定时器的状态
		BI	WORD	当前时间（整数格式）
		BCD	WORD	当前时间（BCD 码格式）

脉冲定时器指令应用的梯形图和 SCL 程序如图 5-57 所示。

图 5-57　脉冲定时器指令应用的梯形图和 SCL 程序

(4) 扩展脉冲时间定时器 (SE)

扩展脉冲时间定时器 (SE) 和脉冲时间定时器 (SP) 指令相似，但 SE 指令具有保持功能。扩展脉冲时间定时器的线圈指令和参数见表 5-22。

表 5-22　扩展脉冲时间定时器线圈指令和参数

LAD	参数	数据类型	存储区	说明
T no. -(SE)	T no.	Timer	T	表示要启动的定时器号
	时间值	S5Time，WORD	I、Q、M、D、L 或常数	定时器时间值

用一个例子来说明 SE 线圈指令的使用，梯形图如图 5-58 所示，对应的时序图如图 5-59 所示。当 I0.0 有上升沿时，定时器 T0 启动，同时 Q0.0 输出高电平"1"，定时时间到后，输出自动变为"0"（尽管此时 I0.0 仍然闭合），当 I0.0 有上升沿时，且闭合时间没有到定时时间，Q0.0 仍然输出为"1"，直到定时时间到为止。无论什么情况下，只要复位输入端起作用，本例为 I0.1 闭合，则定时器复位，输出为"0"。

图 5-58　扩展脉冲定时器示例　　　　图 5-59　扩展脉冲定时器示例的时序图

TIA 博途软件除了提供扩展脉冲的定时器线圈指令外，还提供更加复杂的方框指令来实现相应的定时功能。扩展脉冲定时器方框指令和参数见表 5-23。

表 5-23　扩展脉冲定时器指令和参数

LAD	SCL	参数	数据类型	说明
T no. S_PEXT S　　Q TV　　BI R　　BCD	"Tag_Result":=S_PEXT(T_NO: =Timer_1", S:="Tag_1", TV:="Tag_Number", R:="Tag_Reset", Q:="Tag_Status", BI:="Tag_Value")	T no.	Timer	要启动的定时器号,如 T0
		S	BOOL	启动输入端
		TV	S5Time,WORD	定时时间
		R	BOOL	复位输入端
		Q	BOOL	定时器的状态
		BI	WORD	当前时间(整数格式)
		BCD	WORD	当前时间(BCD码格式)

扩展脉冲定时器指令应用的梯形图和 SCL 程序如图 5-60 所示。

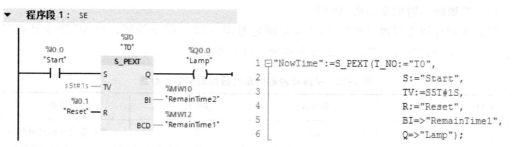

图 5-60　扩展脉冲定时器指令应用的梯形图和 SCL 程序

(5) 接通延时定时器 (SD)

接通延时定时器 (SD) 相当于继电器接触器控制系统中的通电延时时间继电器。通电延时继电器的工作原理是:线圈通电,触点延时一段时间后动作。SD 指令是当逻辑位接通时,定时器开始定时,计时过程中,定时器的输出为"0",定时时间到,输出为"1",整个过程中,逻辑位要接通,只要逻辑位断开,则输出为"0"。接通延时定时器最为常用。接通延时定时器的线圈指令和参数见表 5-24。

表 5-24　接通延时定时器的线圈指令和参数

LAD	参数	数据类型	存储区	说明
T no. -(SD)	T no.	Timer	T	表示要启动的定时器号
	时间值	S5Time,WORD	I、Q、M、D、L 或常数	定时器时间值

用一个例子来说明 SD 线圈指令的使用,梯形图如图 5-61 所示,对应的时序图如图 5-62 所示。当 I0.0 闭合时,定时器 T0 开始定时,定时 1s 后 (I0.0 一直闭合),Q0.0 输出高电平"1",若 I0.0 的闭合时间不足 1s,Q0.0 输出为"0",若 I0.0 断开,Q0.0 输出为"0"。无论什么情况下,只要复位输入端起作用,本例为 I0.1 闭合,则定时器复位,Q0.0 输出为"0"。

TIA 博途软件除了提供接通延时定时器线圈指令外,还提供更加复杂的方框指令来实现相应的定时功能。接通延时定时器方框指令和参数见表 5-25。

图 5-61　接通延时定时器示例

图 5-62　接通延时定时器示例的时序图

表 5-25　接通延时定时器指令和参数

LAD	SCL	参数	数据类型	说明
T no. S_ODT S　　Q TV　　BI R　　BCD	"Tag_Result":=S_ODT(T_NO: ="Timer_1", S:="Tag_1", TV:="Tag_Number", R:="Tag_Reset", Q:="Tag_Status", BI:="Tag_Value");	Tno.	Timer	要启动的定时器号,如 T0
		S	BOOL	启动输入端
		TV	S5Time,WORD	定时时间
		R	BOOL	复位输入端
		Q	BOOL	定时器的状态
		BI	WORD	当前时间(整数格式)
		BCD	WORD	当前时间(BCD 码格式)

接通延时定时器指令应用的梯形图和 SCL 程序如图 5-63 所示。

图 5-63　接通延时定时器指令应用的梯形图和 SCL 程序

【例 5-13】　设计一段程序,实现一盏灯灭 3s,亮 3s,不断循环,且能实现启停控制。

解　PLC 采用 CPU1511C-1PN 或者 CPU1211C,原理图如图 5-64 所示,梯形图如图 5-65 所示。这个梯形图比较简单,但初学者往往不易看懂。控制过程是:当 SB1 合上,定时器 T0 定时 3s 后 Q0.0 控制的灯灭,与此同时定时器 T1 启动定时,3s 后,T1 的常闭触点断开切断 T0,进而 T0 的常开触点切断 T1;此时 T1 的常闭触点闭合 T0 又开始定时,Q0.0 灯亮,如此周而复始,Q0.0 控制灯闪烁。

图 5-64 原理图

图 5-65 梯形图

本例的第二种解法，梯形图和 SCL 程序如图 5-66 所示，定时器用方框图表示，这种解法更容易理解。

(a) 梯形图

```
 1 □IF "Start" OR "Flag" AND "Reset" THEN
 2      "Flag" := TRUE;
 3      ELSE
 4      "Flag" := FALSE;
 5 └END_IF;
 6 □IF NOT "Reset" THEN
 7      "Flag" := FALSE;
 8 └END_IF;
 9 □"RemainTime1" := S_ODT(T_NO := "Tag_1",
10                         S := "Flag" & NOT "Tag_2" ,
11                         TV := S5T#3S,
12                         R := NOT "Reset",
13                         Q => "Motor");
14 □"RemainTime2" := S_ODT(T_NO := "Tag_3",
15                         S :="Motor",
16                         TV :=S5T#3S,
17                         Q =>"Tag_2");
```

(b) SCL程序

图 5-66 梯形图和 SCL 程序

(6) 保持型接通延时定时器 (SS)

保持型接通延时定时器 (SS) 与接通延时定时器 (SD) 类似, 但 SS 定时器具有保持功能。一旦逻辑位有上升沿发生, 定时器启动计时, 延时时间到, 输出高电平 "1", 即使逻辑位为 "0" 也不影响定时器的工作。必须用复位指令才能使定时器复位。保持型接通延时定时器的线圈指令和参数见表 5-26。

表 5-26　保持型接通延时定时器的线圈指令和参数

LAD	参数	数据类型	存储区	说明
T no. -(SS)	T no.	Timer	T	表示要启动的定时器号
	时间值	S5Time,WORD	I、Q、M、D、L 或常数	定时器时间值

用一个例子来说明 SS 线圈指令的使用, 梯形图如图 5-67 所示, 对应的时序图如图 5-68 所示。当 I0.0 闭合产生一个上升沿时, 定时器 T0 开始定时, 定时 1s 后 (无论 I0.0 是否闭合), Q0.0 输出为高电平 "1", 直到复位有效为止, 本例为 I0.1 闭合产生上升沿, 定时器复位, Q0.0 输出为低电平 "0"。

图 5-67　保持型接通延时定时器示例

图 5-68　保持型接通延时定时器示例的时序图

TIA 博途软件除了提供保持型接通延时定时器线圈指令外, 还提供更加复杂的方框指令来实现相应的定时功能。保持型接通延时定时器方框指令和参数见表 5-27。

表 5-27　保持型接通延时定时器方框指令和参数

LAD	SCL	参数	数据类型	说明
T no. S_ODTS S　Q TV　BI R　BCD	"Tag_Result":=S_ODTS(T_NO:= "Timer_1", 　S:="Tag_1", 　TV:="Tag_Number", 　R:="Tag_Reset", 　Q:="Tag_Status", 　BI:="Tag_Value");	T	Timer	要启动的定时器号, 如 T0
		S	BOOL	启动输入端
		TV	S5Time,WORD	定时时间
		R	BOOL	复位输入端
		Q	BOOL	定时器的状态
		BI	WORD	当前时间(整数格式)
		BCD	WORD	当前时间(BCD 码格式)

保持型接通延时定时器指令应用的梯形图和 SCL 程序如图 5-69 所示。

(7) 断开延时定时器 (SF)

断开延时定时器 (SF) 相当于继电器控制系统的断电延时时间继电器, 是定时器指令中唯一一个由下降沿启动的定时器指令。断开延时定时器的线圈指令和参数见表 5-28。

图 5-69 保持型接通延时定时器指令应用的梯形图和 SCL 程序

表 5-28 断开延时定时器的线圈指令和参数

LAD	参数	数据类型	存储区	说明
T no. -(SF)	T no.	Timer	T	表示要启动的定时器号
	时间值	S5Time,WORD	I、Q、M、D、L 或常数	定时器时间值

用一个例子来说明 SF 线圈指令的使用，梯形图如图 5-70 所示，对应的时序图如图 5-71 所示。当 I0.0 闭合时，Q0.0 输出高电平"1"，当 I0.0 断开时产生一个下降沿，定时器 T0 开始定时，定时 1s 后（无论 I0.0 是否闭合），定时时间到，Q0.0 输出为低电平"0"。任何时候复位有效时，定时器 T0 定时停止，Q0.0 输出为低电平"0"。

图 5-70 断开延时定时器示例

图 5-71 断开延时定时器示例的时序图

TIA 博途软件除了提供断开延时定时器线圈指令外，还提供更加复杂的方框指令来实现相应的定时功能。断开延时定时器方框指令和参数见表 5-29。

表 5-29　断开延时定时器指令和参数

LAD	SCL	参数	数据类型	说明
	"Tag_Result":=S_OFFDT(T_NO:= "Timer_1", 　　S:="Tag_1", 　　TV:="Tag_Number", 　　R:="Tag_Reset", 　　Q:="Tag_Status", 　　BI:="Tag_Value");	T no.	Timer	要启动的定时器号,如 T0
		S	BOOL	启动输入端
		TV	S5Time,WORD	定时时间
		R	BOOL	复位输入端
		Q	BOOL	定时器的状态
		BI	WORD	当前时间(整数格式)
		BCD	WORD	当前时间(BCD 码格式)

断开延时定时器指令应用的梯形图和 SCL 程序如图 5-72 所示。

程序段 1：SF

```
1 ⊟"NowTime":=S_OFFDT(T_NO:="T0",
2                           S:="Start",
3                           TV:=S5T#1S,
4                           R:="Reset",
5                           BI=>"RemainTime2",
6                           Q=>"Lamp");
```

图 5-72　断开延时定时器指令应用的梯形图和 SCL 程序

【例 5-14】　某车库中有一盏灯,当人离开车库后,按下停止按钮,5s 后灯熄灭,请编写程序。

解　当接通 SB1 按钮,灯 HL 亮;按下 SB2 按钮 5s 后,灯 HL 灭。接线图如图 5-73 所示,梯形图如图 5-74 所示。

图 5-73　接线图

图 5-74　梯形图

【例 5-15】　鼓风机系统一般由引风机和鼓风机两级构成。当按下启动按钮之后,引风机先工作,工作 5s 后,鼓风机工作。按下停止按钮之后,鼓风机先停止工作,5s 之后,引风机才停止工作,请编写程序。

解

① PLC 的 I/O 分配表见表 5-30。

表 5-30 PLC 的 I/O 分配表

输 入			输 出		
名称	符号	输入点	名称	符号	输出点
开始按钮	SB1	I0.0	鼓风机	KA1	Q0.0
停止按钮	SB2	I0.1	引风机	KA2	Q0.1

② 控制系统的接线。鼓风机控制系统按照如图 5-75 所示原理图接线。

图 5-75　原理图

③ 编写程序。引风机在按下停止按钮后还要运行 5s，容易想到要使用 SF 定时器；鼓风机在引风机工作 5s 后才开始工作，因而用 SD 定时器，梯形图如图 5-76 所示。

图 5-76　鼓风机控制梯形图

5. 4. 2　IEC 定时器

西门子 PLC 的定时器的数量有限，如果项目较大，定时器不够用时，可以使用 IEC 定时器。IEC 定时器集成在 CPU 的操作系统中。在相应的 CPU 中有以下定时器：脉冲定时器（TP）、通电延时定时器（TON）、通电延时保持型定时器（TONR）和断电延时定时器（TOF）。

(1) 通电延时定时器（TON）

通电延时定时器（TON）的参数见表 5-31。

表 5-31　通电延时定时器指令和参数

LAD	SCL	参数	数据类型	说明
TON Time — IN　　Q — — PT　　ET —	"IEC_Timer_0_DB". TON (IN:=_bool_in_, PT:=_time_in_, Q=>_bool_out_, ET=>_time_out_);	IN	BOOL	启动定时器
		Q	BOOL	超过时间 PT 后，置位的输出
		PT	Time	定时时间
		ET	Time/LTime	当前时间值

以下用一个例子介绍通电延时定时器（TON）的应用。

【例 5-16】 压下按钮 I0.0，3s 后电动机启动，请设计控制程序。

解　使用 SIMATIC 定时器 TON 也可行，先插入 IEC 定时器 TON，弹出如图 5-77 所示界面，分配数据块，再编写程序如图 5-78 所示，I0.0 闭合启动定时器，T♯3S 是定时时间，3s 后 Q0.0 为 1，MD10 中是定时器定时当前时间。

图 5-77　插入数据块

图 5-78　例 5-16 梯形图和 SCL 程序

(2) 断电延时定时器（TOF）

断电延时定时器（TOF）的参数见表 5-32。

表 5-32　断电延时定时器指令和参数

LAD	SCL	参数	数据类型	说明
TOF Time — IN　　Q — — PT　　ET —	"IEC_Timer_0_DB". TOF (IN: =_bool_in_, PT: =_time_in_, Q=>_bool_out_, ET=>_time_out_);	IN	BOOL	启动定时器
		Q	BOOL	定时器 PT 计时结束后要复位的输出
		PT	Time	关断延时的持续时间
		ET	Time/LTime	当前时间值

以下用一个例子介绍断电延时定时器（TOF）的应用。

【例 5-17】 断开按钮 I0.0，延时 3s 后电动机停止转动，请设计控制程序。

解 使用 SIMATIC 定时器 TOF 也可行，先插入 IEC 定时器 TOF，弹出如图 5-77 所示界面，分配数据块，再编写程序如图 5-79 所示，压下 I0.0 按钮 Q0.0 得电，电动机启动。T#3S 是定时时间，断开 I0.0，启动定时器，3s 后 Q0.0 为 0，电动机停转，MD10 中是定时器定时当前时间。

图 5-79　例 5-17 梯形图和 SCL 程序

（3）时间累加器定时器（TONR）

时间累加器定时器（TONR）的参数见表 5-33。

表 5-33　时间累加器定时器指令和参数

LAD	SCL	参数	数据类型	说明
TONR Time — IN　　Q — — R　　ET — — PT	"IEC_Timer_0_DB". TONR(IN: =_bool_in_, R: =_bool_in_, PT: =_in_, Q=>_bool_out_, ET=>_out_);	IN	BOOL	启动定时器
		Q	BOOL	超过时间 PT 后，置位的输出
		R	BOOL	复位输入
		PT	Time	时间记录的最长持续时间
		ET	Time/LTime	当前时间值

以下用一个例子介绍时间累加器定时器（TONR）的应用。如图 5-80 所示，当 I0.0 闭合的时间累加和大于等于 10s（即 I0.0 闭合一次或者闭合数次时间累加和大于等于 10s），Q0.0 线圈得电，如需要 Q0.0 线圈断电，则要 I0.1 闭合。

图 5-80　梯形图和 SCL 程序

5.4.3　SIMATIC 计数器

计数器的功能是完成计数功能，可以实现加法计数和减法计数，计数范围是 0~999，计数器有三种类型：加计数器（S_CU）、减计数器（S_CD）和加减计数器（S_CUD）。SIMATIC 计数器适用于 S7-300/400/1500 PLC，不适用于 S7-1200 PLC。本书未介绍 SIMATIC 计数器的线圈指令。

(1) 计数器的存储区

在 CPU 的存储区中，为计数器保留有存储区。该存储区为每个计数器地址保留一个 16 位的字。计数器的存储格式如图 5-81 所示，其中 BCD 码格式的计数值占用字的 0~11 位，共 12 位，而 12~15 位不使用；二进制格式的计数值占用字的 0~9 位，共 10 位，而 10~15 位不使用。

图 5-81　计数器字的格式

(2) 加计数器（S_CU）

加计数器（S_CU）在计数初始值预置输入端 S 上有上升沿时，PV 装入预置值，输入端 CU 每检测到一次上升沿，当前计数值 CV 加 1（前提是 CV 小于 999）；当前计数值大于 0 时，Q 输出为高电平"1"；当 R 端子的状态为"1"时，计数器复位，当前计数值 CV 为"0"，输出也为"0"。加计数器指令和参数见表 5-34。

表 5-34　加计数器指令和参数

LAD	SCL	参数	数据类型	说明
C no. S_CU CU　　Q S PV　　CV 　　CV_BCD R	"Tag_Result":=S_CU(C_NO:="Counter_1", CU:="Tag_Start", S:="Tag_1", PV:="Tag_PresetValue", R:="Tag_Reset", Q=>"Tag_Status", CV=>"Tag_Value");	C no.	Counter	要启动的计数器号，如 C0
		CU	BOOL	加计数输入
		S	BOOL	计数初始值预置输入端
		PV	WORD	初始值的 BCD 码
		R	BOOL	复位输入端
		Q	BOOL	计数器的状态输出
		CV	WORD, S5Time, Date	当前计数值（整数格式）
		CV_BCD		

用一个例子来说明加计数器指令的使用，梯形图和 SCL 程序如图 5-82 所示，与之对应的时序图如图 5-83 所示。当 I0.2 闭合时，将 2 赋给 CV；当 I0.0 每产生一个上升沿，计数器 C0 计数 1 次，CV 加 1；只要计数值大于 0，Q0.0 输出高电平"1"。任何时候复位有效

时，计数器 C0 复位，CV 清零，Q0.0 输出为低电平"0"。

图 5-82 梯形图和 SCL 程序

图 5-83 加计数器指令示例的时序图

▶【关键点】S7-200PLC 的增计数器（如 C0），当计数值到预置值时，C0 的常开触点闭合，常闭触点断开，S7-1500 PLC 的 SIMATIC 计数器无此功能。

（3）减计数器（S _ CD）

减计数器（S _ CD）在计数初始值预置输入端 S 上有上升沿时，PV 装入预置值，输入端 CD 每检测到一次上升沿，当前计数值 CV 减 1（前提是 CV 值大于 0），当 CV 等于 0 时，计数器的输出 Q 从状态"1"变成状态"0"；当 R 端子的状态为"1"时，计数器复位，当前计数值为"PV"，输出也为"0"。减计数器指令和参数见表 5-35。

表 5-35 减计数器指令和参数

LAD	SCL	参数	数据类型	说明
C no. S_CD CD ─ ─ Q S ─ PV ─ ─ CV CV_BCD R ─	"Tag_Result":=S_CD(C_NO:= "Counter_1", CD:="Tag_Start", S:="Tag_1", PV:="Tag_PresetValue", R:="Tag_Reset", Q=>"Tag_Status", CV=>"Tag_Value");	C no.	Counter	要启动的计数器号，如 C0
		CD	BOOL	减计数输入
		S	BOOL	计数初始值预置输入端
		PV	WORD	初始值的 BCD 码
		R	BOOL	复位输入端
		Q	BOOL	计数器的状态输出
		CV	WORD, S5Time, Date	当前计数值（整数格式）
		CV_BCD		当前计数值（BCD 码格式）

用一个例子来说明减计数器指令的使用，梯形图和 SCL 程序如图 5-84 所示，与之对应的时序图如图 5-85 所示。当 I0.2 闭合时，将 10 赋给 CV，当 I0.0 每产生一个上升沿，计数器 C0 计数 1 次，CV 减 1，当 CV 值为 0 时，Q0.0 输出从 "1" 变成 "0"。任何时候复位有效时，定时器 C0 复位，CV 值为 0，Q0.0 输出为低电平 "0"。

图 5-84　梯形图和 SCL 程序

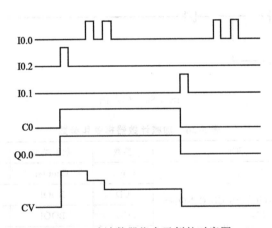

图 5-85　减计数器指令示例的时序图

【例 5-18】　设计一个程序，实现用一个按钮控制一盏灯的亮和灭，即压下奇数次按钮时，灯亮，压下偶数次按钮时，灯灭。

解　当 I0.0 第一次合上时，M10.0 接通一个扫描周期，使得 Q0.0 线圈得电一个扫描周期，当下一次扫描周期到达，Q0.0 常开触点闭合自锁，灯亮。

当 I0.0 第二次合上时，M10.0 接通一个扫描周期，C0 计数为 2，Q0.0 线圈断电，使得灯灭，同时计数器复位。梯形图如图 5-86 所示。

(4) 加减计数器（S_CUD）

加减计数器（S_CUD）在计数初始值预置输入端 S 上有上升沿时，PV 装入预置值，输入端 CD 每检测到一次上升沿，当前计数值 CV 减 1（前提是 CV 值大于 0）；输入端 CU 每检测到一次上升沿，当前计数值 CV 加 1（前提是 CV 值小于 999）；当 CD 和 CU 同时有上升沿时，CV 不变；计数值大于 0 时，计数器的输出 Q 为高电平 "1"；计数值等于 0 时，计数器的输出 Q 为低电平 "0"；当 R 端子的状态为 "1" 时，计数器复位，当前计数值为 "0"，输出也为 "0"。加减计数器指令和参数见表 5-36。

图 5-86 梯形图

表 5-36 加减计数器指令和参数

LAD	SCL	参数	数据类型	说明
		C no.	Counter	要启动的计数器号,如 C0
	`"Tag_Result":=S_CD(C_NO:=`	CD	BOOL	减计数输入
	`"Counter_1",`	CU	BOOL	加计数输入
S_CUD	`CU:="Tag_CU",`	S	BOOL	计数初始值预置输入端
CU Q	`CD:="Tag_CD",`	PV	WORD	初始值的 BCD 码
CD	`S:="Tag_1",`			
S CV	`PV:="Tag_PresetValue",`	R	BOOL	复位输入端
PV CV_BCD	`R:="Tag_Reset",`	Q	BOOL	计数器的状态输出
R	`Q=>"Tag_Status",`	CV	WORD,S5Time,	当前计数值(整数格式)
	`CV=>"Tag_Value");`	CV_BCD	Date	当前计数值(BCD 码格式)

用一个例子来说明加减计数器指令的使用,梯形图和 SCL 程序如图 5-87 所示。当 I0.2 闭合时,将值 10 赋给 CV,I0.1 每产生一个上升沿,计数器 C0 计数 1 次,CV 减 1,当 CV 值为 0 时,Q0.0 输出从"1"变成"0";I0.0 是增计数端。任何时候复位有效时,定时器 C0 复位,CV 值为 0,Q0.0 输出为低电平"0"。

【例 5-19】 在实际工程应用中,常常在监控面板上使用拨码开关给 PLC 设定数据。I0.0、I0.1、I0.2 对应 SB1、SB2 和 SB3 按钮。当 I0.0 接通 C0 加 1,当 I0.1 接通 C0 减 1,当 I0.2 接通 C0 复位。通过 SB1、SB2 设定 0～9 共 10 个数字。

解 梯形图如图 5-88 所示。

图 5-87　梯形图和 SCL 程序

图 5-88　梯形图

5.4.4　IEC 计数器

西门子 PLC 的计数器的数量有限，如果大型项目，计数器不够用时，可以使用 IEC 计数器。IEC 计数器集成在 CPU 的操作系统中。在 CPU 中有以下计数器：加计数器（CTU）、减计数器（CTD）和加减计数器（CTUD）。

(1) 加计数器（CTU）

加计数器（CTU）的参数见表 5-37。

表 5-37 加计数器（CTU）指令和参数

LAD	SCL	参数	数据类型	说明
		CU	BOOL	计数器输入
	"IEC_COUNTER_DB".CTU(	R	BOOL	复位，优先于 CU 端
	CU：="Tag_Start",	PV	Int	预设值
	R：="Tag_Reset",			
	PV：="Tag_PresetValue",	Q	BOOL	计数器的状态，CV>=PV，Q 输出 1，CV<PV，Q 输出 0
	Q=>"Tag_Status",			
	CV=>"Tag_CounterValue");	CV	整数、Char、WChar、Date	当前计数值

从指令框的"<???>"下拉列表中选择该指令的数据类型。

以下以加计数器（CTU）为例介绍 IEC 计数器的应用。

【例 5-20】 压下 I0.0 按钮三次后，电动机启动，压下按钮 I0.1，电动机停止，请设计控制程序。

解 将 CTU 计数器拖拽到程序编辑器，弹出如图 5-89 所示界面，单击"确定"按钮，输入梯形图或 SCL 程序如图 5-90 所示。当 I0.0 压下三次，MW10 中存储的当前计数值（CV）为 3，等于预设值（PV），所以 Q0.0 状态变为 1，电动机启动；当压下 I0.1 复位按钮，MW10 中存储的当前计数值变为 0，小于预设值（PV），所以 Q0.0 状态变为 0，电动机停止。此题使用 SIMATIC 计数器 S_CU 也可行，但程序要复杂一些。

图 5-89 调用选项

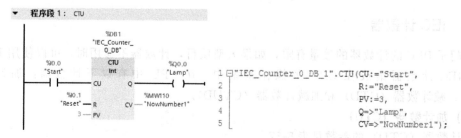

图 5-90 梯形图和 SCL 程序

（2）减计数器（CTD）

减计数器（CTD）的参数见表 5-38。

表 5-38　减计数器（CTD）指令和参数

LAD	SCL	参数	数据类型	说明
CTD ??? —CD　　Q— —LD　　CV— —PV	"IEC_Counter_0_DB_1".CTD(CD：=_bool_in_, LD：=_bool_in_, PV：=_in_, Q=>_bool_out_, CV=>_out_);	CD	BOOL	计数器输入
		LD	BOOL	装载输入
		PV	Int	预设值
		Q	BOOL	使用 LD＝1 置位输出 CV 的目标值
		CV	整数、Char、 WChar、Date	当前计数值

从指令框的"＜???＞"下拉列表中选择该指令的数据类型。

以下用一个例子说明减计数器（CTD）的用法。

梯形图和 SCL 程序如图 5-91 所示。当 I0.1 压下一次，PV 值装载到当前计数值（CV），且为 3。当压下 I0.0 一次，CV 减 1，压下 I0.0 共三次，CV 值变为 0，所以 Q0.0 状态变为 1。

图 5-91　梯形图和 SCL 程序

（3）加减计数器（CTUD）

加减计数器指令（CTUD）的参数见表 5-39。

表 5-39　加减计数器指令（CTUD）和参数

LAD	SCL	参数	数据类型	说明
CTUD ??? —CU　　QU— —CD　　QD— —R　　CV— —LD —PV	"IEC_Counter_0_DB_1".CTUD(CU：=_bool_in_, CD：=_bool_in_, R：=_bool_in_, LD：=_bool_in_, PV：=_in_, QU=>_bool_out_, QD=>_bool_out_, CV=>_out_);	CU	BOOL	加计数器输入
		CD	BOOL	减计数器输入
		R	BOOL	复位输入
		LD	BOOL	装载输入
		PV	Int	预设值
		QU	BOOL	加计数器的状态
		QD	BOOL	减计数器的状态
		CV	整数、Char、 WChar、Date	当前计数值

从指令框的"＜???＞"下拉列表中选择该指令的数据类型。

以下用一个例子说明加减计数器指令（CTUD）的用法。

梯形图和 SCL 程序如图 5-92 所示。如果当前值 CV 为 0，压下 I0.0 共三次，CV 为 3，QU 的输出 Q0.0 为 1，当压下 I0.2，复位，Q0.0 为 0。

当 I0.3 压下一次，PV 值装载到当前计数值（CV），且为 3。当压下 I0.1 一次，CV 减 1，压下 I0.1 共三次，CV 值变为 0，所以 Q0.1 状态变为 1。

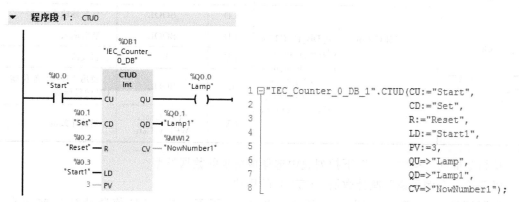

图 5-92　梯形图和 SCL 程序

5.5　移动操作指令

(1) 移动值指令（MOVE）

当允许输入端的状态为"1"时，启动此指令，将 IN 端的数值输送到 OUT 端的目的地地址中，IN 和 OUTx（x 为 1、2、3）有相同的信号状态，移动值的指令（MOVE）及参数见表 5-40。

表 5-40　移动值指令（MOVE）及参数

LAD	SCL	参数	数据类型	说明
MOVE — EN ─── ENO — — IN ✢ OUT1 —	OUT1:=IN;	EN	BOOL	允许输入
		ENO	BOOL	允许输出
		OUT1	位字符串、整数、浮点数、定时器、日期时间、Char、WChar、Struct、Array、Timer、Counter、IEC 数据类型、PLC 数据类型（UDT）	目的地地址
		IN		源数据

每点击"MOVE"指令中的 ✢ 一次，就增加一个输出端。

用一个例子来说明移动值指令（MOVE）的使用，梯形图和 SCL 程序如图 5-93 所示，

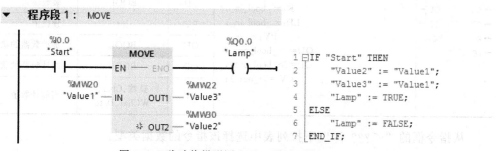

图 5-93　移动值梯形图和 SCL 指令示例

当 I0.0 闭合，MW20 中的数值（假设为 8）传送到目的地地址 MW22 和 MW30 中，结果是 MW20、MW22 和 MW30 中的数值都是 8。Q0.0 的状态与 I0.0 相同，也就是说，I0.0 闭合时，Q0.0 为"1"；I0.0 断开时，Q0.0 为"0"。

【例 5-21】 根据图 5-94 和图 5-95 所示电动机 Y-△启动的电气原理图，编写控制程序。

解 本例 PLC 可采用 CPU1511C-1PN 和 CPU1211C。前 10s，Q0.0 和 Q0.1 线圈得电，星形启动，从第 10～11s 只有 Q0.0 得电，从 11s 开始，Q0.0 和 Q0.2 线圈得电，电动机为三角形运行。梯形图程序如图 5-96 所示。这种方法编写程序很简单，但浪费了宝贵的输出点资源。

图 5-94　原理图——主回路

(a) CPU1511C-2PN原理图　　　　　(b) CPU1211C原理图

图 5-95　原理图——控制回路

以上梯形图是正确的，但需占用 8 个输出点，而真实使用的输出点却只有 3 个，浪费了 5 个宝贵的输出点，因此从工程的角度考虑，不是一个实用程序。改进的梯形图和 SCL 程

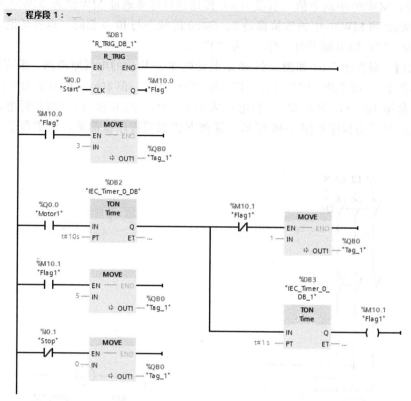

图 5-96 电动机 Y-△启动梯形图

序如图 5-97 所示，仍然采用以上方案，但只需要使用 3 个输出点，因此是一个实用程序。

(a) 梯形图

```
 1 □"R_TRIG_DB"(CLK:="Start",
 2 |              Q=>"Flag");
 3 □IF "Flag" THEN
 4 |      "Tag_2":=3;
 5 | END_IF;
 6 □"IEC_Timer_0_DB_2".TON(IN:="KA1",
 7 |                        PT:=T#10S,
 8 |                        Q=>"Flag2");
 9 □ "IEC_Timer_0_DB_3".TON(IN := "Flag2",
10 |                         PT := T#1S,
11 |                         Q => "Flag1");
12 □ IF "Flag2" AND NOT "Flag1" THEN
13 |      "Tag_2" := 1;
14 | END_IF;
15 □ IF "Flag1"  THEN
16 |      "Tag_2" := 5;
17 | END_IF;
18 □ IF NOT "Stop" THEN
19 |      "Tag_2" := 0;
20 | END_IF;
21 □IF "KA1" THEN
22 |      "KM1" := TRUE;
23 □     IF "KA2" THEN
24 |          "KM2" := TRUE;
25 |      ELSE
26 |          "KM2" := FALSE;
27 |      END_IF;
28 □     IF "KA3" THEN
29 |          "KM3" := TRUE;
30 |      ELSE
31 |          "KM3" := FALSE;
32 |      END_IF;
33 | ELSE
34 |      "KM1" := FALSE;
35 |      "KM2" := FALSE;
36 |      "KM3":=FALSE;
37 | END_IF;
```

(b) SCL程序

图 5-97　电动机 Y-△启动梯形图和 SCL 程序（改进后）

（2）存储区移动指令（MOVE_BLK）

将一个存储区（源区域）的数据移动到另一个存储区（目标区域）中。使用输入 COUNT 可以指定将移动到目标区域中的元素个数。可通过输入 IN 中元素的宽度来定义元素待移动的宽度。存储区移动指令（MOVE_BLK）及参数见表 5-41。

表 5-41　存储区移动指令（MOVE_BLK）及参数

LAD	SCL	参数	数据类型	说明
MOVE_BLK EN — ENO IN OUT COUNT	MOVE_BLK (IN:=_in_, COUNT:=_in_, OUT=>_out_);	EN	BOOL	使能输入
		ENO	BOOL	使能输出
		IN	二进制数、整数、浮点数、定时器、Date、Char、WChar、TOD、LTOD	待复制源区域中的首个元素
		COUNT	USINT、UINT、UDINT、ULINT	要从源区域移动到目标区域的元素个数
		OUT	二进制数、整数、浮点数、定时器、Date、Char、WChar、TOD、LTOD	源区域内容要复制到的目标区域中的首个元素

用一个例子来说明存储区移动指令的使用，梯形图和 SCL 程序如图 5-98 所示。输入区和输出区必须是数组，将数组 A 中从第 2 个元素起的 6 个元素，传送到数组 B 中第 3 个元素起的数组中去，如果传送结果正确，Q0.0 为 1。

图 5-98　存储区移动指令示例

（3）交换指令（SWAP）

使用"交换"指令更改输入 IN 中字节的顺序，并在输出 OUT 中查询结果。交换指令（SWAP）及参数见表 5-42。

表 5-42　交换指令（SWAP）及参数

LAD	SCL	参数	数据类型	说明
SWAP ??? EN — ENO IN OUT	"OUT":=SWAP("IN");	EN	BOOL	使能输入
		ENO	BOOL	使能输出
		IN	WORD、DWORD、LWORD	要交换其字节的操作数
		OUT	WORD、DWORD、LWORD	结果

从指令框的"＜???＞"下拉列表中选择该指令的数据类型。

用一个例子来说明交换指令（SWAP）的使用，梯形图和 SCL 程序如图 5-99 所示。当 I0.0 触点闭合，执行交换指令，假设 MW10＝16＃1188，交换指令执行后，MW12＝16＃

8811，字节的顺序改变。如果传送结果正确，Q0.0 为 1。

图 5-99　交换指令（SWAP）示例

5.6　比较指令

TIA 博途软件提供了丰富的比较指令，可以满足用户的各种需要。TIA 博途软件中的比较指令可以对如整数、双整数、实数等数据类型的数值进行比较。

▶【关键点】一个整数和一个双整数是不能直接进行比较的，因为它们之间的数据类型不同。一般先将整数转换成双整数，再对两个双整数进行比较。

比较指令有等于（CMP＝＝）、不等于（CMP＜＞）、大于（CMP＞）、小于（CMP＜）、大于或等于（CMP＞＝）和小于或等于（CMP＜＝）。比较指令对输入操作数 1 和操作数 2 进行比较，如果比较结果为真，则逻辑运算结果 RLO 为 "1"，反之则为 "0"。

(1) 等于比较指令（CMP＝＝）

等于指令有整数等于比较指令、双整数等于比较指令和实数等于比较指令等。等于比较指令和参数见表 5-43。

表 5-43　等于比较指令和参数

LAD	SCL	参数	数据类型	说明

<???>
 ══
 ???
 <???>
	OUT：=IN1＝IN2；
	 or
	 IF IN1＝IN2 THEN
	 　OUT：=1；
	 ELSE
	 　OUT：=0；
	 END_IF；
		操作数 1	位字符串、整数、浮点数、字符串、Time、LTime、Date、TOD、LTOD、DTL、DT、LDT	比较的第一个数值

		操作数 2		比较的第二个数值

从指令框的 "＜???＞" 下拉列表中选择该指令的数据类型。

用一个例子来说明等于比较指令，梯形图和 SCL 程序如图 5-100 所示。当 I0.0 闭合时，激活比较指令，MW10 中的整数和 MW12 中的整数比较，若两者相等，则 Q0.0 输出为 "1"，若两者不相等，则 Q0.0 输出为 "0"。在 I0.0 不闭合时，Q0.0 的输出为 "0"。操作数 1 和操作数 2 可以为常数。

双整数等于比较指令和实数等于比较指令的使用方法与整数等于比较指令类似，只不过操作数 1 和操作数 2 的参数类型分别为双整数和实数。

(2) 不等于比较指令（CMP＜＞）

不等于比较指令有整数不等于比较指令、双整数不等于比较指令和实数不等于比较指令

程序段 1: CMP==

```
1 ⊟IF "Start" AND "Number1"= "Number2" THEN
2 │    "Lamp" := TRUE;
3 │ ELSE
4 │    "Lamp" := FALSE;
5 │ END_IF;
```

图 5-100 整数等于比较指令示例

等。不等于比较指令和参数见表 5-44。

表 5-44 不等于比较指令和参数

LAD	SCL	参数	数据类型	说明

<???>
<>
???
<???>
	IF IN1<>IN2 THEN
	OUT:=1;
	ELSE
	OUT:=0;
	END_IF;
		操作数 1	位字符串、整数、浮点数、字符串、Time、LTime、Date、TOD、LTOD、DTL、DT、LDT	比较的第一个数值

		操作数 2		比较的第二个数值

从指令框的"<???>"下拉列表中选择该指令的数据类型。

用一个例子来说明不等于比较指令，梯形图和 SCL 程序如图 5-101 所示。当 I0.0 闭合时，激活比较指令，MW10 中的整数和 MW12 中的整数比较，若两者不相等，则 Q0.0 输出为"1"，若两者相等，则 Q0.0 输出为"0"。在 I0.0 不闭合时，Q0.0 的输出为"0"。操作数 1 和操作数 2 可以为常数。

程序段 1: CMP<>

```
1 ⊟IF "Start" AND "Number1"<>"Number2" THEN
2 │    "Lamp" := TRUE;
3 │ ELSE
4 │    "Lamp" := FALSE;
5 │ END_IF;
```

图 5-101 整数不等于比较指令示例

双整数不等于比较指令和实数不等于比较指令的使用方法与整数不等于比较指令类似，只不过操作数 1 和操作数 2 的参数类型分别为双整数和实数。使用比较指令的前提是数据类型必须相同。

(3) 小于比较指令（CMP<）

小于比较指令有整数小于比较指令、双整数小于比较指令和实数小于比较指令等。小于比较指令和参数见表 5-45。

表 5-45 小于比较指令和参数

LAD	SCL	参数	数据类型	说明

<???>
<
???
<???>
	IF IN1<IN2 THEN
	OUT:=1;
	ELSE
	OUT:=0;
	END_IF;
		操作数 1	位字符串、整数、浮点数、字符串、Time、LTime、Date、TOD、LTOD、DTL、DT、LDT	比较的第一个数值

		操作数 2		比较的第二个数值

从指令框的 "＜???＞" 下拉列表中选择该指令的数据类型。

用一个例子来说明小于比较指令，梯形图和 SCL 程序如图 5-102 所示。当 I0.0 闭合时，激活双整数小于比较指令，MD16 中的双整数和 MD12 中的双整数比较，若前者小于后者，则 Q0.0 输出为 "1"，否则 Q0.0 输出为 "0"。在 I0.0 不闭合时，Q0.0 的输出为 "0"。操作数 1 和操作数 2 可以为常数。

▼　程序段 1：CMP<

```
1 ⊟IF "Start" AND "Number2"<"Number1" THEN
2  │     "Lamp" := TRUE;
3  │ ELSE
4  │     "Lamp" := FALSE;
5  └END_IF;
```

图 5-102　双整数小于比较指令示例

整数小于比较指令和实数小于比较指令的使用方法与双整数小于比较指令类似，只不过操作数 1 和操作数 2 的参数类型分别为整数和实数。使用比较指令的前提是数据类型必须相同。

(4) 大于等于比较指令（CMP＞＝）

大于等于比较指令有整数大于等于比较指令、双整数大于等于比较指令和实数大于等于比较指令等。大于等于比较指令和参数见表 5-46。

表 5-46　大于等于比较指令和参数

LAD	SCL	参数	数据类型	说明

＜???＞
-│ >= ├-
???
＜???＞
	IF IN1＞＝IN2 THEN
	　OUT:=1;
	ELSE
	　OUT:=0;
	END_IF;
		操作数 1	位字符串、整数、浮点数、字符串、Time、LTime、Date、TOD、LTOD、DTL、DT、LDT	比较的第一个数值

		操作数 2		比较的第二个数值

从指令框的 "＜???＞" 下拉列表中选择该指令的数据类型。

用一个例子来说明实数大于等于比较指令，梯形图和 SCL 程序如图 5-103 所示。当 I0.0 闭合时，激活比较指令。MD20 中的实数和实数 1.0 比较，若前者大于或者等于后者，则 Q0.0 输出为 "1"，否则 Q0.0 输出为 "0"。在 I0.0 不闭合时，Q0.0 的输出为 "0"。操作数 1 和操作数 2 可以为常数。

▼　程序段 1：CMP >=

```
1 ⊟IF "Start" AND "Number">=1.0 THEN
2  │     "Lamp" := TRUE;
3  │ ELSE
4  │     "Lamp" := FALSE;
5  └END_IF;
```

图 5-103　实数大于等于比较指令示例

整数大于等于比较指令和双整数大于等于比较指令的使用方法与实数大于等于比较指令

类似，只不过操作数1和操作数2的参数类型分别为整数和双整数。使用比较指令的前提是数据类型必须相同。

小于等于比较指令和小于比较指令类似，大于比较指令和大于等于比较指令类似，在此不再讲述。

（5）值在范围内指令（IN_RANGE）

"值在范围内"指令将输入VAL的值与输入MIN和MAX的值进行比较，并将结果发送到功能框输出中。如果输入VAL的值满足MIN≤VAL或VAL≤MAX的比较条件，则功能框输出的信号状态为"1"。如果不满足比较条件，则功能框输出的信号状态为"0"。值在范围内指令和参数见表5-47。

表5-47 值在范围内指令（IN_RANGE）和参数

LAD	参数	数据类型	说明
IN_RANGE ??? MIN VAL MAX	功能框输入	BOOL	上一个逻辑运算的结果
	MIN	整数、浮点数	取值范围的下限
	VAL	整数、浮点数	比较值
	MAX	整数、浮点数	取值范围的上限
	功能框输出	BOOL	比较结果

从指令框的"＜???＞"下拉列表中选择该指令的数据类型。

用一个例子来说明值在范围内指令，梯形图程序如图5-104所示。当I0.0闭合时，激活此指令。比较MW10中的整数是否在最大值198和最小值88之间，如在此两数值之间，则Q0.0输出为"1"，否则Q0.0输出为"0"。在I0.0不闭合时，Q0.0的输出为"0"。

图5-104 值在范围内指令示例

5.7 转换指令

转换指令是将一种数据格式转换成另外一种格式进行存储。例如，要让一个整型数据和双整型数据进行算术运算，一般要将整型数据转换成双整型数据。

（1）转换值指令（CONV）

"转换值"指令将读取参数IN的内容，并根据指令框中选择的数据类型对其进行转换。转换值存储在输出OUT中，转换值指令应用十分灵活。转换值指令（CONVERT）和参数见表 5-48。

表 5-48　转换值指令（CONV）和参数

LAD	SCL	参数	数据类型	说明
CONV ??? to ??? — EN — ENO — — IN OUT —	OUT: = <data type in>_TO_<data type out>(IN)；	EN	BOOL	使能输入
		ENO	BOOL	使能输出
		IN	位字符串、整数、浮点数、Char、WChar、BCD16、BCD32	要转换的值
		OUT	位字符串、整数、浮点数、Char、WChar、BCD16、BCD32	转换结果

从指令框的"<???>"下拉列表中选择该指令的数据类型。

1）BCD 转换成整数

① BCD 码的格式　BCD 码是比较有用的，3 位格式如图 5-105 所示，二进制的 0～3 位是个位，4～7 位是十位，8～11 位是百位，12～15 位是符号位。7 位格式如图 5-106 所示，二进制的 0～3 位是个位，4～7 位是十位，8～11 位是百位，12～15 位是千位，16～19 位是万位，20～23 位是十万位，24～27 位是百万位，28～31 位是符号位。

图 5-105　3 位 BCD 码的格式　　　图 5-106　7 位 BCD 码的格式

② BCD 转换成整数　BCD 转换成整数指令是将 IN 指定的内容以 BCD 码二-十进制格式读出，并将其转换为整数格式，输出到 OUT 端。如果 IN 端指定的内容超出 BCD 码的范围（例如 4 位二进制数出现 1010～1111 的几种组合），则执行指令时将会发生错误，使 CPU 进入 STOP 方式。

用一个例子来说明 BCD 转换成整数指令，梯形图和 SCL 程序如图 5-107 所示。当 I0.0 闭合时，激活 BCD 转换成整数指令，IN 中的 BCD 数用十六进制表示为 16#22（就是十进制的 22），转换完成后 OUT 端的 MW10 中的整数的十六进制是 16#16。

图 5-107　BCD 转换成整数指令示例

2）整数转换成 BCD　整数转换成 BCD 指令是将 IN 端指定的内容以整数的格式读入，然后将其转换为 BCD 码格式输出到 OUT 端。如果 IN 端的整数大于 999，PLC 不停机，仍然正常运行。由于字的 BCD 码最大只能表示 C#999（最高 4 位为符号位）。若 IN 端的内容大于 999，CPU 将 IN 端的内容直接送到 OUT 端输出，不经过 CONV 的转换。这时 OUT 输出的内容可能超出 BCD 码的范围。另外 OUT 端的内容若为 BCD 码，也有可能是超过

999 的整数转换出来的，例如整数 2457 通过 CONV 指令以后，OUT 的值为 C♯999。因此在使用 CONV 指令时应该保证整数小于等于 999。此外，如果 IN 端的整数为负整数时。转换出的 BCD 码最高 4 位为 "1"。

用一个例子来说明整数转换成 BCD 指令，梯形图和 SCL 程序如图 5-108 所示。当 I0.0 闭合时，激活整数转换成 BCD 指令，IN 中的整数存储在 MW10 中，（假设用十六进制表示为 16♯16），转换完成后 OUT 端的 MW12 中的 BCD 数是 16♯22。

图 5-108　整数转换成 BCD 指令示例

3）整数转换成双整数　整数转换成双整数指令是将 IN 端指定的内容以整数的格式读入，然后将其转换为双整数码格式输出到 OUT 端。

用一个例子来说明整数转换成双整数指令，梯形图和 SCL 程序如图 5-109 所示。当 I0.0 闭合时，激活整数转换成双整数指令，IN 中的整数存储在 MW10 中（假设用十六进制表示为 16♯0016），转换完成后 OUT 端的 MD10 中的双整数是 16♯0000 0016。转换前后的示意图如图 5-110 所示。

图 5-109　整数转换成双整数指令示例

图 5-110　整数转换成双整数前后的示意图

整数转换成双整数 MW10＝MD10，其大小并未发生改变。但从图 5-110 可以看出数据的变化：转换之前，MB11＝16♯16，而转换之后，MB11＝16♯00，MB13＝16♯16。数据大小虽未改变，但数据的存放位置发生了改变，这点初学者容易忽略。

4）双整数转换成实数　双整数转换成实数指令是将 IN 端指定的内容以双整数的格式读入，然后将其转换为实数码格式输出到 OUT 端。实数格式在后续算术计算中是很常用的，如 3.14 就是实数形式。

用一个例子来说明双整数转换成实数指令，梯形图和 SCL 程序如图 5-111 所示。当 I0.0 闭合时，激活双整数转换成实数指令，IN 中的双整数存储在 MD10 中，（假设用十进制表示为 DINT♯16），转换完成后 OUT 端的 MD16 中的实数是 16.0。一个实数要用 4 个字节存储。

图 5-111　双整数转换成实数指令示例

(2) 取整指令（ROUND）

"取整"指令将输入 IN 的值四舍五入取整为最接近的整数。该指令将输入 IN 的值为浮点数，转换为一个 DINT 数据类型的整数。取整指令（ROUND）和参数见表 5-49。

表 5-49　取整指令（ROUND）和参数

LAD	SCL	参数	数据类型	说明
ROUND ??? to ??? — EN — ENO — IN OUT —	OUT:=ROUND(IN);	EN	BOOL	允许输入
		ENO	BOOL	允许输出
		IN	浮点数	要取整的输入值
		OUT	整数、浮点数	取整的结果

注意：可以从指令框的"???"下拉列表中选择该指令的数据类型。

用一个例子来说明取整指令，梯形图和 SCL 程序如图 5-112 所示。当 I0.0 闭合时，激活取整指令，IN 中的实数存储在 MD16 中，假设这个实数为 3.14，进行取整运算后 OUT 端的 MD10 中的双整数是 DINT♯3，假设这个实数为 3.88，进行取整运算后 OUT 端的 MD10 中的双整数是 DINT♯4。

图 5-112　取整指令示例

(3) 标准化指令（NORM_X）

使用"标准化"指令，可将输入 VALUE 中变量的值映射到线性标尺对其进行标准化。使用参数 MIN 和 MAX 定义输入 VALUE 值范围的限值。标准化指令（NORM_X）和参数见表 5-50。

表 5-50　标准化指令（NORM_X）和参数

LAD	参数	参数	数据类型	说明
NORM_X ??? to ??? — EN — ENO — MIN OUT — — VALUE — MAX	out:=NORM_X(min:=_in_, value:=_in_, max:=_in_);	EN	BOOL	允许输入
		ENO	BOOL	允许输出
		MIN	整数、浮点数	取值范围的下限
		VALUE	整数、浮点数	要标准化的值
		MAX	整数、浮点数	取值范围的上限
		OUT	浮点数	标准化结果

注意：可以从指令框的"???"下拉列表中选择该指令的数据类型。

"标准化"指令的计算公式是：OUT＝(VALUE－MIN)/(MAX－MIN)，此公式对应的计算原理图如图5-113所示。

图5-113 "标准化"指令公式对应的计算原理图

用一个例子来说明标准化指令（NORM_X），梯形图和SCL程序如图5-114所示。当I0.0闭合时，激活标准化指令，要标准化的VALUE存储在MW10中，VALUE的范围是0～27648，将VALUE标准化的输出范围是0～1.0。假设MW10中是13824，那么MD16中的标准化结果为0.5。

图5-114 标准化指令示例

(4) 缩放指令（SCALE_X）

使用"缩放"指令，通过将输入VALUE的值映射到指定的值范围来对其进行缩放。当执行"缩放"指令时，输入VALUE的浮点值会缩放到由参数MIN和MAX定义的值范围。缩放结果为整数，存储在OUT输出中。缩放指令（SCALE_X）和参数见表5-51。

表5-51 缩放指令（SCALE_X）和参数

LAD	SCL	参数	数据类型	说明
SCALE_X ??? to ??? EN — ENO MIN — OUT VALUE MAX	out:=SCALE_X(min:=_in_, value:=_in_, max:=_in_);	EN	BOOL	允许输入
		ENO	BOOL	允许输出
		MIN	整数、浮点数	取值范围的下限
		VALUE	浮点数	要缩放的值
		MAX	整数、浮点数	取值范围的上限
		OUT	整数、浮点数	缩放结果

注意：可以从指令框的"???"下拉列表中选择该指令的数据类型。

"缩放"指令的计算公式是：OUT＝[VALUE * (MAX－MIN)]＋MIN，此公式对应的计算原理图如图5-115所示。

用一个例子来说明缩放指令（SCALE_X），梯形图和SCL程序如图5-116所示。当I0.0闭合时，激活缩放指令，要缩放的VALUE存储在MD10中，VALUE的范围是0～

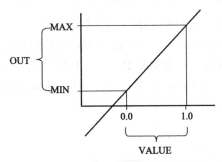

图 5-115 "缩放"指令公式对应的计算原理图

1.0,将 VALUE 缩放的输出范围是 0~27648。假设 MD10 中是 0.5,那么 MW16 中的缩放结果为 13824。

图 5-116　缩放指令示例

(5) 缩放指令 (SCALE)

使用"缩放"指令将参数 IN 上的整数转换为浮点数,该浮点数在介于上下限值之间的物理单位内进行缩放。通过参数 LO_LIM 和 HI_LIM 来指定刻度输入值取值范围的下限和上限。指令的结果在参数 OUT 中输出。缩放指令 (SCALE) 和参数见表 5-52。

表 5-52　缩放指令 (SCALE) 和参数

LAD	参数	参数	数据类型	说明
SCALE EN　　ENO IN　　RET_VAL HI_LIM　　OUT LO_LIM BIPOLAR	RET_VAL:=SCALE(IN:=_int_in_, 　HI_LIM:=_real_in_, 　LO_LIM:=_real_in_, 　BIPOLAR:=_bool_in_, 　OUT=>_real_out_);	EN	BOOL	允许输入
		ENO	BOOL	允许输出
		IN	Int	要刻度的值
		HI_LIM	Real	工程单位上限
		LO_LIM	Real	工程单位下限
		BIPOLAR	BOOL	1:双极性,0:单极性
		RET_VAL	WORD	错误信息
		OUT	Real	缩放结果

"缩放"指令将按以下公式进行计算:

$$OUT = (((FLOAT(IN) - K1)/(K2 - K1)) * (HI\_LIM - LO\_LIM)) + LO\_LIM$$

参数 BIPOLAR 的信号状态将决定常量"K1"和"K2"的值。参数 BIPOLAR 可能有下列信号状态。

① 信号状态"1":此时参数 IN 的值为双极性且取值范围介于 -27648 和 27648 之间。这种情况下,常数"K1"的值为"-27648.0","K2"的值为"+27648.0"。

② 信号状态"0":此时参数 IN 的值为单极性且取值范围介于 0 和 27648 之间。这种情

况下，常数"K1"的值为"0.0"，"K2"的值为"+27648.0"。

用一个例子来说明缩放指令（SCALE），梯形图和SCL程序如图5-117所示。当I0.0闭合时，激活缩放指令，本例IW600：P是模拟量输入通道的地址，其代表AD转换的数字量，当M20.0为0时，是单极性，也就是IW600：P的范围是0～27648。要缩放到的工程量的范围是0.0～20.0。当输入IW600：P=13824时，输出MD10=10.0。

图5-117　缩放指令示例

缩放指令（SCALE）只用于S7-300/400/1500 PLC，而不用于S7-1200 PLC。

（6）取消缩放指令（UNSCALE）

"取消缩放"指令用于取消缩放参数IN中介于下限值和上限值之间以物理单位表示的浮点数，并将其转换为整数。通过参数LO_LIM和HI_LIM来指定缩放输入值取值范围的下限和上限。指令的结果在参数OUT中输出。取消缩放指令（UNSCALE）和参数见表5-53。

表5-53　取消缩放指令（UNSCALE）和参数

LAD	参数	参数	数据类型	说明
UNSCALE - EN　　ENO - - IN　　RET_VAL - - HI_LIM - LO_LIM　　OUT - - BIPOLAR	RET_VAL:=UNSCALE(IN:= _real_in_, HI_LIM:=_real_in_, LO_LIM:=_real_in_, BIPOLAR:=_bool_in_, OUT=>_int_out_);	EN	BOOL	允许输入
		ENO	BOOL	允许输出
		IN	Real	要取消缩放的输入值
		HI_LIM	Real	工程单位上限
		LO_LIM	Real	工程单位下限
		BIPOLAR	BOOL	1：双极性，0：单极性
		RET_VAL	WORD	错误信息
		OUT	Int	缩放结果

"取消缩放"指令将按以下公式进行计算：

$$OUT=[((IN-LO\_LIM)/(HI\_LIM-LO\_LIM))*(K2-K1)]+K1$$

参数BIPOLAR的信号状态将决定常量"K1"和"K2"的值。参数BIPOLAR可能有下列信号状态：

① 信号状态"1"：此时参数IN的值为双极性且取值范围介于−27648和27648之间。这种情况下，常数"K1"的值为"−27648.0"，"K2"的值为"+27648.0"。

② 信号状态"0"：此时参数IN的值为单极性且取值范围介于0和27648之间。这种情况下，常数"K1"的值为"0.0"，"K2"的值为"+27648.0"。

用一个控制阀门开度的例子来说明取消缩放指令（UNSCALE），梯形图和SCL程序如图5-118所示。当I0.0闭合时，激活取消缩放指令，本例QW600：P是模拟量输出通道的地址，其代表 DA 转换的数字量，当 M20.0 为 0 时，为单极性，也就是 QW600：P 的范围是 0～27648。要缩放到的工程量的范围是 0.0～100.0。当输入 MD10＝50.0 时，表示阀门的开度为 50％，对应模拟量输出 QW600：P＝13824。

图 5-118　取消缩放指令示例

取消缩放指令（UNSCALE）只用于 S7-300/400/1500 PLC，而不用于 S7-1200 PLC。

5.8　数学函数指令

数学函数非常重要，在模拟量的处理、PID 控制等很多场合都要用到数学函数指令。

（1）加指令（ADD）

当允许输入端 EN 为高电平"1"时，输入端 IN1 和 IN2 中的整数相加，结果送入 OUT 中。加的表达式是：IN1＋IN2＝OUT。加指令（ADD）和参数见表 5-54。

表 5-54　加指令（ADD）和参数

LAD	SCL	参数	数据类型	说明
		EN	BOOL	允许输入
		ENO	BOOL	允许输出
	OUT:=IN1+IN2+…INn;	IN1	整数、浮点数	相加的第 1 个值
		IN2	整数、浮点数	相加的第 2 个值
		INn	整数、浮点数	要相加的可选输入值
		OUT	整数、浮点数	相加的结果

注意：可以从指令框的"＜??? ＞"下拉列表中选择该指令的数据类型。单击指令中的 ❖ 图标可以添加可选输入项。

用一个例子来说明加指令（ADD），梯形图和 SCL 程序如图 5-119 所示。当 I0.0 闭合

图 5-119　加指令（ADD）示例

时，激活加指令，IN1 中的整数存储在 MW10 中，假设这个数为 11，IN2 中的整数存储在 MW12 中，假设这个数为 21，整数相加的结果存储在 OUT 端的 MW16 中的数是 42。由于没有超出计算范围，所以 Q0.0 输出为 "1"。

【例 5-22】 有一个电炉，加热功率有 1000W、2000W 和 3000W 三个挡次，电炉有 1000W 和 2000W 两种电加热丝。要求用一个按钮选择三个加热挡，当按一次按钮时，1000W 电阻丝加热，即第一挡；当按两次按钮时，2000W 电阻丝加热，即第二挡；当按三次按钮时，1000W 和 2000W 电阻丝同时加热，即第三挡；当按四次按钮时停止加热，请编写程序。

解 梯形图如图 5-120 所示。

图 5-120　梯形图

如图 5-120 所示的梯形图程序，没有逻辑错误，但实际上有两处缺陷，一是上电时没有对 Q0.0~Q0.2 复位，二是浪费了多达 14 个输出点，这在实际工程应用中是不允许的。对以上程序进行改进，如图 5-121 所示。

图 5-121　梯形图（改进后）

（2）减指令（SUB）

当允许输入端 EN 为高电平"1"时，输入端 IN1 和 IN2 中的数相减，结果送入 OUT 中。IN1 和 IN2 中的数可以是常数。减指令的表达式是：IN1－IN2＝OUT。

减指令（SUB）和参数见表 5-55。

表 5-55　减指令（SUB）和参数

LAD	SCL	参数	数据类型	说明
SUB Auto (???) EN — ENO IN1 OUT IN2	OUT:=IN1－IN2;	EN	BOOL	允许输入
		ENO	BOOL	允许输出
		IN1	整数、浮点数	被减数
		IN2	整数、浮点数	减数
		OUT	整数、浮点数	差

注意：可以从指令框的"＜???＞"下拉列表中选择该指令的数据类型。

用一个例子来说明减指令（SUB），梯形图和 SCL 程序如图 5-122 所示。当 I0.0 闭合时，激活双整数减指令，IN1 中的双整数存储在 MD10 中，假设这个数为 DINT♯28，IN2 中的双整数为 DINT♯8，双整数相减的结果存储在 OUT 端的 MD16 中的数是 DINT♯20。由于没有超出计算范围，所以 Q0.0 输出为"1"。

图 5-122　减指令（SUB）示例

（3）乘指令（MUL）

当允许输入端 EN 为高电平"1"时，输入端 IN1 和 IN2 中的数相乘，结果送入 OUT 中。IN1 和 IN2 中的数可以是常数。乘的表达式是：IN1×IN2＝OUT。

乘指令（MUL）和参数见表 5-56。

表 5-56　乘指令（MUL）和参数

LAD	参数	参数	数据类型	说明
DIV Auto (???) EN — ENO IN1 OUT IN2 ✷	OUT:=IN1 * IN2 * …INn;	EN	BOOL	允许输入
		ENO	BOOL	允许输出
		IN1	整数、浮点数	相乘的第 1 个值
		IN2	整数、浮点数	相乘的第 2 个值
		INn	整数、浮点数	要相乘的可选输入值
		OUT	整数、浮点数	相乘的结果(积)

注意：可以从指令框的"＜???＞"下拉列表中选择该指令的数据类型。单击指令中的 ✷ 图标可以添加可选输入项。

用一个例子来说明乘指令（MUL），梯形图和 SCL 程序如图 5-123 所示。当 I0.0 闭合时，激活整数乘指令，IN1 中的整数存储在 MW10 中，假设这个数为 11，IN2 中的整数存储在 MW12 中，假设这个数为 11，整数相乘的结果存储在 OUT 端的 MW16 中的数是 242。由于没有超出计算范围，所以 Q0.0 输出为"1"。

图 5-123　乘指令（MUL）示例

(4) 除指令（DIV）

当允许输入端 EN 为高电平"1"时，输入端 IN1 中的双整数除以 IN2 中的双整数，结果送入 OUT 中。IN1 和 IN2 中的数可以是常数。除指令（DIV）和参数见表 5-57。

表 5-57　除指令（DIV）和参数

LAD	SCL	参数	数据类型	说明
DIV Auto (???) EN — ENO IN1 OUT IN2	OUT:=IN1/IN2;	EN	BOOL	允许输入
		ENO	BOOL	允许输出
		IN1	整数、浮点数	被除数
		IN2	整数、浮点数	除数
		OUT	整数、浮点数	除法的结果(商)

注意：可以从指令框的"＜???＞"下拉列表中选择该指令的数据类型。

用一个例子来说明除指令（DIV），梯形图和 SCL 程序如图 5-124 所示。当 I0.0 闭合时，激活实数除指令，IN1 中的实数存储在 MD10 中，假设这个数为 10.0，IN2 中的双整数存储在 MD14 中，假设这个数为 2.0，实数相除的结果存储在 OUT 端的 MD18 中的数是5.0。由于没有超出计算范围，所以 Q0.0 输出为"1"。

图 5-124　除指令（DIV）示例

(5) 计算指令（CALCULATE）

使用"计算"指令定义并执行表达式，根据所选数据类型计算数学运算或复杂逻辑运算。计算指令和参数见表 5-58。

表 5-58　计算指令（CALCULATE）和参数

LAD	SCL	参数	数据类型	说明
DIV Auto (???) EN　ENO IN1　OUT IN2	使用标准 SCL 数学表达式创建等式	EN	BOOL	允许输入
		ENO	BOOL	允许输出
		IN1	位字符串、整数、浮点数	第 1 输入
		IN2	位字符串、整数、浮点数	第 2 输入
		INn	位字符串、整数、浮点数	其他插入的值
		OUT	位字符串、整数、浮点数	计算的结果

注意：

① 可以从指令框的"＜???＞"下拉列表中选择该指令的数据类型；

② 上方的"计算器"图标可打开该对话框。表达式可以包含输入参数的名称和指令的语法。

用一个例子来说明计算指令，在梯形图中点击"计算器"图标，弹出如图 5-125 所示界面，输入表达式，本例为：$OUT=(IN1+IN2-IN3)/IN4$。梯形图和 SCL 程序如图 5-126所示。当 I0.0 闭合时，激活计算指令，IN1 中的实数存储在 MD10 中，假设这个数为 12.0，IN2 中的实数存储在 MD14 中，假设这个数为 3.0，结果存储在 OUT 端的 MD18 中的数是6.0。由于没有超出计算范围，所以 Q0.0 输出为"1"。

图 5-125　编辑计算指令

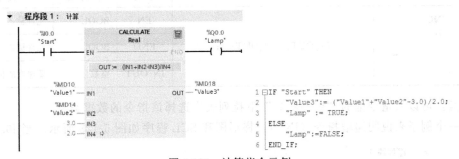

图 5-126　计算指令示例

【例 5-23】　将 53 英寸（in）转换成以毫米（mm）为单位的整数，请设计控制程序。

解　1in＝25.4mm，涉及实数乘法，先要将整数转换成实数，用实数乘法指令将 in 为单位的长度变为以 mm 为单位的实数，最后四舍五入即可，梯形图和 SCL 程序如图 5-127所示。

(a) 梯形图

```
1 ⊟IF "Start" THEN
2      "Value1":= 53;
3      "Value2" := INT_TO_REAL("Value1");
4      "Value2" :=  "Value2"*25.4;
5      "Value3" := ROUND("Value2");
6 END_IF;
```

(b) SCL程序

图 5-127 梯形图和 SCL 程序

(6) 递增指令 (INC)

使用"递增"指令将参数 IN/OUT 中操作数的值加 1。递增指令 (INC) 和参数见表 5-59。

表 5-59 递增指令 (INC) 和参数

LAD	SCL	参数	数据类型	说明
INC ??? — EN —— ENO — — IN/OUT	IN_OUT:=IN_OUT+1;	EN	BOOL	允许输入
		ENO	BOOL	允许输出
		IN/OUT	整数	要递增的值

注意：可以从指令框的"<???＞"下拉列表中选择该指令的数据类型。

用一个例子来说明递增指令 (INC)，梯形图和 SCL 程序如图 5-128 所示。当 I0.0 闭合

图 5-128 递增指令 (INC) 示例

1 次时，激活递增指令（INC），IN/OUT 中的双整数存储在 MD10 中，假设这个数执行指令前为 10，执行指令后 MD10 加 1，结果变为 11。由于没有超出计算范围，所以 Q0.0 输出为 "1"。

(7) 递减指令（DEC）

使用 "递减" 指令将参数 IN/OUT 中操作数的值减 1。递减指令（DEC）和参数见表 5-60。

表 5-60　递减指令（DEC）和参数

LAD	SCL	参数	数据类型	说明
DEC ??? EN — ENO IN/OUT	IN_OUT:=IN_OUT-1;	EN	BOOL	允许输入
		ENO	BOOL	允许输出
		IN/OUT	整数	要递减的值

注意：可以从指令框的 "＜???＞" 下拉列表中选择该指令的数据类型。

用一个例子来说明递减指令（DEC），梯形图和 SCL 程序如图 5-129 所示。当 I0.0 闭合一次时，激活递减指令（DEC），IN/OUT 中的整数存储在 MW10 中，假设这个数执行指令前为 10，执行指令后 MW10 减 1，结果变为 9。由于没有超出计算范围，所以 Q0.0 输出为 "1"。

图 5-129　递减指令（DEC）示例

(8) 获取最大值指令（MAX）

"获取最大值" 指令比较所有输入的值，并将最大的值写入输出 OUT 中。获取最大值指令（MAX）和参数见表 5-61。

表 5-61　获取最大值指令（MAX）和参数

LAD	SCL	参数	数据类型	说明
MAX ??? EN — ENO IN1 OUT IN2 ✳	OUT:=MAX(IN1:=_variant_in_, IN2:=_variant_in_[,...in32]);	EN	BOOL	允许输入
		ENO	BOOL	允许输出
		IN1	整数、浮点数	第一个输入值
		IN2	整数、浮点数	第二个输入值
		INn	整数、浮点数	其他插入值
		OUT	整数、浮点数	结果

注意：可以从指令框的 "＜???＞" 下拉列表中选择该指令的数据类型。单击指令中的 ✳ 图标可以添加可选输入项。

用一个例子来说明获取最大值指令（MAX），梯形图和 SCL 程序如图 5-130 所示。当

I0.0闭合一次时,激活获取最大值指令,比较输入端的三个值的大小,假设 MW10=1,MW12=2,第三个输入值为3,显然三个数值最大的为3,故运算结果是 MW16=3。由于没有超出计算范围,所以 Q0.0 输出为"1"。

图 5-130　获取最大值指令（MAX）示例

(9) 获取最小值指令 (MIN)

"获取最小值"指令比较所有输入的值,并将最小的值写入输出 OUT 中。获取最小值指令（MIN）和参数见表 5-62。

表 5-62　获取最小值指令（MIN）和参数

LAD	SCL	参数	数据类型	说明
MIN ??? EN — ENO IN1 OUT IN2	OUT:=MIN(IN1:=_variant_in_, IN2:=_variant_in_[,...in32]);	EN	BOOL	允许输入
		ENO	BOOL	允许输出
		IN1	整数、浮点数	第一个输入值
		IN2	整数、浮点数	第二个输入值
		INn	整数、浮点数	其他插入值
		OUT	整数、浮点数	结果

注意:可以从指令框的"<???>"下拉列表中选择该指令的数据类型。单击指令中的 ✳ 图标可以添加可选输入项。

用一个例子来说明获取最小值指令（MIN）,梯形图和 SCL 程序如图 5-131 所示。当 I0.0 闭合 1 次时,激活获取最小值指令,比较输入端的三个值的大小,假设 MD20=1,MD24=2,MD28=3,显然三个数值最小的为1,故运算结果是 MD32=1。由于没有超出计算范围,所以 Q0.0 输出为"1"。

图 5-131　获取最小值指令（MIN）示例

(10) 设置限值指令（LIMIT）

使用"设置限值"指令，将输入 IN 的值限制在输入 MN 与 MX 的值范围之间。如果
IN 输入的值满足条件 MN≤IN≤MX，则 OUT 以 IN 的值输出。如果不满足该条件且输入
值 IN 低于下限 MN，则 OUT 以 MN 的值输出。如果超出上限 MX，则 OUT 以 MX 的值输
出。设置限值指令（LIMIT）和参数见表 5-63。

表 5-63　设置限值指令（LIMIT）和参数

LAD	SCL	参数	数据类型	说明
LIMIT ??? — EN — ENO — MN　OUT — IN — MX	LIMIT (MN:=_variant_in_, IN:=_variant_in_, MX:=_variant_in_, OUT:=_variant_out_);	EN	BOOL	允许输入
		ENO	BOOL	允许输出
		MN	整数、浮点数、Time、LTime、TOD、LTOD、Date、LDT	下限
		IN		输入值
		MX		上限
		OUT		结果

注意：可以从指令框的"＜???＞"下拉列表中选择该指令的数据类型。

用一个例子来说明设置限值指令（LIMIT），梯形图和 SCL 程序如图 5-132 所示。当
I0.0 闭合一次时，激活设置限值指令指令，当 100.0≥MD20≥0.0 时，MD24＝MD20；当
MD20≥100.0 时，MD24＝100.0；当 MD20≤0.0 时，MD24＝0.0。

图 5-132　设置限值指令（LIMIT）示例

(11) 计算绝对值指令（ABS）

当允许输入端 EN 为高电平"1"时，对输入端 IN 求绝对值，结果送入 OUT 中。IN
中的数可以是常数。计算绝对值（ABS）的表达式是：OUT＝｜IN｜。

计算绝对值指令（ABS）和参数见表 5-64。

表 5-64　计算绝对值指令（ABS）和参数

LAD	SCL	参数	数据类型	说明
ABS ??? — EN — ENO — IN　OUT	OUT:=ABS(IN);	EN	BOOL	允许输入
		ENO	BOOL	允许输出
		IN	SINT、Int、DINT、LINT、浮点数	输入值
		OUT		输出值(绝对值)

注意：可以从指令框的"＜???＞"下拉列表中选择该指令的数据类型。

用一个例子来说明计算绝对值指令（ABS），梯形图和 SCL 程序如图 5-133 所示。当
I0.0 闭合时，激活计算绝对值指令，IN 中的实数存储在 MD20 中，假设这个数为 10.1，实

数求绝对值的结果存储在 OUT 端的 MD24 中的数是 10.1，假设 IN 中的实数为 -10.1，实数求绝对值的结果存储在 OUT 端的 MD24 中的数是 10.1。由于没有超出计算范围，所以 Q0.0 输出为 "1"。

图 5-133 计算绝对值指令（ABS）示例

(12) 计算正弦值指令 (SIN)

"计算正弦值"指令，可以计算角度的正弦值，角度大小在 IN 输入处以弧度的形式指定。指令结果由 OUT 输出。计算正弦值指令（SIN）和参数见表 5-65。

表 5-65 计算正弦值指令（SIN）和参数

LAD	SCL	参数	数据类型	说明
SIN ??? — EN — ENO ⊑ — IN OUT —	OUT:=SIN(IN);	EN	BOOL	允许输入
		ENO	BOOL	允许输出
		IN	浮点数	角度大小（弧度形式）
		OUT	浮点数	正弦值

注意：可以从指令框的"＜???＞"下拉列表中选择该指令的数据类型。

用一个例子来说明计算正弦值指令（SIN），梯形图和 SCL 程序如图 5-134 所示。当 I0.0 闭合时，激活计算正弦值指令，IN 中的实数存储在 MD20 中，假设这个数为 0.5（弧度），求绝对值的结果存储在 OUT 端的 MD24 中，此正弦值为 0.479。由于没有超出计算范围，所以 Q0.0 输出为 "1"。

图 5-134 计算正弦值指令（SIN）示例

数学函数中还有计算余弦、计算正切、计算反正弦、计算反余弦、取幂、求平方、求平方根、计算自然对数、计算指数值和提取小数等，由于都比较容易掌握，在此不再赘述。

5.9 移位和循环指令

TIA 博途软件移位指令能将累加器的内容逐位向左或者向右移动。移动的位数由 N 决定。向左移 N 位相当于累加器的内容乘以 2^N，向右移相当于累加器的内容除以 2^N。移位指令在逻辑控制中使用也很方便。

（1）左移指令（SHL）

当左移指令（SHL）的 EN 位为高电平"1"时，将执行移位指令，将 IN 端指定的内容送入累加器 1 低字中，并左移 N 端指定的位数，然后写入 OUT 端指令的目的地址中。左移指令（SHL）和参数见表 5-66。

表 5-66　左移指令（SHL）和参数

LAD	SCL	参数	数据类型	说明
SHL ??? EN — ENO IN OUT N	OUT：=SHL(IN：=_in_,N：=_in_)	EN	BOOL	允许输入
		ENO	BOOL	允许输出
		IN	位字符串、整数	移位对象
		N	USINT、UINT、UDINT、ULINT	移动的位数
		OUT	位字符串、整数	移动操作的结果

注意：可以从指令框的"＜???＞"下拉列表中选择该指令的数据类型。

用一个例子来说明左移指令，梯形图和 SCL 程序如图 5-135 所示。当 I0.0 闭合时，激活左移指令，IN 中的字存储在 MW10 中，假设这个数为 2♯1001 1101 1111 1011，向左移 4 位后，OUT 端的 MW10 中的数是 2♯1101 1111 1011 0000，左移指令示意图如图 5-136 所示。

图 5-135　左移指令示例

图 5-136　左移指令示意图

▶【关键点】 图 5-135 中的程序有一个上升沿，这样 I0.0 每闭合一次，左移 4 位，若没有上升沿，那么闭合一次，可能左移很多次。这点读者要特别注意。

【例5-24】 有16盏灯，上电时，1～4盏亮，1s后5～8盏亮，1～4盏灭，如此不断循环，请编写控制程序。

解 M0.5是设定的1s脉冲信号，梯形图和SCL程序如图5-137所示。可以看出，用移位指令编写程序很简洁。

图 5-137 梯形图和SCL程序

(2) 右移指令 (SHR)

当右移指令 (SHR) 的EN位为高电平"1"时，将执行移位指令，将IN端指令的内容送入累加器1低字中，并右移N端指定的位数，然后写入OUT端指令的目的地址中。右移指令 (SHR) 和参数见表5-67。

表 5-67 右移指令 (SHR) 和参数

LAD	SCL	参数	数据类型	说明
SHR ??? —EN — ENO— —IN OUT— —N	OUT:=SHR(IN:=_variant_in_, N:=_uint_in);	EN	BOOL	允许输入
		ENO	BOOL	允许输出
		IN	位字符串、整数	移位对象
		N	USINT、UINT、UDINT、ULINT	移动的位数
		OUT	位字符串、整数	移动操作的结果

注意：可以从指令框的"＜???＞"下拉列表中选择该指令的数据类型。

用一个例子来说明右移指令，梯形图和SCL程序如图5-138所示。当I0.0闭合时，激活右移指令，IN中的字存储在MW10中，假设这个数为2#1001 1101 1111 1011，向右移4位后，OUT端的MW10中的数是2#0000 1001 1101 1111，右移指令示意图如图5-139所示。

(3) 循环左移指令 (ROL)

当循环左移指令 (ROL) 的EN位为高电平"1"时，将执行双字循环左移指令，将IN端指定的内容循环左移N端指定的位数，然后写入OUT端指令的目的地址中。循环左移指令 (ROL) 和参数见表5-68。

图 5-138　右移指令示例

图 5-139　右移指令示意图

表 5-68　循环左移指令（ROL）和参数

LAD	SCL	参数	数据类型	说明
ROL ??? – EN — ENO – – IN　OUT – – N	OUT：=ROL(IN：=_variant_in_， N：=_uint_in)；	EN	BOOL	允许输入
		ENO	BOOL	允许输出
		IN	位字符串、整数	要循环移位的值
		N	USINT、UINT、 UDINT、ULINT	将值循环移动的位数
		OUT	位字符串、整数	循环移动的结果

注意：可以从指令框的"＜??? ＞"下拉列表中选择该指令的数据类型。

用一个例子来说明循环左移指令（ROL）的应用，梯形图和 SCL 程序如图 5-140 所示。

图 5-140　双字循环左移指令示例

当 I0.0 闭合时，激活双字循环左移指令，IN 中的双字存储在 MD10 中，假设这个数为 2♯
1001 1101 1111 1011 1001 1101 1111 1011，除最高 4 位外，其余各位向左移 4 位后，双字的
最高 4 位，循环到双字的最低 4 位，结果是 OUT 端的 MD10 中的数是 2♯1101 1111 1011
1001 1101 1111 1011 1001，其示意图如图 5-141 所示。

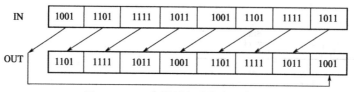

图 5-141　双字循环左移指令示意图

【例 5-25】　有 32 盏灯，上电时，1～4 盏亮，1s 后 5～8 盏亮，1～4 盏灭，如此不断循
环，请编写程序。

解　M0.5 是设定的 1s 脉冲信号，M1.0 是首次扫描闭合脉冲，梯形图和 SCL 程序如图 5-142 所
示。可以看出，用循环指令编写程序，很简洁。此题还有多种解法，请读者自己思考。

图 5-142　例 5-25 梯形图和 SCL 程序

(4) 循环右移指令 (ROR)

当循环右移指令（ROR）的 EN 位为高电平"1"时，将执行双字循环右移指令，将 IN
端指定的内容循环右移 N 端指定的位数，然后写入 OUT 端指令的目的地址中。循环右移指
令（ROR）和参数见表 5-69。

表 5-69　循环右移指令（ROR）和参数

LAD	SCL	参数	数据类型	说明
ROR ??? EN — ENO IN OUT N	OUT:=ROR(IN:=_variant_in_, N:=_uint_in_);	EN	BOOL	允许输入
		ENO	BOOL	允许输出
		IN	位字符串、整数	要循环移位的值
		N	USINT、UINT、UDINT、ULINT	将值循环移动的位数
		OUT	位字符串、整数	循环移动的结果

注意：可以从指令框的"＜???＞"下拉列表中选择该指令的数据类型。

用一个例子来说明循环右移指令（ROR）的应用，梯形图如图 5-143 所示。当 I0.0 闭合时，激活双字循环右移指令，IN 中的双字存储在 MD10 中，假设这个数为 2#1001 1101 1111 1011 1001 1101 1111 1011，除最低 4 位外，其余各位向右移 4 位后，双字的最低 4 位，循环到双字的最高 4 位，结果是 OUT 端的 MD10 中的数是 2#1011 1001 1101 1111 1011 1001 1101 1111，其示意图如图 5-144 所示。

图 5-143　双字循环右移指令示例

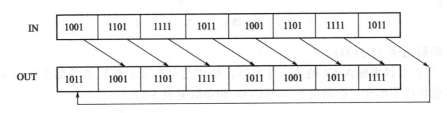

图 5-144　双字循环右移指令示意图

5.10　字逻辑运算指令

字的逻辑运算指令包括：与运算（AND）、或运算（OR）、异或运算（XOR）、求反码（INVERT）、解码（DECO）、编码（ENCO）、选择（SEL）、多路复用（MUX）和多路分用（DEMUX）等。

字逻辑指令就是对 16 字或者 32 双字等逐位进行逻辑运算，一个操作数在累加器 1，另一个操作数在累加器 2，指令中也允许有立即数（常数）的形式输出。

(1) 与运算指令（AND）

使用"与"运算指令将输入 IN1 的值和输入 IN2 的值按位进行"与"运算，并把与运算结果输入到 OUT 中。与运算指令（AND）和参数见表 5-70。

表 5-70　与运算指令（AND）和参数

LAD	SCL	参数	数据类型	说明
		EN	BOOL	允许输入
		ENO	BOOL	允许输出
	OUT:=IN1 AND IN2;	IN1	位字符串	逻辑运算的第一个值
		IN2	位字符串	逻辑运算的第二个值
		INn	位字符串	要进行逻辑运算的其他输入
		OUT	位字符串	指令的结果

注意：可以从指令框的"＜???＞"下拉列表中选择该指令的数据类型。单击指令中的
🔆图标可以添加可选输入项。

以下用一个例子介绍与运算指令（AND）的应用。梯形图和 SCL 程序如图 5-145 所示。
需要把 MW10 传送到 QW0，但 QW0 的低 4 位要清零。

图 5-145　与运算指令（AND）示例

（2）解码指令（DECO）

"解码"指令读取输入 IN 的值，并将输出值中位号与读取值对应的那个位置位。输出
值中的其他位以零填充。解码指令（DECO）和参数见表 5-71。

表 5-71　解码指令（DECO）和参数

LAD	SCL	参数	数据类型	说明
		EN	BOOL	允许输入
	OUT:=DNCO(_in_);	ENO	BOOL	允许输出
		IN	UINT	输出值中待置位位的位置
		OUT	位字符串	输出值

注意：可以从指令框的"＜???＞"下拉列表中选择该指令的数据类型。

以下用一个例子介绍解码指令（DECO）的应用。梯形图和 SCL 程序如图 5-146 所示，
将 3 解码，双字 MD10＝2#0000_0000_0000_0000_0000_0000_0000_1000，可见第 3
位置 1。

（3）编码指令（ENCO）

"编码"指令选择输入 IN 值的最低有效位，并将该位号写入到输出 OUT 的变量中。编
码指令（ENCO）和参数见表 5-72。

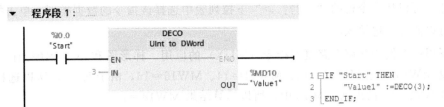

图 5-146　解码指令（DECO）示例

表 5-72　编码指令（ENCO）和参数

LAD	SCL	参数	数据类型	说明
ENCO ??? EN — ENO IN — OUT	OUT:=ENCO(_in_);	EN	BOOL	允许输入
		ENO	BOOL	允许输出
		IN	位字符串	输入值
		OUT	Int	输出值

注意：可以从指令框的"<???>"下拉列表中选择该指令的数据类型。

以下用一个例子介绍编码指令（ENCO）的应用。梯形图和 SCL 程序如图 5-147 所示，假设双字 MD10＝2#0001_0001_0001_0001_0000_0000_0000_1000，编码的结果输出到 MW16 中，因为 MD10 最低有效位在第 3 位，所以 MW16＝3。

图 5-147　编码指令（ENCO）示例

(4) 多路复用指令（MUX）

使用"多路复用"指令将选定输入的内容复制到输出 OUT。可以扩展指令框中可选输入的编号，最多可声明 32 个输入。多路复用指令（MUX）和参数见表 5-73。

表 5-73　多路复用指令（MUX）和参数

LAD	参数	参数	数据类型	说明
MUX ??? EN — ENO K — OUT IN0 IN1 ✳ ELSE	OUT:=MUX(　K:=_unit_in, 　IN0:=variant_in, 　IN1:=variant_in, 　[...in32:=variant_in,] 　inelse:=variant_in);	EN	BOOL	允许输入
		ENO	BOOL	允许输出
		K		指定要复制哪个输入的数据。如果 K＝0，则参数 IN0，如果 K＝1，则参数 IN1，依此类推
		IN0	二进制数、整数、浮点数、定时器、Char、WChar、TOD、LTOD、Date、LDT	第一个输入值
		IN1		第二个输入值
		INn		可选输入值
		ELSE		指定 K＞n 时要复制的值
		OUT		输出值

注意：可以从指令框的"＜???＞"下拉列表中选择该指令的数据类型。单击指令中的❊图标可以添加可选输入项。

以下用一个例子介绍多路复用指令（MUX）的应用。梯形图和SCL程序如图5-148所示，假设MW10＝1、MW12＝12、MW14＝14、MW16＝16，由于K＝1，所以选择IN1的输入值MW14＝14输出到MW18中，所以运算结果MW18＝14。

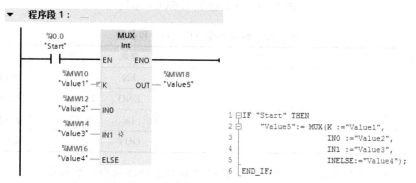

图5-148　多路复用指令（MUX）示例

（5）多路分用指令（DEMUX）

使用"多路分用"指令将输入IN的内容复制到选定的输出。可以在指令框中扩展选定输出的编号。在此框中自动对输出编号。编号从OUT0开始，对于每个新输出，此编号连续递增。可以使用参数K定义要将输入IN的内容复制到的输出。其他输出则保持不变。如果参数K的值大于可用输出数，参数ELSE中输入IN的内容和使能输出ENO的信号状态将被分配为"0"。多路分用指令（DEMUX）和参数见表5-74。

表5-74　多路分用指令（DEMUX）和参数

LAD	SCL	参数	数据类型	说明
		EN	BOOL	允许输入
		ENO	BOOL	允许输出
	DEMUX(　K:=_unit_in, 　IN:=variant_in, 　OUT0:=variant_in, 　OUT1:=variant_in, 　[...out32:=variant_in,] 　ELSE:=variant_in);	K	二进制数、整数、浮点数、定时器、Char、WChar、TOD、LTOD、Date、LDT	指定要将输入值（IN）复制到的输出。如果K＝0，则复制参数OUT0；如果K＝1，则复制参数OUT1,依此类推
		IN		输入值
		OUT0		第一个输出值
		OUT1		第二个输出值
		ELSE		指定K＞n时要复制的值
		OUTn		可选输出值

注意：可以从指令框的"＜???＞"下拉列表中选择该指令的数据类型。单击指令中的❊图标可以添加可选输入项。

以下用一个例子介绍多路分用指令（DEMUX）的应用。梯形图和SCL程序如图5-149所示，假设MD10＝10，由于K＝2，所以MD10的数值10选择复制到OUT2中，所以运算结果MD22＝10。而MD14、MD18、MD26保持原来数值不变。

图 5-149　多路分用指令（DEMUX）示例

5.11　程序控制指令

控制指令包括逻辑控制指令和程序控制指令。逻辑控制指令是指逻辑块中的跳转和循环指令。在没有执行跳转和循环指令之前，各语句按照先后顺序执行，也就是线性扫描。而逻辑控制指令终止了线性扫描，跳转到地址标号（Label）所指的地址，程序再次开始线性扫描。逻辑控制指令没有参数，只有一个地址标号，地址标号的作用如下。

① 逻辑转移指令的地址是一个地址标号。

地址标号最多由 4 个字母组成，第一个字符是字母，后面的字符可以是字母或者字符。

② 目的地址标号必须从一个网络开始。

跳转指令有几种形式，即无条件跳转、多分支跳转指令、与 RLO 和 BR 有关的跳转指令、与信号状态有关的跳转指令、与条件码 CC0 和 CC1 有关的跳转指令。

（1）若 RLO＝"1"则跳转指令（JMP）

使用"若 RLO＝"1"则跳转"指令中断程序的顺序执行，并从其他程序段继续执行。目标程序段必须用跳转标签（LABEL）进行标识。在指令上方的占位符指定该跳转标签的名称。

指定的跳转标签与执行的指令必须位于同一数据块中。指定的名称在块中只能出现一次。一个程序段中只能使用一个跳转线圈。

如果该指令输入的逻辑运算结果（RLO）为"1"，则将跳转到由指定跳转标签标识的程序段。可以跳转到更大或更小的程序段编号。

如果不满足该指令输入的条件（RLO＝0），则程序将继续执行下一程序段。

若 RLO＝"1"则跳转指令如图 5-150 所示，当 I0.0 闭合时，跳转到 CASE1 处，即程序段 3，不执行程序段 2，而 I0.0 不闭合时，程序按照顺序执行。

图 5-150　若 RLO＝"1"则跳转指令示例

（2）定义跳转列表指令（JMP_LIST）

使用定义跳转列表指令，可定义多个有条件跳转，并继续执行由 K 参数的值指定的程序段中的程序。

定义跳转列表指令如图 5-151 所示，当 I0.0 闭合时，执行定义跳转列表指令，如果 MW2＝"DEST0"，则跳转到 LABEL1 处；如果 MW2＝"DEST1"，则跳转到 LABEL2 处；如果 MW2＝"DEST2"，则跳转到 LABEL3 处。

图 5-151　定义跳转列表指令示例

5.12　实例

至此，读者已经对 S7-1500 PLC 的软硬件有一定的了解，本节内容将列举一些简单的例子，供读者模仿学习。

5.12.1　电动机的控制

【例 5-26】 设计电动机点动控制的程序和原理图。

解

(1) 方法 1

常规设计方案的原理图如图 5-152 所示，梯形图和 SCL 程序如图 5-153 所示。但如果程序用到置位指令（SQ0.0），则这种解法不可用。

图 5-152　原理图

图 5-153　例 5-26 方法 1 梯形图和 SCL 程序

(2) 方法 2

梯形图如图 5-154 所示，但没有对应的 SCL 程序。

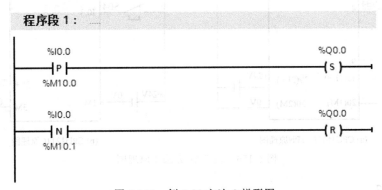

图 5-154　例 5-26 方法 2 梯形图

(3) 方法 3

梯形图和 SCL 程序如图 5-155 所示。

【例 5-27】　设计两地控制电动机的启停的程序和原理图。

解

(1) 方法 1

常规设计方案的原理图、梯形图和 SCL 程序如图 5-156 和图 5-157 所示，这种解法是正确的解法，但不是最优方案，因为这种解法占用了较多 PLC 的 I/O 点。

图 5-155 例 5-26 方法 3 梯形图和 SCL 程序

(a) CPU1511C-1PN原理图   (b) CPU1211C原理图

图 5-156 例 5-27 方法 1 原理图

(2) 方法 2

梯形图和 SCL 程序如图 5-158。

(3) 方法 3

优化后的方案的原理图如图 5-159 所示，梯形图和 SCL 程序如图 5-160 所示。可见节省了 2 个输入点，但功能完全相同。

【例 5-28】 编写电动机启动优先的控制程序。

解 I0.0 是启动按钮，接常开触点，I0.1 是停止按钮，接常闭触点。启动优先于停止的程序如图 5-161 所示。优化后的程序如图 5-162 所示。

(a) 梯形图

```
1  IF "Start" OR "Start1" OR "Motor" AND "Stop" AND "Stop1" THEN
2      "Motor" := TRUE;
3  ELSE
4      "Motor" := FALSE;
5  END_IF;
```

(b) SCL程序

图 5-157　例 5-27 方法 1 梯形图和 SCL 程序

(a) 梯形图

```
1  IF ((("Start" OR "Motor") AND "Stop")OR "Start1") AND "Stop1" THEN
2      "Motor" := TRUE;
3  ELSE
4      "Motor" := FALSE;
5  END_IF;
```

(b) SCL程序

图 5-158　例 5-27 方法 2 梯形图和 SCL 程序

【例 5-29】　编写程序，实现电动机的启/停控制和点动控制，要求设计梯形图和原理图。

　　解

　　输入点：启动—I0.0，停止—I0.2，点动—I0.1；

(a) CPU1511C-1PN原理图   (b) CPU1211C原理图

图 5-159　例 5-27 方法 3 原理图

▼ 程序段 1：

```
1 ☐IF ("Start" OR "Motor") AND "Stop" THEN
2      "Motor" := TRUE;
3  ELSE
4      "Motor" := FALSE;
5  END_IF;
```

图 5-160　例 5-27 方法 3 梯形图和 SCL 程序

▼ 程序段 1：

```
1 ☐IF "Start" OR("Motor" AND "Stop") THEN
2      "Motor" := TRUE;
3  ELSE
4      "Motor" := FALSE;
5  END_IF;
```

图 5-161　例 5-28 梯形图和 SCL 程序

▼ 程序段 1：

```
1 ☐IF ("Motor" AND "Stop") OR "Start" THEN
2      "Motor" := TRUE;
3  ELSE
4      "Motor" := FALSE;
5  END_IF;
```

图 5-162　例 5-28 优化后梯形图和 SCL 程序

输出点：正转—Q0.0。

原理图如图 5-163 所示，梯形图如图 5-164 所示，这种编程方法在工程实践中很常用。

图 5-163　例 5-29 原理图

图 5-164　例 5-29 梯形图（1）

以上程序还可以用如图 5-165 所示的梯形图程序替代。

图 5-165　例 5-29 梯形图（2）

【例 5-30】　设计电动机的"正转—停—反转"的程序，其中 SB1 是正转按钮，SB2 是反转按钮，SB3 是停止按钮，KA1 是正转输出继电器，KA2 是反转输出继电器。

　解　先设计 PLC 的原理图，如图 5-166 所示。

借鉴继电器接触器系统中的设计方法，不难设计"正转—停—反转"程序，如图 5-167 所示。常开触点 Q0.0 和常开触点 Q0.1 起自保（自锁）作用，而常闭触点 Q0.0 和常闭触点 Q0.1 起互锁作用。

(a) CPU1511C-1PN原理图 (b) CPU1211C原理图

图 5-166   例 5-30 原理图

(a) 梯形图

```
1 ⊟IF ((("Start" OR "Motor") AND NOT "Motor1") AND "Stop" THEN
2       "Motor" := TRUE;
3  ELSE
4       "Motor" := FALSE;
5  END_IF;
6 ⊟IF ((("Start1" OR "Motor1") AND NOT "Motor") AND "Stop" THEN
7       "Motor1" := TRUE;
8  ELSE
9       "Motor1" := FALSE;
10 END_IF;
```

(b) SCL程序

图 5-167   "正转—停—反转"梯形图和 SCL 程序

5.12.2　定时器和计数器应用

【**例 5-31**】　编写一段程序，实现分脉冲功能。

　解　解题思路：先用定时器产生秒脉冲，再用 30 个秒脉冲作为高电平，30 个脉冲作为低电平，秒脉冲用"系统和时钟存储器"的 M0.5 产生，其硬件组态如图 5-168 所示。梯形图和 SCL 程序如图 5-169 所示。

图 5-168　硬件组态

(a) 梯形图

```
1  □ "IEC_Counter_0_DB".CTU(CU:="Clock_1Hz",
2  |                        R:="标识位",
3  |                        PV:=30,
4  |                        Q=>"分脉冲",
5  |                        CV=>"计数值");
6  □ IF "计数值">=60 THEN
7  |      "标识位":=TRUE;
8  | ELSE
9  |      "标识位" := FALSE;
10 | END_IF;
```

(b) SCL程序

图 5-169　例 5-31 梯形图和 SCL 程序（1）

此题的另一种解法如图 5-170 所示，请读者思考，图 5-170 中梯形图的程序段 1 和程序段 2 互换后，是否可行？为什么？

程序段 1： —

程序段 2： —

程序段 3： —

程序段 4： —

(a) 梯形图

```
 1 ┌─"计数值1":=S_CU(C_NO :="计数器0",
 2 │      CU :=   "标识位1",
 3 │      S := false,
 4 │      PV := 0,
 5 │      R := "标识位",
 6 └      CV => "计数值");
 7 ┌─"时间1":=S_ODT(T_NO :="定时器0",
 8 │       S := NOT "标识位1",
 9 │       TV := s5t#1S,
10 └       Q => "标识位1");
11 ┌─IF "计数值" >=60 THEN
12 │      "标识位":=TRUE;
13 │ ELSE
14 │      "标识位" := FALSE;
15 └ END_IF;
16 ┌─IF ("计数值"=30 OR "分脉冲") AND NOT "标识位" THEN
17 │      "分脉冲":= TRUE;
18 │ ELSE
19 │      "分脉冲" := FALSE;
20 └ END_IF;
```

(b) SCL程序

图 5-170　例 5-31 梯形图和 SCL 程序（2）

【例 5-32】　某设备三条传送带上的工件，最后汇集到最后一条传送带上，前三条传送带上有 I0.0、I0.1 和 I0.2 三个接近开关，先到的工件感应接近开关，激发对应的气缸动作，推动工件，前三条传送带对应的气缸输出为 Q0.0、Q0.1 和 Q0.2，每次只能保证一条传送带的一个工件送到最后一条传送带上（竞争上岗），工件送到最后一条传送带，1s 后才能送下一个工件，复位为 I0.3。编写相关程序实现此功能。

解　梯形图程序如图 5-171 所示。

图 5-171

图 5-171　例 5-32 梯形图

第6章

S7-1200/1500 PLC的程序结构

本章主要介绍函数、函数块、数据块、中断和组织块等，学习本章内容，对编写程序至关重要。

6.1 TIA 博途软件编程方法简介

TIA 博途软件编程方法有三种：线性化编程、模块化编程和结构化编程。以下对这三种方法分别进行简要介绍。

(1) 线性化编程

线性化编程就是将整个程序放在循环控制组织块 OB1 中，CPU 循环扫描执行 OB1 中的全部指令。其特点是结构简单、概念简单，但由于所有指令都在一个块中，程序的某些部分可能不需要多次执行，而扫描时，重复扫描所有的指令，会造成资源浪费、执行效率低。对于大型的程序要避免线性化编程。

(2) 模块化编程

模块化编程就是将程序根据功能分为不同的逻辑块，每个逻辑块完成不同的功能。在 OB1 中可以根据条件调用不同的功能或者函数块。其特点是易于分工合作，调试方便。由于逻辑块是有条件调用，所以提高了 CPU 的效率。

(3) 结构化编程

结构化编程就是将过程要求中类似或者相关的任务归类，在函数或者函数块中编程，形成通用的解决方案。通过不同的参数调用相同的函数或者通过不同的背景数据块调用相同的函数块。一般而言，工程上用 S7-1500 PLC 编写的程序都不是小型程序，所以通常采用结构化编程方法。

结构化编程具有如下一些优点。

① 各单个任务块的创建和测试可以相互独立地进行。

② 通过使用参数，可将块设计得十分灵活。比如，可以创建一钻孔循环，其坐标和钻孔深度可以通过参数传递进来。

③ 块可以根据需要在不同的地方以不同的参数数据记录进行调用，也就是说，这些块能够被再利用。

④ 在预先设计的库中，能够提供用于特殊任务的"可重用"块。

6.2 函数、数据块和函数块

6.2.1 块的概述

(1) 块的简介

在操作系统中包含了用户程序和系统程序，操作系统已经固化在 CPU 中，它提供 CPU 运行和调试的机制。CPU 的操作系统是按照事件驱动扫描用户程序的。用户程序写在不同的块中，CPU 按照执行的条件成立与否执行相应的程序块或者访问对应的数据块。用户程序则是为了完成特定的控制任务，是由用户编写的程序。用户程序通常包括组织块（OB）、函数块（FB）、函数（FC）和数据块（DB）。用户程序中块的说明见表 6-1。

表 6-1 用户程序中块的说明

块的类型	属性
组织块（OB）	①用户程序接口 ②优先级（0～27） ③在局部数据堆栈中指定开始信息
函数（FC）	①参数可分配（必须在调用时分配参数） ②没有存储空间（只有临时变量）
函数块（FB）	①参数可分配（可以在调用时分配参数） ②具有（收回）存储空间（静态变量）
数据块（DB）	①结构化的局部数据存储（背景数据块 DB） ②结构化的全局数据存储（在整个程序中有效）

(2) 块的结构

块由变量声明表和程序组成。每个逻辑块都有变量声明表，变量声明表是用来说明块的局部数据。而局部数据包括参数和局部变量两大类。在不同的块中可以重复声明和使用同一局部变量，因为它们在每个块中仅有效一次。

局部变量包括两种：静态变量和临时变量。

参数是在调用块与被调用块之间传递的数据，包括输入、输出和输入/输出变量。表 6-2 为局部数据声明类型。

表 6-2 局部数据声明类型

变量名称	变量类型	说　明
输入	Input	为调用模块提供数据,输入给逻辑模块
输出	Output	从逻辑模块输出数据结果
输入/输出	InOut	参数值既可以输入,也可以输出
静态变量	Static	静态变量存储在背景数据块中,块调用结束后,变量被保留
临时变量	Temp	临时变量存储L堆栈中,块执行结束后,变量消失

图 6-1 所示为块调用的分层结构的一个例子，组织块 OB1（主程序）调用函数块 FB1，FB1 调用函数块 FB10，组织块 OB1（主程序）调用函数块 FB2，函数块 FB2 调用函数 FC5，函数 FC5 调用函数 FC10。

图 6-1　块调用的分层结构

6.2.2　函数（FC）及其应用

(1) 函数（FC）简介

① 函数（FC）是用户编写的程序块，是不带存储器的代码块。由于没有可以存储块参数值的数据存储器。因此，调用函数时，必须给所有形参分配实参。

② FC 里有一个局域变量表和块参数。局域变量表里有：Input（输入参数）、Output（输出参数）、InOut（输入/输出参数）、Temp（临时数据）、Return（返回值 RET_VAL）。Input（输入参数）将数据传递到被调用的块中进行处理。Output（输出参数）是将结果传递到调用的块中。InOut（输入/输出参数）将数据传递到被调用的块中，在被调用的块中处理数据后，再将被调用的块中发送的结果存储在相同的变量中。Temp（临时数据）是块的本地数据，并且在处理块时将其存储在本地数据堆栈。关闭并完成处理后，临时数据就变得不再可访问。Return 包含返回值 RET_VAL。

(2) 函数（FC）的应用

函数（FC）类似于 VB 语言中的子程序，用户可以将具有相同控制过程的程序编写在 FC 中，然后在主程序 Main［OB1］中调用。创建函数的步骤是：先建立一个项目，再在 TIA 博途软件项目视图的项目树中选中"已经添加的设备"（如：PLC_1）→"程序块"→"添加新块"，即可弹出要插入函数的界面。以下用 3 个例题讲解函数（FC）的应用。

【例 6-1】　用函数 FC 实现电动机的启停控制。

解　① 新建一个项目，本例为"启停控制（FC）"。在 TIA 博途软件项目视图的项目树中，选中并单击已经添加的设备"PLC_1"→"程序块"→"添加新块"，如图 6-2 所示，弹出添加块界面。

② 如图 6-3 所示，在"添加新块"界面中，选择创建块的类型为"函数"，再输入函数的名称（本例为启停控制），之后选择编程语言（本例为 LAD），最后单击"确定"按钮，弹出函数的程序编辑器界面。

③ 在"程序编辑器"中，输入如图 6-4 所示的程序，此程序能实现启停控制，再保存程序。

④ 在 TIA 博途软件项目视图的项目树中，双击"Main［OB1］"，打开主程序块"Main［OB1］"，选中新创建的函数"启停控制（FC1）"，并将其拖拽到程序编辑器中，如图 6-5 所示。至此，项目创建完成。

在例 6-1 中，只能用 I0.0 实现启动，用 I0.1 实现停止，这种功能调用方式是绝对调用，

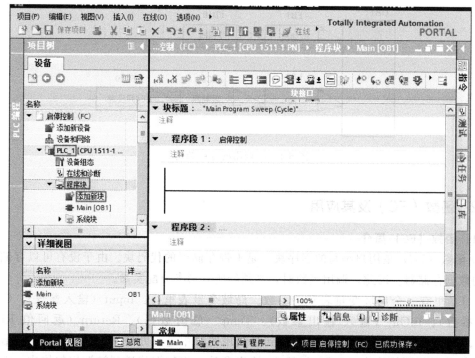

图 6-2 打开"添加新块"

图 6-3 添加新块

图 6-4　函数 FC1 中的程序

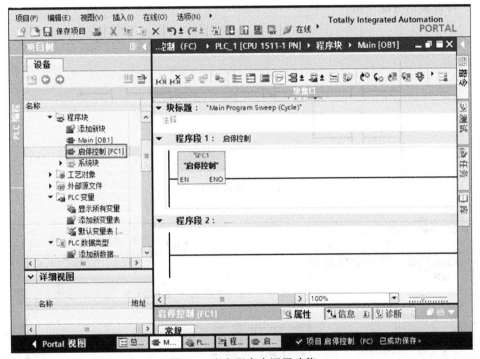

图 6-5　在主程序中调用功能

显然灵活性不够，例 6-2 将用参数调用。

【**例 6-2**】　用函数实现电动机的启停控制。

解　本例的①、②步与例 6-1 相同，在此不再重复讲解。

③ 在 TIA 博途软件项目视图的项目树中，双击函数块"启停控制（FC1）"，打开函数，弹出"程序编辑器"界面，先选中 Input（输入参数），新建参数"Start"和"Stop1"，数据类型为"Bool"。再选中 InOut（输入/输出参数），新建参数"Motor"，数据类型为"Bool"，如图 6-6 所示。最后在程序段 1 中输入程序，如图 6-7 所示，注意参数前都要加"♯"。

④ 在 TIA 博途软件项目视图的项目树中，双击"Main［OB1］"，打开主程序块"Main［OB1］"，选中新创建的函数"启停控制（FC1）"，并将其拖拽到程序编辑器中，如图 6-8 所示。如果将整个项目下载到 PLC 中，就可以实现"启停控制"。这个程序的函数

图 6-6　新建输入/输出参数

"FC1"的调用比较灵活，与例 6-1 不同，启动不只限于 I0.0，停止不只限于 I0.1，在编写程序时，可以灵活分配应用。

程序段 1：启停控制

#Start　　#Stop1　　　　　　　　#Motor

#Motor

图 6-7　函数 FC1

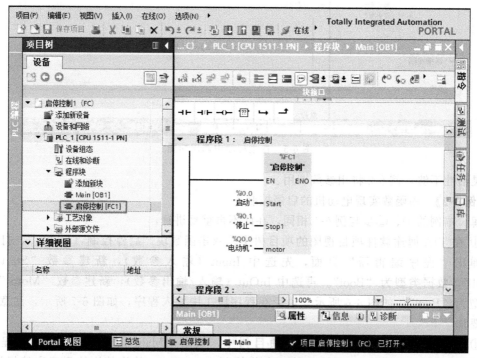

图 6-8　在 Main［OB1］中调用函数 FC1

【例 6-3】　某系统采集一路模拟量（温度），温度的范围是 0～200℃，要求对温度值进行数字滤波，算法是：把最新的三次采样数值相加，取平均值，即是最终温度值。

解　① 数字滤波的程序是函数 FC1，先创建一个空的函数，打开函数，并创建输入参数 "GatherV"，就是采样输入值；创建输出参数 "ResultV"，就是数字滤波的结果；创建输入输出参数 "LastV"（上一个数值）、"LastestV"（上上一个数值）和 "EarlyV"（当前数值），输入输出参数既可以在方框的输入端，也可以在方框的输出端，应用比较灵活；创建临时变量参数 "Temp1"，临时变量参数既可以在方框的输入端，也可以在方框的输出端，应用也比较灵活，如图 6-9 所示。

		名称	数据类型	默认值	注释
1	▼	Input			
2	■	GatherV	Real		输入采集数值
3	▼	Output			
4	■	ResultV	Real		输出结果
5	▼	InOut			
6	■	LastV	Real		上一次数值
7	■	LastestV	Real		上上一次数值
8	■	EarlyV	Real		新数值
9		<新增>			
10	▼	Temp			
11	■	Temp1	Real		临时变量1
12	■	<新增>			

图 6-9　新建参数

② 在 FC1 中，编写滤波梯形图程序，如图 6-10 所示，也可以编写 SCL 程序，如图 6-11 所示。

图 6-10　FC1 中的梯形图

```
1   #EarlyV:= #LastV;
2   #LastV:= #LastestV;
3   #LastestV:= #GatherV;
4   #ResultV := (#EarlyV + #LastV + #LastestV) / 3.0;
```

图 6-11　FC1 中的 SCL 程序

③ 在 Main [OB1] 中，编写梯形图程序，如图 6-12 所示，也可以编写 SCL 程序，如图 6-13 所示。

图 6-12　Main［OB1］中的梯形图

```
1 □"Tag_2" := SCALE(IN := "Tag_1":P,
2              HI_LIM := 20.0,
3              LO_LIM := 0.0,
4              BIPOLAR := "标志位",
5              OUT => "Tag_4");
6 □"数据采集"(GatherV:="Tag_4",
7         ResultV=>"Tag_8",
8         LastV:="Tag_5",
9         LastestV:="Tag_6",
10        EarlyV:="Tag_7");
```

图 6-13　Main［OB1］中的 SCL 程序

6.2.3　数据块（DB）及其应用

（1）数据块（DB）简介

数据块用于存储用户数据及程序中间变量。新建数据块时，默认状态是优化的存储方式，且数据块中存储的变量是非保持的。数据块占用 CPU 的装载存储区和工作存储区，与标识存储器的功能类似，都是全局变量，不同的是，M 数据区的大小在 CPU 技术规范中已经定义，且不可扩展，而数据块存储区由用户定义，最大不能超过工作存储区或装载存储区。S7-1500 PLC 的非优化数据最大数据空间为 64KB。而优化的数据块的存储空间要大得多，但其存储空间与 CPU 的类型有关。

有的程序中（如有的通信程序），只能使用非优化数据块，多数的情形可以使用优化和非优化数据块，但应优先使用优化数据块。

按照功能分，数据块 DB 可以分为：全局数据块、背景数据块和基于数据类型（用户定义数据类型、系统数据类型和数组类型）的数据块。

（2）全局数据块（DB）及其应用

全局数据块用于存储程序数据，因此，数据块包含用户程序使用的变量数据。一个程序中可以创建多个数据块。全局数据块必须创建后才可以在程序中使用。

以下用一个例题来说明数据块的应用。

【例 6-4】 用数据块实现电动机的启停控制。

解　① 新建一个项目，本例为"块应用"，如图 6-14 所示，在项目视图的项目树中，选中并单击"新添加的设备"（本例为 PLC ＿ 1）→"程序块"→"添加新块"，弹出界面"添加新块"。

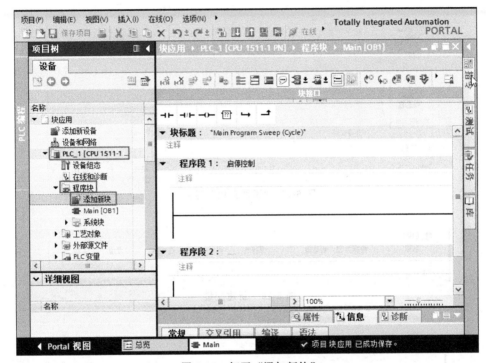

图 6-14　打开"添加新块"

② 如图 6-15 所示，在"添加新块"界面中，选中"添加新块"的类型为 DB，输入数据块的名称，再单击"确定"按钮，即可添加一个新的数据块，但此数据块中没有数据。

③ 打开"数据块 1"，如图 6-16 所示，在"数据块 1"中，新建一个变量 A，如是非优化访问数据块，其地址实际就是 DB1. DBX0.0。

④ 在"程序编辑器"中，输入如图 6-17 所示的程序，也可以编写 SCL 程序，如图 6-18 所示，此程序能实现启停控制，最后保存程序。

在数据块创建后，在全局数据块的属性中可以切换存储方式。在项目视图的项目树中，选中并单击"数据块 1"，单击鼠标右键，在弹出的快捷菜单中，单击"属性"选项，弹出如图 6-19 所示的界面，选中"属性"，如果取消"优化的块访问"，则切换到"非优化存储方式"，这种存储方式与 S7-300/400 兼容。

如果是"非优化存储方式"，可以使用绝对方式访问该数据块（如 DB1. DBX0.0），如是"优化存储方式"，则只能采用符号方式访问该数据块（如"数据块 1". A）。

图 6-15 "添加新块"界面

图 6-16 新建变量

图 6-17 Main［OB1］中的梯形图

```
1 ⊟IF "数据块1".A THEN
2      "电动机":=TRUE;
3  ELSE
4      "电动机" := FALSE;
5 └END_IF;
```

图 6-18 Main［OB1］中的 SCL 程序

(3) 数组 DB 及其应用

数组 DB 是一种特殊类型的全局数据块，它包含一个任意数据类型的数组。其数据类型可以为基本数据类型，也可以是 PLC 数据类型的数组。创建数组 DB 时，需要输入数组的

图 6-19　全局数据块存储方式的切换

数据类型和数组上限，创建完数组 DB 后，可以修改其数组上限，但不能修改数据类型。数组 DB 始终启用"优化块访问"属性，不能进行标准访问，并且为非保持型属性，不能修改为保持属性。

　　数组 DB 在 S7-1500 PLC 中较为常用，以下的例子是用数据块创建数组。

【例 6-5】 用数据块创建一个数组 ary [0..5]，数组中包含 6 个整数，并编写程序把模拟量通道 IW752：P 采集的数据保存到数组的第 3 个整数中。

　　解　① 新建项目"块应用（数组）"，进行硬件组态，并创建共享数组块 DB1，如图 6-20 所示，双击"DB1"打开数据块"DB1"。

图 6-20　创建新项目和数据块 DB1

　　② 在 DB1 中创建数组。数组名称 ary，数组为 Array[0..5]，表示数组中有 6 个元素，

Int 表示数组的数据为整数，如图 6-21 所示，保存创建的数组。

图 6-21　创建数组

③ 在 Main［OB1］中编写梯形图程序，如图 6-22 所示，也可以编写 SCL 程序，如图 6-23 所示。

```
程序段1：

                    MOVE
                ┌─────────────┐
                │ EN ── ENO   │
   %IW752:P     │ ※ OUT1 ─ "数据块1".ary[2]
   "Tag_1":P ── IN          │
                └─────────────┘
```

图 6-22　Main［OB1］中的梯形图

1　"数据块1".ary[2]:="Tag_1":P;

图 6-23　Main［OB1］中的 SCL 程序

6.2.4　PLC 定义数据类型（UDT）及其应用

PLC 定义数据类型是难点，对于初学者更是如此。虽然在前面章节已经提到了 PLC 定义数据类型，但由于前述章节的部分知识点所限，前面章节没有讲解应用。以下用一个例子介绍 PLC 定义数据类型的应用，以便帮助读者进一步理解 PLC 定义数据类型。

【例 6-6】　有 10 台电动机，要对其进行启停控制，而且还要采集其温度信号，设计此控制系统，并编写控制程序（要求使用 PLC 定义数据类型）。

解　解题思路：每台电动机都有启动、停止、电动机和温度四个参数，因此需要创建40 个参数，这是一种方案；但更简单的方案是：先创建启动、停止、电动机和温度四个参数，再把这四个参数作为一个自定义的数据类型，每台电动机都可以引用新创建的"自定义"的数据类型，而不必新建 40 个参数，这种方案更加简便。PLC 定义数据类型在工程中较为常用。

① 首先新建一个项目，命名为"UDT"，并创建数据块"DB1"和 PLC 定义数据类型"UDT1"，如图 6-24 所示。

② 打开 PLC 定义数据"UDT1"，新建结构，将其名称命名为"Motor"，如图 6-25 所示，共有 4 个参数，这个新自定义的数据类型，可以在程序中使用。

③ 将数据块命名为"数据块 1"。再打开 DB1，如图 6-26 所示，创建参数"Motor1"，其数据类型为 UDT 的数据类型"UDT1"。

展开"Motor1"和"Motor2"，图 6-26 变成如图 6-27 所示的详细视图。

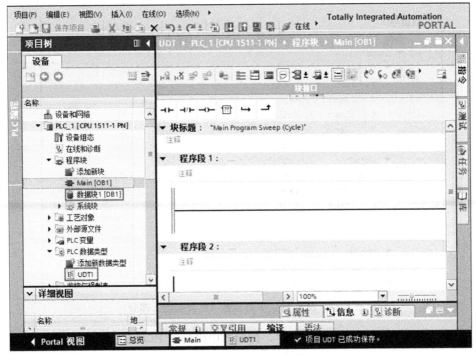

图 6-24　新建项目 "UDT"，创建 "DB1" 和 "UDT1"

		名称	数据类型	默认值		可从 H...
1		▼ Motor	Struct			☑
2		▪ Speed	Real	0.0		☑
3		▪ Start	Bool	false		☑
4		▪ Temp	Int	0		☑
5		▪ Stop1	Bool	false		☑

UDT1

图 6-25　设置 UDT1 中的参数

数据块1

		名称	数据类型	启动值	保持性	可...
1		▼ Static			☐	
2		▶ Motor1	"UDT1"		☐	
3		▶ Motor2	"UDT1"		☐	
4		▶ Motor3	"UDT1"		☐	
5		▶ Motor4	"UDT1"		☐	
6		▶ Motor5	"UDT1"		☐	
7		▶ Motor6	"UDT1"		☐	
8		▶ Motor7	"UDT1"		☐	
9		▶ Motor8	"UDT1"		☐	
10		▶ Motor9	"UDT1"		☐	
11		▶ Motor10	"UDT1"		☐	

图 6-26　设置 DB1 中的参数（声明视图）

图 6-27　设置 DB1 中的参数（数据视图，部分）

④ 编写如图 6-28 所示的梯形图程序，梯形图中用到了 PLC 定义数据类型。

图 6-28　梯形图

6.2.5　函数块（FB）及其应用

（1）函数块（FB）的简介

函数块（FB）属于编程者自己编程的块。函数块是一种"带内存"的块。分配数据块作为其内存（背景数据块）。传送到 FB 的参数和静态变量保存在实例 DB 中。临时变量则保存在本地数据堆栈中。执行完 FB 时，不会丢失 DB 中保存的数据。但执行完 FB 时，会丢失保存在本地数据堆栈中的数据。

（2）函数块（FB）的应用

以下用一个例题来说明函数块的应用。

【例 6-7】 用函数块实现对一台电动机的星-三角启动控制。

解 星三角启动电气原理图如图 6-29 和图 6-30 所示。注意停止按钮接常闭触点。

星三角启动的项目创建如下。

图 6-29　原理图——主回路　　　　　　图 6-30　原理图——控制回路

① 新建一个项目，本例为"星三角启动"，如图 6-31 所示，在项目视图的项目树中，选中并单击"新添加的设备"（本例为 PLC_1）→"程序块"→"添加新块"，弹出界面"添加新块"。

图 6-31　新建项目"星三角启动"

② 在接口"Input"中，新建 4 个变量，如图 6-32 所示，注意变量的类型。注释内容可以空缺，注释的内容支持汉字字符。

在接口"Output"中，新建 2 个变量，如图 6-32 所示。

在接口"InOut"中，新建 1 个变量，如图 6-32 所示。

在接口"Static"中，新建 2 个静态变量，如图 6-32 所示，注意变量的类型，同时注意初始值不能为 0，否则没有星三角启动效果。

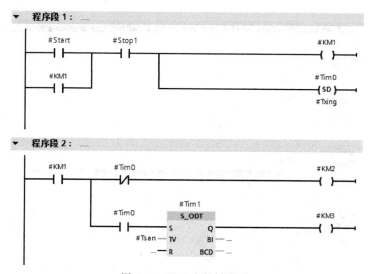

		名称	数据类型	默认值	保持性	可从...
1		▼ Input				
2		■ Start	Bool	false	非保持	☑
3		■ Stop1	Bool	false	非保持	☑
4		■ Tim0	Timer	0	非保持	☑
5		■ Tim1	Timer	0	非保持	☑
6		▼ Output				
7		■ KM2	Bool	false	非保持	☑
8		■ KM3	Bool	false	非保持	☑
9		▼ InOut				
10		■ KM1	Bool	false	非保持	☑
11		■ <新增>				
12		▼ Static				
13		■ Txing	S5Time	S5T#2s	非保持	☑
14		■ Tsan	S5Time	S5T#2s	非保持	☑

星三角启动

图 6-32　在接口中，新建变量

③ 在 FB1 的程序编辑区编写程序，梯形图如图 6-33 所示，SCL 程序如图 6-34 所示。

图 6-33　FB1 中的梯形图

④ 在项目视图的项目树中，双击"Main［OB1］"，打开主程序块"Main［OB1］"，将函数块"FB1"拖拽到程序段 1，在 FB1 上方输入数据块 DB2，梯形图如图 6-35 所示，SCL 程序如图 6-36 所示。将整个项目下载到 PLC 中，即可实现"电动机星三角启动控制"。

```
1 ┌─IF (#Start OR #KM1) AND #Stop1 THEN
2 │       #KM1 := TRUE;
3 │ ELSE
4 │       #KM1:=FALSE;
5 │ END_IF;
6 ┌─"IEC_Timer_0_DB".TON(IN:=#KM1,
7 │                      PT:=#Txing,
8 │                      Q=>"标志位");
9 ┌─IF #KM1 AND NOT "标志位" THEN
10│       #KM2:=TRUE;
11│ ELSE
12│       #KM2 := FALSE;
13│ END_IF;
14┌─"IEC_Timer_0_DB_1".TON(IN:="标志位",
15│                        PT:=#Tsan,
16│                        Q=>#KM3);
```

图 6-34　FB1 中的 SCL 程序

图 6-35　主程序块中的梯形图

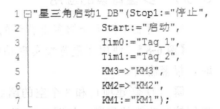

```
1 ┌─"星三角启动1_DB"(Stop1:="停止",
2 │               Start:="启动",
3 │               Tim0:="Tag_1",
4 │               Tim1:="Tag_2",
5 │               KM3=>"KM3",
6 │               KM2=>"KM2",
7 │               KM1:="KM1");
```

图 6-36　主程序块中的 SCL 程序

6.3　多重背景

6.3.1　多重背景的简介

（1）多重背景的概念

当程序中有多个函数块时，如每个函数块对应一个背景数据块，程序中需要较多的背景数据块，这样在项目中就出现了大量的背景数据"碎片"，影响程序的执行效率。使用多重背景，可以将几个函数块，共用一个背景数据块，这样可以减少数据块的个数，提高程序的执行效率。

图 6-37 所示是一个多重背景结构的实例。FB1 和 FB2 共用一个背景数据块 DB10，但增加了一个函数块 FB10 来调用作为"局部背景"的 FB1 和 FB2，而 FB1 和 FB2 的背景数据存放在 FB10 的背景数据块 DB10 中，如不使用多重背景，则需要 2 个背景数据块，使用多重背景后，则只需要一个背景数据块了。

图 6-37　多重背景的结构

（2）多重背景的优点

① 多个实例只需要一个 DB。

② 在为各个实例创建"私有"数据区时，无需任何额外的管理工作。

③ 多重背景模型使得"面向对象的编程风格"成为可能（通过"集合"的方式实现可重用性）。

6.3.2　多重背景的应用

以下用 2 个例子介绍多重背景的应用。

【例 6-8】 使用多重背景实现功能：电动机的启停控制和水位 A/D 转换数值高于 3000 时，报警输出。

解　① 新建项目和 3 个空的函数块如图 6-38 所示，双击并打开 FB1，并在 FB1 中创建启停控制功能的程序，如图 6-39 所示。

图 6-38　新建项目和 3 个空的函数块

图 6-39　函数块 FB1

② 双击打开函数块 FB2，如图 6-40 所示，FB2 能实现当输入超过 3000 时报警的功能。

图 6-40　函数块 FB2

③ 双击打开函数块 FB3，如图 6-41 所示，再展开静态变量"Static"，并创建两个静态变量，静态变量"Qiting"的数据类型为"FB1"，静态变量"Baojing"的数据类型为"FB2"。FB3 中的梯形图如图 6-42 所示。

图 6-41　函数块 FB3

图 6-42 函数块 FB3 中的梯形图

④ 双击打开组织块 Main[OB1]，Main[OB1] 中的梯形图如图 6-43 所示。

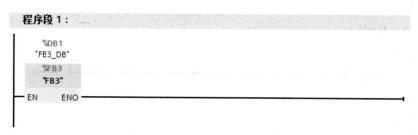

图 6-43 Main[OB1] 中的梯形图

当 PLC 的定时器不够用时，可用 IEC 定时器，而 IEC 定时器（如 TON）虽然可以多次调用，但如多次调用则需要消耗较多的数据块，而使用多重背景则可减少 DB 的使用数量。

【例 6-9】 编写程序实现，当 I0.0 闭合 2 秒后，Q0.0 线圈得电，当 I0.1 闭合 2 秒后，Q0.1 线圈得电，要求用 TON 定时器。

解 为节省 DB，可使用多重背景，步骤如下。

① 新建项目和 2 个空的函数块 FB1 和 FB2，双击并打开 FB1，并在输入参数"Input"中创建"START"和"TT"，如图 6-44 所示。再在 FB1 中编写如图 6-45 所示的梯形图程序。

在拖拽指令"TON"时，弹出如图 6-46 所示的界面，选中"多重背景"和"IEC _ Timer _ 0 _ Instance"选项，最后单击"确定"按钮。

② 双击打开"FB2"，新建函数块 FB2 的参数，在静态变量 Static 中，创建 TON1 和

图 6-44　新建函数块 FB1 的参数

程序段 1：

图 6-45　FB1 中的梯形图

图 6-46　调用块选项

TON2，其数据类型是"FB1"，如图 6-47 所示。

图 6-47　新建函数块 FB2 的参数

FB2 中的梯形图如图 6-48 所示。将 FB1 拖拽到程序编辑器中的程序段 1,弹出如图 6-49 所示的界面,选中"多重背景"和"TON1"选项,最后单击"确定"按钮。将 FB1 拖拽到程序编辑器中的程序段 2,弹出如图 6-50 所示的界面,选中"多重背景"和"TON2"选项,最后单击"确定"按钮。

图 6-48 FB2 中的梯形图

图 6-49 调用块选项 (1)

图 6-50 调用块选项 (2)

③ 在 Main［OB1］中，编写如图 6-51 所示的梯形图程序。

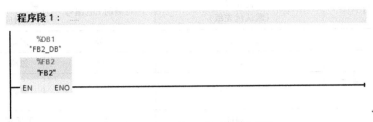

图 6-51　Main［OB1］中的梯形图

6.4　组织块（OB）及其应用

组织块（OB）是操作系统与用户程序之间的接口。组织块由操作系统调用，控制循环中断驱动的程序执行、PLC 启动特性和错误处理。可以对组织块进行编程来确定 CPU 特性。

6.4.1　中断的概述

(1) 中断过程

中断处理用来实现对特殊内部事件或外部事件的快速响应。CPU 检测到中断请求时，立即响应中断，调用中断源对应的中断程序，即组织块 OB。执行完中断程序后，返回被中断的程序处继续执行程序。例如在执行主程序 OB1 块时，时间中断块 OB10 可以中断主程序块 OB1 正在执行的程序，转而执行中断程序块 OB10 中的程序，当中断程序块中的程序执行完成后，再转到主程序块 OB1 中，从断点处执行主程序。

事件源就是能向 PLC 发出中断请求的中断事件，例如日期时间中断、延时中断、循环中断和编程错误引起的中断等。

(2) OB 的优先级

执行一个组织块 OB 的调用可以中断另一个 OB 的执行。一个 OB 是否允许另一个 OB 中断取决于其优先级。S7-1500 PLC 支持优先级共有 26 个，1 最低，26 最高。高优先级的 OB 可以中断低优先级的 OB。例如 OB10 的优先级是 2，而 OB1 的优先级是 1，所以 OB10 可以中断 OB1。S7-300/400 CPU 支持优先级有 29 个。

组织块的类型和优先级见表 6-3。

表 6-3　组织块的类型和优先级

事件源的类型	优先级 （默认优先级）	可能的 OB 编号	默认的系统响应	支持的 OB 数量
启动	1	100，≥123	忽略	100
循环程序	1	1，≥123	忽略	100
时间中断	2～24(2)	10～17，≥123	不适用	20

事件源的类型	优先级 （默认优先级）	可能的 OB 编号	默认的系统响应	支持的 OB 数量
状态中断	2～24(4)	55	忽略	1
更新中断	2～24(4)	56	忽略	1
制造商或配置文件特定的中断	2～24(4)	57	忽略	1
延时中断	2～24(3)	20～23,≥123	不适用	20
循环中断	2～24(8～17,取决于循环时间)	30～38,≥123	不适用	20
硬件中断	2～26(16)	40～47,≥123	忽略	50
等时同步模式中断	16～26(21)	61～64,≥123	忽略	20（每个等时同步接口一个）
MC 伺服中断	17～31(25)	91	不适用	1
MC 插补器中断	16～30(24)	92	不适用	1
时间错误	22	80	忽略	1
超出循环监视时间一次			STOP	
诊断中断	2～26(5)	82	忽略	1
移除/插入模块	2～26(6)	83	忽略	1
机架错误	2～26(6)	86	忽略	1
编程错误（仅限全局错误处理）	2～26(7)	121	STOP	1
I/O 访问错误（仅限全局错误处理）	2～26(7)	122	忽略	1

说明：

① 在 S7-300/400 CPU 中只支持一个主程序块 OB1，而 S7-1500 PLC 最多支持 100 个主程序，但第二个主程序的编号从 123 起，由组态设定，如 OB123 可以组态成主程序；

② 循环中断可以是 OB30～OB38，如不够用还可以通过组态使用 OB123 及以上的组织块；

③ S7-300/400 CPU 的启动组织块有 OB100、OB101 和 OB102，但 S7-1500 PLC 不支持 OB101 和 OB102。

6.4.2 启动组织块及其应用

启动组织块（Startup）在 PLC 的工作模式从 STOP 切换到 RUN 时执行一次。完成启动组织块扫描后，将执行主程序循环组织块（如 OB1）。以下用一个例子说明启动组织块的应用。

【例 6-10】 编写一段初始化程序，将 CPU1511C-1PN 的 MB20～MB23 单元清零。

解 一般初始化程序在 CPU 一启动后就运行，所以可以使用 OB100 组织块。在 TIA 博途软件项目视图的项目树中，双击"添加新块"，弹出如图 6-52 所示的界面，选中"组织块"和"Startup"选项，再单击"确定"按钮，即可添加启动组织块。

MB20～MB23 实际上就是 MD20，其程序如图 6-53 所示。

图 6-52　添加"启动"组织块 OB100

图 6-53　OB100 中的程序

6.4.3　主程序（OB1）

CPU 的操作系统循环执行 OB1。当操作系统完成启动后，将启动执行 OB1。在 OB1 中可以调用函数（FC）和函数块（FB）。

执行 OB1 后，操作系统发送全局数据。重新启动 OB1 之前，操作系统将过程映像输出表写入输出模块中，更新过程映像输入表以及接受 CPU 的任何全局数据。

6.4.4　循环中断组织块及其应用

所谓循环中断就是经过一段固定的时间间隔中断用户程序，循环中断很常用。

(1) 循环中断指令

循环中断组织块是很常用的，TIA 博途软件中有 9 个固定循环中断组织块（OB30～OB38），另有 11 个未指定。激活循环中断（EN＿IRT）和禁用循环中断（DIS＿IRT）指令的参数见表 6-4。

表 6-4　激活循环中断（EN＿IRT）和禁用循环中断（DIS＿IRT）的参数

参数	声明	数据类型	存储区间	参数说明
OB_NR	INPUT	INT	I、Q、M、D、L、常数	OB 的编号

续表

参数	声明	数据类型	存储区间	参数说明
MODE	INPUT	BYTE	I、Q、M、D、L、常数	指定禁用哪些中断和异步错误
RET_VAL	OUTPUT	INT	I、Q、M、D、L	如果出错，则 RET_VAL 的实际参数将包含错误代码

参数 MODE 指定禁用哪些中断和异步错误，含义比较复杂，MODE＝0 表示激活所有的中断和异步错误，MODE＝1 表示启用属于指定中断类别的新发生事件，MODE＝2 表示启用指定中断的所有新发生事件，可使用 OB 编号来指定中断。具体可参考相关手册或者 TIA 博途软件的帮助。

（2）循环中断组织块的应用

【例 6-11】 每隔 100ms 时间，CPU1511C-1PN 采集一次通道 0 上的模拟量数据。

解 很显然要使用循环组织块，解法如下：

在 TIA 博途软件项目视图的项目树中，双击"添加新块"，弹出如图 6-54 所示的界面，选中"组织块"和"Cyclic interrupt"，循环时间定为"100000μs"，单击"确定"按钮。这个步骤的含义是：设置组织块 OB30 的循环中断时间是 100000μs，再将组态完成的硬件下载到 CPU 中。

图 6-54　添加组织块 OB30

打开 OB30，在程序编辑器中，输入程序如图 6-55 所示，运行的结果是每 100ms 将通道 0 采集到模拟量转化成数字量送到 MW20 中。

主程序在 OB1 中，如图 6-56 所示。有了主程序，就可以对 OB30 是否循环扫描中断进行控制了。

程序段 1：

图 6-55 OB30 中的程序

程序段 1：激活OB30

程序段 2：取消激活OB30

图 6-56 OB1 中的程序

6.4.5 时间中断组织块及其应用

时间中断组织块（如 OB10）可以由用户指定日期时间及特定的周期产生中断。例如，每天 18:00 保存数据。

时间中断最多可以使用 20 个，默认范围是 OB10～OB17，其余可组态 OB 编号 123 以上组织块。

(1) 指令简介

可以用"SET_TINT""CAN_TINT"和"ACT_TINT"设置、取消和激活日期时间中断，参数见表 6-5。

表 6-5 "SET_TINT""CAN_TINT"和"ACT_TINT"的参数表

参数	声明	数据类型	存储区间	参数说明
OB_NR	INPUT	INT	I、Q、M、D、L、常数	OB 的编号
SDT	INPUT	DT	D、L、常数	开始日期和开始时间
PERIOD	INPUT	WORD	I、Q、M、D、L、常数	从启动点 SDT 开始的周期： W#16#0000＝一次 W#16#0201＝每分钟 W#16#0401＝每小时 W#16#1001＝每日 W#16#1202＝每周 W#16#1401＝每月 W#16#1801＝每年 W#16#2001＝月末
RET_VAL	OUTPUT	INT	I、Q、M、D、L	如果出错，则 RET_VAL 的实际参数将包含错误代码

(2) 日期中断组织块的应用

要启用日期中断组织块，必须提前设置并激活相关的时间中断（指定启动时间和持续时间），并将时间中断组织块下载到CPU中。设置和激活时间中断有三种方法，分别介绍如下。

① 在时间中断的"属性"中设置并激活时间中断，如图6-57所示，这种方法最简单。

图6-57　设置和激活时间中断

② 在时间中断的"属性"中设置"启动日期"和"时间"，在"执行"文本框内选择"从未"，再通过程序中调用"ACT_TINT"指令激活中断。

③ 通过调用"SET_TINT"指令设置时间中断，再通过程序中调用"ACT_TINT"指令激活中断。

以下用一个例题说明日期中断组织块的应用。

【例6-12】 从2017年8月18日18时18分起，每小时中断一次，并将中断次数记录在一个存储器中。

解 一般有三种解法，在前面已经介绍，本例采用第三种方法解题。

① 添加组织块OB10。在TIA博途软件项目视图的项目树中，双击"添加新块"，弹出如图6-58所示的界面，选中"组织块"和"Time of day"选项，单击"确定"按钮，即可

图6-58　添加组织块OB10

添加 OB10 组织块。

　　② 主程序在 OB1 中，如图 6-59 所示，中断程序在 OB10 中，如图 6-60 所示。

图 6-59　OB1 中的程序

图 6-60　OB10 中的程序

6.4.6　延时中断组织块及其应用

　　延时中断组织块（如 OB20）可实现延时执行某些操作，调用 "SRT＿DINT" 指令时开始计时延时时间（此时开始调用相关延时中断）。其作用类似于定时器，但 PLC 中普通定时器的定时精度要受到不断变化的扫描周期的影响，使用延时中断可以达到以 ms 为单位的高精度延时。

　　延时中断最多可以使用 20 个，默认范围是 OB20～OB23，其余可组态 OB 编号 123 以上组织块。

　　（1）指令简介

　　可以用 "SRT＿DINT" 和 "CAN＿DINT" 设置、取消激活延时中断，参数见表 6-6。

表 6-6　"SRT＿DINT""CAN＿DINT" 的参数

参数	声明	数据类型	存储区间	参数说明
OB_NR	INPUT	INT	I、Q、M、D、L、常数	延时时间后要执行的 OB 的编号
DTIME	INPUT	DTIME		延时时间（1～60000ms）

续表

参数	声明	数据类型	存储区间	参数说明
SIGN	INPUT	WORD	I、Q、M、D、L、常数	调用延时中断 OB 时 OB 的启动事件信息中出现的标识符
RET_VAL	OUTPUT	INT	I、Q、M、D、L	如果出错,则 RET_VAL 的实际参数将包含错误代码

(2)延时中断组织块的应用

【例 6-13】 当 I0.0 为上升沿时,延时 5s 执行 Q0.0 置位,I0.1 上升沿时,Q0.0 复位。

解 ① 添加组织块 OB20。在 TIA 博途软件项目视图的项目树中,双击"添加新块",弹出如图 6-61 所示的界面,选中"组织块"和"Time delay interrupt"选项,单击"确定"按钮,即可添加 OB20 组织块。

图 6-61 添加组织块 OB20

② 中断程序在 OB1 中,如图 6-62 所示,主程序在 OB20 中,如图 6-63 所示。

程序段 1: 激活时间中断OB20

程序段 2：　取消激活OB20

图 6-62　OB1 中的程序

程序段 1：

图 6-63　OB20 中的程序

6.4.7　硬件中断组织块及其应用

硬件中断组织块（如 OB40）用于快速响应信号模块（SM）、通信处理器（CP）和功能模块（FM）的信号变化。

硬件中断被模块触发后，操作系统将自动识别是哪一个槽的模块和模块中哪一个通道产生的硬件中断。硬件中断 OB 执行完后，将发送通道确认信号。

如果正在处理某一中断事件，又出现了同一模块同一通道产生的完全相同的中断事件，新的中断事件将丢失。

如果正在处理某一中断信号时同一模块中其他通道或其他模块产生了中断事件，当前已激活的硬件中断执行完后，再处理暂存的中断。

以下用一个例子说明硬件中断组织块的使用方法。

【例 6-14】　编写一段指令记录用户使用 I0.0 按钮的次数，做成一个简单的"黑匣子"。

解　① 添加组织块 OB40。在 TIA 博途软件项目视图的项目树中，双击"添加新块"，弹出如图 6-64 所示的界面，选中"组织块"和"Hardware interrupt"选项，单击"确定"按钮，即可添加 OB40 组织块。

② 选中硬件模块"DI 16×24VDC HF"，点击"属性"选项卡，如图 6-65 所示，选中"通道 0"，启用上升沿检测，选择硬件中断组织块为"Hardware interrupt"。

③ 编写程序。在组织块 OB40 中编写程序如图 6-66 所示，每次压下按钮，调用一次 OB40 中的程序一次，MW10 中的数值加 1，也就是记录了使用按钮的次数。

▶【关键点】选用的输入模块"DI 16×24VDC HF"必须具有硬件中断功能。

6.4.8　错误处理组织块

(1) 错误处理概述

S7-1500 PLC 具有很强的错误（或称故障）检测和处理能力，是指 PLC 内部的功能性

图 6-64 添加组织块 OB40

图 6-65 信号模块的属性界面

图 6-66 OB40 中的程序

错误或编程错误，而不是外部设备的故障。CPU 检测到错误后，操作系统调用对应的组织块，用户可以在组织块中编程，对发生的错误采取相应的措施。对于大多数错误，如果没有给组织块编程，出现错误时 CPU 将进入 STOP 模式。

（2）错误的分类

被 S7 CPU 检测到并且用户可以通过组织块对其进行处理的错误分为两个基本类型。

① 异步错误　是与 PLC 的硬件或操作系统密切相关的错误，与程序执行无关，后果严重。异步错误 OB 具有最高等级的优先级，其他 OB 不能中断它们。同时有多个相同优先级的异步错误 OB 出现，将按出现的顺序处理。

系统程序可以检测下列错误：不正确的 CPU 功能、系统程序执行中的错误、用户程序中的错误和 I/O 中的错误。根据错误类型的不同，CPU 设置为进入 STOP 模式或调用一个错误处理组织块（OB）。

当 CPU 检测到错误时，会调用适当的组织块，见表 6-7。如果没有相应的错误处理 OB，CPU 将进入 STOP 模式。用户可以在错误处理 OB 中编写如何处理这种错误的程序，以减小或消除错误的影响。

表 6-7　错误处理组织块

OB 号	错误类型	优先级
OB80	时间错误	2～26
OB82	诊断中断	
OB83	插入/取出模块中断	
OB86	机架故障或分布式 I/O 的站故障	
OB121	编程错误	引起错误的 OB 的优先级
OB122	I/O 访问错误	

为避免发生某种错误时 CPU 进入停机，可以在 CPU 中建立一个对应的空的组织块。用户可以利用 OB 中的变量声明表提供的信息来判别错误的类型。

② 同步错误（OB121 和 OB122）　是与程序执行有关的错误，其 OB 的优先级与出现错误时被中断的块的优先级相同，即同步错误 OB 中的程序可以访问块被中断时累加器和状态寄存器中的内容。对错误进行处理后，可以将处理结果返回被中断的块。

6.5　实例

至此，读者已经对 S7-1200/1500 PLC 的软硬件已经有一定的了解，本节内容将列举一个简单的例子，供读者模仿学习。

【例 6-15】　有一个控制系统，控制器是 CPU1511C-1PN，压力传感器测量油压力，油压力的范围是 0～10MPa，当油压力高于 8MPa 时报警，请设计此系统。

解　CPU1511C-1PN 集成有模拟量输入/输出和数字量输入/输出，其接线如图 6-67 所示，模拟量输入的端子 1 和 2 分别与传感器的电流信号＋和电流信号－相连。

数值转换（FC105）SCALE 函数接受一个整型值（IN），并将其转换为以工程单位表示的介于下限和上限（LO_LIM 和 HI_LIM）之间的实型值。

① 新建项目。新建一个项目"报警"，在 TIA 博途软件项目视图的项目树中，单击"添加新块"，新建程序块，块名称为"压力采集"，把编程语言选中为"LAD"，块的类型是"函数 FC"，再单击"确定"按钮，如图 6-68 所示，即可生成函数 FC1，其编程语言

图 6-67　接线图

为 LAD。

② 定义函数的变量。打开新建的函数"FC1"，定义函数 FC1 的输入变量（Input）、输出变量（Output）和临时变量（Temp），如图 6-69 所示。注意：这些变量是局部变量，只在本函数内有效。

③ 插入指令 SCALE。单击"指令"→"基本指令"→"原有"→"SCALE"，插入 SCALE 指令。

④ 编写函数 FC1 的 LAD 程序如图 6-70 所示，也可以是 SCL 程序如图 6-71 所示。

图 6-68　添加新块-选择编程语言为 LAD

图 6-69　定义函数的变量

程序段 1：

```
                    MOVE
                 EN    ENO
        #PV_IN — IN  ※ OUT1 — #TEMP1
```

程序段 2：

```
   #TEMP1               MOVE
    >                EN    ENO
    Int      27648 — IN  ※ OUT1 — #TEMP1
   27648
```

程序段 3：

```
   #TEMP1               MOVE
    <                EN    ENO
    Int          0 — IN  ※ OUT1 — #TEMP1
    0
```

程序段 4：

```
                    SCALE
                 EN         ENO
        #TEMP1 — IN     RET_VAL — #RET_VAL1
       #HI_LIM — HI_LIM     OUT — #RVALUE
      #LO_LIM — LO_LIM
     #BIPOLAR — BIPOLAR
```

图 6-70　函数 FC1 的 LAD 程序

⑤ 添加循环组织块 OB30，编写 LAD 程序，如图 6-72 所示，也可以是 SCL 程序，如图 6-73 所示。FC1 的管脚，与指令中的 SCALE 很类似，而且采集的压力变量范围在 0～10MPa 内。

```
1   #TEMP1:= WORD_TO_INT(#PV_IN);
2 ┌IF #TEMP1 > 27648 THEN
3 │      #TEMP1:=27648;
4 └END_IF;
5 ┌IF #TEMP1 < 0 THEN
6 │      #TEMP1:=0;
7 └END_IF;
8 ┌#RET_VAL1:=SCALE(IN:= #TEMP1,
9 │                 HI_LIM:= #HI_LIM,
10│                 LO_LIM:= #LO_LIM,
11│                 BIPOLAR:=#BIPOLAR,
12│                 OUT => #RVALUE);
```

图 6-71 函数 FC1 的 SCL 程序

图 6-72 OB30 中的 LAD 程序

```
1 ┌IF "启停" THEN
2 │┌"压力采集1"(PV_IN:="模拟量输入":P,
3 ││      HI_LIM:=10.0,
4 ││      LO_LIM =0.0,
5 ││      RVALUE=>"压力值");
6 │┌IF "压力值">8.0 THEN
7 ││   "报警指示" := TRUE;
8 │ELSE
9 ││   "报警指示" := FALSE;
10││END_IF;
11│ELSE
12││   "报警指示" := FALSE;
13││   "压力值" := 0.0;
14└END_IF;
```

图 6-73 OB30 中的 SCL 程序

第7章

S7-1200/1500 PLC的编程方法与调试

本章介绍功能图的画法、梯形图的禁忌以及如何根据功能图用基本指令、功能指令和复位、置位指令编写顺序控制梯形图程序。另一个重要的内容是程序的调试方法。

7.1 功能图

7.1.1 功能图的画法

功能图（SFC）是描述控制系统的控制过程、功能和特征的一种图解表示方法。它具有简单、直观等特点，不涉及控制功能的具体技术，是一种通用的语言，是IEC（国际电工委员会）首选的编程语言，近年来在PLC的编程中已经得到了普及与推广。在IEC60848中称顺序功能图，在我国国家标准GB 6988—2008中称功能表图。西门子称为图形编程语言Graph。

顺序功能图是设计PLC顺序控制程序的一种工具，适合于系统规模较大，程序关系较复杂的场合，特别适合于对顺序操作的控制。在编写复杂的顺序控制程序时，采用Graph比梯形图更加直观。

功能图的基本思想是：设计者按照生产要求，将被控设备的一个工作周期划分成若干个工作阶段（简称"步"），并明确表示每一步要执行的输出，"步"与"步"之间通过制定的条件进行转换，在程序中，只要通过正确连接进行"步"与"步"之间的转换，就可以完成被控设备的全部动作。

PLC执行功能图程序的基本过程是：根据转换条件选择工作"步"，进行"步"的逻辑处理。组成功能图程序的基本要素是步、转换条件和有向连线，如图7-1所示。

（1）步

一个顺序控制过程可分为若干个阶段，也称为步或状态。系统初始状态对应的步称为初始步，初始步一般用双线框表示。在每一步中施控系统要发出某些"命令"，而被控系统要完成某些"动作"，"命令"和"动作"都称为动作。当系统处于某一工作阶段时，则该步处于激活状态，称为活步。

（2）转换条件

使系统由当前步进入下一步的信号称为转换条件。顺序控制设计法用转换条件控制代表各步的编程元件，让它们的状态按一定的顺序变化，然后用代表各步的编程元件去控制输出。不同状态的"转换条件"可以不同，也可以相同。当"转换条件"各不相同时，在功能图程序中每次只能选择其中一种工作状态（称为"选择分支"），当"转换条件"都相同时，在功能图程序中每次可以选择

图 7-1　功能图

多个工作状态（称为"选择并行分支"）。只有满足条件状态，才能进行逻辑处理与输出。因此，"转换条件"是功能图程序选择工作状态（步）的"开关"。

（3）有向连线

步与步之间的连接线称为"有向连线"，"有向连线"决定了状态的转换方向与转换途径。在有向连线上有短线，表示转换条件。当条件满足时，转换得以实现，即上一步的动作结束而下一步的动作开始，因而不会出现动作重叠。步与步之间必须要有转换条件。

图7-1中的双框为初始步，M0.0 和 M0.1 是步名，I0.0、I0.1 为转换条件，Q0.0、Q0.1 为动作。当 M0.0 有效时，输出指令驱动 Q0.0。步与步之间的连线称为有向连线，它的箭头省略未画。

（4）功能图的结构分类

根据步与步之间的进展情况，功能图分为以下几种结构。

1）单一顺序 单一顺序动作是一个接一个地完成，完成每步只连接一个转移，每个转移只连接一个步，如图7-3和图7-4所示的功能图和梯形图是一一对应的。以下用"启保停电路"来讲解功能图和梯形图的对应关系。

为了便于将顺序功能图转换为梯形图，采用代表各步的编程元件的地址（比如M0.2）作为步的代号，并用编程元件的地址来标注转换条件和各步的动作和命令，当某步对应的编程元件置1，代表该步处于活动状态。

① 启保停电路对应的布尔代数式 标准的启保停梯形图如图7-2所示，图中I0.0 为 M0.2 的启动条件，当 I0.0 置 1 时，M0.2 得电；I0.1 为 M0.2 的停止条件，当 I0.1 置 1 时，M0.2 断电；M0.2 的辅助触点为 M0.2 的保持条件。该梯形图对应的布尔代数式为

$$M0.2 = (I0.0 + M0.2) \cdot \overline{I0.1}$$

图 7-2 标准的"启保停"梯形图

② 顺序控制梯形图储存位对应的布尔代数式 如图7-3（a）所示的功能图，M0.1 转换

$$M0.0 = (I0.2 + M0.2 \cdot T37 + M0.0) \overline{M0.1}$$

$$M0.1 = (M0.0 \cdot I0.0 + M0.1) \overline{M0.2}$$

$$M0.2 = (M0.1 \cdot I0.1 + M0.2) \overline{M0.0}$$

(a) 功能图　　　　(a) 布尔代数式

图 7-3 顺序功能图和对应的布尔代数式

为活动步的条件是 M0.1 步的前一步是活动步，相应的转换条件（I0.0）得到满足，即 M0.1 的启动条件为 M0.0 · I0.0。当 M0.2 转换为活动步后，M0.1 转换为不活动步，因此，M0.2 可以看成 M0.1 的停止条件。由于大部分转换条件都是瞬时信号，即信号持续的时间比他激活的后续步的时间短，因此应当使用有记忆功能的电路控制代表步的储存位。在这种情况下，启动条件、停止条件和保持条件全部具备，就可以采用"启保停"方法设计顺序功能图的布尔代数式和梯形图。顺序控制功能图中储存位对应的布尔代数式如图 7-3（b）所示，参照图 7-2 所示的标准"启保停"梯形图，就可以轻松地将图 7-3 所示的顺序功能图转换为图 7-4 所示的梯形图。

图 7-4 梯形图

2）选择顺序 选择顺序是指某一步后有若干个单一顺序等待选择，称为分支，一般只允许选择进入一个顺序，转换条件只能标在水平线之下。选择顺序的结束称为合并，用一条水平线表示，水平线以下不允许有转换条件，如图 7-5 所示。

图 7-5 选择顺序

3）并行顺序　并行顺序是指在某一转换条件下同时启动若干个顺序，也就是说转换条件实现导致几个分支同时激活。并行顺序的开始和结束都用双水平线表示，如图 7-6 所示。

图 7-6 并行顺序

4）选择序列和并行序列的综合　如图 7-7 所示，步 M0.0 之后有一个选择序列的分支，设 M0.0 为活动步，当它的后续步 M0.1 或 M0.2 变为活动步时，M0.0 变为不活动步，即 M0.0 为 0 状态，所以应将 M0.1 和 M0.2 的常闭触点与 M0.0 的线圈串联。

步 M0.2 之前有一个选择序列合并，当步 M0.1 为活动步（即 M0.1 为 1 状态），并且转换条件 I0.1 满足，或者步 M0.0 为活动步，并且转换条件 I0.2 满足，步 M0.2 变为活动步，所以该步的存储器 M0.2 的启保停电路的启动条件为 M0.1 · I0.1＋M0.0 · I0.2，对应的启动电路由两条并联支路组成。

步 M0.2 之后有一个并行序列分支，当步 M0.2 是活动步并且转换条件 I0.3 满足时，步 M0.3 和步 M0.5 同时变成活动步，这时用 M0.2 和 I0.3 常开触点组成的串联电路，分别作为 M0.3 和 M0.5 的启动电路来实现，与此同时，步 M0.2 变为不活动步。

步 M0.0 之前有一个并行序列的合并，该转换实现的条件是所有的前级步（即 M0.4 和 M0.6）都是活动步和转换条件 I0.6 满足。由此可知，应将 M0.4、M0.6 和 I0.6 的常开触点串联，作为控制 M0.0 的启保停电路的启动电路。图 7-7 所示的功能图对应的梯形图如图 7-8 所示。

图 7-7　选择序列和并行序列功能图

图 7-8

图 7-8 梯形图

(5) 功能图设计的注意点

① 状态之间要有转换条件。如图 7-9 所示，状态之间缺少"转换条件"是不正确的，应改成如图 7-10 所示的功能图。必要时转换条件可以简化，如将图 7-11 简化成图 7-12。

图 7-9 错误的功能图   图 7-10 正确的功能图

图 7-11 简化前的功能图   图 7-12 简化后的功能图

② 转换条件之间不能有分支。例如，图 7-13 应该改成图 7-14 所示的合并后的功能图，

合并转换条件。

图 7-13　错误的功能图　　　　　　　图 7-14　合并后的功能图

③ 顺序功能图中的初始步对应于系统等待启动的初始状态，初始步是必不可少的。

④ 顺序功能图中一般应有由步和有向连线组成的闭环。

7.1.2　梯形图编程的原则

尽管梯形图与继电器电路图在结构形式、元件符号及逻辑控制功能等方面类似，但它们又有许多不同之处，梯形图有自己的编程规则。

① 每一逻辑行总是起于左母线，最后终止于线圈或右母线（右母线可以不画出），如图 7-15 所示。

② 无论选用哪种机型的 PLC，所用元件的编号必须在该机型的有效范围内。例如CPU1511-1PN 最大 I/O 范围是 32KB。

图 7-15　梯形图（1）

③ 触点的使用次数不受限制。例如，辅助继电器 M0.0 可以在梯形图中出现无限制的次数，而实物继电器的触点一般少于 8 对，只能用有限次。

④ 在梯形图中同一线圈只能出现一次。如果在程序中，同一线圈使用了两次或多次，称为"双线圈输出"。对于"双线圈输出"，有些 PLC 将其视为语法错误，绝对不允许（如三菱 FX 系列 PLC）；有些 PLC 则将前面的输出视为无效，只有最后一次输出有效（如西门子 PLC）；而有些 PLC 在含有跳转指令或步进指令的梯形图中允许双线圈输出。

⑤ 对于不可编程的梯形图必须经过等效变换，变成可编程梯形图，如图 7-16 所示。

图 7-16　梯形图（2）

⑥ 在有几个串联电路相并联时，应将串联触点多的回路放在上方，归纳为"上多下少"的原则，如图 7-17 所示。在有几个并联电路相串联时，应将并联触点多的回路放在左方，归纳为"左多右少"原则，如图 7-18 所示。因为这样所编制的程序简洁明了，语句较少。但要注意图 7-17(a) 和图 7-18(a) 的梯形图逻辑上是正确的。

图 7-17 梯形图 (3)

图 7-18 梯形图 (4)

⑦ 为了安全考虑，PLC 输入端子上接入的停止按钮和急停按钮，应使用常闭触点，而不应使用常开触点。

7.2 逻辑控制的梯形图编程方法

相同的硬件系统，由不同的人设计，可能设计出不同的程序，有的人设计的程序简洁而且可靠，而有的人设计的程序虽然能完成任务，但较复杂。PLC 程序设计是有规律可遵循的，下面将介绍两种方法：经验设计法和功能图设计法。

7.2.1 经验设计法

经验设计法就是在一些典型的梯形图的基础上，根据具体的对象对控制系统的具体要求，对原有的梯形图进行修改和完善。这种方法适合有一定工作经验的人，这些人有现成的资料，特别在产品更新换代时，使用这种方法比较节省时间。下面举例说明这种方法的思路。

【例 7-1】 图 7-19 为小车运输系统的示意图，图 7-20 为原理图，SQ1、SQ2、SQ3 和 SQ4 是限位开关，小车先左行，在 SQ1 处装料，10s 后右行，到 SQ2 后停止卸料 10s 后左行，碰到 SQ1 后停下装料，就这样不停循环工作，限位开关 SQ3 和 SQ4 的作用是当 SQ2 或者 SQ1 失效时，SQ3 和 SQ4 起保护作用，SB1 和 SB2 是启动按钮，SB3 是停止按钮。

图 7-19 小车运输系统的示意图

(a) 使用CPU1511C-1PN　　　　　(b) 使用CPU1211C

图 7-20　原理图

解　小车左行和右行是不能同时进行的，因此有联锁关系，与电动机的正、反转的梯形图类似，因此先画出电动机正、反转控制的梯形图，如图 7-21 所示，再在这个梯形图的基础上进行修改，增加 4 个限位开关的输入，增加 2 个定时器，就变成了图 7-22 所示的梯形图。

图 7-21　电动机正、反转控制的梯形图　　　　图 7-22　小车运输系统的梯形图

7.2.2 功能图设计法

功能图设计法也称为"启保停"设计法。对于比较复杂的逻辑控制,用经验设计法就不合适,适合用功能图设计法。功能图设计法无疑是应用最为广泛的设计方法。功能图就是顺序功能图,功能图设计法就是先根据系统的控制要求设计功能图,再根据功能图设计梯形图,梯形图可以采用基本指令编写,也可以采用顺控指令和功能指令编写。因此,设计功能图是整个设计过程的关键,也是难点。

(1)启保停设计方法的基本步骤

① 绘制出顺序功能图 要使用"启保停"设计方法设计梯形图时,先要根据控制要求绘制出顺序功能图,其中顺序功能图的设计在前面章节中已经详细讲解,在此不再重复。

② 写出储存器位的布尔代数式 对应于顺序功能图中的每一个储存器位都可以写出如下所示的布尔代数式:

$$M_i = (X_i \cdot M_{i-1} + M_i) \cdot \overline{M}_{i+1}$$

式中等号左边的 M_i 为第 i 个储存器位的状态,等号右边的 M_i 为第 i 个储存器位的常开触点,X_i 为第 i 个工步所对应的转换信号,M_{i-1} 为第 $i-1$ 个储存器位的常开触点,$\overline{M}_{i+1}$ 为第 $i+1$ 个储存器位的常闭触点。

③ 写出执行元件的逻辑函数式 执行元件为顺序功能图中的储存器位所对应的动作。

图 7-23 多个步对应同一动作时的梯形图

一个步通常对应一个动作,输出和对应步的储存器位的线圈并联或者在输出线圈前串接一个对应步的储存器位的常开触点。当功能图中有多个步对应同一动作时,其输出可用这几个步对应的储存器位的"或"来表示,如图 7-23 所示。

④ 设计梯形图 在完成前 3 个步骤的基础上,可以顺利设计出梯形图。

(2)利用基本指令编写梯形图

用基本指令编写梯形图是最常规的设计方法,不必掌握过多的指令。采用这种方法编写程序的过程是:先根据控制要求设计正确的功能图,再根据功能图写出正确的布尔表达式,最后根据布尔表达式编写基本指令梯形图。以下用一个例子讲解利用基本指令编写梯形图的方法。

【例 7-2】 步进电机是一种将电脉冲信号转换为电动机旋转角度的执行机构。当步进驱动器接收到一个脉冲,就驱动步进电动机按照设定的方向旋转一个固定的角度(称为步距角)。因此步进电机是按照固定的角度一步一步转动的。因此可以通过脉冲数量控制步进电机的运行角度,并通过相应的装置,控制运动的过程。对于四相八拍步进电动机。其控制要求如下。

① 按下启动按钮,定子磁极 A 通电,1s 后 A、B 同时通电;再过 1s,B 通电,同时 A 失电;再过 1s,B、C 同时通电……以此类推,其通电过程如图 7-24 所示。

② 有 2 种工作模式。工作模式 1 时,按下"停止"按钮,完成一个工作循环后,停止工作;工作模式 2 时,具有锁相功能,当压下"停止"按钮后,停止在通电的绕组上,下次

图 7-24 通电过程

压下"启动"按钮时，从上次停止的线圈开始通电工作。

③ 无论何种工作模式，只要压下"急停"按钮，系统所有线圈立即断电。

解　原理图如图 7-25 所示，CPU 可采用 CPU1511C-1PN 或 CPU1211C，根据题意很容易画出功能图，图 7-26 所示。图 7-27 为初始化程序，根据功能图编写梯形图程序，如图 7-28 所示。

图 7-25　原理图

图 7-26　功能图

程序段 1：

图 7-27　OB100 中的程序

图 7-28　OB1 中的程序

(3) 利用功能指令编写逻辑控制程序

西门子的功能指令有许多特殊功能，其中移位指令和循环指令非常适合用于顺序控制，用这些指令编写程序简洁而且可读性强。以下用一个例子讲解利用功能指令编写逻辑控制程序。

【例 7-3】 用功能指令编写例 7-2 的程序。

解　梯形图如图 7-29 和图 7-30 所示。

图 7-29 OB100 中的程序

▼ 程序段 6：

```
     %M0.0          %M100.0                              %T0
──────┤ ├───────────┤/├──────────────────────────────( SD )──┤
                                                      S5T#1S
```

▼ 程序段 7：

```
     %M0.1          %M100.0                              %T1
──────┤ ├───────────┤/├──────────────────────────────( SD )──┤
                                                      S5T#1S
```

▼ 程序段 8：

```
     %M0.2          %M100.0                              %T2
──────┤ ├───────────┤/├──────────────────────────────( SD )──┤
                                                      S5T#1S
```

▼ 程序段 9：

```
     %M0.3          %M100.0                              %T3
──────┤ ├───────────┤/├──────────────────────────────( SD )──┤
                                                      S5T#1S
```

▼ 程序段 10：

```
     %M0.4          %M100.0                              %T4
──────┤ ├───────────┤/├──────────────────────────────( SD )──┤
                                                      S5T#1S
```

▼ 程序段 11：

```
     %M0.5          %M100.0                              %T5
──────┤ ├───────────┤/├──────────────────────────────( SD )──┤
                                                      S5T#1S
```

▼ 程序段 12：

```
     %M0.6          %M100.0                              %T6
──────┤ ├───────────┤/├──────────────────────────────( SD )──┤
                                                      S5T#1S
```

▼ 程序段 13：

```
     %M0.7          %M100.0                              %T7
──────┤ ├───────────┤/├──────────────────────────────( SD )──┤
                                                      S5T#1S
```

图 7-30

▼ 程序段 14: ....

```
  %M0.0                                                   %Q0.0
───┤ ├───┬──────────────────────────────────────────────( )───
  %M0.1  │
───┤ ├───┤
  %M0.7  │
───┤ ├───┘
```

▼ 程序段 15: ....

```
  %M0.1                                                   %Q0.1
───┤ ├───┬──────────────────────────────────────────────( )───
  %M0.2  │
───┤ ├───┤
  %M0.3  │
───┤ ├───┘
```

▼ 程序段 16: ....

```
  %M0.3                                                   %Q0.2
───┤ ├───┬──────────────────────────────────────────────( )───
  %M0.4  │
───┤ ├───┤
  %M0.5  │
───┤ ├───┘
```

▼ 程序段 17: ....

```
  %M0.5                                                   %Q0.3
───┤ ├───┬──────────────────────────────────────────────( )───
  %M0.6  │
───┤ ├───┤
  %M0.7  │
───┤ ├───┘
```

图 7-30 OB1 中的程序

（4）利用复位和置位指令编写逻辑控制程序

复位和置位指令是常用指令，用复位和置位指令编写程序简洁而且可读性强。以下用一个例子讲解利用复位和置位指令编写逻辑控制程序。

【例 7-4】 用复位和置位指令编写例 7-2 的程序。

解 梯形图如图 7-31 和图 7-32 所示。

至此，同一个顺序控制的问题使用了基本指令、功能指令和复位和置位指令，共三种解决方案编写程序。三种解决方案的编程都有各自几乎固定的步骤，但有一步是相同的，那就是首先都要设计功能图。三种解决方案没有优劣之分，读者可以根据自己的实际情况选用。

程序段 1:　....

```
                        MOVE
                    EN      ENO
        W#0 ─── IN
                               %MW0
                     ↯ OUT1 ── "Tag_9"
```

图 7-31　OB100 中的程序

程序段 1:　模式1

```
   %I0.1          %I0.0       %I0.2            %M100.0
 ──┤/├──┬───────┤/├────────┤/├──────────────( )──
        │
   %M100.0
 ──┤ ├──┘
```

程序段 2:　模式2

```
   %I0.1          %I0.0       %I0.2            %M100.1
 ──┤/├──┬───────┤/├────────┤ ├──────────────( )──
        │
   %M100.1
 ──┤ ├──┘
```

程序段 3:　急停和模式转换

```
   %I0.3                                          MOVE
 ──┤/├───────────────────────────┬──        EN      ENO
                                  │      W#0 ─ IN  ↯ OUT1 ─ %MW0
   %I0.2      P_TRIG              │
 ──┤ ├──── CLK      Q ────────────┤
            %M100.2               │
                                  │
   %I0.2      N_TRIG              │
 ──┤/├──── CLK      Q ────────────┤
            %M100.3               │
                                  │
   %T7        %M100.1            │
 ──┤ ├───────┤ ├─────────────────┘
```

程序段 4:

```
   %I0.0        %MW0       %M100.1          %M0.0
 ──┤ ├────────┤ == ├──────┤/├─────┬───────( S )──
               Word              │
                0               │    %M0.7
                                │  ─( R )──
   %M0.7        %T7             │
 ──┤ ├────────┤ ├───────────────┘
```

程序段 5:

```
   %M0.0        %T0                        %M0.1
 ──┤ ├────────┤ ├──────────────┬─────────( S )──
                               │
                               │    %M0.0
                               │  ─( R )──
                               └────
```

程序段 6:

```
   %M0.1        %T1                        %M0.2
 ──┤ ├────────┤ ├──────────────┬─────────( S )──
                               │
                               │    %M0.1
                               │  ─( R )──
                               └────
```

图 7-32

▼ 程序段 7：

```
  %M0.2      %T2                              %M0.3
───┤├────────┤├──────┬──────────────────────(S)───
                     │                        %M0.2
                     └───────────────────────(R)───
```

▼ 程序段 8：

```
  %M0.3      %T3                              %M0.4
───┤├────────┤├──────┬──────────────────────(S)───
                     │                        %M0.3
                     └───────────────────────(R)───
```

▼ 程序段 9：

```
  %M0.4      %T4                              %M0.5
───┤├────────┤├──────┬──────────────────────(S)───
                     │                        %M0.4
                     └───────────────────────(R)───
```

▼ 程序段 10：

```
  %M0.5      %T5                              %M0.6
───┤├────────┤├──────┬──────────────────────(S)───
                     │                        %M0.5
                     └───────────────────────(R)───
```

▼ 程序段 11：

```
  %M0.6      %T6                              %M0.7
───┤├────────┤├──────┬──────────────────────(S)───
                     │                        %M0.6
                     └───────────────────────(R)───
```

▼ 程序段 12：

```
  %M0.0      %M100.0                          %T0
───┤├────────┤/├──────────────────────────(SD)───
                                          S5T#1S
```

▼ 程序段 13：

```
  %M0.1      %M100.0                          %T1
───┤├────────┤/├──────────────────────────(SD)───
                                          S5T#1S
```

▼ 程序段 14：

```
  %M0.2      %M100.0                          %T2
───┤├────────┤/├──────────────────────────(SD)───
                                          S5T#1S
```

▼ 程序段 15：

```
  %M0.3      %M100.0                          %T3
───┤├────────┤/├──────────────────────────(SD)───
                                          S5T#1S
```

程序段 16 ：

```
   %M0.4        %M100.0                                    %T4
   ┤├            ┤/├                                      (SD)
                                                          S5T#1S
```

程序段 17 ：

```
   %M0.5        %M100.0                                    %T5
   ┤├            ┤/├                                      (SD)
                                                          S5T#1S
```

程序段 18 ：

```
   %M0.6        %M100.0                                    %T6
   ┤├            ┤/├                                      (SD)
                                                          S5T#1S
```

程序段 19 ：

```
   %M0.7        %M100.0                                    %T7
   ┤├            ┤/├                                      (SD)
                                                          S5T#1S
```

程序段 20 ：

```
   %M0.0                                                  %Q0.0
   ┤├                                                      ( )
   %M0.1
   ┤├
   %M0.7
   ┤├
```

程序段 21 ：

```
   %M0.1                                                  %Q0.1
   ┤├                                                      ( )
   %M0.2
   ┤├
   %M0.3
   ┤├
```

程序段 22 ：

```
   %M0.3                                                  %Q0.2
   ┤├                                                      ( )
   %M0.4
   ┤├
   %M0.5
   ┤├
```

程序段 23 ：

```
   %M0.5                                                  %Q0.3
   ┤├                                                      ( )
   %M0.6
   ┤├
   %M0.7
   ┤├
```

图 7-32　OB1 中的程序

7.3 S7-1500 PLC 的调试方法

7.3.1 程序信息

程序信息用于显示用户程序中已经使用地址的分配表、程序块的调用关系、从属结构和资源信息。在 TIA 博途软件项目视图的项目树中，双击"程序信息"标签，即可弹出程序信息视窗，如图 7-33 所示。以下将详细介绍程序信息中的各个标签。

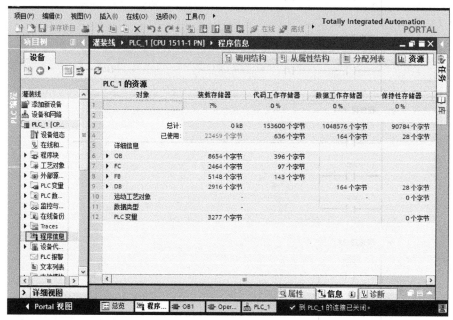

图 7-33 程序信息

（1）调用结构

"调用结构"描述了 S7 程序中块的调用层级。点击如图 7-34 所示的"调用结构"标签，弹出如图所示的视窗。

"调用结构"提供了以下项目的概况。

① 所使用的块，如 OB1 中使用 FC1、FB1 和 FB2，共 3 个块。

② 跳转到块使用位置，如双击如图 7-34 所示的"OB1 NW1"，自动跳转到 OB1 的程序段 1 的 FC1 处。

③ 块之间的关系，如组织块 OB1 包含 FC1、FB1 和 FB2，而 FB2 又包含 FB1 和 FB3。

（2）从属性结构

从属性结构显示程序中每个块与其他块的从属关系，与调用结构相反，可以很快看出其上一级的层次，例如 FC1 的上一级是 OB1，而且被 OB1 的两处调用，如图 7-35 所示。

（3）分配列表

分配列表用于显示用户程序对输入（I）、输出（Q）、位存储器（M）、定时器（T）和

图 7-34　调用结构

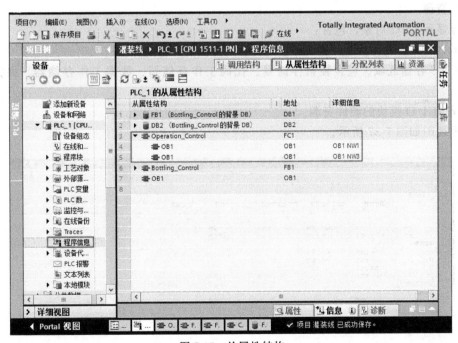

图 7-35　从属性结构

计数器（C）的占用情况。显示被占用的地址区长度可以是位、字节、字、双字和长字。在调试程序时，查看分配列表，可以避免地址冲突。从图 7-36 所示的分配列表视图可以看出程序中使用了字节 IB0，同时也使用了 IB0 的 I0.0~I0.4，共 5 位，这并不违反 PLC 的语法规定，但很可能会有冲突，调试程序时，应该特别注意。

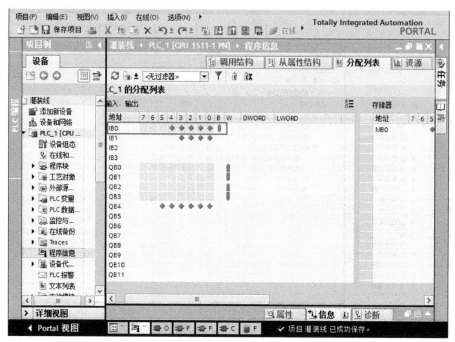

图 7-36　分配列表

（4）资源

资源显示 CPU 对象，包含：

① OB、FC、FB、DB、用户自定义数据类型和 PLC 变量；

② CPU 存储区域。包含装载存储器、代码工作存储器、数据工作存储器、保持型存储器；

③ 现有 I/O 模块的硬件资源。

资源视图如图 7-37 所示。

图 7-37　资源

7.3.2　交叉引用

交叉引用列表提供用户程序中操作数和变量的使用概况。

（1）交叉引用的总览

创建和更改程序时，保留已使用的操作数、变量和块调用的总览。在 TIA 博途软件项目视图的工具栏中，单击"工具"→"交叉引用"，弹出交叉引用列表，如图 7-38 所示。图中显示了块及其所在的位置，例如，块 FB1 在 OB1 的程序段 3（OB1·NW3）中使用。

图 7-38　打开交叉引用

（2）交叉引用的跳转

从交叉引用可直接跳转到操作数和变量的使用位置。双击如图 7-38 所示的"使用点"列下面的"OB1 NW3"，则自动跳转到 FB1 的使用位置 OB1 的程序段 3，如图 7-39 所示。

图 7-39　交叉引用跳转

（3）交叉引用在故障排查中的应用

程序测试或故障排除期间，系统将提供以下信息：
① 哪个块中的哪条命令处理了哪个操作数；
② 哪个画面使用了哪个变量；
③ 哪个块被其他哪个块调用。

7.3.3　比较功能

比较功能可用于比较项目中具有相同标识的对象的差异，可分为离线/在线和离线/离线两种比较方式。

(1) 离线/在线比较

在 TIA 博途软件项目视图的工具栏中，单击"在线"按钮 ◢ 在线，切换到在线状态，可以通过程序块、PLC 变量以及硬件等对象的图标，获得在线与离线的比较情况，其含义见表 7-1。

表 7-1　在线程序块图标的含义

序号	图标	说　　明
1	●(红色)	下一级硬件中至少有一个对象的在线和离线内容不同
2	●(橙色)	下一级软件中至少有一个对象的在线和离线内容不同
3	●(绿色)	对象的在线和离线内容相同
4	◖	对象仅离线存在
5	◗	对象仅在线存在
6	◐	对象的在线和离线内容不同

如果需要获得更加详细的在线和离线比较信息，先选择整个项目的站点，然后在项目视图的工具栏中，单击"工具"→"离线/在线比较"，即可进行比较，界面如图 7-40 所示。

通过工具栏中的按钮，可以过滤比较对象、更改显示视图及对有差异的对象进行详细比较和操作。如果程序块在线和离线之间有差异，可以在操作区选择需要执行的动作。执行动作与状态有关，状态与执行动作的关系见表 7-2。

图 7-40　离线/在线比较

表 7-2　状态与执行动作的关系

状态符号	可执行的动作	状态符号	可执行的动作
	▬▬ 无动作		← 删除
	← 从设备中上传		→ 下载到设备
	→ 下载到设备		▬▬ 无动作
	▬▬ 无动作		← 从设备中上传

当程序块有多个版本时，特别是经过多个人修改时，如何获知在线/离线版本的差别，有时也很重要。具体操作方法是：如图 7-41 所示，在比较编辑器中，选择离线/在线内容不同的程序块，本例为 OB1，再选中状态下面的图标，单击比较编辑器工具栏中的"开始详情比较"按钮，弹出如图 7-42 所示的界面，程序差异处有颜色标识。

图 7-41　程序块的详细比较（1）

图 7-42　程序块的详细比较（2）

(2) 离线/离线比较

离线/离线比较可以对软件和硬件进行比较。软件比较可以比较不同项目或者库中的对象，而进行硬件比较时，则可比较当前打开项目和参考项目的设备。

离线/离线比较时，要将整个项目拖到比较器的两边，如图 7-43 所示，选中 "OB1"，再单击 "详细比较" 按钮，弹出如图 7-44 所示的界面，程序差异处有颜色标识。

图 7-43 程序块的离线比较 (1)

图 7-44 程序块的离线比较 (2)

7.3.4 用变量表进行调试

(1) 变量表简介

TIA 博途软件中可定义两类符号：全局符号和局部符号。全局符号利用变量表来定义，可以在用户项目的所有程序块中使用。局部符号是在程序块的变量声明表中定义的，只能在该程序块中使用。

PLC 的变量表包含整个 CPU 范围有效的变量和符号常量的定义。系统会为项目中使用的每个 CPU 创建一个变量表，用户也可以创建其他的变量表用于常量和变量进行归类和分组。

在 TIA 博途软件中添加了 CPU 设备后，会在项目树中 CPU 设备下出现一个 "PLC

变量"文件夹，在此文件夹中有三个选项：显示所有变量、添加新变量表和默认变量表，如图 7-45 所示。

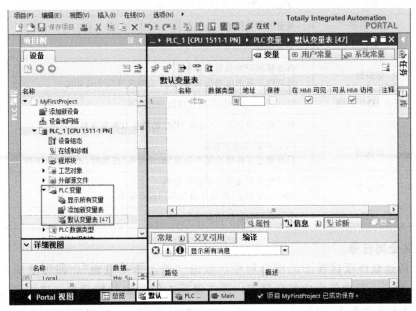

图 7-45　变量表

"所有变量"表概括包含有全部的 PLC 变量、用户常量和 CPU 系统常量。该表不能删除或移动。

"默认变量表"是系统创建，项目的每个 CPU 均有一个标准变量表。该表不能删除、重命名或移动。默认变量表包含 PLC 变量、用户常量和系统常量。可以在默认变量表中声明所有的 PLC 变量，或根据需要创建其他的用户定义变量表。

双击"添加新变量表"，可以创建用户定义变量表，可以根据要求为每个 CPU 创建多个针对组变量的用户定义变量表。可以对用户定义的变量表重命名、整理合并为组或删除。用户定义变量表包含 PLC 变量和用户常量。

① 变量表的工具栏　变量表的工具栏如图 7-46 所示，从左到右含义分别为：插入行、新建行、导出、全部监视和保持性。

图 7-46　变量表的工具栏

② 变量的结构　每个 PLC 变量表包含变量选项卡和用户常量选项卡。默认变量表和"所有变量"表还包括"系统常量"选项卡。表 7-3 列出了"常量"选项卡的各列的含义，所显示的列编号可能有所不同，可以根据需要显示或隐藏列。

表 7-3　变量表中"常量"选项卡的各列含义

序号	列	说　明
1	〔□□〕	通过单击符号并将变量拖动到程序中作为操作数

续表

序号	列	说 明
2	名称	常量在 CPU 范围内的唯一名称
3	数据类型	变量的数据类型
4	地址	变量地址
5	保持性	将变量标记为具有保持性 保持性变量的值将保留，即使在电源关闭后也是如此
6	可从 HMI 访问	显示运行期间 HMI 是否可访问此变量
7	HMI 中可见	显示默认情况下，在选择 HMI 的操作数时变量是否显示
8	监视值	CPU 中的当前数据值 只有建立了在线连接并选择"监视所有"按钮时，才会显示该列
9	变量表	显示包含有变量声明的变量表 该列仅存在于"所有变量"(All tags)表中
10	注释	用于说明变量的注释信息

(2) 定义全局符号

在 TIA 博途软件项目视图的项目树中，双击"添加新变量表"，即可生成新的变量表"变量表 _ 1[0]"，选中新生成的变量表，单击鼠标右键弹出快捷菜单，选中"重命名"命令，将此变量表重命名为"MyTable[0]"。单击变量表中的"添加行"按钮 ⁂ 2 次，添加 2 行，如图 7-47 所示。

图 7-47 添加新变量表

在变量表的"名称"列中，分别输入"Start""Stop1"和"Motor"。在"地址"列中输入"M0.0""M0.1"和"Q0.0"。三个符号的数据类型均选为"Bool"，如图 7-48 所示。至此，全局符号定义完成，因为这些符号关联的变量是全局变量，所以这些符号在所有的程序中均可使用。

打开程序块 OB1，可以看到梯形图中的符号和地址关联在一起，且一一对应，如图 7-49 所示。

图 7-48　在变量表中定义全局符号

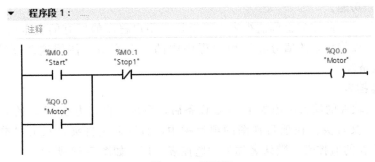

图 7-49　梯形图

(3) 导出和导入变量表

① 导出　单击变量表工具栏中的"导出"按钮 ➡，弹出导出路径界面，如图 7-50 所示，选择适合路径，单击"确定"按钮，即可将变量导出到默认名为"PLCTags. xlsx"的 Excel 文件中。在导出路径中，双击打开导出的 Excel 文件，如图 7-51 所示。

图 7-50　变量表导出路径

	A	B	C	D	E	F	G
1	Name	Path	Data Type	Logical Address	Comment	Hmi Visible	Hmi Accessible
2	Start	默认变量	Bool	%M0.0		True	True
3	Stop1	默认变量	Bool	%M0.1		True	True
4	Motor	默认变量	Bool	%Q0.0		True	True
5							

图 7-51　导出的 Excel 文件

图 7-52 变量表导入路径

② 导入 单击变量表工具栏中的"导入"按钮 ←，弹出导入路径界面，如图 7-52 所示，选择要导入的 Excel 文件"PLCTags.xlsx"的路径，单击"确定"按钮，即可将变量导入到变量表。注意：要导入的 Excel 文件必须符合规定的规范。

7.3.5 用监控表进行调试

(1) 监控表（Watch Table）简介

接线完成后需要对所接线和输出设备进行测试，即 I/O 设备测试。I/O 设备测试可以使用 TIA 博途软件提供的监控表实现，TIA 博途软件的监控表相当于经典 STEP 7 软件中的变量表的功能。

监控表也称监视表，可以显示用户程序的所有的变量的当前值，也可以将特定的值分配给用户程序中的各个变量。使用这两项功能可以检查 I/O 设备的接线情况。

(2) 创建监控表

当 TIA 博途软件的项目中添加了 PLC 设备后，系统会自动为该 PLC 的 CPU 生成一个"监控和强制表"文件夹。在项目视图的项目树中，打开此文件夹，双击"添加新监控表"选项，即可创建新的监控表，默认名称为"监控表 _ 1"，如图 7-53 所示。

在监控表中输入要监控的变量，创建监控表完成，如图 7-54 所示。

图 7-53 创建监控表

图 7-54　在监控表中定义要监控的变量

(3) 监控表的布局

监控表中显示的列与所用的模式有关，即基本模式或扩展模式。扩展模式比基本模式的列数多，扩展模式下会显示两个附加列，即使用触发器监视和使用触发器修改。

监控表中的工具条中各个按钮的含义见表 7-4。

表 7-4　监控表中的工具条中各个按钮的含义

序号	按钮	说　明
1		在所选行之前插入一行
2		在所选行之后插入一行
3		立即修改所有选定变量的地址一次。该命令将立即执行一次,而不参考用户程序中已定义的触发点
4		参考用户程序中定义的触发点,修改所有选定变量的地址
5		禁用外设输出的输出禁用命令。用户因此可以在 CPU 处于 STOP 模式时修改外设输出
6		显示扩展模式的所有列。如果再次单击该图标,将隐藏扩展模式的列
7		显示所有修改列。如果再次单击该图标,将隐藏修改列
8		开始对激活监控表中的可见变量进行监视。在基本模式下,监视模式的默认设置是"永久"。在扩展模式下,可以为变量监视设置定义的触发点
9		开始对激活监控表中的可见变量进行监视。该命令将立即执行并监视变量一次

监控表中各列的含义见表 7-5。

表 7-5　监控表中各列的含义

模式	列	含义
基本模式	**i**	标识符列
	名称	插入变量的名称
	地址	插入变量的地址
	显示格式	所选的显示格式
	监视值	变量值,取决于所选的显示格式
	修改数值	修改变量时所用的值
		单击相应的复选框可选择要修改的变量
	注释	描述变量的注释

续表

模式	列	含义
扩展模式显示附加列	使用触发器监视	显示所选的监视模式
	使用触发器修改	显示所选的修改模式

此外，在监控表中还会出现一些其他图标，含义见表7-6。

表 7-6　监控表中出现一些其他图标的含义

序号	图标	含 义
1	■	表示所选变量的值已被修改为"1"
2	□	表示所选变量的值已被修改为"0"
3	=	表示将多次使用该地址
4	▣	表示将使用该替代值。替代值是在信号输出模块故障时输出到过程的值，或在信号输入模块故障时用来替换用户程序中过程值的值。用户可以分配替代值(例如，保留旧值)
5	▣	表示地址因已修改而被阻止
6	✗	表示无法修改该地址
7	✗	表示无法监视该地址
8	F	表示该地址正在被强制
9	F	表示该地址正在被部分强制
10	F	表示相关的 I/O 地址正在被完全/部分强制
11	F	表示该地址不能被完全强制。示例：只能强制地址 QW0：P，但不能强制地址 QD0：P。这是由于该地址区域始终不在 CPU 上
12	✖	表示发生语法错误
13	⚠	表示选择了该地址但该地址尚未更改

(4) 监控表的 I/O 测试

监控表的编辑与编辑 Excel 类似，因此，监控表的输入可以使用复制、粘贴和拖拽等功能，变量可以从其他项目复制和拖拽到本项目。

如图 7-55 所示，单击监控表中工具条的"监视变量"按钮 👓，可以看到三个变量的监视值。

如图 7-56 所示，选中"M0.1"后面的"修改值"栏的"FALSE"，单击鼠标右键，弹出快捷菜单，选中"修改"→"修改为1"命令，变量"M0.1"变成"TRUE"，如图 7-57 所示。

图 7-55 监控表的监控

图 7-56 修改监控表中的值（1）

图 7-57 修改监控表中的值（2）

7.3.6 用强制表进行调试

(1) 强制表简介

使用强制表给用户程序中的各个变量分配固定值，该操作称为"强制"。

强制表功能如下。

① 监视变量 通过该功能可以在 PG/PC 上显示用户程序或 CPU 中各变量的当前值。可以使用或不使用触发条件来监视变量。

强制表可监视的变量有：输入存储器、输出存储器、位存储器和数据块的内容，还可以监视外设输入的内容。

② 强制变量 通过该功能可以为用户程序的各个 I/O 变量分配固定值。

变量表可强制的变量有：外设输入和外设输出。

(2) 打开监控表

当 TIA 博途软件的项目中添加了 PLC 设备后，系统会自动为该 PLC 的 CPU 生成一个"监控和强制表"文件夹。在项目视图的项目树中，打开此文件夹，双击"强制表"选项，即可打开，不需要创建，输入要强制的变量，如图 7-58 所示。

图 7-58　强制表

如图 7-59 所示，选中"强制值"栏中的"TRUE"，单击鼠标右键，弹出快捷菜单，选中"强制"→"强制为 1"命令，强制表如图 7-60 所示，在第一列出现 **F** 标识，而且模块的 Q0.1 指示灯点亮，且 CPU 模块的"MAINT"指示灯变为黄色。

图 7-59　强制表的强制操作（1）

图 7-60　强制表的强制操作（2）

点击工具栏中的"停止强制"按钮 **F**，停止所有的强制输出，"MAINT"指示灯变为绿色。

▶【关键点】① 利用"修改变量"功能可以同时输入几个数据。"修改变量"的作用类似于"强制"的作用。但两者是有区别的。

② 强制功能的优先级别要高于"修改变量","修改变量"的数据可能改变参数状态，但当与逻辑运算的结果抵触时，写入的数值也可能不起作用。

③ 修改变量不能改变输入寄存器（如 I0.0）的状态，而强制可以改变。

④ 仿真器中可以模拟"修改变量"，但不能模拟"强制"功能，强制功能只能在真实的 S7-1500 PLC 中实现。

⑤ 此外，PLC 处于强制状态时，"MAINT" LED 指示灯为黄色，正常运行状态时，不应使 PLC 处于强制状态，强制功能仅用于调试。

【例 7-5】　如图 7-61 所示的梯形图，Q0.0 状态为 1，在"监控表"中，分别用"修改变量""强制"功能，是否能将 Q0.0 的数值变成 0？

解　用"修改变量"功能不能将 Q0.0 的数值变成 0，因为图 7-61 的梯形图的逻辑运算的结果造成 Q0.0 为 1，与"修改"结果抵触，最后输出结果以逻辑运算结果覆盖修改结果，因此最终以逻辑运算的结果为准。

用"强制"功能可以将 Q0.0 的数值变成 0，因为强制的结果可以覆盖逻辑运算的结果。

图 7-61　梯形图

7.3.7　使用 PLCSIM 软件进行调试

(1) S7-PLCSIM 简介

西门子为 S7-1200/1500 PLC 设计了一款仿真软件包 PLC Simulation（本书简称 S7-PLCSIM），此仿真软件包可以在计算机或者编程设备中模拟可编程控制器运行和测试程序，它能脱离 TIA 博途软件中的 STEP 7 独立运行。如果 STEP 7 中已经安装仿真软件包，工具栏中的"开始仿真"按钮 🖳 是亮色的，否则是灰色的，只有"开始仿真"按钮是亮色才可以用于仿真。

S7-PLCSIM 提供了简单的用户界面，用于监视和修改在程序中使用各种参数（如开关量输入和开关量输出）。当程序由 S7-PLCSIM 处理时，也可以在 STEP 7 软件中使用各种软件功能，如使用变量表监视、修改变量等测试功能。

(2) S7-PLCSIM 应用

S7-PLCSIM 仿真软件使用比较简单，以下用一个简单的例子介绍其使用方法。

【例 7-6】　将如图 7-62 所示的程序，用 S7-PLCSIM 进行仿真。

解　具体步骤如下。

① 新建一个项目，并进行硬件组态，在组织块 OB1 中输入如图 7-62 所示的程序，保存项目。

程序段 1 :

```
        %I0.0                                              %Q0.0
    ────┤ ├──────────────────────────────────────────────( )──
```

图 7-62 用于仿真的程序

② 开启仿真。在 TIA 博途软件项目视图界面中，单击工具栏上的"开始仿真"按钮，如图 7-63 所示。

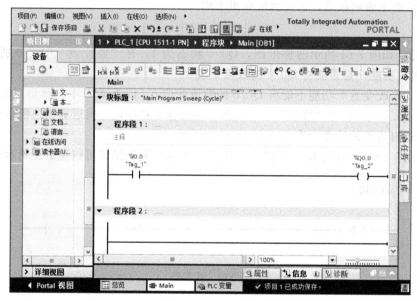

图 7-63 开启仿真

③ 下载程序。在 TIA 博途软件项目视图界面中，单击工具栏的"下载"按钮，将硬件组态和程序下载到仿真器 S7-PLCSIM 中，仿真器的标记"1"处出现黄色横条，表示仿真器处于连接状态，如图 7-64 所示。

图 7-64 进行仿真

④ 进行仿真。如图 7-64 所示，单击仿真器 S7-PLCSIM 工具栏上的"将 CPU 置于 RUN 模式"按钮 ，也就是将仿真器置于运行模式状态。展开 SIM 表，双击并打开 SIM 表 _ 1，在 SIM 表 _ 1 中输入需要仿真和监控的地址，本例为"I0.0"和"Q0.0"，在 I0.0 上选取为"√"，也就是将 I0.0 置于"ON"，这时，Q0.0 也显示为"ON"；当去掉 I0.0 上"√"，也就是将 I0.0 置于"OFF"，这时，Q0.0 上的"√"消失，即显示为"OFF"。

⑤ 监视运行。在 TIA 博途软件项目视图界面中，打开程序编辑器，在工具栏中单击"启用/禁用监视"按钮 ，可以看到：若仿真器上的 I0.0 和 Q0.0 都是"ON"，则程序编辑器界面上的 I0.0 和 Q0.0 也都是"ON"，如图 7-65 所示。这个简单例子的仿真效果与下载程序到 PLC 中的效果相同，相比之下前者实施要容易得多。

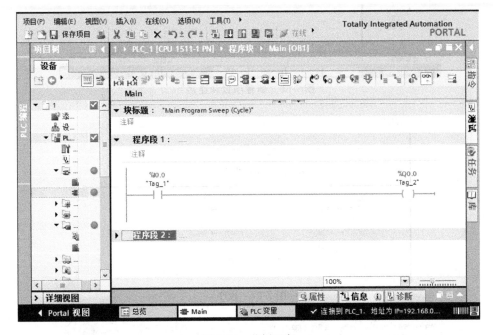

图 7-65　监视运行

(3) S7-PLCSIM 通信仿真

不是所有的通信都可以仿真，通信功能只限于仿真 PUT/GET、BSEND/BRCV 和 USEND/URCV 指令，而且只能仿真 2 个站点的通信。以下用一个例子介绍通信仿真的实施过程。

【例 7-7】　有两台 CPU1511-1PN，从第一台 PLC（PLC _ 1）上的 MB0 上发送信息到另一台 PLC（PLC _ 2）的 QB0 中，每秒发送一次，请用仿真器仿真通信。

解　① 新建项目命名为：PLCSIM，创建以太网的 S7 连接，如图 7-66 所示。

② 在 PLC _ 1 的主程序中编写如图 7-67 所示的程序，PLC _ 2 中无需编写程序。

③ 打开仿真器 1，将项目视图中的站点 PLC _ 1 中的项目下载到仿真器 1 中，并运行仿真器，如图 7-68 所示。打开仿真器 2，将项目视图中的站点 PLC _ 2 中的项目下载到仿真器 2 中，并运行仿真器，如图 7-69 所示。可以看到仿真器 2 中 QB0 随着仿真器 1 中的 MB0 变化，这表明通信成功了。但 MB0 和 QB0 的数据变化并不同步，原因在于 MB0 是每秒变化 10 次，而通信是每秒进行一次，因此 QB0 变化较慢。

图 7-66 新建项目和连接

图 7-67 程序

图 7-68 仿真器1

图 7-69　仿真器 2

（4）S7-PLCSIM 与真实 PLC 的区别

S7-PLCSIM 提供了方便、强大的仿真模拟功能。与真实的 PLC 相比，它的灵活性高，提供了许多 PLC 硬件无法实现的功能，使用也更加方便。但是仿真软件毕竟不能完全取代真实的硬件，不可能实现完全仿真。用户利用 S7-PLCSIM 进行仿真时，还应该了解它与真实 PLC 的差别。

① I/O 设备支持　由于性能限制，S7-PLCSIM 可仿真的设备数量不能超过物理网络中的设备数量。

② RUN 模式和 STOP 模式　仿真的 PLC 支持在 RUN 模式中下载。将仿真的 PLC 置于 STOP 模式下时，S7-PLCSIM 会写入输出值。

③ WinAC　S7-PLCSIM 不支持 WinAC。

④ 故障诊断　S7-PLCSIM 不支持写入诊断缓冲区的所有错误消息。例如，S7-PLCSIM 不能仿真 CPU 中与故障电池相关的消息或 EPROM 错误。但 S7-PLCSIM 可仿真大多数的 I/O 和程序错误。

⑤ 基于时间的性能　由于 S7-PLCSIM 软件运行在装有 Windows 操作系统的 PC 上，因此 S7-PLCSIM 中操作的扫描周期时间和准确时间不同于在物理硬件上执行的那些操作所需的时间。这是因为 PC 的处理资源"竞争"产生了额外开销，具体开销取决于多种因素。

如果程序高度依赖于执行操作所需的时间，则需注意不应仅根据 S7-PLCSIM 仿真的时间结果来评估程序。

⑥ 不能仿真受保护的块　S7-PLCSIM V13 SP1 不支持受专有技术或密码保护的块。在对 S7-PLCSIM 执行下载操作前，必须删除保护。

S7-PLCSIM 不能对访问保护或复制保护进行仿真。

⑦ 通信仿真　不是所有的通信都可以进行仿真。S7-PLCSIM 支持仿真实例间的通信。实例可以是 S7-PLCSIM 仿真或 WinCC 运行系统仿真。

可以运行 S7-PLCSIM V13 SP1 的两个实例，而且它们之间可相互通信。

可以运行 S7-PLCSIM V13 SP1 的一个实例和 S7-PLCSIM V5.4.6 或更高版本的一个实例，而且它们之间可相互通信。通信的限制条件如下：

a. 所有仿真实例必须在同一 PC 上运行才能相互通信。每个实例的 IP 地址都不得重复。

b. S7-PLCSIM 支持 TCP/IP 和 PROFINET 连接。

c. 对于 S7-1200 和 S7-1200F PLC，可使用 PUT/GET 和 TSEND/TRCV（T-block）指令来仿真通信。

d. 对于 S7-1500、S7-1500C、S7-1500F、ET 200SP 和 ET 200SPF PLC，用户可以仿真 PUT/GET、BSEND/BRCV 和 TSEND/TRCV（T-block）指令。

⑧ LED 闪烁　可在 STEP 7 的"扩展的下载到设备"（Extended download to device）对话框中使 PLC 上的 LED 灯闪烁，但 S7-PLCSIM 无法仿真此功能。

⑨ S7-PLCSIM 不能仿真 SD 存储卡　S7-PLCSIM 不能仿真 SD 存储卡。因此，不能仿真需要存储卡的 CPU 功能。例如，数据记录功能会将所有输出都写入 SD 卡，这样便无法仿真数据记录功能。

⑩ S7-PLCSIM 不支持使用配方

⑪ S7-PLCSIM 不支持 Web 服务器功能

⑫ 版本与是否能仿真的关系　不是所有的硬件版本的 CPU 或者模块都可以仿真。

a. S7-PLCSIM 只能仿真固件版本为 4.0 或更高版本的 S7-1200 PLC 和固件版本为 4.12 或更高版本的 S7-1200F PLC。

b. S7-PLCSIM V13 SP1 支持 S7-1500、S7-1500C 和 S7-1500F CPU 的所有固件版本。

⑬ 模块类型与是否能仿真的关系

a. S7-PLCSIM 目前不支持 S7-1200 的工艺模块有：计数模块、PID 控制模块和运动控制模块。

b. 对于 S7-1500、S7-1500C 和 S7-1500F，S7-PLCSIM 支持的工艺模块有：计数和测量模块、PID 控制模块、基于时间的 IO 模块和运动控制模块。

⑭ 指令与是否能仿真的关系

a. S7-PLCSIM 几乎支持仿真的 S7-1200 和 S7-1200F 的所有指令（系统函数和系统函数块），支持方式与物理 PLC 相同。S7-PLCSIM 将不支持的块视为非运行状态。

b. S7-PLCSIM 支持 S7-1200 和 S7-1200F PLC 的通信指令有：PUT 和 GET；TSEND 和 TRCV。

c. S7-PLCSIM 几乎支持仿真的 S7-1500、S7-1500C 和 S7-1500F 的所有指令（系统函数和系统函数块），支持方式与物理 PLC 相同。S7-PLCSIM 将不支持的块视为非运行状态。

d. 对于 S7-1500、S7-1500C 和 S7-1500F，S7-PLCSIM PLC 支持的通信指令有：PUT 和 GET；BSEND 和 BRCV；USEND 和 URCV。

7.3.8　使用 Trace 跟踪变量

S7-1500 集成了 Trace 功能，可以快速跟踪多个变量的变化。变量的采样通过 OB 块触发，也就是说只有 CPU 能够采样的点才能记录。一个 S7-1500CPU 集成的 Trace 的数量与 CPU 的类型有关，CPU1511 集成 4 个，而 CPU1518 则集成 8 个。每个 Trace 中最多可定义 16 个变量，每次最多可跟踪 512KB 数据。

（1）配置 Trace

① 添加新 Trace　在项目视图中，如图 7-70 所示，选中 S7-1500CPU

站点的"Trace"目录，双击"添加新 Trace"，即可添加一个新的 Trace，如图 7-71 所示。

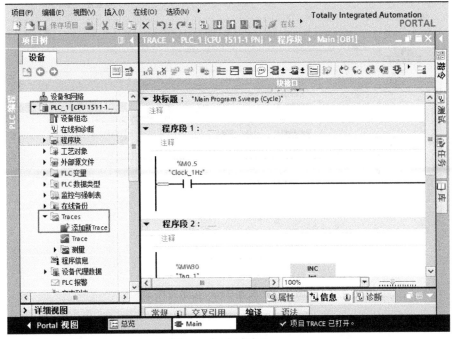

图 7-70　添加新 Trace

② 配置 Trace 信号　如图 7-71 所示，单击"配置"→"信号"，在"信号"的标签表格中，添加需要跟踪的变量，本例添加了 3 个变量。

图 7-71　配置 Trace 信号

在"记录条件"标签中，设定采样和触发器参数，如图 7-72 所示。

对配置参数的说明如下。

a. 记录时间点。使用 OB 块触发采样，处理完用户程序后，在 OB 块的结尾处记录所测量的数值。

b. 记录频率。就是几个循环记录一次，例如记录点是 OB30 块，OB30 的循环扫描时间是 100ms，如果记录频率是 10，那么每 1s 记录一次。

c. 记录时长。定义测量点的个数或者使用的最大测量点。

d. 触发模式。触发模式包括立即触发和变量触发，具体说明如下。

立即触发：点击工具栏中的"开始记录"按钮，立即开始记录，达到记录的测量个数

图 7-72 配置 Trace 记录条件

后，停止记录并将估计保存。

图 7-73 Trace 工具栏

变量触发：点击工具栏中的"开始记录"按钮，直到触发记录满足条件后，开始记录，达到记录的测量个数后，停止记录并将估计保存。

e. 触发变量和事件。触发模式的条件。

f. 预触发。设置记录触发条件满足之前需要记录的测量点数目。

（2）Trace 的操作

Trace 工具栏如图 7-73 所示，其在 Trace 操作过程中非常重要。Trace 的具体操作过程如下。

① 将整个项目下载 CPU 中，将 CPU 置于运行状态，可以使用仿真器。

② 在 Trace 视图的工具栏中，单击"在设备中安装轨迹"按钮 ，弹出如图 7-74 所示的界面，单击"是"按钮，再单击"激活记录"按钮 ，信号轨迹开始显示在画面中，如图 7-75 所示。当记录数目到达后，停止记录。

图 7-74 启用轨迹

图 7-75　信号轨迹

7.4　实例

　　初学者在进行 PLC 控制系统的设计时，往往不知从何着手，其实 PLC 控制系统的设计有一个相对固定的模式，只要读者掌握了前述章节的知识，再按照这个模式进行，一般不难设计出正确的控制系统和程序。以下用两个例子来说明 PLC 控制系统的设计过程。

　　【例 7-8】　液体混合装置示意图如图 7-76 所示，上限位、下限位和中限位液位传感器被液体淹没时为 1 状态，电磁阀 A、B、C 的线圈通电时，阀门打开，电磁阀 A、B、C 的线圈断电时，阀门关闭。在初始状态时容器是空的，各阀门均关闭，各传感器均为 0 状态。按下启动按钮后，打开电磁阀 A，液体 A 流入容器，中限位开关变为 ON 时，关闭 A，打开阀B，液体 B 流入容器。液面上升到上限位开关，关闭阀门 B，电动机 M 开始运行，搅拌液体，30s 后停止搅动，打开电磁阀 C，放出混合液体，当液面下降到下限位开之后，过 3s，容器放空，关闭电磁阀 C，打开电磁阀 A，又开始下一个周期的操作。按停止按钮，当前工作周期结束后，才能停止工作，按急停按钮可立即停止工作。绘制功能图，设计梯形图。

图 7-76　液体混合装置　　　　　　　　　　　图 7-77　原理图

解 液体混合的 PLC 的 I/O 分配见表 7-7。

表 7-7 PLC 的 I/O 分配表

输　入			输　出		
名称	符号	输入点	名称	符号	输出点
开始按钮	SB1	I0.0	电磁阀 A	YA1	Q0.0
停止按钮	SB2	I0.1	电磁阀 B	YA2	Q0.1
急停	SB3	I0.2	电磁阀 C	YA3	Q0.2
上限位传感器	SQ1	I0.3	电动机	KA1	Q0.3
中限位传感器	SQ2	I0.4			
下限位传感器	SQ3	I0.5			

电气系统的原理图如图 7-77 所示，功能图如图 7-78 所示，梯形图如图 7-79 所示。

图 7-78 例 7-8 功能图

【**例 7-9**】 某钻床用 2 个钻头同时钻 2 个孔，开始自动运行之前，2 个钻头在最上面，上限位开关 SQ2 和 SQ4 为 ON。操作人员放好工件后，按启动按钮 SB1，工件被夹紧后，2 个钻头同时开始工作，钻到由限位开关 SQ1 和 SQ3 设定的深度时分别上行，回到由限位开关 SQ2 和 SQ4 设定的起始位置时，分别停止上行。当 2 个钻头都到起始位置后，工件松开，工件松开后，加工结束，系统回到初始状态。钻床的加工示意图如图 7-80 所示，设计功能图和梯形图。

解 钻床的 PLC 的 I/O 分配见表 7-8。

▼　程序段 1：　连续

```
    %I0.0           %I0.1                              %M1.0
  ───┤├─────┬────────┤├──────────────────────────────( )───
    %M1.0   │
  ───┤├─────┘
```

▼　程序段 2：　急停

```
    %I0.2        ┌──────────┐
  ───┤/├─────────┤   MOVE   ├──────────────────────────────
               ──┤EN    ENO ├──
        W#0 ─────┤IN  ⁎ OUT1├─── %MW0
               └──────────┘
```

▼　程序段 3：

```
    %M0.5          %T1            %M1.0          %M0.1          %M0.0
  ───┤├───────────┤├─────────────┤/├───────┬────┤/├───────────( )───
    %M10.0                                 │
  ───┤/├───────────────────────────────────┤
    %M0.0                                   │
  ───┤├────────────────────────────────────┘
```

▼　程序段 4：

```
    %M0.5          %T1            %M1.0          %M0.2          %M0.1
  ───┤├───────────┤├─────────────┤├───────┬────┤/├───────┬─────( )───
    %M0.0          %I0.0                  │               │    %Q0.0
  ───┤├───────────┤├──────────────────────┤               └─────( )───
    %M0.1                                  │
  ───┤├───────────────────────────────────┘
```

▼　程序段 5：

```
    %M0.1          %I0.4          %M0.3                         %M0.2
  ───┤├───────────┤├───────┬──────┤/├───────┬───────────────────( )───
    %M0.2                  │                │                   %Q0.1
  ───┤├───────────────────┘                └───────────────────( )───
```

▼　程序段 6：

```
    %M0.2          %I0.3          %M0.4                         %M0.3
  ───┤├───────────┤├───────┬──────┤/├──────────────────────────( )───
    %M0.3                  │                                    %Q0.3
  ───┤├───────────────────┘                ┌───────────────────( )───
                                           │                   %T0
                                           └───────────────────(SD)───
                                                               S5T#30S
```

图 7-79

▼ 程序段 7：

%M0.3 %T0   %M0.5   %M0.4
─┤├──┤├──┬───┤/├─────────────────( )─

%M0.4   │
─┤├────────┘

▼ 程序段 8：

%M0.4 %I0.5   %M0.0   %M0.1   %M0.5
─┤├──┤/├──┬──┤/├──┤/├──┬──( )─

%M0.5   │   │   %T1
─┤├────────┘   └─(SD)─
                                      S5T#3S

▼ 程序段 9：

%M0.4   %Q0.2
─┤├──┬────────────────────────( )─

%M0.5 │
─┤├───┘

▼ 程序段 10：

%M10.1   %M10.0
─┤/├──┬───────────────────────( )─

%M10.1 │
─┤├────┘

图 7-79 例 7-8 梯形图

图 7-80 钻床加工示意图

表 7-8 钻床的 PLC 的 I/O 分配

输 入			输 出		
名称	符号	输入点	名称	符号	输出点
开始按钮	SB1	I0.0	夹具夹紧	KA1	Q0.0

输　　入			输　　出		
名称	符号	输入点	名称	符号	输出点
停止按钮	SB2	I0.1	钻头 1 下降	KA2	Q0.1
钻头 1 上限位开关	SQ1	I0.2	钻头 1 上升	KA3	Q0.2
钻头 1 下限位开关	SQ2	I0.3	钻头 2 下降	KA4	Q0.3
钻头 2 上限位开关	SQ3	I0.4	钻头 2 上升	KA5	Q0.4
钻头 2 下限位开关	SQ4	I0.5	夹具松开	KA6	Q0.5
夹紧限位开关	SQ5	I0.6			
松开下限位开关	SQ6	I0.7			

电气系统的原理图如图 7-81 所示，功能图如图 7-82 所示，梯形图如图 7-83 和图 7-84 所示。

图 7-81　例 7-9 原理图

图 7-82　例 7-9 功能图

▼ 程序段 1： 启动

```
  %I0.0                                                    %M1.1
──┤ ├──────────────────────────────────────────────────────( R )──
```

▼ 程序段 2： 停止

```
  %I0.1                                                    %M1.1
──┤/├──────────────────────────────────────────────────────( S )──
```

▼ 程序段 3： ...

```
  %M1.0       %I0.7       %M1.1       %M0.1       %M0.0
──┤ ├─────────┤ ├────┬────┤/├─────────┤/├─────────( )──
                     │
  %M10.0             │
──┤/├────────────────┤
                     │
  %M0.0              │
──┤ ├────────────────┘
```

▼ 程序段 4： ...

```
  %M0.0       %I0.0       %I0.3       %I0.5       %M0.2       %M0.1
──┤ ├─────────┤ ├─────────┤ ├─────────┤ ├────┬────┤/├────┬────( )──
                                             │           │
  %M0.1                                      │           │  %Q0.0
──┤ ├────────────────────────────────────────┘           ┴──┤ ├──
```

▼ 程序段 5： ...

```
  %M0.1       %I0.6       %M0.3                   %M0.2
──┤ ├─────────┤ ├────┬────┤/├──────────────┬──────( )──
                     │                      │
  %M0.2              │                      │       %Q0.1
──┤ ├────────────────┘                      └──────┤ ├──
```

▼ 程序段 6： 启动

```
  %M0.2       %I0.2       %M0.4                   %M0.3
──┤ ├─────────┤ ├────┬────┤/├──────────────┬──────( )──
                     │                      │
  %M0.3              │                      │       %Q0.2
──┤ ├────────────────┘                      └──────┤ ├──
```

▼ 程序段 7： ...

```
  %M0.3       %I0.3       %M1.0                   %M0.4
──┤ ├─────────┤ ├────┬────┤/├──────────────────────( )──
                     │
  %M0.4              │
──┤ ├────────────────┘
```

▼　程序段 8：⋯⋯

```
    %M0.1        %I0.6        %M0.6                              %M0.5
 ───┤ ├──────────┤ ├──────┬───┤/├──────────────────────────────( )───────
                          │                    ┌───────────────────────┐
    %M0.5                 │                    │                  %Q0.3 │
 ───┤ ├───────────────────┘                    └──────────────────( )───
```

▼　程序段 9：⋯⋯

```
    %M0.5        %I0.4        %M0.7                              %M0.6
 ───┤ ├──────────┤ ├──────┬───┤/├──────────────────────────────( )───────
                          │                    ┌───────────────────────┐
    %M0.6                 │                    │                  %Q0.4 │
 ───┤ ├───────────────────┘                    └──────────────────( )───
```

▼　程序段 10：⋯⋯

```
    %M0.6        %I0.5              %M1.0                        %M0.7
 ───┤ ├──────────┤ ├──────────┬─────┤/├──────────────────────────( )───────
                              │
    %M0.7                     │
 ───┤ ├───────────────────────┘
```

▼　程序段 11：⋯⋯

```
    %M0.4        %M0.7        %M0.0                              %M1.0
 ───┤ ├──────────┤ ├──────┬───┤/├──────────────────────────────( )───────
                          │                    ┌───────────────────────┐
    %M1.0                 │                    │                  %Q0.5 │
 ───┤ ├───────────────────┘                    └──────────────────( )───
```

▼　程序段 12：　确保M10.0首次扫描接通一个扫描周期

```
    %M10.1                                                       %M10.0
 ───┤/├──────────┬──────────────────────────────────────────────( )───────
                 │
    %M10.1       │
 ───┤ ├──────────┘
```

图 7-83　OB1 中的梯形图

▼　程序段 1：⋯⋯

```
              ┌──────────────┐
              │     MOVE     │
              │ EN       ENO ├───────
      W#0 ────┤ IN    ₩ OUT1 ├── %MW0
              └──────────────┘
```

图 7-84　OB100 中的梯形图

第**8**章

西门子PLC的SCL和GRAPH编程

本章介绍 S7-SCL 和 S7-GRAPH 的应用场合和语言特点等，并最终使读者掌握 S7-SCL 和 S7-GRAPH 的程序编写方法。西门子 S7-300/400 PLC、S7-1200 PLC、S7-1500 PLC 的 S7-SCL 语言具有共性，但针对 S7-1500 PLC 的 S7-SCL 语言有其特色，本章主要针对 S7-1500 讲解 S7-SCL 语言。

8.1 西门子 PLC 的 SCL 编程

8.1.1 S7-SCL 简介

（1）S7-SCL 概念

S7-SCL（Structured Control Language）结构化控制语言是一种类似于计算机高级语言的编程方式，它的语法规范接近计算机中的 PASCAL 语言。SCL 编程语言实现了 IEC 61131-3 标准中定义的 ST 语言（结构化文本）的 PLCopen 初级水平。

（2）S7-SCL 特点

① 它符合国际标准 IEC61131-3。

② 获得了 PLCopen 基础级认证。

③ 一种类似于 PASCAL 的高级编程语言。

④ 适用于 SIMATIC S7-300（推荐用于 CPU314 以上 CPU）、S7-400、C7、S7-1500 和 WinAC 产品。S7-SCL 为 PLC 作了优化处理，它不仅仅具有 PLC 典型的元素（例如输入/输出，定时器、计数器、符号表），而且具有高级语言的特性，例如循环、选择、分支、数组和高级函数。

⑤ S7-SCL 可以编译成 STL，虽然其代码量相对于 STL 编程有所增加，但程序结构和程序的总体效率提高了。类似于计算机行业的发展，汇编语言已经被舍弃，取而代之的是 C/C++等高级语言。S7-SCL 对工程设计人员要求较高，需要其具有一定的计算机高级语言的知识和编程技巧。

（3）S7-SCL 应用范围

由于 S7-SCL 是高级语言，所以其非常适合于如下任务：

① 复杂运算功能；

② 复杂数学函数；

③ 数据管理；

④ 过程优化。

由于 S7-SCL 具备的优势，其将在编程中应用越来越广泛，有的 PLC 厂家已经将结构化文本作为首推编程语言（以前首推梯形图）。

8.1.2 S7-SCL 程序编辑器

(1) 打开 SCL 编辑器

在博途项目视图中，单击"添加新块"，新建程序块，把编程语言选中为"SCL"，再单击"确定"按钮，如图 8-1 所示，即可生成主程序 OB123，其编程语言为 SCL。在创建新的组织块、函数块和函数时，均可将其编程语言选定为 SCL。

图 8-1　添加新块-选择编程语言为 SCL

在博途项目视图的项目树中，双击"Main_1"，弹出的视图就是 SCL 编辑器，如图 8-2 所示。

图 8-2　SCL 编辑器

（2）SCL 编辑器的界面介绍

如图 8-2 所示，SCL 编辑器的界面分 5 个区域，SCL 编辑器的各部分组成及含义见表 8-1。

表 8-1 SCL 编辑器的各部分组成及含义

对应序号	组成部分	含义
1	侧栏	在侧栏中可以设置书签和断点
2	行号	行号显示在程序代码的左侧
3	轮廓视图	轮廓视图中将突出显示相应的代码部分
4	代码区	在代码区，可对 SCL 程序进行编辑
5	绝对操作数的显示	列出了赋值给绝对地址的符号操作数

8.1.3 S7-SCL 编程语言基础

8.1.3.1 S7-SCL 的基本术语

（1）字符集

S7-SCL 使用 ASCII 字符子集：字母 A～Z（大小写），数字 0～9，空格和换行符等。此外，还包含特殊含义的字符，见表 8-2。

表 8-2 S7-SCL 的特殊含义字符

+	−	*	/	=	<	>	[	]	(	)
:	;	$	#	"	,	{	}	%	.	,

（2）保留字（Reserved Words）

保留字是用于特殊目的关键字，不区分大小写。保留字在编写程序中要用到，不能作为变量使用。保留字见表 8-3。

表 8-3 S7-SCL 的保留字

AND	END_CASE	ORGANIZATION_BLOCK
ANY	END_CONST	POINTER
ARRAY	END_DATA_BLOCK	PROGRAM
AT	END_FOR	REAL
BEGIN	END_FUNCTION	REPEAT
BLOCK_DB	END_FUNCTION_BLOCK	RETURN
BLOCK_FB	END_IF	S5TIME
BLOCK_FC	END_LABEL	STRING
BLOCK_SDB	END_TYPE	STRUCT
BLOCK_SFB	END_ORGANIZATION_BLOCK	THEN
BLOCK_SFC	END_REPEAT	TIME
BOOL	END_STRUCT	TIMER
BY	END_VAR	TIME_OF_DAY
BYTE	END_WHILE	TO
CASE	ENO	TOD

CHAR	EXIT	TRUE
CONST	FALSE	TYPE
CONTINUE	FOR	VAR
COUNTER	FUNCTION	VAR_TEMP
DATA_BLOCK	FUNCTION_BLOCK	UNTIL
DATE	GOTO	VAR_INPUT
DATE_AND_TIME	IF	VAR_IN_OUT
DINT	INT	VAR_OUTPUT
DIV	LABEL	VOID
DO	MOD	WHILE
DT	NIL	WORD
DWORD	NOT	XOR
ELSE	OF	
ELSIF	OK	
EN	OR	

（3）标识符（Identifiers）

标识符分配给 S7-SCL 语言对象的名称，即是给变量、或块等分配的名称。标识符可以最多由 24 个字母或者数字组成，其第一个必须是字母或者下划线，不区分大小写，但标识符不可为关键字或者标准标识符。

如：X1、_001、Value1 都是合法的标识符，而 001R（第一个字符是数字）、Array（Array 是关键字）、X Value（字符间不能有空格）是非法的标识符。由于不区分大小写，Y1 和 y1 是同一个标识符。

S7-SCL 中定义了标准的标识符，分为四大类：块标识符、地址标识符、定时器标识符和计数器标识符。以下详细说明。

① 块标识符（Block Identifier）　　块标识符用于块的绝对寻址，与 STEP7 中的一致，块标识符见表 8-4 所示。

表 8-4　S7-SCL 的块标识符

SIMATIC 标识符	IEC 标识符	含　　义
DBx	DBx	数据块，DB0 为 S7-SCL 保留
FBx	FBx	函数块
FCx	FCx	函数
OBx	OBx	组织块
SDBx	SDBx	系统数据块
SFCx	SFCx	系统函数
SFBx	SFBx	系统函数块
Tx	Tx	定时器
UDTx	UDTx	自定义数据类型
Zx	Cx	计数器

② 地址标识符（Address Identifier）　在程序的任何位置，都要用地址标识符对 CPU 的存储器进行寻址。地址标识符，如％I0.0、％Q0.0、％M0.1 等，与 STEP7 中定义的存储器一致，请参考前述的章节。

定时器标识符（Timer Identifier）和计数器标识符（Counter Identifier）都与 STEP 7 中基本一致。其表示方法：如 T1 和 C1 等。

（4）数字（Numbers）

在 S7-SCL 中，有多种表达数字的方法，其表达规则如下。

① 数字可以有正负、小数点或者指数表达。

② 数字间不能有空格、逗号。

③ 为了便于阅读可以用下划线分隔符，如 16#11FF_AAFF 与 16#11FFAAFF 相等。

④ 数字前面可以有正号（＋）和负号（－），没有正负号，默认为正数。

⑤ 数字不可超出范围，如整数范围是 -32768～+32767。

数字中有整数和实数。

整数分为 INT（范围是 -32768～+32767）和 DINT（范围是 -2147483648～+2147483647），合法的整数表达举例：-18，+188。

实数也称为浮点数，即带小数点的数，合法的实数表达如：2.3、-1.88 和 1.1e+3（就是 1.1×10^3）。

（5）字符串（Character Strings）

字符串就是按照一定顺序排列的字符和数字，字符串用单引号标注，如 'QQ&360'。

（6）注释（Comment Section）

注释用于解释程序，帮助读者理解程序，不影响程序的执行，下载程序时，对于 S7-300/400 PLC，注释不会下载到 CPU 中去。对程序详细地注释是良好的习惯。

注释从"（*"开始，到"*）"结束，注释的例子如下：

TEMP1：=1；

（*这是一个临时变量，

用于存储中间结果*）

TEMP2=3；

（7）变量（Variables）

在 S7-SCL 中，每个变量在使用前必须声明其变量的类型，以下是根据不同区域将变量分为三类：局域变量、全局变量和允许预定义的变量。

局域变量在逻辑块中（FC、FB、OB）中定义，只能在块内有效访问，见表8-5。

表 8-5　S7-SCL 的局域变量

序号	变量	说明
1	静态变量	静态变量是变量值在块执行期间和执行后保留在背景数据块中，用于保存函数块值，FB 和 SFB 均有，而 FC 和 SFC 均无
2	临时变量	属于逻辑块，不占用静态内存，其值只在执行期间保留。可以同时作为输入变量和输出变量使用
3	块参数	是函数块和函数的形式参数，用于在块被调用时传递实际参数。包括输入参数、输出参数和输入/输出参数等

全局变量是指可以在程序中任意位置进行访问的数据或数据域。

8.1.3.2 运算符

一个表达式代表一个值，它可以由单个地址（单个变量）或者几个地址（几个变量）利用运算符结合在一起组成。

运算符有优先级，遵循一般算术运算的规律。S7-SCL 中的运算符见表 8-6。

表 8-6 S7-SCL 的运算符

序号	类别	名称	运算符	优先级
1	赋值	赋值	:=	11
2	算术运算	幂运算	＊＊	3
		一元加	＋	2
		一元减	－	2
		乘	＊	4
		除	/	4
		模运算	MOD	4
		除	DIV	4
		加、减	＋、－	5
3	比较运算	小于	＜	6
		大于	＞	6
		小于等于	＜＝	6
		大于等于	＞＝	6
		等于	＝	7
		不等于	＜＞	7
4	逻辑运算	非	NOT	3
		与	AND、&	8
		异或	XOR	9
		或	OR	10
5	其他运算	括号	（ ）	1

8.1.3.3 表达式

表达式是为了计算一个终值所用的公式，它由地址（变量）和运算符组成。表达式的规则如下。

① 两个运算符之间的地址（变量）与优先级高的运算结合。

② 按照运算符优先级进行运算。

③ 具有相同的运算级别，从左到右运算。

④ 表达式前的减号表示该标识符乘以 -1。

⑤ 算数运算不能两个或者两个以上连用。

⑥ 圆括号用于越过优先级。

⑦ 算数运算不能用于连接字符或者逻辑运算。

⑧ 左圆括号与右圆括号的个数应相等。

举例如下：

```
A1 AND(A2)   //逻辑运算表达式

(A3)< (A4)    //比较表达式

3+ 3* 4/2        //算术运算表达式
```

(1) 简单表达式（Simple Expression）

在 S7-SCL 中，简单表达式就是简单的加减乘除的算式。举例如下：

```
SIMP_EXPRESSION:= A* B+ D/C- 3* VALUE1;
```

（2）算术运算表达式（Arithmetic Expressions）

算术表达式是由算术运算符构成的，允许处理数值数据类型。S7-SCL 的算术运算符及其地址和结果的数据类型见表 8-7。

表 8-7 S7-SCL 的算术运算符及其地址和结果的数据类型

序号	运算	标识符	第一个地址	第二个地址	结果	优先级
1	幂	＊＊	ANY_NUM	ANY_NUM	REAL	3
2	一元加	＋	ANY_NUM	—	ANY_NUM	2
			TIME	—	TIME	2
3	一元减	—	ANY_NUM	—	ANY_NUM	2
			TIME	—	TIME	2
4	乘法	＊	ANY_NUM	ANY_NUM	ANY_NUM	4
			TIME	ANY_INT	TIME	4
5	除法	/	ANY_NUM	ANY_NUM	ANY_NUM	4
			TIME	ANY_INT	TIME	4
6	整除	DIV	ANY_INT	ANY_INT	ANY_INT	4
			TIME	ANY_INT	TIME	4
7	模运算	MOD	ANY_INT	ANY_INT	ANY_INT	4
8	加法	＋	ANY_NUM	ANY_NUM	ANY_NUM	5
			TIME	TIME	TIME	5
			TOD	TIME	TOD	5
			DT	TIME	DT	5
9	减法	—	ANY_NUM	ANY_NUM	ANY_NUM	5
			TIME	TIME	TIME	5
			TOD	TIME	TOD	5
			DATE	DATE	TIME	5
			TOD	TOD	TIME	5
			DT	TIME	DT	5
			DT	DT	TIME	5

注：表中，ANY_INT 指 INT 和 DINT，而 ANY_NUM 指 INT、DINT 和 Real 的数据类型。

（3）比较运算表达式（Comparison Expressions）

比较运算表达式就是比较两个地址中的数值，结果为布尔数据类型。如果布尔运算的结果为真，则结果为 TRUE，如果布尔运算的结果为假，则结果为 FALSE。比较表达式的规则如下。

① 可以进行比较的数据类型有：INT、DINT、REAL、BOOL、BYTE、WORD、DWORD、CHAR 和 STING 等。

② 对于 DT、TIME、DATE、TOD 等时间数据类型，只能进行同数据类型的比较。

③ 不允许 S5TIME 型的比较，如要进行时间比较，必须使用 IEC 的时间。

④ 比较表达式可以与布尔规则相结合，形成语句。例如：Value_A＞20AND Value_B＜20）。

（4）逻辑运算表达式（Logical Expressions）

逻辑运算表达式是指逻辑运算符 AND、&、XOR 和 OR 与逻辑地址（布尔型）或数据类型为 BYTE、WORD、DWORD 型的变量结合而构成的逻辑表达式。S7-SCL 的逻辑运算符及其地址和结果的数据类型见表 8-8。

表 8-8　S7-SCL 的逻辑运算符及其地址和结果的数据类型

序号	运算	标识符	第一个地址	第二个地址	结果	优先级
1	非	NOT	ANY_BIT	—	ANY_BIT	3
2	与	AND	ANY_BIT	ANY_BIT	ANY_BIT	8
3	异或	XOR	ANY_BIT	ANY_BIT	ANY_BIT	9
4	或	OR	ANY_BIT	ANY_BIT	ANY_BIT	10

8.1.3.4　赋值

通过赋值，一个变量接受另一个变量或者表达式的值。在赋值运算符 ":=" 左边的是变量，该变量接受右边的地址或者表达式的值。

（1）基本数据类型的赋值（Value Assignments with Variables of an Elementary Data Type）

每个变量、每个地址或者表达式都可以赋值给一个变量或者地址。赋值举例如下：

```
//给变量赋值常数
SWITCH_1:= - 17;
SETPOINT_1:= 100.1;
QUERY_1:= TRUE;
TIME_1:= T# 1H_20M_10S_30MS;
TIME_2:= T# 2D_1H_20M_10S_30MS;
DATE_1:= D# 1996-01-10;
//给变量赋值变量
SETPOINT_1:= SETPOINT_2;
SWITCH_2:= SWITCH_1;
//给变量赋值表达式
SWITCH_2:= SWITCH_1* 3;
```

（2）结构和 UDT 的赋值（Value Assignments with Variables of the Type STRUCT and UDT）

结构和 UDT 是复杂的数据类型，但很常用。可以对其赋值同样的数据类型变量、同样数据类型的表达式、同样的结构或者结构内的元素。应用举例如下：

```
//把一个完整的结构赋值给另一个结构
MEASVAL:= PROCVAL;
//结构的一个元素赋值给另一个结构的元素
MEASVAL. VOLTAGE:= PROCVAL. VOLTAGE;
//将结构元素赋值给变量
AUXVAR:= PROCVAL. RESISTANCE;
//把常数赋值给结构元素
MEASVAL. RESISTANCE:= 4.5;
//把常数赋值给数组元素
MEASVAL. SIMPLEARR[1,2]:= 4;
```

(3) 数组的赋值 (Value Assignments with Variables of the Type ARRAY)

数组的赋值类似于结构的赋值，数组元素的赋值和完整数组赋值。数组元素赋值就是对单个数组元素进行赋值，这比较常用。当数组元素的数据类型、数组下标、数组上标都相同时，一个数组可以赋值给另一个数组，这就是完整数组赋值。应用举例如下：

```
//把一个数组赋值给另一个数组
SETPOINTS:= PROCVALS;
//数组元素赋值
CRTLLR[2]:= CRTLLR_1;
//数组元素赋值
CRTLLR[1,4]:= CRTLLR_1[4];
```

8.1.4　寻址

寻址可分为直接寻址和间接寻址，以下分别介绍。

(1) 直接寻址

直接寻址就是操作数的地址直接给出而不需要经过某种变换，图 8-3 所示是直接寻址的实例。

```
1  #In1:="模拟量输入";           "模拟量输入"        %IW2
2  #In2 := "启停";               "启停"             %I0.0
3  "启停" := TRUE;               "启停"             %I0.0
4  "模拟量输入" := %DB1.DBW0;  ▶  "模拟量输入"        %IW2
```

图 8-3　直接寻址实例

(2) 间接寻址——读存储器

间接寻址提供寻址在运行之前，不计算地址的操作数的选项。使用间接寻址，可以多次执行程序部分，且在每次运行可以使用不同的操作数。S7-1500 间接寻址与 S7-300/400 有较大区别，需要用到 PEEK/POKE 指令，PEEK 指令的参数含义见表 8-9。

表 8-9　PEEK 指令的参数含义

参数	声明	数据类型	存储区	说明
AREA	Input	BYTE	I、Q、M、D、L	可以选择以下区域： • 16#81：Input • 16#82：Output • 16#83：位存储区 • 16#84：DB • 16#1：外设输入（仅 S7-1500）
DBNUMBER	Input	DINT、DB_ANY		如果 AREA=DB，则为数据块序号，否则为"0"
BYTEOFFSET	Input	DINT		待读取的地址，仅使用 16 个最低有效位
RET_VAL	Output	位字符串		指令的结果

掌握 PEEK 指令有一定难度，以下用几个例子，介绍其应用。

① 位存储区的读取间接寻址。当参数 area 为 16#83 时，代表位存储区的间接寻址，这种情况 dbNumber 参数为 0，而 byteOffset 代表字的序号，如图 8-4 所示，运行的结果为 MW2=16#0058，本例 byteOffset=2。

② 数据块（DB）的读取间接寻址。当参数 area 为 16#84 时，代表数据块的间接寻址，

```
1  #myInt := 2;                                          #myInt              2
2 ⊟#myWord := PEEK(area := 16#83,          ▶           #myWord          16#0000
3                  dbNumber := 0,
4                  byteOffset := #myInt);                #myInt              2
5  "Tag_1" := 88;                                        "Tag_1"    %MW2   16#0058
```

图 8-4　位存储区的间接寻址实例

dbNumber 参数为 1，代表 DB1，而 byteOffset 代表字的序号，如图 8-5 所示，运行的结果为：读取 DB1. DW0 的数值 16♯1818 到 Tag_1 中，本例 byteOffset＝0。

```
1 ⊟"Tag_1" := PEEK_WORD(area := 16#84,     ▶           "Tag_1"          16#1818
2                  dbNumber :=1,
3                  byteOffset :="MD20");                 "MD20"              0
```

图 8-5　数据块（DB）的间接寻址实例

③ 布尔型数据的读取间接寻址。当参数 area 为 16♯83 时，代表位存储区的间接寻址，dbNumber 参数为 0，代表不是数据块，而 byteOffset 代表字节的序号，bitOffset 代表位的序号，如图 8-6 所示，运行的结果是将 M10.3 的"TRUE"传送到"Tag_2"中。

```
⊟"Tag_2":= PEEK_BOOL(area:=16#83,         ▶           "Tag_2"            TRUE
             dbNumber:=0,
             byteOffset:=10,
             bitOffset:="MW20");                        "MW20"              3
```

图 8-6　布尔型数据的间接寻址实例

④ 输出存储区的读取间接寻址。当参数 area 为 16♯82 时，代表位存储区的间接寻址，这种情况 dbNumber 参数为 0，而 byteOffset 代表字的序号，本例 byteOffset＝4，运行的结果是 MW4＝16♯0038，如图 8-7 所示。

```
1 ⊟"Tag_2" := PEEK_WORD(area := 16#82,     ▶           "Tag_2"          16#0038
2                  dbNumber := 0,
3                  byteOffset := "MD20");               "MD20"              4
```

图 8-7　输出存储区的间接寻址实例

(3) 间接寻址——写存储器

前面介绍的 PEEK 是读存储器指令，而 POKE 是写存储器指令，其参数含义见表 8-10。

表 8-10　POKE 指令的参数含义

参数	声明	数据类型	存储区	说明
AREA	Input	BYTE	I、Q、M、D、L	可以选择以下区域： • 16♯81：Input • 16♯82：Output • 16♯83：位存储区 • 16♯84：DB • 16♯1：外设输出(仅 S7-1500)
DBNUMBER	Input	DINT、DB_ANY		如果 AREA＝DB，则为数据块序号，否则为"0"
BYTEOFFSET	Input	DINT		待写入的地址，仅使用 16 个最低有效位
VALUE	Output	位字符串		待写入数值

注意：PEEK/POKE 指令只用于 SCL 程序。

以下用几个例子，介绍 POKE 指令的应用。

① 位存储区的写入间接寻址。当参数 area 为 16#83 时，代表位存储区的间接寻址，这种情况 dbNumber 参数为 0，而 byteOffset 代表字的序号，如图 8-8 所示，运行的结果为将 16#1888 写入 MW2，MW2 就是 Tag＿1，本例 byteOffset＝2。

```
1 ⊟POKE(area:=16#83,
2      dbNumber:=0,
3      byteOffset:=2,
4      value:="MW20");              "MW20"          16#1888
5 "Tag_2" := "Tag_1";        ▶     "Tag_2"         16#1888
```

图 8-8　位存储区的间接寻址实例

② 数据块（DB）的写入间接寻址。当参数 area 为 16#84 时，代表数据块的间接寻址，dbNumber 参数为 1，代表 DB1，而 byteOffset 代表字的序号，如图 8-9 所示，运行的结果为将 16#1818 写入 DB1.DW0，本例 byteOffset＝0。DB1.DW0 就是"DB1".a。

```
1 ⊟POKE(area:=16#84,
2      dbNumber:=1,
3      byteOffset:=0,
4      value:="MW20");              "MW20"          16#1818
5 "Tag_2" := "DB1".A[0];     ▶     "Tag_2"         16#1818
```

图 8-9　数据块（DB）的间接寻址实例

③ 布尔型数据的写入间接寻址。当参数 area 为 16#83 时，代表位存储区的间接寻址，dbNumber 参数为 0，代表不是数据块，而 byteOffset 代表字节的序号，bitOffset 代表位的序号，如图 8-10 所示，运行的结果是将 M10.1（"Tag＿2"）的"TRUE"写入到 M10.0（"Tag＿1"）中。

```
1 ⊟POKE_BOOL(area:=16#83,
2          dbNumber:=0,
3          byteOffset:=10,
4          bitOffset:="MW20",        "MW20"           0
5          value:="Tag_2");          "Tag_2"         TRUE
6 "Tag_3" := "Tag_1";        ▶      "Tag_3"         TRUE
```

图 8-10　布尔型数据的间接寻址实例

④ 输出存储区的写入间接寻址。当参数 area 为 16#82 时，代表位存储区的间接寻址，这种情况 dbNumber 参数为 0，而 byteOffset 代表字的序号，如图 8-11 所示，运行的结果是将 16#1818 写入到 QW2（"Tag＿6"）中。

```
1 ⊟POKE(area:=16#82,
2      dbNumber:=0,
3      byteOffset:=2,
4      value:="MW20");              "MW20"          16#1818
5 "Tag_2" := "Tag_6";        ▶     "Tag_2"         16#1818
```

图 8-11　输出存储区的间接寻址实例

8.1.5　控制语句

S7-SCL 提供的控制语句可分为三类：选择语句、循环语句和跳转语句。

(1) 选择语句 (Selective Statements)

选择语句有 IF 和 CASE，其使用方法和 C 语言等高级计算机语言的用法类似，其功能说明见表 8-11。

表 8-11　S7-SCL 的选择语句功能说明

序号	语句	说　　明
1	IF	是二选一的语句,判断条件是"TRUE"或者"FALSE"控制程序进入不同的分支进行执行
2	CASE	是一个多选语句,根据变量值,程序有多个分支

① IF 语句　IF 语句是条件，当条件满足时，按照顺序执行，不满足时跳出，其应用举例如下：

```
IF"START1"THEN        //当 START1= 1 时,将 N、SUM 赋值为 0,将 OK 赋值为 FALSE
    N:= 0;
    SUM:= 0;
    OK:= FALSE;
ELSIF"START"= TRUE THEN
    N:= N+ 1;          //当 START= TRUE 时,执行 N:= N+ 1;
    SUM:= SUM+ N;      //当 START= TRUE 时,执行 SUM:= SUM+ N;
ELSE
    OK:= FALSE;        //当 START= FALSE 时,执行 OK:= FALSE;
END_IF;               //结束 IF 条件语句
```

② CASE 语句　当需要从问题的多个可能操作中选择其中一个执行时，可以选择嵌套 IF 语句来控制选择执行，但是选择过多会增加程序的复杂性，降低了程序的执行效率。这种情况下，使用 CASE 语句就比较合适。其应用举例如下：

```
CASE TW OF
    1:DISPLAY:= OVEN_TEMP;   //当 TW= 1 时,执行 DISPLAY:= OVEN_TEMP;
    2:DISPLAY:= MOTOR_SPEED;   //当 TW= 2 时,执行 DISPLAY:= MOTOR_SPEED;
    3:DISPLAY:= GROSS_TARE;   //当 TW= 3 时,执行 DISPLAY:= GROSS_TAR;QW4:= 16# 0003;
    QW4:= 16# 0003;
    4..10:DISPLAY:= INT_TO_DINT(TW);   //当 TW= 4..10 时,执行 DISPLAY:= INT_TO_DINT(TW);
    QW4:= 16# 0004;   //当 TW= 4..10 时,执行 QW4:= 16# 0004;
    11,13,19:DISPLAY:= 99;
    QW4:= 16# 0005;
ELSE:
    DISPLAY:= 0;   //当 TW 不等于以上数值时,执行 DISPLAY:= 0;
    TW_ERROR:= 1;   //当 TW 不等于以上数值时,执行 TW_ERROR:= 1;
END_CASE;   //结束 CASE 语句
```

(2) 循环语句 (Loops)

S7-SCL 提供的循环语句有三种：FOR 语句、WHILE 语句和 REPEAT 语句。其功能说明见表 8-12。

表 8-12 S7-SCL 的循环语句功能说明

序号	语句	说 明
1	FOR	只要控制变量在指定的范围内,就重复执行语句序列
2	WHILE	只要一个执行条件满足,某一语句就周而复始地执行
3	REPEAT	重复执行某一语句,直到终止该程序的条件满足为止

① FOR 语句 FOR 语句的控制变量必须为 INT 或者 DINT 类型的局部变量。FOR 循环语句定义了指定的初值和终值,这两个值的类型必须与控制变量的类型一致。其应用举例如下:

```
FOR INDEX:= 1 TO 50 BY 2 DO      // INDEX 初值为 1,终止为 50,步长为 2
    IF IDWORD [INDEX] = 'KEY' THEN
        EXIT;
    END_IF;
END_FOR;                         //结束 FOR 语句
```

② WHILE 语句 WHILE 语句通过执行条件来控制语句的循环执行。执行条件是根据逻辑表达式的规则形成的。其应用举例如下:

```
WHILE INDEX< = 50 AND IDWORD[INDEX] < > 'KEY' DO
    INDEX:= INDEX+ 2;   //当 INDEX< = 50 AND IDWORD[INDEX] < > 'KEY'时,
                        //执行 INDEX:= INDEX+ 2;
END_WHILE;              //终止循环
```

③ REPEAT 语句 在终止的条件满足之前,使用 REPEAT 语句反复执行 REPEAT 语句与 UNTIL 之间的语句。终止的条件是根据逻辑表达式的规则形成的。REPEAT 语句的条件判断在循环体执行之后进行。就是终止条件得到满足,循环体仍然至少执行一次。其应用举例如下:

```
REPEAT
    INDEX:= INDEX+ 2;   //循环执行 INDEX:= INDEX+ 2;
    UNTIL INDEX> 50 OR IDWORD[INDEX]= 'KEY'   //直到 INDEX> 50 或 IDWORD[INDEX]= 'KEY'
END_REPEAT;            //终止循环
```

(3) 程序跳转语句 (Program Jump)

在 S7-SCL 中的跳转语句有四种:CONTINUE 语句、EXIT 语句、GOTO 语句和 RETURN 语句。其功能说明见表 8-13。

表 8-13 S7-SCL 的程序跳转语句功能说明

序号	语句	说 明
1	CONTINUE	用于终止当前循环反复执行
2	EXIT	不管循环终止条件是否满足,在任意点退出循环
3	GOTO	使程序立即跳转到指定的标号处
4	RETURN	使得程序跳出正在执行的块

① CONTINUE 语句的应用举例 用一个例子说明 CONTINUE 语句的应用。

```
INDEX:= 0;
```

```
WHILE INDEX< = 100DO
   INDEX:= INDEX+ 1;
   IF ARRAY[INDEX]= INDEX THEN
      CONTINUE;   //当 ARRAY[INDEX]= INDEX 时,退出循环
   END_IF;
   ARRAY[INDEX]:= 0;
END_WHILE;
```

② EXIT 语句的应用举例　用一个例子说明 EXIT 语句的应用。

```
FOR INDEX_1:= 1 TO 51 BY 2 DO
   IF IDWORD[INDEX_1]= 'KEY'THEN
      INDEX_2:= INDEX_1;   //当 IDWORD[INDEX_1]= 'KEY',执行 INDEX_2:= INDEX_1;
      EXIT;                //当 IDWORD[INDEX_1]= 'KEY',执行退出循环
   END_IF;
END_FOR;
```

③ GOTO 语句的应用举例　用一个例子说明 GOTO 语句的应用。

```
IF A > B THEN
   GOTO LAB1;   //当 A> B 跳转到 LAB1
ELSIF A> C THEN
   GOTO LAB2;   //当 A> C 跳转到 LAB2
END_IF;
LAB 1:INDEX:= 1;
   GOTO LAB3;   //当 INDEX:= 1 跳转到 LAB3
LAB2:INDEX:= 2;
```

8.1.6　SCL 块

函数和函数块在西门子的大中型 PLC 编程中，应用十分广泛，前述章节中讲解到函数和函数块，其编程采用的是 LAD 语言，而本节采用 SCL 语言编程，以下仅用一个例子介绍函数，函数块使用方法也类似。

【例 8-1】　用 S7-SCL 语言编写一个程序，当常开触点 I0.0 闭合时，三个数字取平均值输出，当常开触点 I0.0 断开时，输出值清零，并报警。

解　① 新建项目。新建一个项目"平均值"，在博途项目视图的项目树中，单击"添加新块"，新建程序块，把编程语言，选中为"SCL"，再单击"确定"按钮，如图 8-12 所示，即可生成函数"平均值"，其编程语言为 SCL。

② 填写变量表。在博途项目视图的项目树中，双击打开 PLC 变量表，并填写变量表，如图 8-13 所示。

③ 创建函数 FC1。打开 FC1，并其在参数表中，输入输入参数"In1""In2"和"In3"，输入输出参数"Error"，如图 8-14 所示。在程序编辑区，写入如图 8-15 所示的程序。注意：本例中的平均值就是返回值。

④ 编写主程序。主程序如图 8-16 所示。

8.1.7　S7-SCL 应用举例

在前述的内容中，用较大的篇幅介绍 S7-SCL 的基础知识，以下用 4 个例子介绍 S7-SCL 的具体应用。第一个例子比较简单。

图 8-12　添加新块-选择编程语言为 SCL

图 8-13　变量表

图 8-14　FC1 的参数表

```
1  □IF  "START"=1 THEN                          "START"           %I0.0
2      #平均值:=(#In1+#In2+#In3)/3 ;
3      #Error := FALSE;
4  ELSE
5      #平均值 := 0;
6      #Error:= TRUE;
7  END_IF;
8
```

图 8-15　FC1 中的 SCL 程序

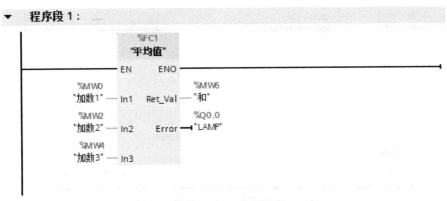

图 8-16　OB1 中的程序

【例 8-2】 用 S7-SCL 语言编写一个主程序，实现对一台电动机的启停控制。

解 ①新建项目。新建一个项目"SCL"，在博途项目视图的项目树中，单击"添加新块"，新建程序块，把编程语言选中为"SCL"，再单击"确定"按钮，如图 8-17 所示，即可生成主程序 OB123，其编程语言为 SCL。

② 新建变量表。在博途项目视图项目树中，双击"添加新变量表"，弹出变量表，输入和输出变量与对应的地址，如图 8-18 所示。注意：这里的变量是全局变量。

③ 编写 SCL 程序。在博途项目视图的项目树中，双击"Main_1"，弹出视图就是 SCL编辑器，在此界面中输入程序，如图 8-19 所示。运行此程序可实现启停控制。

【例 8-3】 设计一段程序，实现一盏灯灭 3s，亮 3s，不断循环，且能实现启停控制。

解 ①创建新项目，并创建 PLC 变量，如图 8-20 所示。

② 编写主程序，如图 8-21 所示。

【例 8-4】 有一个控制系统，要求采集一路温度信号，温度信号的范围 0～100℃，高于100℃的温度，视作干扰信号，仍然按照 100℃输出，低于 0℃的温度，视作干扰信号，仍然按照 0℃输出，要求显示实时温度和历史最高温度 2 个温度数值。请用 SCL 编写函数实现以上功能。

解 ①新建项目。新建一个项目"SCL1"，在博途项目视图的项目树中，单击"添加新块"，新建程序块，块名称为"温度采集"，把编程语言选中为"SCL"，块的类型是"函数FC"，再单击"确定"按钮，如图 8-22 所示，即可生成函数 FC1，其编程语言为 SCL。

② 定义函数块的变量。打开新建的函数"FC1"，定义函数 FC1 的输入变量（Input）、输出变量（Output）和临时变量（Temp），如图 8-23 所示。注意：这些变量是局部变量，只在本函数内有效。

图 8-17 添加新块-选择编程语言为 SCL

图 8-18 创建变量表

图 8-19 SCL 程序

图 8-20 创建 PLC 变量表

```
1 □IF "START" OR "FLAG" THEN          ▶    "START"            %I0.0
2      "FLAG" := TRUE;                     "FLAG"             %M0.0
3 └END_IF;
4 □IF "STOP1" THEN                          "STOP1"            %I0.1
5      "FLAG" := FALSE;                     "FLAG"             %M0.0
6 └END_IF;
7 □"IEC_Timer_0_DB".TON(IN:="FLAG" AND NOT "FLAG1",  ▶  "IEC_Timer_0_DB"   %DB1
8                       PT:=T#3S,
9                       Q=>"MOTOR");           "MOTOR"            %Q0.0
10 □"IEC_Timer_0_DB_1".TON(IN:="MOTOR",   ▶    "IEC_Timer_0_DB_1"  %DB2
11                        PT:=T#3S,
12                        Q=>"FLAG1" );          "FLAG1"            %M0.1
13
```

图 8-21 SCL 程序

添加新块

名称：
温度采集

语言： SCL
编号：
○ 手动
◉ 自动

组织块

函数块
FB

函数
FC

数据块 (DB)

描述：
函数是没有专用存储区的代码块。

更多信息...

> 其他信息

☑ 新增并打开(O)   确定   取消

图 8-22 添加新块-选择编程语言为 SCL

③ 插入指令 SCALE。单击"指令"→"基本指令"→"原有"→"SCALE"，插入 SCALE 指令。

④ 编写函数 FC1 的 SCL 程序如图 8-24 所示。

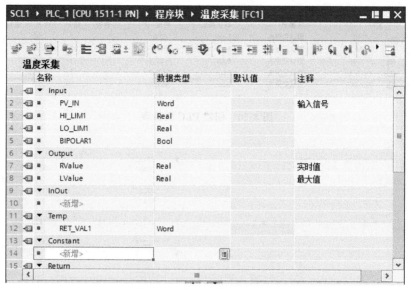

图 8-23 定义函数块的变量

```
    IF...  CASE...  FOR...   WHILE...  (*...*)
           OF...    TO DO..  DO...

 1 ⊟IF #PV_IN1<0 THEN
 2 │     #RValue := #LO_LIM1;
 3 │END_IF;
 4 ⊟IF #PV_IN1 > 27648 THEN
 5 │     #RValue := #HI_LIM1;
 6 │END_IF;
 7 ⊟#RET_VAL1:=SCALE(IN:=#PV_IN1,
 8 │               HI_LIM:=#HI_LIM1,
 9 │               LO_LIM:=#LO_LIM1,
10 │               BIPOLAR:=#BIPOLAR1,
11 │               OUT=>#RValue);
12 ⊟IF #RValue>#LValue THEN
13 │     #LValue:=#RValue;
14 │END_IF;
15
```

图 8-24 函数 FC1 的 SCL 程序

⑤ 设置块的专有技术保护。保护知识产权是必要的，当一个块的具体程序不希望被他人阅读时，可以采用设置块的专有技术保护进行处理。以下将对 FC1 进行专有技术保护。

a. 先打开函数 FC1，在菜单栏中，单击"编辑"→"专有技术保护"（know-how protection）命令，弹出如图 8-25 所示的界面，单击"定义"按钮，弹出如图 8-26 所示的界面，在"新密码"和"确认密码"中输入相同密码，最后单击"确定"按钮，函数 FC1"设置块的专有技术保护"成功。

b. 如图 8-27 所示，设置块的专有技术保护后，如没有密码，此块不能打开。而且 FC1 的左侧有锁形标识，并且有文字"由于该块受专有技术保护，因此为只读块"警示。

图 8-25　设置块的专有技术保护（1）　　　　　图 8-26　设置块的专有技术保护（2）

图 8-27　设置块的专有技术保护（3）

⑥ 编写主程序，如图 8-28 所示。FC1 的管脚与指令中的 SCALE 类似，但 FC1 中多了 LValue（最高温度参数），而且采集的温度变量范围在 0～100℃内。

图 8-28　OB1 中的程序

【例 8-5】 将一个实数型的输入值，依次输入（按一次按钮输入一个）到包含 9 个元素的数组中。请用 SCL 编写函数实现以上功能。

解 ①新建项目。新建一个项目"SCL2"，在博途项目视图的项目树中，单击"添加新块"，新建程序块，块名称为"FB1"，把编程语言选中为"SCL"，块的类型是"函数 FB"，再单击"确定"按钮，如图 8-29 所示，即可生成函数 FB1，其编程语言为 SCL。

图 8-29 添加新块-选择编程语言为 SCL

② 定义函数块的变量。打开新建的函数"FB1"，定义函数 FB1 的输入变量（Input）、输出变量（Output）、临时变量（Temp）和静态变量（Static），如图 8-30 所示。

		名称	数据类型	默认值	保持性	可从 HMI ...	在 HMI ...
1	▼	Input			▼		
2	■	Request	Bool	false	非保持	☑	☑
3	■	Value	Real	0.0	非保持	☑	☑
4	▼	Output					
5	■ ▶	Store	Array[1..9] of Real		非保持	☑	☑
6	▶	InOut					
7	▼	Static					
8	■	Index	Int	1	非保持	☑	☑
9	▼	Temp					
10	■	Trige_Out	Bool				
11	▶	Constant					

图 8-30 定义函数块的变量

③ 编写函数 FB1 的 SCL 程序，如图 8-31 所示。

④ 先新建全局数据块 DB2，并在数据块中创建一个包含 9 个元素的数组，再编写主程序 OB1 的 LAD 程序，如图 8-32 所示。

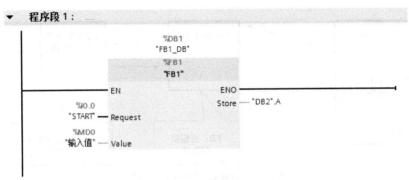

```
1 □"R_TRIG_DB"(CLK:= #Request,          #Request
2 │          Q=>#Trige_Out);    //产生上升沿   #Trige_Out
3 □IF #Trige_Out THEN                    #Trige_Out
4 │    #Store[#Index]:=#Value;      ▶     #Store
5 │    IF #Index<9 THEN                   #Index
6 │        #Index:=#Index+1;   //自加1  ▶ #Index
7 │    ELSE                              #Index
8 │        #Index := 1;                  #Index
9 │    END_IF;
10 └END_IF;
```

图 8-31　函数块 FB1 的 SCL 程序

图 8-32　OB1 中的程序

8.2　西门子 PLC 的 GRAPH 编程

实际的工业生产的控制过程中，顺序逻辑控制占有相当大的比例。所谓顺序逻辑控制，就是按照生产工艺预先规定的顺序，在各个输入信号的作用下，根据内部状态和时间顺序，在生产过程中的各个执行机构自动地、有秩序地进行操作。S7-GRAPH 是一种顺序功能图编程语言，它能有效地应用于设计顺序逻辑控制程序。

8.2.1　S7-GRAPH 简介

S7-GRAPH 是一种顺序功能图编程语言，适合用于顺序逻辑控制。S7-GRAPH 有如下特点。

① 适用于顺序控制程序。

② 符合国际标准 IEC 61131-3。

③ 通过了 PLCopen 基础级认证。

④ 适用于 SIMATIC S7-300（推荐用于 CPU314 以上 CPU）、S7-400、C7、WinAC 和 S7-1500。

S7-GRAPH 针对顺控程序作了相应优化处理，它不仅具有 PLC 典型的元素（例如输入/输出、定时器、计数器），而且增加了如下一些概念。

多个顺控器（最多 8 个）；步骤（每个顺控器最多 250 个）；每个步骤的动作（每步最多 100 个）；转换条件（每个顺控器最多 250 个）；分支条件（每个顺控器最多 250 个）；逻辑

互锁（最多32个条件）；监控条件（最多32个条件）；事件触发功能；切换运行模式（手动、自动及点动模式）。

8.2.2　S7-GRAPH应用基础

8.2.2.1　S7程序构成

在博途软件（STEP7）中，只有FB函数块可以使用S7-GRAPH语言编程。S7-GRAPH编程界面为图形界面，包含若干个顺控器。当编译S7-GRAPH程序时，其生成的块以FB的形式出现，此FB可以被其他程序调用，例如OB1、OB35。顺序控制S7程序构成如图8-33所示。

图8-33　顺序控制S7程序构成

8.2.2.2　S7-GRAPH的编辑器

（1）打开S7-GRAPH的编辑器

新建一个项目"GRAPH"，在博途项目视图的项目树中，单击"添加新块"，新建程序块，块名称为"FB1"，把编程语言选中为"GRAPH"，块的类型是"函数块FB"，再单击"确定"按钮，如图8-34所示，即可生成函数块FB1，其编程语言为GRAPH。

（2）S7-GRAPH编辑器的组成

S7-GRAPH编辑器由生成和编辑程序的工作区、工具条、导航视图和块接口四部分组成，如图8-35所示。

① 工具条　工具条中可以分为三类功能，具体如下。

视图功能：调整显示作用，如是否显示符号名等。

顺控器：包含顺控器元素，如分支、跳转和步等。

LAD/FBD：可以为每步添加LAD/FBD指令。

② 工作区　在工作区内可以对顺控程序的各个元素进行编程。可以在不同视图中显示GRAPH程序。还可以使用缩放功能缩放这些视图。

③ 导航视图　导航视图中包含视图有：前永久指令、顺序视图、后永久指令和报警视图。

④ 块接口　创建S7-GRAPH时，可以选择最小接口参数、标准接口参数和最大接口参数，每一个参数集都包含一组不同的输入和输出参数。

打开S7-GRAPH编辑器，本例打开FB1就是打开S7-GRAPH编辑器，在菜单栏中，单击"选项"→"设置"，弹出"属性"选项卡，在"常规"→"PLC编程"→"GRAPH"→"接口"下，有三个选项可以供选择，如图8-36所示，"默认接口参数"就是标准接口参数。

图 8-34　添加新块 FB1

图 8-35　GRAPH 编辑器

8.2.2.3　顺控器规则

S7-GRAPH 格式的 FB 程序是这样工作的：

• 每个 S7-GRAPH 格式的 FB，都可以作为一个普通 FB 被其他程序调用；

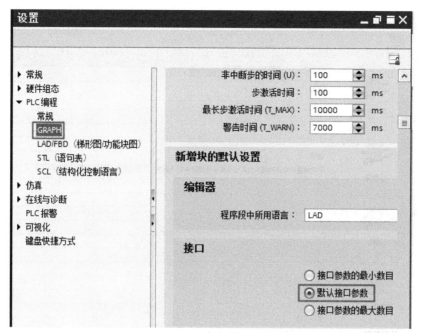

图 8-36　设置 GRAPH 接口块的参数集

• 每个 S7-GRAPH 格式的 FB，都被分配一个背景数据块，此数据块用来存储 FB 参数设置，当前状态等；

• 每个 S7-GRAPH 格式的 FB，都包括三个主要部分，即顺控器之前的前永久指令 (permanent preinstructions)，一个或多个顺控器，顺控器之后的后永久指令 (permanent post-instructions)。

(1) 顺控器执行规则

① 步的开始。

每个顺控器都以一个初始步或者多个位于顺控器任意位置的初始步开始。

只要某个步的某个动作 (action) 被执行，则认为此步被激活 (active)，如果多个步被同时执行，则认为是多个步被激活 (active)。

② 一个激活的步的退出。

任意激活的干扰 (active disturbs)，例如互锁条件或监控条件的消除或确认，并且至后续步的转换条件 (transition) 满足时，激活步退出。

③ 满足转换条件的后续步被激活。

④ 在顺控器的结束位置的处理。

• 如有一个跳转指令 (jump)，指向本顺控器的任意步，或者 FB 的其他顺控器。此指令可以实现顺控器的循环操作。

• 如有分支停止指令，顺控器的步将停止。

⑤ 激活的步 (active step)。

激活的步是一个当前自身的动作正在被执行的步。一个步在如下任意情况下，都可被激活：

• 当某步前面的转换条件满足；

• 当某步被定义为初始步 (initial step)，并且顺控器被初始化；

• 当某步被其他基于事件的动作调用（event-dependent action）。

（2）顺控器的结构

顺控器主要结构有：简单的线性结构顺控器［如图 8-37（a）所示］、选择结构及并行结构顺控器［如图 8-37（b）所示］和多个顺控器［如图 8-37（c）所示］。

图 8-37　顺控器的结构

（3）顺控器元素

在工具栏中有一些顺控器元素，这是创建程序所必需的，必须掌握，顺控器元素详细介绍见表 8-14。

表 8-14　顺控器元素的含义

序号	元素	中文含义
1	⊹	步和转换条件
2	⊹	添加新步
3	⊥	添加转换条件
4	⊥	顺控器结尾
5	⊥ₛ	指定顺控器的某一步跳转到另一步
6	⊥	打开选择分支
7	⊥	打开并行分支
8	↵	关闭分支

8.2.2.4　条件与动作的编程

（1）步的构成及属性

一个 S7-GRAPH 的程序由多个步组成，其中每一步由步序、步名、转换编号、转换名、转换条件、动作命令组成，如图 8-38 所示。步序、步名、转换名由系统自动生成，一般无需修改，也可以自己修改，但必须是唯一的。步的动作由命令和操作数地址组成，左边的框中输入命令，右边的框中输入操作数地址。

图 8-38　步的说明图

（2）动作（action）

动作有标准动作和与事件有关的动作，动作中可以为定时器、计数器和算数运算等。步的动作在 S7-GRAPH 的 FB 中占有重要位置，用户大部分控制任务要由步的动作来完成，编程者应当熟练掌握所有的动作指令。添加动作很容易，选中动作框，在相应的区域中输入命令和动作即可，添加动作只要单击"新增"按钮即可，如图 8-39 所示。

图 8-39　添加动作

标准动作在编写程序中较为常用，常用的标准动作的含义见表 8-15。

表 8-15　常用的标准动作的含义

序号	命令	含　义
1	N	输出，当该步为激活步时,对应的操作数输出为1;当该步为非激活步时,对应的操作数输出为0
2	S	置位，当该步为激活步时,对应的操作数输出为1;当该步为非激活步时,对应的操作数输出为1,除非遇到某一激活步将其复位
3	R	复位，当该步为激活步时,对应的操作数输出为0,并一直保持
4	D	延迟，当该步为激活步时,开始倒计时,计时时间到,对应的操作数输出为1;当该步为非激活步时,对应的操作数输出为0
5	L	脉冲限制，当该步为激活步时,对应的操作数输出为1,并开始倒计时,计时时间到,输出为0;当该步为非激活步时,对应的操作数输出为0
6	CALL	块调用,当该步为激活步时,指定的块会被调用

（3）动作中的定时器

事件出现时，定时器将被执行，联锁功能也能用于定时器。

TL 为扩展脉冲定时器命令，该命令的下面一行是定时器时间，定时器没有闭锁功能。

　　TD 命令用于实现有闭锁功能的延迟。一旦事件发生，定时器被启动。联锁条件 C 仅仅在定时器启动的时刻起作用。

（4）动作中的计数器

　　动作中的计数器的执行与指定的计数事件有关，对于有联锁功能的计数器，只有联锁条件满足和指定的事件出现时，动作中的计数器才会计数。计数器命令和联锁组合时，命令后面要加 "C"。

　　事件发生时，计数器指令 CS 将初值装入计数器。CS 的下面一行是要装入的计数器的初始值。事件发生时，CU、CD 和 CR 指令，分别使得计数器加 1、减 1 和复位。

（5）动作中的算数运算

　　在动作中可以使用如下简单的算数运算语句：

　　① A：＝B。

　　② A：＝函数（B），可以使用 S7-GRAPH 内置的函数。

　　③ A：＝B＜运算符＞C，例如 A：＝B＋C。

　　算数运算必须使用英文符号，不允许使用中文符号。

8.2.2.5　转换条件

　　转换条件可以是事件，例如退出激活步，也可以是状态变化。条件可以在转换、联锁、监控和永久性指令中出现。

8.2.2.6　S7-GRAPH 的函数块参数

　　在 S7-GRAPH 编辑器中编写程序后，生成函数块，本例为 FB1，如图 8-40 所示。在 FB 函数有 4 个参数设置区，有 4 个参数集选项，分别介绍如下。

图 8-40　函数块 FB1

① Minimum（最小参数集）　FB 只包括 INIT_SQ 启动参数，如图 8-40(a) 所示，如果用户的程序仅仅会运行在自动模式，并且不需要其他的控制及监控功能。

② Standard（标准参数集）　FB 包括默认参数，如图 8-40(b) 所示，如果用户希望程序运行在各种模式，并提供反馈及确认消息功能。

③ Maximum（最大参数集）　FB 包括默认参数和扩展参数，提供更多的控制和监控参数，如图 8-40(c) 所示。

④ User-defined（用户定义参数集）　包括默认参数和扩展参数，可提供更多的控制和监控参数。

S7-GRAPH FB 的部分参数及其含义见表 8-16。

表 8-16　S7-GRAPH FB 的部分参数及其含义

序号	FB参数	数据类型	含义
1	ACK_EF	BOOL	故障信息得到确认
2	INIT_SQ	BOOL	激活初始步,顺控器复位
3	OFF_SQ	BOOL	停止顺控器,例如使所有步失效
4	SW_AUTO	BOOL	模式选择:自动模式
5	SW_MAN	BOOL	模式选择:手动模式
6	SW_TAP	BOOL	模式选择:单步调节
7	SW_TOP	BOOL	模式选择:自动或切换到下一个
8	S_SEL	INT	选择用于输出参数 S_ON 指定的步,在 S_ON 中显示手动模式在 S_ON 参数中指定的下一步
9	S_ON	BOOL	手动模式:激活步显示
10	S_OFF	BOOL	手动模式:去使能步显示
11	T_PUSH	BOOL	单步调节模式:如果传送条件满足
12	ERROR	BOOL	错误显示:"互锁"
13	FAULT	BOOL	错误显示:"监视"
14	EN_SSKIP	BOOL	激活步的跳转
15	EN_ACKREQ	BOOL	使能确认需求
16	SQ_HALTED	BOOL	暂停顺序控制器
17	TM_HALTED	BOOL	停止所有步的激活运行时间和块运行和重新激活临界时间
18	ZERO_OP	BOOL	复位所有在激活步 N,D,L 操作到 0
19	EN_IL	BOOL	复位/重新使能步互锁
20	EN_SV	BOOL	复位/重新使能步监视

8.2.3　S7-GRAPH 应用举例

以下用一个简单的例子来讲解 S7-GRAPH 编程应用的全过程。

【例 8-6】　用一台 PLC 控制 4 盏灯，实现如下功能：

初始状态时所有的灯都不亮；按下按钮 SB1，灯 HL1 亮；按下 SB2 按钮，灯 HL2 亮，HL1 灭；2s 后，灯 HL2 和灯 HL3 亮；再 2s 后，灯 HL2 和灯 HL3 熄灭，灯 HL1 亮。如此循环。

程序要求用 S7-GRAPH 语言编写函数块实现。

解　①根据题意，先绘制流程图如图 8-41 所示。

② 新建一个项目"GRAPH1"，并进行硬件组态，再编译和保存该项目。

③ 在博途项目视图的项目树中，单击"添加新块"，新建程序块，块名称为"FB1"，把编程语言选中为"GRAPH"，块的类型是"函数块 FB"，再单击"确定"按钮，如图 8-42 所示，即可生成函数块 FB1，其编程语言为 GRAPH。

图 8-41　流程图

图 8-42　FB1 的属性对话框

④ 编辑 GRAPH 程序。

选中 FB1，双击 FB1，打开 GRAPH 编辑器，弹出编辑界面，选中"1"处，右击鼠标，单击快捷菜单的"插入元素"→"步和转换条件"，插入"步和转换条件"如图 8-43 所示。

选中如图 8-43 中的标记"2"处，再单击左侧的工具栏的"常开触点"按钮┨┠，并在"常开触点"上面输入 I0.0，如图 8-44 所示。

如图 8-45 所示的"Step2"处，单击"动作表展开框"，插入"动作"。

在动作命令框的左侧输入命令 N，右侧输入操作数 Q0.0，如图 8-46 所示。

编写完整的 GRAPH 程序如图 8-47 所示。之后，单击标准工具栏中的"保存"按钮🖫，这个步骤非常重要。

图 8-43 插入"步和转换条件"

图 8-44 插入"常开触点"

图 8-45 插入"动作"

图 8-46 输入"动作"命令和操作数

图 8-47 FB1 中完整的 GRAPH 程序

⑤ 编写 OB1 中的程序。将函数块 FB1 拖拽到程序编辑区，编写程序如图 8-48 所示。

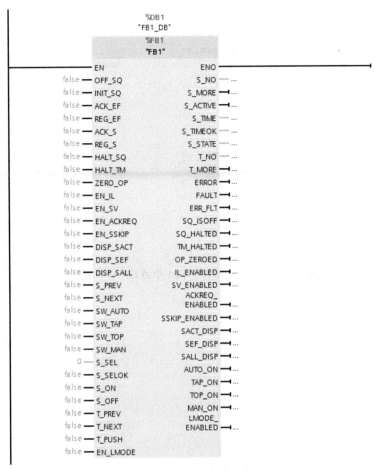

图 8-48　OB1 中的程序

⑥ 运行仿真。

把程序下载到仿真器 S7-PLCSIM 中，将"I0.0"置为"1"。再切换到 S7-GRAPH 编辑器界面，单击工具栏中的"启用/禁用监视"按钮 ，处于监控状态下 FB1 中的 GRAPH 程序如图 8-49 所示。

图 8-49

图 8-49 处于监控状态下 FB1 中的 GRAPH 程序

第2篇

应用精通篇

第**9**章

S7-1200/1500 PLC的通信及其应用

本章介绍 S7-1200/1500 PLC 的通信基础知识，并用实例介绍 S7-1500 PLC 与 ET200MP 和 S7-1500 PLC 之间的 PROFIBUS 通信；S7-1500 PLC 与 S7-1500 PLC、S7-1200 PLC 之间的 OUC 和 S7 以太网通信；S7-1500 PLC 与 S7-1500 PLC、ET200MP 之间的 PROFINET IO 信通；S7-1500 PLC 与 S7-1500 PLC、S7-1200 PLC 之间的 Modbus_TCP 以太网通信；S7-1200 PLC 与 G120 的 USS 通信；S7-1200 PLC 之间的 Modbus_RTU 串行通信。

9.1 通信基础知识

PLC 的通信包括 PLC 与 PLC 之间的通信、PLC 与上位计算机之间的通信以及和其他智能设备之间的通信。PLC 与 PLC 之间通信的实质就是计算机的通信，使得众多独立的控制任务构成一个控制工程整体，形成模块控制体系。PLC 与计算机连接组成网络，将 PLC 用于控制工业现场，计算机用于编程、显示和管理等任务，构成"集中管理、分散控制"的分布式控制系统（DCS）。

9.1.1 通信的基本概念

（1）串行通信与并行通信
串行通信和并行通信是两种不同的数据传输方式。

串行通信就是通过一对导线将发送方与接收方进行连接，传输数据的每个二进制位，按照规定顺序在同一导线上依次发送与接收，如图 9-1 所示。例如，常用的优盘 USB 接口就是串行通信接口。串行通信的特点是通信控制复杂，通信电缆少，因此与并行通信相比，成本低。

并行通信就是将一个 8 位数据（或 16 位、32 位）的每一个二进制位采用单独的导线进行传输，并将传送方和接收方进行并行连接，一个数据的各二进制位可以在同一时间内一次传送，如图 9-2 所示。例如，老式打印机的打印口和计算机的通信就是并行通信。并行通信的特点是一个周期里可以一次传输多位数据，其连线的电缆多，因此长距离传送时成本高。

图 9-1　串行通信

图 9-2　并行通信

（2）异步通信与同步通信

异步通信与同步通信也称为异步传送与同步传送，这是串行通信的两种基本信息传送方式。从用户的角度上说，两者最主要的区别在于通信方式的"帧"不同。

异步通信方式又称起止方式。它在发送字符时，要先发送起始位，然后是字符本身，最后是停止位，字符之后还可以加入奇偶校验位。异步通信方式具有硬件简单、成本低的特点，主要用于传输速率低于 19.2Kbit/s 以下的数据通信。

同步通信方式在传递数据的同时，也传输时钟同步信号，并始终按照给定的时刻采集数据。其传输数据的效率高，硬件复杂，成本高，一般用于传输速率高于 20Kbit/s 以上的数据通信。

（3）单工、全双工与半双工

单工、双工与半双工是通信中描述数据传送方向的专用术语。

① 单工（Simplex）：指数据只能实现单向传送的通信方式，一般用于数据的输出，不可以进行数据交换，如图 9-3 所示。

② 全双工（Full Simplex）：也称双工，指数据可以进行双向数据传送，同一时刻既能发送数据，也能接收数据，如图 9-4 所示。通常需要两对双绞线连接，通信线路成本高。例如，RS-422 就是"全双工"通信方式。

图 9-3　单工通信　　　　　　　　　　　图 9-4　双工通信

③ 半双工（Half Simplex）：指数据可以进行双向数据传送，同一时刻，只能发送数据或者接收数据，如图 9-5 所示。通常需要一对双绞线连接，与全双工相比，通信线路成本低。例如，RS-485 只用一对双绞线时就是"半双工"通信方式。

图 9-5　半双工通信

9.1.2　PLC 网络的术语解释

PLC 网络中的名词、术语很多，现将常用的予以介绍。

① 站（Station）：在 PLC 网络系统中，将可以进行数据通信、连接外部输入/输出的物理设备称为"站"。例如，由 PLC 组成的网络系统中，每台 PLC 可以是一个"站"。

② 主站（Master Station）：PLC 网络系统中进行数据连接的系统控制站，主站上设置了控制整个网络的参数，通常每个网络系统只有一个主站，站号实际就是 PLC 在网络中的地址。

③ 从站（Slave Station）：PLC 网络系统中，除主站外，其他的站称为"从站"。

④ 远程设备站（Remote Device Station）：PLC 网络系统中，能同时处理二进制位、字的从站。

⑤ 本地站（Local Station）：PLC 网络系统中，带有 CPU 模块并可以与主站以及其他本地站进行循环传输的站。

⑥ 站数（Number of Station）：PLC 网络系统中，所有物理设备（站）所占用的"内存站数"的总和。

⑦ 网关（Gateway）：又称网间连接器、协议转换器。网关在传输层上以实现网络互联，是最复杂的网络互联设备，仅用于两个高层协议不同的网络互联。如图 9-6 所示，CPU1511-1PN 通过工业以太网，把信息传送到 IE/PB LINK 模块，再传送到 PROFIBUS 网络上的 IM155-5 DP 模块，IE/PB LINK 通信模块用于不同协议的互联，它实际上就是网关。

图 9-6　网关应用实例

⑧ 中继器（Repeater）：用于网络信号放大、调整的网络互联设备，能有效延长网络的连接长度。例如，PPI 的正常传送距离不大于 50m，经过中继器放大后，可传输超过 1km，应用实例如图 9-7 所示，PLC 通过 MPI 或者 PPI 通信时，传送距离可达 1100m。

图 9-7　中继器应用实例

⑨ 路由器（Router，转发者）：所谓路由就是指通过相互连接的网络把信息从源地点移动到目标地点的活动。一般来说，在路由过程中，信息至少会经过一个或多个中间节点。路由器是互联网的主要节点设备。如图 9-8 所示，如果要把 PG/PC 的程序从 CPU1211C 下载到 CPU313C-2DP 中，必然要经过 CPU1516-3PN/DP 这个节点，这实际就用到了 CPU1516-3PN/DP 的路由功能。

图 9-8　路由功能应用实例

⑩ 交换机（Switch）：交换机是为了解决通信阻塞而设计的，它是一种基于 MAC 地址识别，能完成封装转发数据包功能的网络设备。交换机可以"学习" MAC 地址，并把其存放在内部地址表中，通过在数据帧的始发者和目标接收者之间建立临时的交换路径，使数据帧直接由源地址到达目的地址。如图 9-9 所示，交换机（ESM）将 HMI（触摸屏）、PLC 和 PC（个人计算机）连接在工业以太网的一个网段中。

⑪ 网桥（Bridge）：也叫桥接器，是连接两个局域网的一种存储/转发设备，它能将一个大的 LAN 分割为多个网段，或将两个以上的 LAN 互联为一个逻辑 LAN，使 LAN 上的所有用户都可访问服务器。网桥将网络的多个网段在数据链路层连接起来，网桥的应用如图 9-10 所示。西门子的 DP/ PA Coupler 模块就是一种网桥。

图 9-9　交换机应用实例

图 9-10　网桥应用实例

9.1.3　RS-485 标准串行接口

图 9-11　网络接头的外观与管脚定义

(1) RS-485 接口

RS-485 接口是在 RS-422 基础上发展起来的一种 EIA 标准串行接口，采用"平衡差分驱动"方式。RS-485 接口满足 RS-422 的全部技术规范，可以用于 RS-422 通信。RS-485 接口通常采用 9 针连接器，其外观与管脚定义如图 9-11 所示。RS-485 接口的引脚功能参见表 9-1。

表 9-1　RS-485 接口的引脚功能

PLC 侧引脚	信号代号	信号功能
1	SG 或 GND	机壳接地
2	+24V 返回	逻辑地
3	RXD+ 或 TXD+	RS-485 的 B,数据发送/接收+端
4	请求-发送	RTS(TTL)
5	+5V 返回	逻辑地
6	+5V	+5V
7	+24V	+24V
8	RXD− 或 TXD−	RS-485 的 A,数据发送/接收−端
9	不适用	10 位协议选择(输入)

（2）西门子的 PLC 连线

西门子 PLC 的 PPI 通信、MPI 通信和 PROFIBUS-DP 现场总线通信的物理层都是 RS-485，而且采用都是相同的通信线缆和专用网络接头。图 9-12 显示了电缆接头的终端状况，右端的电阻设置为"on"，而左侧的设置为"off"，图中只显示了一个，若有多个也是这样设置。要将终端电阻设置"on"或者"off"，只要拨动网络接头上的拨钮即可。图 9-12 中拨钮在"on"一侧，因此终端电阻已经接入电路。

A1，绿色　　B1，红色　　　　　　off　　on

图 9-12　网络接头的终端电阻设置图

▶【关键点】西门子的专用 PROFIBUS 电缆中有两根线，一根为红色，上标有"B"，一根为绿色，上面标有"A"，这两根线只要与网络接头上相对应的"A"和"B"接线端子相连即可（如"A"线与"A"接线端相连）。网络接头直接插在 PLC 的通信口上即可，不需要其他设备。注意：三菱的 FX 系列 PLC 的 RS-485 通信要加 RS-485 专用通信模块和终端电阻。

9.1.4　OSI 参考模型

通信网络的核心是 OSI（Open System Interconnection，开放式系统互联）参考模型。1984 年，国际标准化组织（ISO）提出了开放式系统互联的 7 层模型，即 OSI 模型。该模型自下而上分为：物理层、数据链路层、网络层、传输层、会话层、表示层和应用层。

OSI 的上 3 层通常称为应用层，用来处理用户接口、数据格式和应用程序的访问。下 4 层负责定义数据的物理传输介质和网络设备。OSI 参考模型定义了大多数协议栈共有的基本框架，如图 9-13 所示。

图 9-13　信息在 OSI 模型中的流动形式

① 物理层（Physical Layer）：定义了传输介质、连接器和信号发生器的类型，规定了物理连接的电气、机械功能特性，如电压、传输速率、传输距离等特性。建立、维护、断开物理连接。典型的物理层设备有集线器（HUB）和中继器等。

② 数据链路层（Data Link Layer）：确定传输站点物理地址以及将消息传送到协议栈，提供顺序控制和数据流向控制。建立逻辑连接、进行硬件地址寻址、差错校验等功能（由底层网络定义协议）。典型的数据链路层的设备有交换机和网桥等。

③ 网络层（Network Layer）：进行逻辑地址寻址，实现不同网络之间的路径选择。协议有：ICMP IGMP IP（IPv4，IPv6）、ARP、RARP。典型的网络层设备是路由器。

④ 传输层（Transport Layer）：定义传输数据的协议端口号，以及流控和差错校验。协议有：TCP、UDP。网关是互联网设备中最复杂的，它是传输层及以上层的设备。

⑤ 会话层（Session Layer）：建立、管理、终止会话。

⑥ 表示层（Presentation Layer）：数据的表示、安全、压缩。

⑦ 应用层（Application）：网络服务与最终用户的一个接口。协议有：HTTP、FTP、TFTP SMTP、SNMP 和 DNS 等。

数据经过封装后通过物理介质传输到网络上，接收设备除去附加信息后，将数据上传到上层堆栈层。

9.2　现场总线概述

9.2.1　现场总线的概念

(1) 现场总线的诞生

现场总线是 20 世纪 80 年代中后期在工业控制中逐步发展起来的。计算机技术的发展为现场总线的诞生奠定了技术基础。

另一方面，智能仪表也出现在工业控制中。智能仪表的出现为现场总线的诞生奠定了应用基础。

(2) 现场总线的概念

国际电工委员会（IEC）对现场总线（Fieldbus）的定义为：一种应用于生产现场，在现场设备之间、现场设备和控制装置之间实行双向、串行、多节点的数字通信网络。

现场总线的概念有广义与狭义之分。狭义的现场总线就是指基于 EIA485 的串行通信网络。广义的现场总线泛指用于工业现场的所有控制网络。广义的现场总线包括狭义现场总线和工业以太网。

9.2.2　主流现场总线的简介

1984 年国际电工技术委员会/国际标准协会（IEC/ISA）就开始制定现场总线的标准，然而统一的标准至今仍未完成。很多公司推出其各自的现场总线技术，但彼此的开放性和互操作性难以统一。

经过 12 年的讨论，终于在 1999 年年底通过了 IEC61158 现场总线标准，这个标准容纳了 8 种互不兼容的总线协议。后来又经过不断讨论和协商，在 2003 年 4 月，IEC61158 Ed. 3 现场总线标准第三版正式成为国际标准，确定了 10 种不同类型的现场总线为 IEC61158 现场总线。2007 年 7 月，第四版现场总线增加到 20 种，见表 9-2。

表 9-2 IEC61158 的现场总线

类型编号	名　　称	发起的公司
Type 1	TS61158 现场总线	原来的技术报告
Type 2	ControlNet 和 Ethernet/IP 现场总线	美国 Rockwell 公司
Type 3	PROFIBUS 现场总线	德国 Siemens 公司
Type 4	P-NET 现场总线	丹麦 Process Data 公司
Type 5	FF HSE 现场总线	美国 Fisher Rosemount 公司
Type 6	SwiftNet 现场总线	美国波音公司
Type 7	World FIP 现场总线	法国 Alstom 公司
Type 8	INTERBUS 现场总线	德国 Phoenix Contact 公司
Type 9	FF H1 现场总线	现场总线基金会
Type 10	PROFINET 现场总线	德国 Siemens 公司
Type 11	TC net 实时以太网	
Type 12	Ether CAT 实时以太网	德国倍福
Type 13	Ethernet Powerlink 实时以太网	最大的贡献来自于 Alstom
Type 14	EPA 实时以太网	中国浙大、沈阳所等
Type 15	Modbus RTPS 实时以太网	施耐德
Type 16	SERCOS Ⅰ、Ⅱ现场总线	数字伺服和传动系统数据通讯
Type 17	VNET/IP 实时以太网	法国 Alstom 公司
Type 18	CC-Link 现场总线	三菱电机公司
Type 19	SERCOS Ⅲ现场总线	数字伺服和传动系统数据通讯
Type 20	HART 现场总线	Rosemount 公司

9.2.3　现场总线的特点

① 系统具有开放性和互用性；
② 系统功能自治性；
③ 系统具有分散性；
④ 系统具有对环境的适应性。

9.2.4　现场总线的现状

① 多种现场总线并存；
② 各种总线都有其应用的领域；
③ 每种现场总线都有其国际组织和支持背景；
④ 多种总线已成为国家和地区标准；
⑤ 一个设备制造商通常参与多个总线组织；
⑥ 各个总线彼此协调共存。

9.2.5　现场总线的发展

现场总线技术是控制、计算机和通信技术的交叉与集成，几乎涵盖了连续和离散工业领域，如过程自动化、制造加工自动化、楼宇自动化、家庭自动化等。它的出现和快速发展体现了控制领域对降低成本、提高可靠性、增强可维护性和提高数据采集智能化的要求。现场总线技术的发展趋势体现在以下四个方面。

① 统一的技术规范与组态技术是现场总线技术发展的一个长远目标。

② 现场总线系统的技术水平将不断提高。

③ 现场总线的应用将越来越广泛。

④ 工业以太网技术将逐步成为现场总线技术的主流。

9.3　PROFIBUS 通信及其应用

9.3.1　PROFIBUS 通信概述

PROFIBUS 是西门子的现场总线通信协议，也是 IEC61158 国际标准中的现场总线标准之一。现场总线 PROFIBUS 满足了生产过程现场级数据可存取性的重要要求，一方面它覆盖了传感器/执行器领域的通信要求，另一方面又具有单元级领域所有网络级通信功能。特别在"分散 I/O"领域，由于有大量的、种类齐全、可连接的现场总线可供选用，因此 PROFIBUS 已成为事实的国际公认的标准。

(1) PROFIBUS 的结构和类型

从用户的角度看，PROFIBUS 提供三种通信协议类型：PROFIBUS-FMS、PROFIBUS-DP 和 PROFIBUS-PA。

① PROFIBUS-FMS（Fieldbus Message Specification，现场总线报文规范），使用了第一层、第二层和第七层。第七层（应用层）包含 FMS 和 LLI（底层接口），主要用于系统级和车间级的不同供应商的自动化系统之间传输数据，处理单元级（PLC 和 PC）的多主站数据通信。目前 PROFIBUS-FMS 已经很少使用。

② PROFIBUS-DP（Decentralized Periphery，分布式外部设备），使用第一层和第二层，这种精简的结构特别适合数据的高速传送，PROFIBUS-DP 用于自动化系统中单元级控制设备与分布式 I/O（例如 ET 200）的通信。主站之间的通信为令牌方式（多主站时，确保只有一个起作用），主站与从站之间为主从方式（MS），以及这两种方式的混合。三种方式中，PROFIBUS-DP 应用最为广泛，全球有超过 3000 万的 PROFIBUS-DP 节点。

③ PROFIBUS-PA（Process Automation，过程自动化）用于过程自动化的现场传感器和执行器的低速数据传输，使用扩展的 PROFIBUS-DP 协议。

此外，对于西门子系统，PROFIBUS 提供了更为优化的通信方式，即 PROFIBUS-S7 通信。

PROFIBUS-S7（PG/OP 通信）使用了第一层、第二层和第七层，特别适合 S7 PLC 与 HMI 和编程器通信，也可以用于 S7-1500 PLC 之间的通信。

(2) PROFIBUS 总线和总线终端器

① 总线终端器　PROFIBUS 总线符合 EIA RS485 标准，PROFIBUS RS485 的传输以半双工、异步、无间隙同步为基础。传输介质可以是光缆或者屏蔽双绞线，电气传输每个 RS485 网段最多 32 个站点，在总线的两端为终端电阻，其结构如图 9-14 所示。

图 9-14   终端电阻的结构

② 最大电缆长度和传输速率的关系   PROFIBUS DP 段的最大电缆长度和传输速率有关，传输的速度越大，则传输的距离越近，对应关系如图 9-15 所示。一般设置通信波特率不大于 500Kbit/s，电气传输距离不大于 400m（不加中继器）。

（3）PROFIBUS-DP 电缆

PROFIBUS-DP 电缆是专用的屏蔽双绞线，外层为紫色。PROFIBUS-DP 电缆的结构和功能如图 9-16 所示。外层是紫色绝缘层，编织网防护层主要防止低频干扰，金属箔片层为防止高频干扰，最里面是 2 根信号线，红色为信号正，接总线连接器的第 8 管脚，绿色为信号负，接总线连接器的第 3 管脚。PROFIBUS-DP 电缆的屏蔽层 "双端接地"。

图 9-15   传输距离与波特率的对应关系

图 9-16   PROFIBUS-DP 电缆的结构和功能

9.3.2   PROFIBUS 总线拓扑结构

（1）PROFIBUS 电气接口网络

① RS-485 中继器的功能   如果通信的距离较远或者 PROFIBUS 的从站大于 32 个，就要加入 RS-485 中继器。如图 9-15 所示，波特率为 500Kbit/s 时，最大的传输距离为 400m。如果传输距离大于 1000m 时，需要加入 RS-485 中继器，就可以满足长度和传输速率的要求，拓扑结构如图 9-17 所示。

西门子的 RS-485 中继器具有信号放大和再生功能，在一条 PROFIBUS 总线上最多可以安装 9 台 RS-485 中继器。一个 PROFIBUS 网络的一个网段最多 32 个站点，如果一个 PROFIBUS 网络多于 32 个站点就要分成多个网段，如一个 PROFIBUS 网络有 70 个站点，就需要 2 台 RS-485 中继器将网络分成 3 个网段。

图 9-17　RS-485 中继器的拓扑结构

② 利用 RS-485 中继器的网络拓扑　PROFIBUS 网络可以利用 RS-485 中继器组成"星形"总线结构和"树形"总线结构。"星形"总线结构如图 9-18 所示,"树形"网络总线结构如图 9-19 所示。

图 9-18　RS-485 中继器星形拓扑结构　　　　图 9-19　RS-485 中继器树形拓扑结构

(2) PROFIBUS 光纤接口网络

对于长距离数据传输,电气网络往往不能满足要求,而光纤网络可以满足长距离数据传输且保持高的传输速率。此外,光纤网络有较好的抗电磁干扰能力。

利用光纤作为传输介质,把 PLC 接入光纤网络,有三种接入方式。

① 集成在模块上的光纤接口　例如 CP342-5 FO、IM153-2 FO 和 IM467 FO,这些模块末尾都有"FO"标记。这些模块的光纤分为塑料光纤和 PCF 光纤。使用塑料光纤时,两个站点的最大传输距离为 50m。使用 PCF 光纤时,西门子光纤的长度有 7 个规格,分别是50m、75m、100m、150m、200m、250m 和 300m。两个站点的最大传输距离为 300m。

② 用 OBT 扩展 PROFIBUS 电气接口　只有电气接头可以通过 OBT（Optical Bus Terminal）连接一个电气接口到光纤网上。这是一种低成本的简易连接方式,但 OBT 只能用于塑料光纤和 PCF 光纤;一个 OBT 只能连接一个 PROFIBUS 站点;只能组成总线网,不能组成环网,因此应用并不多见。

③ 用 OLM 扩展 PROFIBUS 电气接口　如果普通的 PROFIBUS 站点设备没有光纤接头,只有电气接头,可以通过 OLM（Optical Link Module）连接一个电气接口到光纤网上。OLM 光链模块的功能是进行光信号和电信号的相互转换,这种连接方式最为常见。OLM 光链模块根据连接介质分为如下几种：OLM/P11（连接塑料光纤）、OLM/P12（连接 PCF 光纤）、OLM/G11（连接玻璃光纤,一个电气接口,一个光接口）和 OLM/G12（连接玻璃光纤,一个电气接口,两个光接口）。OLM 光链模块外形如图 9-20 所示。

④ OLM 的拓扑结构　利用 OLM 进行网络拓扑可分为三种方式,即总线结构、星形结构和冗余环网。总线拓扑结构如图 9-21 所示,OLM 上面的是电气接口,下面的是光纤接口。注意,在同一个网络中,

图 9-20　OLM 光链模块外形

OLM 模块的类型和光纤类型必须相同，不能混用。

总线拓扑结构简单，但如果一个 OLM 模块损坏或者光纤损坏，将造成整个网络不能正常工作，这是总线网络拓扑结构的缺点。

图 9-21　OLM 总线拓扑结构

1—RS-485 总线；2—光纤

环形网络拓扑结构如图 9-22 所示，只是将图 9-21 所示的首位相连，就变成冗余环网结构，其可靠性大为提高，在工程中应用较多。

图 9-22　OLM 环形拓扑结构

1—RS-485 总线；2—光纤

星形网络拓扑结构如图 9-23 所示，其可靠性较高，但需要的投入相对较大。

图 9-23　OLM 星形拓扑结构

1—RS-485 总线；2—光纤

9.3.3　S7-1500 PLC 与 ET200MP 的 PROFIBUS-DP 通信

用 CPU1516-3PN/DP 作为主站，分布式模块作为从站，通过 PROFI-BUS 现场总线，建立与这些模块（如 ET200MP、ET200S、EM200M 和 EM200B 等）通信，是非常方便的，这样的解决方案多用于分布式控制系统。这种 PROFIBUS 通信，在工程中最容易实现，同时应用也最广泛。

【例 9-1】　有一台设备，控制系统由 CPU1516-3PN/DP、IM155-5DP、SM521 和 SM522 组成，编写程序实现由主站 CPU1516-3PN/DP 发出一个启停信号控制从站一个中间继电器的通断。

解　将 CPU1516-3PN/DP 作为主站，将分布式模块作为从站。

(1) 主要软硬件配置

① 1 套 TIA Portal V13 SP1；

② 1 台 CPU1516-3PN/DP；

③ 1 台 IM155-5DP；

④ 1 块 SM522 和 SM521；

⑤ 1 根 PROFIBUS 网络电缆（含两个网络总线连接器）；

⑥ 1 根以太网网线。

PROFIBUS 现场总线硬件配置图如图 9-24 所示，PLC 和远程模块接线图如图 9-25 所示。

图 9-24　PROFIBUS 现场总线硬件配置图

图 9-25　PROFIBUS 现场总线通信——PLC 和远程模块接线图

(2) 硬件组态

① 新建项目。先打开 TIA Portal V13 SP1 软件，再新建项目，本例命名为"ET200MP"，接着单击"项目视图"按钮，切换到项目视图，如图 9-26 所示。

② 主站硬件配置。如图 9-26 所示，在 TIA 博途软件项目视图的项目树中，双击"添加新设备"按钮，先添加 CPU 模块"CPU1516-3PN/DP"，配置 CPU 后，再把"硬件目录"→"DI"→"DI16×24VDC BA"→"6ES7 521-1BH10-0AA0"模块拖拽到 CPU 模块右侧的 2

号槽位中，如图 9-27 所示。

图 9-26　新建项目

图 9-27　主站硬件配置

③ 配置主站 PROFIBUS-DP 参数。先选中"设备视图"选项卡，再选中紫色的 DP 接口（标号 1 处），选中"属性"（标号 2 处）选项卡，再选中"PROFIBUS 地址"（标号 3 处）选项，再单击"添加新子网"（标号 4 处），弹出"PROFIBUS 地址"参数，如图 9-28 所示，保存主站的硬件和网络配置。

图 9-28　配置主站 PROFIBUS-DP 参数

④ 插入 IM155-5 DP 模块。在 TIA 博途软件项目视图的项目树中，先选中"网络视图"选项卡，再将"硬件目录"→"分布式 IO"→"ET200MP"→"接口模块"→"PROFIBUS"→"IM155-5 DP ST"→"6ES7 155-5BA00-0AB0"模块拖拽到如图 9-29 所示的空白处。

图 9-29　插入 IM155-5 DP 模块

⑤ 插入数字量输出模块。先选中 IM155-5 DP 模块，再选中"设备视图"选项卡，再把"硬件目录"→"DQ"→"DQ16×24VDC"→"6ES7 522-1BH10-0AA0"模块拖拽到 IM155-5 DP 模块右侧的 3 号槽位中，如图 9-30 所示。

图 9-30　插入数字量输出模块

⑥ PROFIBUS 网络配置。先选中"网络视图"选项卡，再选中主站的紫色 PROFIBUS 线，用鼠标按住不放，一直拖拽到 IM155-5 DP 模块的 PROFIBUS 接口处松开，如图 9-31 所示。

图 9-31　配置 PROFIBUS 网络（1）

如图 9-32 所示，选中 IM155-5 DP 模块，单击鼠标右键，弹出快捷菜单，单击"分配到新主站"命令，再选中"PLC_1.DP 接口_1"，单击"确定"按钮，如图 9-33 所示。PROFIBUS 网络配置完成，如图 9-34 所示。

图 9-32 配置 PROFIBUS 网络（2）

图 9-33 配置 PROFIBUS 网络（3）

图 9-34 PROFIBUS 网络配置完成

（3）编写程序

只需要对主站编写程序，主站的梯形图程序如图 9-35 所示。

图 9-35 梯形图

9.3.4 S7-1500 PLC 与 S7-1500 PLC 间的 PROFIBUS-DP 通信

有的 S7-1500 PLC 的 CPU 自带有 DP 通信口（如 CPU 1516-3PN/DP），由于西门子公司主推 PROFINET 通信，目前多数 CPU1500 并没有自带 DP 通信口，没有自带 DP 通信口的 CPU 可以通过通信模块 CM1542-5 扩展通信口。以下仅以 1 台 1516-3PN/DP 和 CPU1511-1PN 之间 PROFIBUS 通信为例介绍 S7-1500 PLC 与 S7-1500 PLC 间的 PROFIBUS 现场总线通信。

【例 9-2】 有两台设备，分别由 CPU1516-3PN/DP 和 CPU1511-1PN 控制，要求实时从设备 1 上的 CPU1516-3PN/DP 的 MB10 发出 1 个字节到设备 2 的 CPU1511-1PN 的 MB10，从设备 2 上的 CPU1511-1PN 的 MB20 发出 1 个字节到设备 1 的 CPU1516-3PN/DP 的 MB20，请实现此任务。

解

（1）主要软硬件配置

① 1 套 TIA Portal V13 SP1。

② 1 台 CPU1516-3PN/DP 和 CPU1511-1PN。

③ 1 台 CM1542-5。

④ 1 根 PROFIBUS 网络电缆（含两个网络总线连接器）。

⑤ 1 根编程电缆。

PROFIBUS 现场总线硬件配置图如图 9-36 所示。

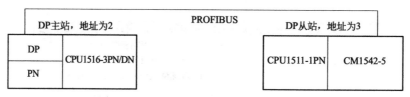

图 9-36　PROFIBUS 现场总线硬件配置图

（2）硬件配置

① 新建项目。先打开 TIA Portal V13 SP1，再新建项目，本例命名为"DP_SLAVE"，接着单击"项目视图"按钮，切换到项目视图，如图 9-37 所示。

② 从站硬件配置。如图 9-37 所示，在 TIA 博途软件项目视图的项目树中，双击"添加新设备"按钮，先添加 CPU 模块"CPU1511-1PN"，配置 CPU 后，再把"硬件目录"→"通信模块"→"PROFIBUS"→"CM142-5"→"6GK7 542-5DX00-0XE0"模块拖拽到 CPU 模块右侧的 2 号槽位中，如图 9-38 所示。

③ 配置从站 PROFIBUS-DP 参数。先选中"设备视图"选项卡（标号 1 处），再选中 CM1542-5 模块紫色的 DP 接口（标号 2 处），选中"属性"（标号 3 处）选项卡，再选中"PROFIBUS 地址"（标号 4 处）选项，再单击"添加新子网"（标号 5 处），弹出"PROFIBUS 地址参数"（标号 6 处），将从站的站地址修改为 3，如图 9-39 所示。

④ 设置从站操作模式。在 TIA 博途软件项目视图的项目树中，先选中"设备视图"选项卡，再选中"属性"→"操作模式"，将操作模式改为"DP 从站"，如图 9-40 所示。

⑤ 配置从站通信数据接口。选中"设备视图"选项卡，再选中"属性"→"操作模式"→"智能从站通信"，单击"新增"按钮 2 次，产生"传输区_1"和"传输区_2"，

图 9-37　新建项目

图 9-38　从站硬件配置

如图 9-41 所示。图中的箭头 "→" 表示数据的传送方向，双击箭头可以改变数据传输方向。图中的 "I0" 表示从站接收一个字节的数据到 "IB0" 中，图中的 "Q0" 表示从站从 "QB0" 中发送一个字节的数据到主站。编译保存从站的配置信息。

⑥ 新建项目。先打开 TIA Portal V13 SP1，再新建项目，本例命名为 "DP_MASTER"，接着单击 "项目视图" 按钮，切换到项目视图，如图 9-42 所示。

⑦ 主站硬件配置。如图 9-42 所示，在 TIA 博途软件项目视图的项目树中，双击 "添加新设备" 按钮，先添加 CPU 模块 "CPU1516-3PN/DP"，如图 9-43 所示。

图 9-39 配置从站 PROFIBUS-DP 参数

图 9-40 设置从站操作模式

图 9-41 配置从站通信数据接口

图 9-42　新建项目

图 9-43　主站硬件配置

⑧ 配置主站 PROFIBUS-DP 参数。先选中"网络视图"选项卡，再把"硬件目录"→"其他现场设备"→"PROFIBUS-DP"→"I/O"→"SIEMENS AG"→"S7-1500 PLC"→"CM1542-5"→"6GK7 542-5DX00-0XE0"模块拖拽到空白处，如图 9-44 所示。

如图 9-45 所示，选中主站的 DP 接口（紫色），用鼠标按住不放，拖拽到从站的 DP 接口（紫色）松开鼠标，如图 9-46 所示，注意从站上要显示"PLC_1"标记，否则需要重新分配主站。

图 9-44　组态通信接口数据区

图 9-45　配置主站 PROFIBUS 网络（1）

图 9-46　配置主站 PROFIBUS 网络（2）

　　⑨ 配置主站数据通信接口。双击从站，进入"设备视图"，在"设备预览"中插入数据通信区，本例是插入一个字节输入和一个字节输出，如图 9-47 所示，只要将应将目录中的"1Byte Output"和"1Byte Input"拖拽到指定的位置即可，如图 9-48 所示，主站数据通信区配置完成。

图 9-47　配置主站数据通信接口（1）

图 9-48　配置主站数据通信接口（2）

> ▶【关键点】在进行硬件组态时，主站和从站的波特率要相等，主站和从站的地址不能相同，本例的主站地址为 2，从站的地址为 3。一般是：先对从站组态，再对主站进行组态。

(3) 编写主站程序

S7-1500 PLC 与 S7-1500 PLC 间的现场总线通信的程序编写有很多种方法，本例是最为简单的一种方法。从前述的配置，很容易看出主站 2 和从站 3 的数据交换的对应关系，也可参见表 9-3。

表 9-3　主站和从站的发送接收数据区对应关系

序号	主站 S7-1500 PLC	对应关系	从站 S7-1500 PLC
1	QB0	⟶	IB0
2	IB0	⟵	QB0

主站程序如图 9-49 所示。

图 9-49　主站程序

(4) 编写从站程序

从站程序如图 9-50 所示。

图 9-50　从站程序

9.4　以太网通信及其应用

以太网（Ethernet），指的是由 Xerox 公司创建，并由 Xerox、Intel 和 DEC 公司联合开发的基带局域网规范。以太网使用 CSMA/CD（载波监听多路访问及冲突检测技术）技术，并以 10Mbit/s 的速率运行在多种类型的电缆上。以太网与 IEEE802.3 系列标准相类似。以太网不是一种具体的网络，而是一种技术规范。

9.4.1　以太网通信基础

(1) 以太网的历史

以太网的核心思想是使用公共传输信道。这个思想产生于 1968 年美国的夏威尔大学。

以太网技术的最初进展源自于施乐帕洛阿尔托研究中心的许多先锋技术项目中的一个。人们通常认为以太网发明于 1973 年，以当年罗伯特·梅特卡夫（Robert Metcalfe）给他 PARC 的老板写了一篇有关以太网潜力的备忘录为标志。

1979 年，梅特卡夫成立了 3Com 公司。3Com 联合迪吉多、英特尔和施乐（DEC、Intel 和 Xerox）共同将网络进行标准化、规范化。这个通用的以太网标准于 1980 年 9 月 30 日出台。

（2）以太网的分类

以太网分为标准以太网、快速以太网、千兆以太网和万兆以太网。

（3）以太网的拓扑结构

① 星型　管理方便、容易扩展、需要专用的网络设备作为网络的核心节点、需要更多的网线和对核心设备的可靠性要求高。采用专用的网络设备（如集线器或交换机）作为核心节点，通过双绞线将局域网中的各台主机连接到核心节点上，这就形成了星型结构。星型网络虽然需要的线缆比总线型多，但布线和连接器比总线型的要便宜。此外，星型拓扑可以通过级联的方式很方便地将网络扩展到很大的规模，因此得到了广泛的应用，被绝大部分的以太网所采用。如图 9-51 所示，1 台 ESM（Electrical Switch Module，交换机）与 2 台 PLC 和 2 台计算机组成星型网络，这种拓扑结构，在工控中很常见。

② 总线型　如图 9-52 所示，所需的电缆较少、价格便宜、管理成本高、不易隔离故障点、采用共享的访问机制，易造成网络拥塞。早期以太网多使用总线型的拓扑结构，采用同轴缆作为传输介质，连接简单，通常在小规模的网络中不需要专用的网络设备，但由于它存在的固有缺陷，已经逐渐被以集线器和交换机为核心的星型网络所代替。如图 9-52 所示，3 台交换机组成总线网络，交换机再与 PLC、计算机和远程 IO 模块组成网络。

图 9-51　星型拓扑应用　　　　　　　　　　图 9-52　总线拓扑应用
1—TP 电缆，RJ45 接口　　　　　　　　1—TP 电缆，RJ45 接口；2—光缆

③ 环型　如图 9-53 所示。西门子的网络中，用 OLM（Optical Link Module）模块将网络首位相连，形成环网，也可用 OSM（Optical Switch Module）交换机组成环网。与总线型相比冗余环网增加了交换数据的可靠性。如图 9-53 所示，4 台交换机组成环网，交换机再与 PLC、计算机和远程 IO 模块组成网络，这种拓扑结构在工控中很常见。

此外，还有网状和蜂窝状等拓扑结构。

图 9-53　环型拓扑应用
1—TP 电缆，RJ45 接口；2—光缆

（4）接口的工作模式

以太网卡可以工作在两种模式下：半双工和全双工。

（5）传输介质

以太网可以采用多种连接介质，包括同轴缆、双绞线、光纤和无线传输等。其中双绞线多用于从主机到集线器或交换机的连接，而光纤则主要

用于交换机间的级联和交换机到路由器间的点到点链路上。同轴缆作为早期的主要连接介质已经逐渐趋于淘汰。

1）网络电缆（双绞线）接法　用于 Ethernet 的双绞线有 8 芯和 4 芯两种，双绞线的电缆连线方式也有两种，即正线（标准 568B）和反线（标准 568A），其中正线也称为直通线，反线也称为交叉线。正线接线如图 9-54 所示，两端线序一样，从上至下线序是：白绿，绿，白橙，蓝，白蓝，橙，白棕，棕。反线接线如图 9-55 所示，一端为正线的线序，另一端为反线线序，从上至下线序是：白橙，橙，白绿，蓝，白蓝，绿，白棕，棕。对于千兆以太网，用 8 芯双绞线，但接法不同于以上所述的接法，请参考有关文献。

图 9-54　双绞线正线接线

图 9-55　双绞线反线接线

对于 4 芯的双绞线，只用 RJ45 连接头上的（常称为水晶接头）1、2、3 和 6 四个引脚。西门子的 PROFINET 工业以太网采用 4 芯的双绞线。

双绞线的传输距离一般不大于 100m。

2）光纤简介　光纤在通信介质中占有重要地位，特别在远距离传输中比较常用。光纤是光导纤维的简写，是一种由玻璃或塑料制成的纤维，可作为光传导工具。

① 按照光纤的材料分类　可以将光纤的种类分为石英光纤和全塑光纤。

② 按照光纤的传输模式分类　按照光纤传输的模式数量，可以将光纤的种类分为多模光纤和单模光纤。塑料光纤的传输距离一般为几十米。

单模适合长途通信（一般小于 100km），多模适合组建局域网（一般不大于 2km）。

只计算光纤的成本，单模的价格便宜，而多模的价格贵。单模光纤和多模光纤所用的设备不同，不可以混用，因此选型时要注意这点。

③ 规格　多模光纤常用规格为：62.5/125，50/125。62.5/125 是北美的标准，而 50/125 是日本和德国的标准。

④ 光纤的几个要注意的问题

a. 光纤尾纤：只有一端有活动接头，另一端没有活动接头，需要用专用设备与另一根光纤熔焊在一起。

b. 光纤跳线：两端都有活动接头，直接可以连接两台设备，跳线如图 9-56 所示。跳线一分为二还可以作为尾纤用。

c.接口有很多种，不同接口需要不同的耦合器，在工程中一旦设备的接口（如 FC 接口）选定了，尾纤和跳线的接口也就确定下来了。常见的接口如图 9-57 所示，这些接口中，相当部分标准由日本公司制定。

图 9-56　跳线

图 9-57　光纤接口

APC　SC　LC　FC　ST

(6) 工业以太网通信简介

所谓工业以太网，通俗地讲就是应用于工业的以太网，是指其在技术上与商用以太网（IEEE802.3 标准）兼容，但材质的选用、产品的强度和适用性方面应能满足工业现场的需要。工业以太网技术的优点表现在：以太网技术应用广泛，为所有的编程语言所支持；软硬件资源丰富；易于与 Internet 连接，实现办公自动化网络与工业控制网络的无缝连接；通信速度快；可持续发展的空间大等。

为促进 Ethernet 在工业领域的应用，国际上成立了工业以太网协会（Industrial Ethernet Association，IEA）。

9.4.2　S7-1500 PLC 的以太网通信方式

(1) S7-1500 PLC 系统以太网接口

S7-1500 PLC 的 CPU 最多集成 X1、X2 和 X3 三个接口，有的 CPU 只集成 X1 接口，此外通信模块 CM1542-1 和通信处理器 CP1543-1 也有以太网接口。

S7-1500 PLC 系统以太网接口支持的通信方式按照实时性和非实时性进行划分，不同的接口支持的通信服务见表 9-4。

表 9-4　S7-1500 PLC 系统以太网接口支持通信服务

接口类型	实时通信		非实时通信		
	PROFINET IO 控制器	I-Device	OUC 通信	S7 通信	Web 服务器
CPU 集成接口 X1	√	√	√	√	√
CPU 集成接口 X2	×	×	√	√	√
CPU 集成接口 X3	×	×	√	√	√
CM1542-1	√	×	√	√	√
CP1543-1	×	×	√	√	√

注：√表示有此功能，×表示没有此功能。

(2) 西门子工业以太网通信方式简介

工业以太网的通信主要利用第 2 层（ISO）和第 4 层（TCP）的协议。S7-1500 PLC 系统以太网接口支持的非实时性分为两种 Open User Comunication（OUC）通信和 S7 通信，而实时通信只有 PROFINET IO 信通。

9.4.3 S7-1500 PLC 之间的 OUC 通信及其应用

9.4.3.1 OUC 通信

OUC（开放式用户通信）适用于 S7-1200/1500/300/400 PLC 之间的通信、S7-PLC 与 S5-PLC 之间的通信、PLC 与个人计算机或第三方设备之间的通信，OUC 通信包含以下通信连接。

（1）ISO Transport（ISO 传输协议）

ISO 传输协议支持基于 ISO 的发送和接收，使得设备（例如 SIMATIC S5 或 PC）在工业以太网上的通信非常容易，该服务支持大数据量的数据传输（最大 64KB）。ISO 数据接收由通信方确认，通过功能块可以看到确认信息。用于 SIMATIC S5 和 SIMATIC S7 的工业以太网连接。

（2）ISO-on-TCP

ISO-on-TCP 支持第 4 层 TCP/IP 协议的开放数据通信。用于支持 SIMATIC S7 和 PC 以及非西门子支持的 TCP/IP 以太网系统。ISO-on-TCP 符合 TCP/IP，但相对于标准的 TCP/IP，还附加了 RFC 1006 协议，RFC 1006 是一个标准协议，该协议描述了如何将 ISO 映射到 TCP 上去。

（3）UDP

UDP（User Datagram Protocol，用户数据报协议），属于第 4 层协议，提供了 S5 兼容通信协议，适用于简单的交叉网络数据传输，没有数据确认报文，不检测数据传输的正确性。UDP 支持基于 UDP 的发送和接收，使得设备（例如 PC 或非西门子公司设备）在工业以太网上的通信非常容易。该协议支持较大数据量的数据传输（最大 1472 字节），数据可以通过工业以太网或 TCP/IP 网络（拨号网络或因特网）传输。通过 UDP，SIMATIC S7 通过建立 UDP 连接，提供了发送/接收通信功能，与 TCP 不同，UDP 实际上并没有在通信双方建立一个固定的连接。

（4）TCP/IP

TCP/IP 中传输控制协议，支持第 4 层 TCP/IP 协议的开放数据通信。提供了数据流通信，但并不将数据封装成消息块，因而用户并不接收到每一个任务的确认信号。TCP 支持面向 TCP/IP 的 Socket。

TCP 支持给予 TCP/IP 的发送和接收，使得设备（例如 PC 或非西门子设备）在工业以太网上的通信非常容易。该协议支持大数据量的数据传输（最大 64KB），数据可以通过工业以太网或 TCP/IP 网络（拨号网络或因特网）传输。通过 TCP，SIMATIC S7 可以通过建立 TCP 连接来发送/接收数据。

S7-1500 PLC 系统以太网接口支持的通信连接类型见表 9-5。

表 9-5　S7-1500 PLC 系统以太网接口支持的通信连接类型

接口类型	连接类型			
	ISO	ISO-on-TCP	TCP/IP	UDP
CPU 集成接口 X1	×	√	√	√
CPU 集成接口 X2	×	√	√	√
CPU 集成接口 X3	×	√	√	√
CM1542-1	×	√	√	√
CP1543-1	√	√	√	√

注：√表示有此功能，×表示没有此功能。

9.4.3.2 OUC 通信实例

【例 9-3】 有两台设备，分别由一台 CPU 1511-1PN 控制，要求从设备 1 上的 CPU 1511-1PN 的 MB10 发出 1 个字节到设备 2 的 CPU 1511-1PN 的 MB10。

解 S7-1500 PLC 之间的 OUC 通信，可以采用很多连接方式，如 TCP/IP、ISO-on-TCP 和 UDP 等，以下仅介绍 ISO-on-TCP 连接方式。

S7-1500 PLC 间的以太网通信硬件配置如图 9-58 所示，本例用到的软硬件如下：

① 2 台 CPU 1511-1PN；

② 1 台 4 口交换机；

③ 2 根带 RJ45 接头的屏蔽双绞线（正线）；

④ 1 台个人电脑（含网卡）；

⑤ 1 套 TIA Portal V13 SP1。

图 9-58　S7-1500 PLC 间的以太网通信硬件配置

(1) 新建项目

先打开 TIA Portal V13 SP1，再新建项目，本例命名为"ISO _ on _ TCP"，接着单击"项目视图"按钮，切换到项目视图，如图 9-59 所示。

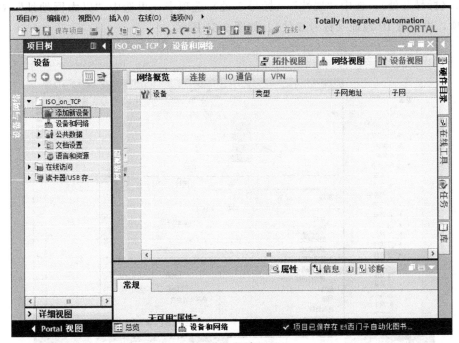

图 9-59　新建项目

(2) 硬件配置

如图 9-59 所示，在 TIA 博途软件项目视图的项目树中，双击"添加新设备"按钮，先添加 CPU 模块"CPU1511-1PN"两次，并启用时钟存储器字节，如图 9-60 所示。

图 9-60　硬件配置

(3) IP 地址设置

选中 PLC_1 的"设备视图"选项卡（标号1处），再选中 CPU1511-1PN 模块绿色的 PN 接口（标号2处），选中"属性"（标号3处）选项卡，再选中"以太网地址"（标号4处）选项，再设置 IP 地址（标号5处），如图 9-61 所示。

图 9-61　配置 IP 地址（客户端）

用同样的方法设置 PLC_2 的 IP 地址为 192.168.0.2。

(4) 调用函数块 TSEND_C

在 TIA 博途软件项目视图的项目树中，打开"PLC_1"的主程序块，再选中"指令"→"通信"→"开放式用户通信"，再将"TSEND_C"拖拽到主程序块，如图 9-62 所示。

图 9-62　调用函数块 TSEND_C

(5) 配置客户端连接参数

选中"属性"→"连接参数"，如图 9-63 所示。先选择连接类型为"ISO_on_TCP"，组态模式选择"使用组态的连接"，在连接数据中，单击"新建"，伙伴选择为"PLC_2"。

图 9-63　配置连接参数（1）

(6) 配置客户端块参数

按照如图 9-64 所示配置参数。每一秒激活一次发送请求，每次将 MB10 中的信息发送出去。

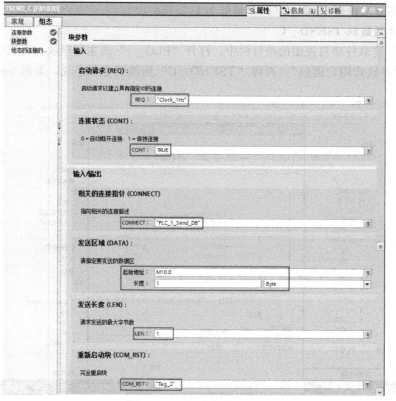

图 9-64 配置块参数 (1)

(7) 调用函数块 TRCV _ C

在 TIA 博途软件项目视图的项目树中，打开"PLC _ 2"主程序块，再选中"指令"→"通信"→"开放式用户通信"，再将"TRCV _ C"拖拽到主程序块，如图 9-65 所示。

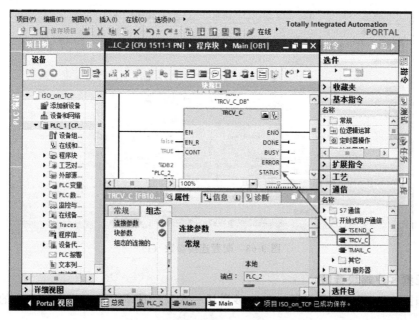

图 9-65 调用函数块 TRCV _ C

（8）配置服务器端连接参数

选中"属性"→"连接参数"，如图 9-66 所示。先选择连接类型为"ISO _ on _ TCP"，组态模式选择"使用组态的连接"，在连接数据选择"ISOonTCP _ 连接 _ 1"，伙伴选择为"PLC _ 1"，且"PLC _ 1"为主动建立连接，也就是主控端，即客户端。

图 9-66　配置连接参数（2）

（9）配置服务器端块参数

按照如图 9-67 所示配置参数。每一秒激活一次接收操作，每次将伙伴站发送来的数据存储在 MB10 中。

图 9-67　配置块参数（2）

(10) 指令说明

① TSEND_C 指令　TCP 和 ISO_on_TCP 通信均可调用此指令，TSEND_C 可与伙伴站建立 TCP 或 ISO_on_TCP 通信连接、发送数据，并且可以终止该连接。设置并建立连接后，CPU 会自动保持和监视该连接。TSEND_C 指令输入/输出参数见表 9-6。

表 9-6　TSEND_C 指令的参数

LAD	SCL	输入/输出	说明
		EN	使能
		REQ	在上升沿时,启动相应作业以建立 ID 所指定的连接
		CONT	控制通信连接： • 0：数据发送完成后断开通信连接 • 1：建立并保持通信连接
	"TSEND_C_DB"(　req:=_bool_in_, 　cont:=_bool_in_,	LEN	通过作业发送的最大字节数
TSEND_C — EN　　　　ENO — — REQ　　　DONE — — CONT　　　BUSY — — LEN　　　　ERROR — — CONNECT　　STATUS — — DATA — ADDR — COM_RST	len:=_uint_in_, 　done=>_bool_out_,	CONNECT	指向连接描述的指针
	busy=>_bool_out_,	DATA	指向发送区的指针
	error=>_bool_out_, 　status=>_word_out_, 　connect:=_struct_inout_, 　data:=_variant_inout_, 　com_rst:=_bool_inout_);	BUSY	状态参数,可具有以下值： • 0：发送作业尚未开始或已完成 • 1：发送作业尚未完成,无法启动新的发送作业
		DONE	上一请求已完成且没有出错后,DONE 位将保持为 TRUE 一个扫描周期时间
		STATUS	故障代码
		ERROR	是否出错：0 表示无错误,1 表示有错误

② TRCV_C 指令　TCP 和 ISO_on_TCP 通信均可调用此指令，TRCV_C 可与伙伴 CPU 建立 TCP 或 ISO_on_TCP 通信连接，可接收数据，并且可以终止该连接。设置并建立连接后，CPU 会自动保持和监视该连接。TRCV_C 指令输入/输出参数见表 9-7。

表 9-7　TRCV_C 指令的参数

LAD	SCL	输入/输出	说明
		EN	使能
	"TRCV_C_DB"(　en_r:=_bool_in_,	EN_R	启用接收
	cont:=_bool_in_, 　len:=_uint_in_, 　adhoc:=_bool_in_,	CONT	控制通信连接： • 0：数据接收完成后断开通信连接 • 1：建立并保持通信连接
TRCV_C — EN　　　　ENO — — EN_R　　　DONE — — CONT　　　BUSY — — LEN　　　　ERROR — — ADHOC　　　STATUS — — CONNECT　　RCVD_LEN — — DATA — ADDR — COM_RST	done=>_bool_out_,	LEN	通过作业接收的最大字节数
	busy=>_bool_out_, 　error=>_bool_out_,	CONNECT	指向连接描述的指针
	status=>_word_out_, 　rcvd_len=>_uint_out_,	DATA	指向接收区的指针
	connect:=_struct_inout_, 　data:=_variant_inout_, 　com_rst:=_bool_inout_);	BUSY	状态参数,可具有以下值： • 0：接收作业尚未开始或已完成 • 1：接收作业尚未完成,无法启动新的接收作业

LAD	SCL	输入/输出	说明
		DONE	上一请求已完成且没有出错后，DONE 位将保持为 TRUE 一个扫描周期时间
		STATUS	故障代码
		RCVD_LEN	实际接收到的数据量（字节）
		ERROR	是否出错：0 表示无错误，1 表示有错误

(11) 编写程序

客户端的 LAD 和 SCL 程序如图 9-68 所示，服务器端的 LAD 和 SCL 程序（二者只选其一，且变量地址相同）如图 9-69 所示。

图 9-68　客户端的 LAD 和 SCL 程序

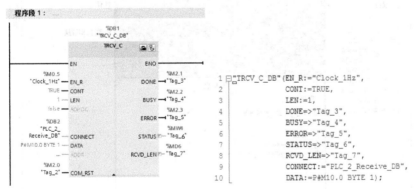

图 9-69　服务器端的 LAD 和 SCL 程序

9.4.4　S7-1500 PLC 与 S7-1200 PLC 之间的 OUC 通信（TCP）及其应用

OUC（开放式用户通信）包含 ISO Transport（ISO 传输协议）、ISO-on-TCP、UDP 和 TCP/IP 通信方式，在前述章节已经介绍了 S7-1500 PLC 与 S7-1500 PLC 之间的 OUC 通信，采用 ISO-on-TCP 通信方式，以下将用一个例子介绍 S7-1500 PLC 与 S7-1200 PLC 之间的 OUC 通信，采用 TCP 通信方式。

【例 9-4】　有两台设备，分别由一台 CPU 1511-1PN 和一台 CPU 1211C 控制，要求从设备 1 上的 CPU 1511-1PN 的 MB10 发出 1 个字节到设备 2 的 CPU 1211C 的 MB10。

解　S7-1500 PLC 与 S7-1200 PLC 间的以太网通信硬件配置如图 9-70 所示，本例用到的软硬件如下：

① 1 台 CPU 1511-1PN；

② 1 台 CPU 1211C；

③ 2 根带 RJ45 接头的屏蔽双绞线（正线）；

④ 1 台个人电脑（含网卡）；

⑤ 1 台 4 口交换机；

⑥ 1 套 TIA Portal V13 SP1。

图 9-70　S7-1500 PLC 与 S7-1200 PLC 间的以太网通信硬件配置

(1) 新建项目

先打开 TIA Portal V13 SP1，再新建项目，本例命名为"TCP _ 1500to1200"，接着单击"项目视图"按钮，切换到项目视图，如图 9-71 所示。

图 9-71　新建项目

(2) 硬件配置

如图 9-71 所示，在 TIA 博途软件项目视图的项目树中，双击"添加新设备"按钮，先添加 CPU 模块"CPU1511-1PN"，并启用时钟存储器字节；再添加 CPU 模块"CPU1211C"，并启用时钟存储器字节，如图 9-72 所示。

图 9-72 硬件配置

(3) IP 地址设置

先选中 PLC _ 1 的"设备视图"选项卡（标号 1 处），再选中 CPU1511-1PN 模块绿色的 PN 接口（标号 2 处），选中"属性"（标号 3 处）选项卡，再选中"以太网地址"（标号 4 处）选项，再设置 IP 地址（标号 5 处），如图 9-73 所示。

图 9-73 设置 IP 地址（客户端）

用同样的方法设置 PLC _ 2 的 IP 地址为 192.168.0.2。

(4) 调用函数块 TSEND _ C

在 TIA 博途软件项目视图的项目树中，打开"PLC _ 1"的主程序块，再选中"指令"→

"通信" → "开放式用户通信"，再将 "TSEND _ C" 拖拽到主程序块，如图 9-74 所示。

图 9-74　调用函数块 TSEND _ C

（5）配置客户端连接参数

选中"属性"→"连接参数"，如图 9-75 所示。先选择连接类型为"TCP"，组态模式选择"使用组态的连接"，在连接数据中，单击"新建"，伙伴选择为"未指定"，其 IP 地址为 192.168.0.2。本地端口和伙伴端口为 2000。

图 9-75　配置连接参数（1）

（6）配置客户端块参数

按照如图 9-76 所示配置参数。每一秒激活一次发送请求，每次将 MB10 中的信息发送出去。

（7）调用函数块 TRCV _ C

在 TIA 博途软件项目视图的项目树中，打开"PLC _ 2"主程序块，再选中"指令"→

"通信"→"开放式用户通信",再将"TRCV＿C"拖拽到主程序块,如图 9-77 所示。

图 9-76　配置块参数 (1)

图 9-77　调用函数块 TRCV＿C

(8) 配置服务器端连接参数

选中"属性"→"连接参数",如图 9-78 所示。先选择连接类型为"TCP",组态模式选择"使用组态的连接",伙伴选择为"PLC_1",且"PLC_1"为主动建立连接,也就是主控端,即客户端。本地端口和伙伴端口为 2000。

图 9-78 配置连接参数 (2)

(9) 配置服务器端块参数

按照如图 9-79 所示配置参数。每一秒激活一次接收操作,每次将伙伴站发送来的数据存储在 MB10 中。

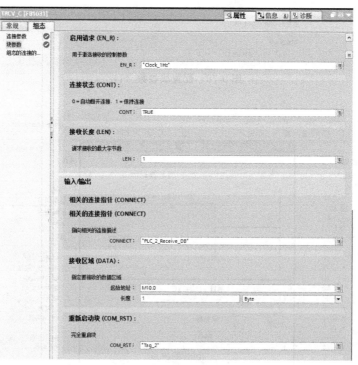

图 9-79 配置块参数 (2)

(10) 连接客服端和服务器端

如图 9-80 所示,选中 PLC_1 的 PN 口(绿色),用鼠标按住不放,拖至 PLC_2 的 PN 口(绿色)后释放鼠标。

图 9-80　连接客服端和服务器端

(11) 编写程序

客户端的程序如图 9-81 所示，服务器端的程序如图 9-82 所示。

图 9-81　客户端的程序

图 9-82　服务器端的程序

9.4.5　S7-1200 PLC 与 S7-1200 PLC 之间的 OUC 通信（UDP）及其应用

UDP 通信是一种简单快速的数据传输协议，位于 ISO/OSI 参考模型的第四层，是一种无连接的面向消息的服务。UDP 通信的数据包中仅加入了少量的报头，与 TCP 相比可获得更高的数据吞吐量。其数据传输快速，支持广播、组广播等方式。UDP 通信无流量控制和确认机制，仅利用校验和检查数据的完整性，差错控制水平低。

以下将用一个例子介绍 S7-1200 PLC 与 S7-1200 PLC 之间的 OUC 通信，采用 UDP 通信方式。

【例 9-5】 有两台设备，分别由一台 CPU1214C 和一台 CPU1211C 控制，要求从设备 1 上的 CPU1214C 的 MB10 发出 1 个字节到设备 2 的 CPU1211C 的 MB10。

解 S7-1200 PLC 与 S7-1200 PLC 间的以太网通信硬件配置如图 9-83 所示，本例用到的软硬件如下：

① 1 台 CPU 1214C；

② 1 台 CPU 1211C；

③ 2 根带 RJ45 接头的屏蔽双绞线（正线）；

④ 1 台个人电脑（含网卡）；

⑤ 1 台 4 口交换机；

⑥ 1 套 TIA Portal V13 SP1。

图 9-83 S7-1200 PLC 与 S7-1200 PLC 间的以太网通信硬件配置

(1) 新建项目

先打开 TIA Portal V13 SP1，再新建项目，本例命名为"UDP_S71200to1200"，接着单击"项目视图"按钮，切换到项目视图，如图 9-84 所示。

图 9-84 新建项目

（2）硬件配置

如图 9-84 所示，在 TIA 博途软件项目视图的项目树中，双击"添加新设备"按钮，添加 CPU 模块"CPU1214C"，并启用时钟存储器字节。再添加 CPU 模块"CPU1211C"，并启用时钟存储器字节，如图 9-85 所示。

图 9-85　硬件配置

（3）IP 地址设置

先选中 PLC_1 的"设备视图"选项卡（标号 1 处），再选中 CPU1214C 模块绿色的 PN 接口（标号 2 处），选中"属性"（标号 3 处）选项卡，再选中"以太网地址"（标号 4 处）选项，再设置 IP 地址（标号 5 处）为 192.168.0.1，如图 9-86 所示。

图 9-86　设置 IP 地址

用同样的方法设置 PLC_2 的 IP 地址为 192.168.0.2。

(4) 创建 UDP 服务

① 创建连接数据 DB 块   如图 9-87 所示,在项目树中,选择"程序块"→"添加新块",选中"DB"→"TCON_Param",单击"确定"按钮,新建连接数据块 DB2。

图 9-87   创建数据块

② 调用函数块 TCON   在 TIA 博途软件项目视图的项目树中,打开"PLC_1"的主程序块,再选中"指令"→"开放式用户通信"→"其他",再将指令块"TCON"拖拽到主程序中,如图 9-88 所示。单击"TCON"上的"组态"图标,弹出组态界面如图 9-89 所示。

图 9-88   调用函数块 TCON

③ 创建 UDP 如图 9-89 所示，选择通信伙伴为"未指定"；连接数据为前面创建的 DB2；连接类型为"UDP"；连接 ID 为"1"；端口号为"2000"。

注意：本地站和伙伴站都不要设置为"主动建立连接"。

图 9-89 创建 UDP

(5) 创建数据块 DB4

此数据块是系统数据类型 TADDR _ Param 的指针，定义了远程站的 IP 地址和端口号。如图 9-90 所示，在项目树中，选择"程序块"→"添加新块"，选中"DB"→"TADDR _ Param"，单击"确定"按钮，新建连接数据块 DB4。

图 9-90 创建数据块 DB4

打开 DB4，修改其启动值，如图 9-91 所示，该修改值与远程伙伴站的 IP 地址和端口号一致。

图 9-91　修改 DB4 的启动值

(6) 调用函数块 TUSEND

在 TIA 博途软件项目视图的项目树中，打开"PLC_1"的主程序块，再选中"指令"→"开放式用户通信"→"其他"，再将"TUSEND"拖拽到主程序块，如图 9-92 所示。

图 9-92　调用函数块 TUSEND

(7) 指令说明

① TUSEND 指令　TUSEND 指令通过 UDP 将数据发送到参数 ADDR 指定的远程伙伴。启动用于发送数据的作业，要激活 REQ，调用 TUSEND 指令。TUSEND 指令输入/输出参数见表 9-8。

表 9-8　TUSEND 指令的参数

LAD	SCL	输入/输出	说明
TUSEND EN ENO REQ DONE ID BUSY LEN ERROR DATA STATUS ADDR	"TUSEND_DB"(req:=_bool_in_, id:=_word_in_, len:=_udint_in_, done=>_bool_out_, busy=>_bool_out_, error=>_bool_out_, status=>_word_out_, data:=_variant_inout_);	EN	使能
		REQ	在上升沿启动发送作业。传送 DATA 和 LEN 指定的区域中的数据
		ID	引用用户程序与操作系统通信层之间的相关连接
		LEN	通过作业发送的最大字节数

LAD	SCL	输入/输出	说明
		ADDR	指向接收方的地址的指针。该指针可指向任何存储区。需要 8 字节的结构
		DATA	指向发送区的指针
		BUSY	状态参数,可具有以下值: • 0:发送作业尚未开始或已完成 • 1:发送作业尚未完成,无法启动新的发送作业
		DONE	上一请求已完成且没有出错后,DONE 位将保持为 TRUE 一个扫描周期时间
		STATUS	故障代码
		ERROR	是否出错:0 表示无错误,1 表示有错误

　　② TURCV 指令　TURCV 指令通过 UDP 接收数据。参数 ADDR 显示发送方地址。TURCV 成功完成后,参数 ADDR 将包含远程伙伴(发送方)的地址。TURCV 不支持特殊模式。启动用于接收数据的作业,要激活 EN _ R,调用 TURCV 指令。TURCV 指令输入/输出参数见表 9-9。

表 9-9　TURCV 指令的参数

LAD	SCL	输入/输出	说明
		EN	使能
		EN_R	启用接收,一般为 TRUE
		ID	引用用户程序与操作系统通信层之间的相关连接
		LEN	通过作业接收的最大字节数
		ADDR	指向接收方的地址的指针。该指针可指向任何存储区。需要 8 字节的结构
	"TURCV_DB"(en_r:=_bool_in_, id:=_word_in_, len:=_udint_in_, ndr=>_bool_out_, busy=>_bool_out_, error=>_bool_out_, status=>_word_out_, rcvd_len=>_udint_out_, data:=_variant_inout_);	DATA	指向接收区的指针
		BUSY	状态参数,可具有以下值: • 0:接收作业尚未开始或已完成 • 1:接收作业尚未完成,无法启动新的接收作业
		DONE	上一请求已完成且没有出错后,DONE 位将保持为 TRUE 一个扫描周期时间
		STATUS	故障代码
		RCVD_LEN	实际接收到的数据量(字节)
		ERROR	是否出错:0 表示无错误,1 表示有错误

LAD 图中:
```
        TURCV
EN            ENO
EN_R          NDR
ID            BUSY
DATA          ERROR
ADDR          STATUS
              RCVD_LEN
```

(8) 编写发送端程序

在 PLC_1 中，编写发送端 LAD 和 SCL 程序（LAD 和 SCL 程序二选一，且变量地址相同），如图 9-93 所示。

图 9-93　LAD 和 SCL 程序（PLC_1）

(9) 在 PLC_2 中创建数据块 DB2

此数据块是系统数据类型 TADDR_Param 的指针，定义了远程站的 IP 地址和端口号。如图 9-94 所示，在项目树中，选择"程序块"→"添加新块"，选中"DB"→"TADDR_Param"，单击"确定"按钮，新建连接数据块 DB2。

图 9-94　创建 DB2

打开 DB2，设置远程伙伴站的 IP 地址和端口号，如图 9-95 所示。

(10) 调用函数块 TCON

在 TIA 博途软件项目视图的项目树中，打开"PLC_2"的主程序块，再选中"指令"→"开放式用户通信"→"其他"，再将指令块"TCON"拖拽到主程序中，如图 9-96 所示。单击"TCON"上的"组态"图标，弹出组态界面如图 9-97 所示。

图 9-95　DB2 的参数与启动值

图 9-96　调用函数块 TCON

图 9-97　创建 UDP

(11) 创建 UDP

如图 9-97 所示，选择通信伙伴为"未指定"；连接数据为前面创建的 PLC＿2＿Connection＿DB；连接类型为"UDP"；连接 ID 为"1"；端口号为"2000"。

注意：本地站和伙伴站都不要设置为"主动建立连接"。

（12）编写接收端程序

在 PLC＿2 中，编写接收端 LAD 和 SCL 程序（LAD 和 SCL 程序二选一，且变量地址相同），如图 9-98 所示。

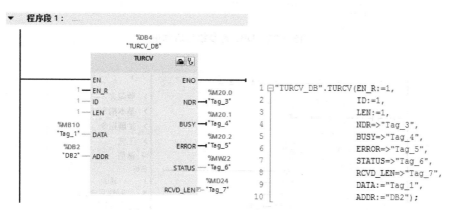

```
1  "TURCV_DB".TURCV(EN_R:=1,
2                    ID:=1,
3                    LEN:=1,
4                    NDR=>"Tag_3",
5                    BUSY=>"Tag_4",
6                    ERROR=>"Tag_5",
7                    STATUS=>"Tag_6",
8                    RCVD_LEN=>"Tag_7",
9                    DATA:="Tag_1",
10                   ADDR:="DB2");
```

图 9-98 LAD 和 SCL 程序（PLC＿2）

9.4.6 S7-1500 PLC 之间的 S7 通信及其应用

9.4.6.1 S7 通信简介

S7 通信（S7 Communication）集成在每一个 SIMATIC S7/M7 和 C7 的系统中，属于 OSI 参考模型第 7 层应用层的协议，它独立于各个网络，可以应用于多种网络（MPI、PROFIBUS、工业以太网）。S7 通信通过不断地重复接收数据来保证网络报文的正确。在 SIMATIC S7 中，通过组态建立 S7 连接来实现 S7 通信。在 PC 上，S7 通信需要通过 SAPI-S7 接口函数或 OPC（过程控制用对象链接与嵌入）来实现。

9.4.6.2 S7 通信应用

【例 9-6】 有两台设备，分别由两台 CPU 1511-1PN 控制，要求从设备 1 上的 CPU1511-1PN 的 MB10 发出 1 个字节到设备 2 的 CPU1511-1PN 的 MB10，从设备 2 上的 CPU1511-1PN 的 MB20 发出 1 个字节到设备 1 的 CPU1511-1PN 的 MB20。

解 S7-1500 PLC 之间的以太网通信硬件配置如图 9-58 所示，本例用到的软硬件如下：
① 2 台 CPU1511-1PN；
② 1 台 4 口交换机；
③ 2 根带 RJ45 接头的屏蔽双绞线（正线）；
④ 1 台个人电脑（含网卡）；
⑤ 1 套 TIA Portal V13 SP1。

（1）新建项目

先打开 TIA Portal V13 SP1，再新建项目，本例命名为"S7＿1500"，接着单击"项目视图"按钮，切换到项目视图，如图 9-99 所示。

（2）硬件配置

如图 9-99 所示，在 TIA 博途软件项目视图的项目树中，双击"添加新设备"按钮，添加 CPU 模块"CPU1511-1PN"两次，并启用时钟存储器字节，如图 9-100 所示。

图 9-99　新建项目

图 9-100　硬件配置

(3) IP 地址设置

先选中 PLC＿1 的"设备视图"选项卡(标号 1 处),再选中 CPU1511-1PN 模块绿色的 PN 接口(标号 2 处),选中"属性"(标号 3 处)选项卡,再选中"以太网地址"(标号 4 处)选项,再设置 IP 地址(标号 5 处),如图 9-101 所示。

用同样的方法设置 PLC＿2 的 IP 地址为 192.168.0.2。

(4) 建立 S7 连接

选中"网络视图"→"连接"选项卡,再选择"S7 连接",再用鼠标把 PLC＿1 的 PN (绿色)选中并按住不放,拖拽到 PLC＿2 的 PN 口释放鼠标,如图 9-102 所示。

图 9-101　配置 IP 地址（客户端）

图 9-102　建立 S7 连接

(5) 调用函数块 PUT 和 GET

在 TIA 博途软件项目视图的项目树中，打开"PLC＿1"的主程序块，再选中"指令"→"S7 通信"，再将"PUT"和"GET"拖拽到主程序块，如图 9-103 所示。

(6) 配置客户端连接参数

选中"属性"→"连接参数"，如图 9-104 所示。先选择伙伴为"PLC＿2"，其余参数选择默认生成的参数。

(7) 配置客户端块参数

发送函数块 PUT 按照如图 9-105 所示配置参数。每一秒激活一次发送操作，每次将客户端 MB10 数据发送到伙伴站 MB10 中。接收函数块 GET 按照如图 9-106 所示配置参数。每一秒激活一次接收操作，每次将伙伴站 MB20 发送来的数据存储在客户端 MB20 中。

(8) 更改连接机制

选中"属性"→"常规"→"保护"→"连接机制"，如图 9-107 所示，勾选"允许来自远程对象"，服务器端和客户端都要进行这样的更改。

注意：这一步很容易遗漏，如遗漏则不能建立有效的通信。

图 9-103　调用函数块 PUT 和 GET

图 9-104　配置连接参数

图 9-105　配置块参数（1）

图 9-106 配置块参数 (2)

图 9-107 更改连接机制

(9) 指令说明

使用 GET 和 PUT 指令，通过 PROFINET 和 PROFIBUS 连接，创建 S7 CPU 通信。

① PUT 指令 PUT 指令可从远程 S7 CPU 中读取数据。读取数据时，远程 CPU 可处于 RUN 或 STOP 模式下。PUT 指令输入/输出参数见表 9-10。

表 9-10 PUT 指令的参数

LAD	SCL	输入/输出	说明
		EN	使能
		REQ	上升沿启动发送操作
		ID	S7 连接号
	"PUT_DB"(req:=_bool_in_, id:=_word_in_,	ADDR_1	指向接收方的地址的指针。该指针可指向任何存储区。需要 8 字节的结构
PUT Remote - Variant - EN　　　ENO - REQ　　DONE - ID　　　ERROR - ADDR_1　STATUS - SD_1	ndr=>_bool_out_, error=>_bool_out_, status=>_word_out_, addr_1:=_remote_inout_, [...addr_4:=_remote_ inout_,]	SD_1	指向本地 CPU 中待发送数据的存储区
	sd_1:=_variant_inout_ [,...sd_4:=_variant_inout_]);	DONE	• 0：请求尚未启动或仍在运行 • 1：已成功完成任务
		STATUS	故障代码
		ERROR	是否出错：0 表示无错误，1 表示有错误

② GET 指令　使用 GET 指令从远程 S7 CPU 中读取数据。读取数据时，远程 CPU 可处于 RUN 或 STOP 模式下。GET 指令输入/输出参数见表 9-11。

表 9-11　GET 指令的参数

LAD	SCL	输入/输出	说明
		EN	使能
		REQ	通过由低到高的(上升沿)信号启动操作
	"GET_DB"(	ID	S7 连接号
	req:=_bool_in_,	ADDR_1	指向远程 CPU 中待读取数据的存储区
	id:=_word_in_, ndr=>_bool_out_,	RD_1	指向本地 CPU 中存储待读取数据的存储区
	error=>_bool_out_, status=>_word_out_,	DONE	• 0:请求尚未启动或仍在运行 • 1:已成功完成任务
	addr_1:=_remote_inout_, [...addr_4:=_remote_inout_,]	STATUS	故障代码
	rd_1:=_variant_inout_ [,...rd_4:=_variant_inout_]);	NDR	新数据就绪: • 0:请求尚未启动或仍在运行 • 1:已成功完成任务
		ERROR	是否出错:0 表示无错误,1 表示有错误

(10) 编写程序

客户端的 LAD 和 SCL 程序如图 9-108 所示，服务器端无需编写程序，这种通信方式称为单边通信，而前述章节的以太网通信为双边通信。

(a) LAD程序

```
 1 ⊟"PUT_DB"(REQ:="Clock_1Hz",
 2           ID:=W#16#100,
 3           DONE=>"Tag_2",
 4           ERROR=>"Tag_3",
 5           STATUS=>"Tag_4",
 6           ADDR_1:=P#M10.0 BYTE 1,
 7           SD_1:=P#M10.0 BYTE 1);
 8
 9 ⊟"GET_DB"(REQ:="Clock_1Hz",
10           ID:=W#16#100,
11           NDR=>"Tag_6",
12           ERROR=>"Tag_7",
13           STATUS=>"Tag_8",
14           ADDR_1:=P#M20.0 BYTE 1,
15           RD_1:=P#M20.0 BYTE 1 );
```

(b) SCL程序

图 9-108　客户端的 LAD 和 SCL 程序

9.4.7　S7-1500 PLC 与 S7-1200 PLC 之间的 S7 通信及其应用

S7-1500 PLC 与 S7-1200 PLC 之间的 S7 通信的配置方法同 S7-1500 PLC 之间的 S7 通信比较类似，以下用一个例子进行讲解。

【例 9-7】　有两台设备，分别由一台 CPU1511-1PN 和一台 CPU1211C 控制，要求从设备 1 上的 CPU 1511-1PN 的 MB10 发出 1 个字节到设备 2 的 CPU 1211C 的 MB10，从设备 2 上的 CPU 1211C 的 MB20 发出 1 个字节到设备 1 的 CPU 1511-1PN 的 MB20。

解　S7-1500 PLC 与 S7-1200 PLC 间的以太网通信硬件配置如图 9-70 所示，本例用到的软硬件如下：

① 1 台 CPU 1511-1PN；

② 1 台 CPU 1211C；

③ 2 根带 RJ45 接头的屏蔽双绞线（正线）；

④ 1 台个人电脑（含网卡）；

⑤ 1 台 4 口交换机；

⑥ 1 套 TIA Portal V13 SP1。

(1) 新建项目

打开 TIA Portal V13 SP1，再新建项目，本例命名为 "S7_1500to1200"，接着单击 "项目视图" 按钮，切换到项目视图，如图 9-109 所示。

图 9-109　新建项目

(2) 硬件配置

如图 9-109 所示，在 TIA 博途软件项目视图的项目树中，双击 "添加新设备" 按钮，先添加 CPU 模块 "CPU1511-1PN"，并启用时钟存储器字节；再添加 CPU 模块 "CPU1211C"，并启用时钟存储器字节，如图 9-110 所示。

图 9-110　硬件配置

(3) IP 地址设置

先选中 PLC_1 的"设备视图"选项卡（标号 1 处），再选中 CPU1511-1PN 模块绿色的 PN 接口（标号 2 处），选中"属性"（标号 3 处）选项卡，再选中"以太网地址"（标号 4 处）选项，再设置 IP 地址（标号 5 处），如图 9-111 所示。

图 9-111　配置 IP 地址（客户端）

用同样的方法设置 PLC_2 的 IP 地址为 192.168.0.2。

(4) 建立 S7 连接

选中"网络视图"（1 处）→"连接"（2 处）选项卡，再选择"S7 连接"（3 处），再用鼠标把 PLC_1 的 PN 口（4 处）选中并按住不放，拖拽到 PLC_2 的 PN 口（5 处）释放鼠标，如图 9-112 所示。

图 9-112　建立 S7 连接

(5) 调用函数块 PUT 和 GET

在 TIA 博途软件项目视图的项目树中，打开"PLC_1"的主程序块，再选中"指令"→"S7 通信"，再将"PUT"和"GET"拖拽到主程序块，如图 9-113 所示。

图 9-113　调用函数块 PUT 和 GET

(6) 配置客户端连接参数

选中"属性"→"连接参数"，如图 9-114 所示。先选择伙伴为"PLC_2"，其余参数选择默认生成的参数。

(7) 配置客户端块参数

发送函数块 PUT 按照如图 9-115 所示配置参数。每一秒激活一次发送操作，每次将客户端 MB10 数据发送到伙伴站 MB10 中。接收函数块 GET 按照如图 9-116 所示配置参数。每一秒激活一次接收操作，每次将伙伴站 MB20 发来的数据存储在客户端 MB20 中。

图 9-114　配置连接参数

图 9-115　配置块参数 (1)

图 9-116　配置块参数 (2)

(8) 更改连接机制

选中"属性"→"常规"→"保护"→"连接机制",如图 9-117 所示,勾选"允许来自远程对象的 PUT/GET 通信访问",服务器端和客户端都要进行这样的更改。

图 9-117　更改连接机制

(9) 编写程序

客户端的程序如图 9-118 所示,服务器端无需编写程序。

图 9-118　客户端的程序

9.4.8 S7-1500 PLC 与远程 IO 模块的 PROFINET IO 通信及其应用

9.4.8.1 PROFINET IO 简介

PROFINET IO 主要用于模块化、分布式控制,通过以太网直接连接现场设备(IODevice)。PROFINET IO 是全双工点到点方式。一个 IO 控制器(IOController)最多可以和512 个 IO 设备进行点到点通信,按照设定的更新时间双方对等发送数据。一个 IO 设备的被控对象只能被一个控制器控制。在共享 IO 控制设备模式下,一个 IO 站点上不同的 IO 模块、同一个 IO 模块中的通道都可以被最多 4 个 IO 控制器共享,但输出模块只能被一个 IO 控制器控制,其他控制器可以共享信号状态信息。

由于访问机制是点到点的方式,S7-1500 PLC 的以太网接口可以作为 IO 控制器连接 IO 设备,又可以作为 IO 设备连接到上一级控制器。

9.4.8.2 PROFINET IO 的特点

① 现场设备(IODevices)通过 GSD 文件的方式集成在 TIA 博途软件中,其 GSD 文件以 XML 格式形式保存。

② PROFINET IO 控制器可以通过 IE/PB LINK(网关)连接到 PROFIBUS-DP 从站。

9.4.8.3　PROFINET IO 三种执行水平

(1) 非实时数据通信（NRT）

PROFINET 是工业以太网，采用 TCP/IP 标准通信，响应时间为 100ms，用于工厂级通信。组态和诊断信息、上位机通信等可采用。

(2) 实时通信（RT）

对于现场传感器和执行设备的数据交换，响应时间约为 5～10ms 的时间（DP 满足）。PROFINET 提供了一个优化的、基于第二层的实时通道，解决了实时性问题。

实时数据优先级传递，标准的交换机可保证实时性。

(3) 等时同步实时通信（IRT）

在通信中，对实时性要求最高的是运动控制。100 个节点以下要求响应时间是 1ms，抖动误差不大于 1μs。等时数据传输需要特殊交换机（如 SCALANCE X-200 IRT）。

支持 IRT 的交换机数据通道分为标准通道和 IRT 通道，标准通道用于 NRT 和 RT 的数据，而 IRT 通道用于 IRT 数据通信，网络上的其他通信不会影响 IRT 数据通信。PROFINET IO 实时通信 OSI/ISO 模型如图 9-119 所示。

图 9-119　PROFINET 数据访问 OSI/ISO 模型

9.4.8.4　PROFINET IO 应用实例

【例 9-8】　某系统的控制器由 S7-1500 PLC、SM521、IM155-5PN 和 SM522 组成，要用 S7-1500 PLC 上的 2 个按钮控制远程站上的一台电动机的启停，请组态并编写相关程序。

解　S7-1500 PLC 与远程通信模块 IM155-5PN 间的以太网通信硬件配置如图 9-120 所示，本例用到的软硬件如下：

① 1 台 CPU 1511-1PN；

② 1 台 IM155-5PN；

③ 1 台 SM521 和 SM522；

④ 1 台个人电脑（含网卡）；

⑤ 1 台 4 口交换机；

⑥ 2 根带 RJ45 接头的屏蔽双绞线（正线）；

⑦ 1 套 TIA Portal V13 SP1。

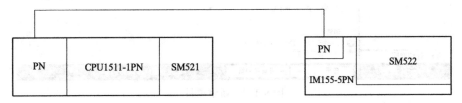

图 9-120　S7-1500 PLC 与远程通信模块的以太网通信硬件配置

S7-1500 PLC 和远程模块接线如图 9-121 所示。

图 9-121 PROFINET 现场总线通信——S7-1500 和远程模块接线

(1) 新建项目

先打开 TIA Portal V13 SP1，再新建项目，本例命名为"IM155_5PN"，接着单击"项目视图"按钮，切换到项目视图，如图 9-122 所示。

(2) 硬件配置

如图 9-122 所示，在 TIA 博途软件项目视图的项目树中，双击"添加新设备"按钮，先添加 CPU 模块"CPU1511-1PN"；配置 CPU 后，再把"硬件目录"→"DI"→"DI16×24VDC BA"→"6ES7 521-1BH00-0AA0"模块拖拽到 CPU 模块右侧的 2 号槽位中，如图 9-123 所示。

图 9-122 新建项目

(3) IP 地址设置

先选中 PLC_1 的"设备视图"选项卡（标号 1 处），再选中 CPU1511-1PN 模块绿色的 PN 接口（标号 2 处），选中"属性"（标号 3 处）选项卡，再选中"以太网地址"（标号 4 处）选项，再设置 IP 地址（标号 5 处），如图 9-124 所示。

图 9-123　硬件配置

图 9-124　设置 IP 地址（客户端）

(4) 插入 IM155-5 PN 模块

在 TIA 博途软件项目视图的项目树中，先选中"网络视图"选项卡，再把"硬件目录"→"分布式 IO"→"ET200MP"→"接口模块"→"PROFINET"→"IM155-5 PN ST"→"6ES7 155-5AA00-0AB0"模块拖拽到如图 9-125 所示的空白处。

图 9-125 插入 IM155-5 PN 模块

(5) 插入数字量输出模块

先选中 IM155-5 PN 模块, 再选中 "设备视图" 选项卡, 再把 "硬件目录" → "DQ" → "DQ16×24VDC" → "6ES7 522-1BH00-0AB0" 模块拖拽到 IM155-5 PN 模块右侧的 2 号槽位中, 如图 9-126 所示。

图 9-126 配置连接参数

(6) 建立客户端与 IO 设备的连接

选中"网络视图"（1 处）选项卡，再用鼠标把 PLC _ 1 的 PN 口（2 处）选中并按住不放，拖拽到 IO device _ 1 的 PN 口（3 处）释放鼠标，如图 9-127 所示。

图 9-127　建立客户端与 IO 设备站的连接

(7) 分配 IO 设备名称

本例的 IO 设备（IO device _ 1）在硬件组态，系统自动分配一个 IP 地址 192.168.0.2，这个 IP 地址仅在初始化时起作用，一旦分配完设备名称后，这个 IP 地址失效。

选中"网络视图"选项卡，再用鼠标选中 PROFINET 网络（1 处），单击鼠标右键，弹出快捷菜单，如图 9-128 所示，单击"分配设备名称"命令。

选择 PROFINET 名称为"IO device _ 1"，选择 PG/PC 接口的类型为"PN/IE"，选择 PG/PC 接口为"Intel Ethernet Connection 1218-V"，此处实际就是安装博途软件计算机的网卡型号，根据读者使用的计算机不同而不同，如图 9-129 所示。单击"更新列表"按钮，系统自动搜索 IO 设备，当搜索到 IO 设备后，再单击"分配名称按钮"，弹出如图 9-130 所示的界面，此界面显示状态为"确定"，表明名称分配完成。

图 9-128　分配 IO 设备名称（1）

图 9-129 分配 IO 设备名称 (2)

图 9-130 完成分配 IO 设备名称

(8) 编写程序

只需要在 IO 控制中编写程序,如图 9-131 所示,而 IO 设备中并不需要编写程序。

```
▼  程序段 1: ....

       %I0.0              %I0.1                                    %Q0.0
       ┤├────────────────┤├─────────────────────────────────────( )

       %Q0.0
       ┤├
```

图 9-131 IO 控制中的程序

9.4.9　S7-1500 PLC 之间的 PROFINET IO 通信及其应用

S7-1500 PLC CPU 不仅可以作为 IO 控制使用，而且还可以作为 IO 设备使用，即 I-Device，以下用一个例子介绍 S7-1500 CPU 分别作为 IO 控制和 IO 设备的通信。

【例 9-9】 有两台设备，分别由两台 CPU 1511-1PN 控制，要求从设备 1 上的 CPU 1511-1PN 的 MB10 发出 1 个字节到设备 2 的 CPU 1511-1PN 的 MB10，从设备 2 上的 CPU 1511-1PN 的 MB20 发出 1 个字节到设备 1 的 CPU 1511-1PN 的 MB20，要求设备 2 作为 I-Device。

解　S7-1500 PLC 与 S7-1500 PLC 间的以太网通信硬件配置如图 9-58 所示，本例用到的软硬件如下：

① 2 台 CPU 1511-1PN；

② 1 台 4 口交换机；

③ 2 根带 RJ45 接头的屏蔽双绞线（正线）；

④ 1 台个人电脑（含网卡）；

⑤ 1 套 TIA Portal V13 SP1。

(1) 新建项目

打开 TIA Portal V13 SP1，新建项目，本例命名为 "PN _ IO"，再单击 "项目视图" 按钮，切换到项目视图，如图 9-132 所示。

图 9-132　新建项目

(2) 硬件配置

如图 9-132 所示，在 TIA 博途软件项目视图的项目树中，双击 "添加新设备" 按钮，先添加 CPU 模块 "CPU1511-1PN"，并启用时钟存储器字节；再添加 CPU 模块 "CPU1511-1PN"，并启用时钟存储器字节，如图 9-133 所示。

(3) IP 地址设置

先选中 PLC _ 1 的 "设备视图" 选项卡（标号 1 处），再选中 CPU1511-1PN 模块绿色的 PN 接口（标号 2 处），选中 "属性"（标号 3 处）选项卡，再选中 "以太网地址"（标号 4 处）选项，再设置 IP 地址（标号 5 处），如图 9-134 所示。

图 9-133　配置硬件

图 9-134　IP 地址设置

用同样的方法设置 PLC＿2 的 IP 地址为 192.168.0.2。

（4）配置 S7-1500 PLC 以太网口的操作模式

如图 9-135 所示，先选中 PLC＿2 的"设备视图"选项卡，再选中 CPU1511-1PN 模块绿色的 PN 接口，选中"属性"选项卡，再选中"操作模式"→"智能设备通信"选项，勾选"IO 设备"，在已分配 IO 控制器选项中，选择"PLC1＿PROFINET 接口＿1"。

（5）配置 I-Device 通信接口数据

如图 9-136 所示，先选中 PLC＿2 的"设备视图"选项卡，再选中 CPU1511-1PN 模块绿色的 PN 接口，选中"属性"选项卡，再选中"操作模式"→"智能设备通信"选项，单击"新增"按钮两次，配置 I-Device 通信接口数据。

图 9-135　配置 S7-1500 PLC 以太网口的操作模式

图 9-136　配置 I-Device 通信接口数据

进行了以上配置后，分别把配置下载到对应的 PLC_1 和 PLC_2 中，PLC_1 中的 QB10 自动将数据发送到 PLC_2 的 IB10，PLC_2 中的 QB10 自动将数据发送到 PLC_1 的 IB10，并不需要编写程序。

图中的"→"表示数据传输方向，从图 9-136 中很容易看出数据流向，见表 9-12。

表 9-12　PLC_1 和 PLC_2 的发送接收数据区对应关系

序号	PLC_1	对应关系	PLC_2
1	QB10	⟶	IB10
2	IB10	⟵	QB10

(6) 编写程序

PLC_1 中的程序如图 9-137 所示，PLC_2 的程序如图 9-138 所示。

图 9-137 PLC_1 中的程序

图 9-138 PLC_2 中的程序

9.4.10 S7-1500 PLC 之间的 MODBUS TCP 通信及其应用

MODBUS TCP 是简单的、中立厂商的用于管理和控制自动化设备的 MODBUS 系列通信协议的派生产品，它覆盖了使用 TCP/IP 协议的"Intranet"和"Internet"环境中 MODBUS 报文的用途。协议的最常用用途是为诸如 PLC、I/O 模块以及连接其他简单域总线或 I/O 模块的网关服务。

9.4.10.1 MODBUS TCP 的以太网参考模型

Modbus TCP 传输过程中使用了 TCP/IP 以太网参考模型的 5 层。

第一层：物理层，提供设备物理接口，与市售介质/网络适配器相兼容。

第二层：数据链路层，格式化信号到源/目的硬件地址数据帧。

第三层：网络层，实现带有 32 位 IP 地址的 IP 报文包。

第四层：传输层，实现可靠性连接、传输、查错、重发、端口服务和传输调度。

第五层：应用层，Modbus 协议报文。

9.4.10.2 Modbus TCP 数据帧

Modbus 数据在 TCP/IP 以太网上传输，支持 Ethernet II 和 802.3 两种帧格式，Modbus TCP 数据帧包含报文头、功能代码和数据三部分，MBAP 报文头（MBAP、Modbus Application Protocol、Modbus 应用协议）分 4 个域，共 7 个字节。

9.4.10.3　Modbus TCP 使用的通信资源端口号

在 Modbus 服务器中按缺省协议使用 Port 502 通信端口，在 Modbus 客户机程序中设置任意通信端口，为避免与其他通信协议的冲突一般建议端口号从 2000 开始可以使用。

9.4.10.4　Modbus TCP 使用的功能代码

按照使用的通途区分，共有三种类型。

① 公共功能代码，已定义好功能码，保证其唯一性，由 Modbus.org 认可。

② 用户自定义功能代码，有两组，分别为 65~72 和 100~110，无需认可，但不保证代码使用唯一性，如变为公共代码，需交 RFC 认可。

③ 保留功能代码，由某些公司使用某些传统设备代码，不可作为公共用途。

按照应用深浅，可分为三个类别。

① 类别 0，客户机/服务器最小可用子集：读多个保持寄存器（fc.3）；写多个保持寄存器（fc.16）。

② 类别 1，可实现基本互易操作常用代码：读线圈（fc.1）；读开关量输入（fc.2）；读输入寄存器（fc.4）；写线圈（fc.5）；写单一寄存器（fc.6）。

③ 类别 2，用于人机界面、监控系统例行操作和数据传送功能：强制多个线圈（fc.15）；读通用寄存器（fc.20）；写通用寄存器（fc.21）；屏蔽写寄存器（fc.22）；读写寄存器（fc.23）。

9.4.10.5　S7-1500 PLC Modbus TCP 通信简介

S7-1500 PLC 需要通过 TIA Portal 软件进行组态配置，从 TIA Portal V12 SP1 开始软件中增加了 S7-1500 PLC 的 Modbus TCP 块库，用于 S7-1500 PLC 与支持 ModbusTCP 的通信伙伴进行通信。

9.4.10.6　Modbus TCP 通信实例

以下用一个例子介绍 S7-1500 PLC 之间的 MODBUS TCP 信通。

【例 9-10】 有两台设备，分别由两台 CPU 1511-1PN 控制，要求从设备 2 上的 CPU 1511-1PN 的 DB1 发出 20 个字节到设备 1 的 CPU 1511-1PN 的 DB1 中，要求使用 MODBUS TCP 通信。

解 S7-1500 PLC 间的以太网通信硬件配置如图 9-58 所示，本例用到的软硬件如下：

① 2 台 CPU 1511-1PN；

② 1 台 4 口交换机；

③ 2 根带 RJ45 接头的屏蔽双绞线（正线）；

④ 1 台个人电脑（含网卡）；

⑤ 1 套 TIA Portal V13 SP1。

(1) 新建项目

先打开 TIA Portal V13 SP1，再新建项目，本例命名为"MODBUS_TCP_1500"，接着单击"项目视图"按钮，切换到项目视图，如图 9-139 所示。

(2) 硬件配置

如图 9-139 所示，在 TIA 博途软件项目视图的项目树中，双击"添加新设备"按钮，先添加 CPU 模块"CPU1511-1PN"两次，如图 9-140 所示。

(3) IP 地址设置

先选中 PLC_1 的"设备视图"选项卡（标号 1 处），再选中 CPU1511-1PN 模块绿色的

图 9-139　新建项目

图 9-140　硬件配置

PN 接口（标号 2 处），选中"属性"（标号 3 处）选项卡，再选中"以太网地址"（标号 4 处）选项，再设置 IP 地址（标号 5 处），如图 9-141 所示。

用同样的方法设置 PLC_2 的 IP 地址为 192.168.0.2。

（4）新建数据块

在项目树的 PLC_1 中，单击"添加新块"按钮，弹出如图 9-142 所示的界面，块名称为"Receive"，再单击"确定"按钮，"Receive"数据块新建完成。再新添加数据块

图 9-141　配置 IP 地址（客户端）

"DB2"，并创建 10 个字的数组。

用同样的方法，在项目树的 PLC ＿ 2 中，新建数据块"Send"。

图 9-142　新建数据块

（5）更改数据块属性

选中新建数据块"Receive"，单击鼠标右键，弹出快捷菜单，再单击"属性"命令，弹出如图 9-143 所示的界面，选中"属性"选项卡，去掉"优化的块访问"前面的"√"，单击"确定"按钮。

用同样的方法，更改数据块"Send"的属性，去掉"优化的块访问"前面的"√"。

图 9-143　更改数据块的属性

(6) 创建数据块 DB2

在 PLC_1 中，新添加数据块"DB2"，打开"DB2"，新建变量名称"RECEIVE"，再将变量的数据类型选为"TCON_IP_v4"，如图 9-144 所示，点击"RECEIVE"前面的三角符号，展开如图 9-145 所示，并按照图中修改启动值。

图 9-144　创建 DB2

	名称	数据类型	启动值	保持性	可从 HMI...	在 HMI...
1	▼ Static					
2	▼ RECEIVE	TCON_IP_v4		☐	☑	☑
3	■ InterfaceId	HW_ANY	64	☐	☑	☑
4	■ ID	CONN_OUC	1	☐	☑	☑
5	■ ConnectionType	Byte	16#0B	☐	☑	☑
6	■ ActiveEstablished	Bool	TRUE	☐	☑	☑
7	▼ RemoteAddress	IP_V4		☐	☑	☑
8	▼ ADDR	Array[1..4] of Byte		☐	☑	☑
9	■ ADDR[1]	Byte	192	☐	☑	☑
10	■ ADDR[2]	Byte	168	☐	☑	☑
11	■ ADDR[3]	Byte	0	☐	☑	☑
12	■ ADDR[4]	Byte	2	☐	☑	☑
13	■ RemotePort	UInt	502	☐	☑	☑
14	■ LocalPort	UInt	0	☐	☑	☑

图 9-145　修改 DB2 的启动值

展开 DB 块后其"TCON ＿ IP ＿ v4"的数据类型的各参数设置见表 9-13。

表 9-13　客户端"TCON ＿ IP ＿ v4"数据类型的各参数设置

序号	TCON_IP_v4 数据类型管脚定义	含义	本例中的情况
1	Interfaced	接口,固定为 64	64
2	ID	连接 ID,每个连接必须独立	1
3	ConnectionType	连接类型,TCP/IP＝16＃0B;UDP＝16＃13	16＃0B
4	ActiveEstablished	是否主动建立连接,TRUE＝主动	TRUE
5	RemoteAddress	通信伙伴 IP 地址	192.168.0.2
6	RemotePort	通信伙伴端口号	502
7	LocalPort	本地端口号,设置为 0 将由软件自己创建	0

(7) 编写客户端程序

① 在编写客户端的程序之前,先要掌握功能块"MB ＿ CLIENT",其参数含义见表 9-14。

表 9-14　功能块"MB ＿ CLIENT"的参数含义

序号	"MB_CLIENT" 的管脚参数	管脚类型	数据类型	含义
1	REQ	输入	BOOL	与 Modbus TCP 服务器之间的通信请求,常 1 有效
2	DISCONNECT	输入	BOOL	0:与通过 CONNECT 参数组态的连接伙伴建立通信连接 1:断开通信连接
3	MB_MODE	输入	USINT	选择 Modbus 请求模式(0—读取,1—写入或诊断)
4	MB_DATA_ADDR	输入	UDINT	由"MB_CLIENT"指令所访问数据的起始地址
5	MB_DATA_LEN	输入	UINT	数据长度:数据访问的位数或字数
6	DONE	输出	BOOL	只要最后一个作业成功完成,立即将输出参数 DONE 的位置位为"1"
7	BUSY	输出	BOOL	0:无 Modbus 请求在进行中 1:正在处理 Modbus 请求。
8	ERROR	输出	BOOL	0:无错误 1:出错。出错原因由参数 STATUS 指示
9	STATUS	输出	WORD	指令的详细状态信息

功能块"MB ＿ CLIENT"中 MB ＿ MODE、MB ＿ DATA ＿ ADDR 的组合可以定义 MODBUS 消息中所使用的功能码及操作地址,见表 9-15。

表 9-15　MODBUS 通信对应的功能码及地址

MB_MODE	MB_DATA_ADDR	MODBUS 功能	功能和数据类型
0	起始地址:1～9999	01	读取输出位
0	起始地址:10001～19999	02	读取输入位
0	起始地址: 40001～49999 400001～465535	03	读取保持存储器
0	起始地址:30001～39999	04	读取输入字

续表

MB_MODE	MB_DATA_ADDR	MODBUS 功能	功能和数据类型
1	起始地址：1～9999	05	写入输出位
1	起始地址： 40001～49999 400001～465535	06	写入保持存储器
1	起始地址：1～9999	15	写入多个输出位
1	起始地址： 40001～49999 400001～465535	16	写入多个保持存储器
2	起始地址：1～9999	15	写入一个或多个输出位
2	起始地址： 40001～49999 400001～465535	16	写入一个或多个保持存储器

② 插入功能块"MB_CLIENT"。选中"指令"→"通信"→"其他"→"MODBUS_TCP"，再把功能块"MB_CLIENT"拖拽到程序编辑器窗口，如图 9-146 所示。

图 9-146　插入功能块"MB_CLIENT"

③ 编写完整梯形图程序如图 9-147 所示。

当 REQ 为 1（即 M10.0=1），MB_MODE=0 和 MB_DATA_ADDR=40001 时，客户端读取服务器的数据到 DB1.DBW0 开始的 10 个字中存储。

(8) 创建数据块 DB1 和 DB2

在 PLC_2 中，新添加数据块"DB1"，并创建 10 个字的数组。新添加数据块"DB2"，打开"DB2"，新建变量名称"SEND"，再将变量的数据类型选为"TCON_IP_v4"，点击"SEND"前面的三角符号，展开如图 9-148 所示，并按照图中修改启动值。

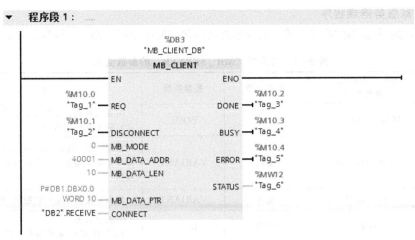

图 9-147 客户端的程序

图 9-148 创建数据块 DB2

展开 DB 块后其 "TCON_IP_v4" 的数据类型的各参数设置见表 9-16。

表 9-16 服务器端 "TCON_IP_v4" 的数据类型的各参数设置

序号	TCON_IP_v4 数据 类型管脚定义	含义	本例中的情况
1	Interfaced	接口,固定为 64	64
2	ID	连接 ID,每个连接必须独立	1
3	ConnectionType	连接类型,TCP/IP=16#0B;UDP=16#13	16#0B
4	ActiveEstablished	是否主动建立连接,True=主动	0
5	RemoteAddress	通信伙伴 IP 地址,设置为 0 允许远程任意的 IP 建立连接	0
6	RemotePort	通信伙伴端口号,设置为 0 允许远程任意的端口 建立连接	0
7	LocalPort	本地端口号,缺省的 Modbus TCP Server 为 502	502

(9) 编写服务器端程序

① 在编写服务器端的程序之前，先要掌握功能块"MB_SERVER"，其参数含义见表 9-17。

表 9-17　功能块"MB_SERVER"的参数含义

序号	"MB_SERVER"的管脚参数	管脚类型	数据类型	含义
1	DISCONNECT	输入	BOOL	0:在无通信连接时建立被动连接 1:终止连接初始化
2	MB_HOLD_REG	输入	VARIANT	指向"MB_SERVER"指令中 Modbus 保持寄存器的指针,存储保持寄存器的通信数据
3	CONNECT	输入	VARIANT	指向连接描述结构的指针,参考表 9-16
4	NDR	输出	BOOL	0:无新数据 1:从 Modbus 客户端写入的新数据
5	DR	输出	BOOL	0:未读取数据 1:从 Modbus 客户端读取的数据
6	ERROR	输出	BOOL	0:无错误 1:出错。出错原因由参数 STATUS 指示
7	STATUS	输出	WORD	指令的详细状态信息

② 编写服务器端的程序，如图 9-149 所示。

图 9-149　服务器端的程序

图 9-149 中，MB_HOLD_REG 参数对应的 MODBUS 保持寄存器地址区见表 9-18。

表 9-18　MB_HOLD_REG 参数对应的 MODBUS 保持寄存器地址区

MODBUS 地址	MB_HOLD_REG 参数对应的地址区	
40001	MW100	DB1DW0(DB1.A(0))
40002	MW102	DB1DW2(DB1.A(1))
40003	MW104	DB1DW4(DB1.A(2))
40004	MW106	DB1DW6(DB1.A(3))
…	…	…

9.4.11　S7-1500 PLC 与 S7-1200 PLC 之间的 MODBUS TCP 通信及其应用

在上一节介绍了 S7-1500 PLC 间的 MODBUS TCP 通信（客户端读操作），以下用一个例子介绍 S7-1500 PLC 与 S7-1200 PLC 之间的 MODBUS TCP 通信（客户端读操写）。

【例 9-11】　有两台设备，分别由一台 CPU 1511-1PN 和一台 CPU 1211C 控制，要求从设备 1 上的 CPU 1511-1PN 的 DB2 发出 20 个字节到设备 2 的 CPU 1211C 的 DB2 中，要求使用 MODBUS TCP 通信。

解　S7-1500 PLC 与 S7-1200 PLC 间的以太网通信硬件配置如图 9-70 所示，本例用到的软硬件如下：

① 1 台 CPU 1511-1PN；

② 1 台 CPU 1211C；

③ 2 根带 RJ45 接头的屏蔽双绞线（正线）；

④ 1 台个人电脑（含网卡）；

⑤ 1 台 4 口交换机；

⑥ 1 套 TIA Portal V13 SP1。

(1) 新建项目

先打开 TIA Portal V13 SP1，再新建项目，本例命名为"MODBUS _ TCP _ 1500to1200"，接着单击"项目视图"按钮，切换到项目视图，如图 9-150 所示。

图 9-150　新建项目

(2) 硬件配置

如图 9-150 所示，在 TIA 博途软件项目视图的项目树中，双击"添加新设备"按钮，先添加 CPU 模块"CPU1511-1PN"，再添加 CPU 模块"CPU1211C"，如图 9-151 所示。

(3) IP 地址设置

先选中 PLC _ 1 的"设备视图"选项卡（标号 1 处），再选中 CPU1511-1PN 模块绿色的

PN 接口（标号 2 处），选中"属性"（标号 3 处）选项卡，再选中"以太网地址"（标号 4 处）选项，再设置 IP 地址（标号 5 处），如图 9-152 所示。

图 9-151　硬件配置

图 9-152　配置 IP 地址（客户端）

用同样的方法设置 PLC_2 的 IP 地址为 192.168.0.2。

（4）新建数据块

在项目树的 PLC_1 中，单击"添加新块"按钮，弹出如图 9-153 所示的界面，块名称为"SEND"，再单击"确定"按钮，"SEND"数据块新建完成。再新添加数据块"DB2"，并创建 10 个字的数组。

用同样的方法，在项目树的 PLC＿2 中，新建数据块"RECEIVE"。

图 9-153　新建数据块

(5) 更改数据块属性

选中新建数据块"SEND"，单击鼠标右键，弹出快捷菜单，再单击"属性"命令，弹出如图 9-154 所示的界面，选中"属性"选项卡，去掉"优化的块访问"前面的"√"，单击"确定"按钮。

用同样的方法，更改数据块"RECEIVE"的属性，去掉"优化的块访问"前面的"√"。

图 9-154　更改数据块的属性

(6) 创建数据块 DB2

在 PLC＿1 中，新添加数据块"DB2"，打开"DB2"，新建变量名称"SEND"，再将变量的数据类型选为"TCON＿IP＿v4"，如图 9-155 所示，点击"SEND"前面的三角符号，展开如图 9-156 所示，并按照图中修改启动值。

展开 DB2 后其"TCON＿IP＿v4"的数据类型的各参数设置见表 9-13。

图 9-155　创建 DB2

	名称			数据类型	启动值	保持性	可从 HMI …	在 HMI …
1	▼ Static							
2	▼ SEND			TCON_IP_v4		□	☑	☑
3		InterfaceId		HW_ANY	64		☑	☑
4		ID		CONN_OUC	1		☑	☑
5		ConnectionType		Byte	16#0B		☑	☑
6		ActiveEstablished		Bool	TRUE		☑	☑
7		▼ RemoteAddress		IP_V4			☑	☑
8		▼ ADDR		Array[1..4] of Byte			☑	☑
9			ADDR[1]	Byte	192		☑	☑
10			ADDR[2]	Byte	168		☑	☑
11			ADDR[3]	Byte	0		☑	☑
12			ADDR[4]	Byte	2		☑	☑
13		RemotePort		UInt	502		☑	☑
14		LocalPort		UInt	0		☑	☑

图 9-156　修改 DB2 的启动值

（7）编写客户端程序

① 在编写客户端的程序之前，先要掌握功能块"MB＿CLIENT"，其参数含义见表 9-14。

功能块"MB＿CLIENT"中 MB＿MODE、MB＿DATA＿ADDR 的组合可以定义 MODBUS 消息中所使用的功能码及操作地址，见表 9-15。

② 插入功能块"MB＿CLIENT"。选中"指令"→"通信"→"其他"→"MODBUS＿TCP"，再把功能块"MB＿CLIENT"拖拽到程序编辑器窗口，如图 9-157 所示。

③ 编写完整梯形图程序如图 9-158 所示。

当 REQ 为 1（即 M10.0＝1），MB＿MODE＝0 和 MB＿DATA＿ADDR＝40001 时，客户端读取服务器的数据到 DB1.DBW0 开始的 10 个字中存储。

（8）创建数据块 DB1 和 DB2

在 PLC＿2 中，新添加数据块"DB1"，并创建 10 个字的数组。新添加数据块"DB2"，打开"DB2"，新建变量名称"RECEIVE"，再将变量的数据类型选为"TCON＿IP＿v4"，点击"RECEIVE"前面的三角符号，展开如图 9-159 所示，并按照图中修改启动值。

展开 DB 块后其"TCON＿IP＿v4"的数据类型的各参数设置见表 9-16。

（9）编写服务器端程序

① 在编写服务器端的程序之前，先要掌握功能块"MB＿SERVER"，其参数含义见表 9-17。

图 9-157　插入功能块 "MB _ CLIENT"

图 9-158　客户端的程序

图 9-159　创建数据块 DB2

② 编写服务器端的程序，如图 9-160 所示。

图 9-160 服务器端的程序

图 9-160 中，MB_HOLD_REG 参数对应的 MODBUS 保持寄存器地址区见表 9-18。

9.5 串行通信

9.5.1 S7-1200 PLC 与 S7-1200 PLC 之间的 Modbus RTU 通信

9.5.1.1 Modbus 通信协议简介

Modbus 是 MODICON 公司于 1979 年开发的一种通信协议，是一种工业现场总线协议标准。1996 年施耐德公司推出了基于以太网 TCP/IP 的 Modbus 协议——ModbusTCP。

Modbus 协议是一项应用层报文传输协议，包括 ASCII、RTU、TCP 三种报文类型，协议本身并没有定义物理层，只是定义了控制器能够认识和使用的消息结构，而不管他们是经过何种网络进行通信的。

标准的 Modbus 协议物理层接口有 RS-232、RS-422、RS-485 和以太网口。采用 Master/Slave（主/从）方式通信。

Modbus 在 2004 年成为我国国家标准。

9.5.1.2 应用实例

以下用一个例子介绍 S7-1200 PLC 之间 Modbus RTU 通信实施方法。

【例 9-12】 有两台设备，分别由一台 CPU 1214C 和一台 CPU 1211C 控制，要求把设备 1 上的 CPU 1214C 的数据块中 6 个字发送到设备 2 的 CPU 1211C 的数据块中。要求采用 Modbus RTU 通信。

解 S7-1200 PLC 与 S7-1200 PLC 间的 Modbus RTU 硬件配置如图 9-161 所示，本例用到的软硬件如下：

① 1 台 CPU 1214C；

② 1 台 CPU 1211C；

③ 1 根带 DP 接头的屏蔽双绞线；

④ 1 台个人电脑（含网卡）；

⑤ 2 台 CM1241 RS-485 模块；

⑥ 1 套 TIA Portal V13 SP1。

图 9-161　S7-1200 PLC 与 S7-1200 PLC 间的 Modbus RTU 通信硬件配置

(1) 新建项目

先打开 TIA 博途软件，再新建项目，本例命名为"Modbus_RTU"，接着单击"项目视图"按钮，切换到项目视图，如图 9-162 所示。

(2) 硬件配置

如图 9-162 所示，在 TIA 博途软件项目视图的项目树中，双击"添加新设备"按钮，先添加 CPU 模块"CPU1214C"，并启用时钟存储器字节和系统存储器字节；再添加 CPU 模块"CPU1211C"，并启用时钟存储器字节和系统存储器字节，如图 9-163 所示。

图 9-162　新建项目

(3) IP 地址设置

先选中 Master 的"设备视图"选项卡（标号 1 处），再选中 CPU1214C 模块绿色的 PN 接口（标号 2 处），选中"属性"（标号 3 处）选项卡，再选中"以太网地址"（标号 4 处）选项，再设置 IP 地址（标号 5 处）为 192.168.0.1，如图 9-164 所示。

用同样的方法设置 Slave 的 IP 地址为 192.168.0.2。

(4) 在主站 Master 中创建数据块 DB1

在项目树中，选择"Master"→"程序块"→"添加新块"，选中"DB"，单击"确定"按钮，新建连接数据块 DB1，如图 9-165 所示，再在 DB1 中创建数组 A 和数组 B。

在项目树中，如图 9-166 所示，选择"Master"→"程序块"→"DB1"，单击鼠标右

图 9-163　硬件配置

图 9-164　设置 IP 地址

键，弹出快捷菜单，单击"属性"选项，打开"属性"界面，如图 9-167 所示，选择"属性"选项，去掉"优化的块访问"前面的对号"√"，也就是把块变成非优化访问。

图 9-165　在主站 Master 中创建数据块 DB1

图 9-166　打开 DB1 的属性

图 9-167　修改 DB1 的属性

（5）在从站 Slave 中创建数据块 DB1

在项目树中，选择"Slave"→"程序块"→"添加新块"，选中"DB"，单击"确定"按钮，新建连接数据块 DB1，如图 9-168 所示，再在 DB1 中创建数组 A。

用前述的方法，把 DB1 块的属性改为非优化访问。

（6）Modbus RTU 指令介绍

① Modbus_Comm_Load 指令　Modbus_Comm_Load 指令用于 Modbus RTU 协议通信的 SIPLUS I/O 或 PtP 端口。Modbus RTU 端口硬件选项：最多安装三个 CM（RS-485 或 RS-232）及一个 CB（RS-485）。主站和从站都要调用此指令，Modbus_Comm_Load 指令输入/输出参数见表 9-19。

图 9-168　在从站 Slave 中创建数据块 DB1

表 9-19　Modbus _ Comm _ Load 指令的参数

LAD	SCL	输入/输出	说明
MB_COMM_LOAD ─ EN　　　ENO ─ ─ REQ　　　DONE ─ ─ PORT　　　ERROR ─ ─ BAUD　　　STATUS ─ ─ PARITY ─ FLOW_CTRL ─ RTS_ON_DLY ─ RTS_OFF_DLY ─ RESP_TO ─ MB_DB	"Modbus_Comm_Load_DB"(REQ:=_bool_in_, PORT:=_uint_in_, BAUD:=_udint_in_, PARITY:=_uint_in_, FLOW_CTRL:=_uint_in_, RTS_ON_DLY:=_uint_in_, RTS_OFF_DLY:=_uint_in_, RESP_TO:=_uint_in_, DONE=>_bool_out_, ERROR=>_bool_out_, STATUS=>_word_out_, MB_DB:=_fbtref_inout_);	EN	使能
		REQ	上升沿时信号启动操作
		PORT	硬件标识符
		PARITY	奇偶校验选择： • 0—无 • 1—奇校验 • 2—偶校验
		MB_DB	对 Modbus_Master 或 Modbus_Slave 指令所使用的背景数据块的引用
		DONE	上一请求已完成且没有出错后，DONE 位将保持为 TRUE 一个扫描周期时间
		STATUS	故障代码
		ERROR	是否出错：0 表示无错误，1 表示有错误

② Modbus _ Master 指令　Modbus _ Master 指令是 Modbus 主站指令，在执行此指令之前，要执行 Modbus _ Comm _ Load 指令组态端口。将 Modbus _ Master 指令放入程序时，自动分配背景数据块。指定 Modbus _ Comm _ Load 指令的 MB _ DB 参数时将使用该 Modbus _ Master 背景数据块。Modbus _ Master 指令输入/输出参数见表 9-20。

表 9-20　Modbus _ Master 指令的参数

LAD	SCL	输入/输出	说明
MB_MASTER ─ EN　　　ENO · ─ REQ　　　DONE · ─ MB_ADDR　　　BUSY · ─ MODE　　　ERROR · ─ DATA_ADDR　　　STATUS · ─ DATA_LEN ─ DATA_PTR	"Modbus_Master_DB"(REQ:=_bool_in_, MB_ADDR:=_uint_in_, MODE:=_usint_in_, DATA_ADDR:=_udint_in_, DATA_LEN:=_uint_in_, DONE=>_bool_out_, BUSY=>_bool_out_, ERROR=>_bool_out_, STATUS=>_word_out_, DATA_PTR:=variant_inout);	EN	使能
		MB_ADDR	从站站地址，有效值为 0~247。
		MODE	模式选择：0—读，1—写
		DATA_ADDR	从站中的起始地址，详见表 9-15
		DATA_LEN	数据长度
		DATA_PTR	数据指针：指向要写入或读取的数据的 M 或 DB 地址（未经优化的 DB 类型），详见表 9-15
		DONE	上一请求已完成且没有出错后，DONE 位将保持为 TRUE 一个扫描周期时间

LAD	SCL	输入/输出	说明
		BUSY	• 0—无 Modbus_Master 操作正在进行 • 1—Modbus_Master 操作正在进行
		STATUS	故障代码
		ERROR	是否出错；0 表示无错误，1 表示有错误

③ MB_SLAVE 指令　MB_SLAVE 指令的功能是将串口作为 Modbus 从站，响应 Modbus 主站的请求。使用 MB_SLAVE 指令，要求每个端口独占一个背景数据块，背景数据块不能与其他的端口共用。在执行此指令之前，要执行 Modbus_Comm_Load 指令组态端口。MB_SLAVE 指令的输入/输出参数见表 9-21。

表 9-21　MB_SLAVE 指令的参数

LAD	SCL	输入/输出	说明
MB_SLAVE — EN　　　ENO — — MB_ADDR　NDR — — MB_HOLD_REG　DR — ERROR — STATUS —	"Modbus_Slave_DB"(MB_ADDR:=_uint_in_, NDR=>_bool_out_, DR=>_bool_out_, ERROR=>_bool_out_, STATUS=>_word_out_, MB_HOLD_REG:=_inout);	EN	使能
		MB_ADDR	从站站地址，有效值为 0～247
		MB_HOLD_REG	保持存储器数据块的地址
		NDR	新数据是否准备好，0—无数据，1—主站有新数据写入
		DR	读数据标志，0—未读数据，1—主站读取数据完成
		STATUS	故障代码
		ERROR	是否出错；0 表示无错误，1 表示有错误

前述的 Modbus_Master 指令和 MB_SLAVE 指令用到了参数 MODE 与 DATA_ADDR，这两个参数在 MODBUS 通信中，对应的功能码及地址见表 9-22。

表 9-22　MODBUS 通信对应的功能码及地址

MODE	DATA_ADDR	MODBUS 功能	功能和数据类型
0	起始地址：1～9999	01	读取输出位
0	起始地址：10001～19999	02	读取输入位
0	起始地址： 40001～49999 400001～465535	03	读取保持存储器
0	起始地址：30001～39999	04	读取输入字
1	起始地址：1～9999	05	写入输出位
1	起始地址： 40001～49999 400001～465535	06	写入保持存储器
1	起始地址：1～9999	15	写入多个输出位
1	起始地址： 40001～49999 400001～465535	16	写入多个保持存储器

MODE	DATA_ADDR	MODBUS 功能	功能和数据类型
2	起始地址：1～9999	15	写入一个或多个输出位
2	起始地址： 40001～49999 400001～465535	16	写入一个或多个保持存储器

(7) 编写主站的程序

编写主站的 LAD 程序，如图 9-169 所示。

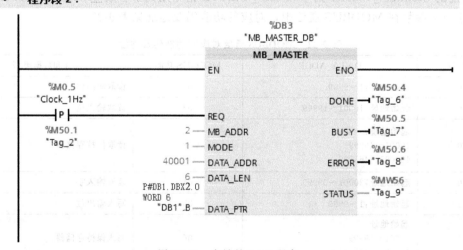

图 9-169　主站的 LAD 程序

(8) 编写从站的程序

编写从站的 LAD 程序，如图 9-170 所示。

图 9-170　从站的 LAD 程序

9.5.2　S7-1200 PLC 与 SINAMICS G120 变频器之间的 USS 通信

9.5.2.1　USS 协议简介

USS 协议（Universal Serial Interface Protocol，通用串行接口协议）是 SIEMENS 公司所有传动产品的通用通信协议，它是一种基于串行总线进行数据通信的协议。USS 协议是主-从结构的协议，规定了在 USS 总线上可以有一个主站和最多 31 个从站；总线上的每个从站都有一个站地址（在从站参数中设定），主站依靠它识别每个从站；每个从站也只对主站发来的报文作出响应并回送报文，从站之间不能直接进行数据通信。另外，还有一种广播通信方式，主站可以同时给所有从站发送报文，从站在接收到报文并作出相应的响应后，可不回送报文。

(1) 使用 USS 协议的优点

① 对硬件设备要求低，减少了设备之间的布线。

② 无需重新连线就可以改变控制功能。

③ 可通过串行接口设置或改变传动装置的参数。

④ 可实时监控传动系统。

(2) USS 通信硬件连接注意要点

① 条件许可的情况下，USS 主站尽量选用直流型的 CPU（针对 S7-200 系列）。

② 一般情况下，USS 通信电缆采用双绞线即可（如常用的以太网电缆），如果干扰比较大，可采用屏蔽双绞线。

③ 在采用屏蔽双绞线作为通信电缆时，把具有不同电位参考点的设备互连，造成在互连电缆中产生不应有的电流，从而造成通信口的损坏。所以要确保通信电缆连接的所有设备，共用一个公共电路参考点，或是相互隔离的，以防止不应有的电流产生。屏蔽线必须连接到机箱接地点或 9 针连接插头的插针 1。建议将传动装置上的 0V 端子连接到机箱接地点。

④ 尽量采用较高的波特率，通信速率只与通信距离有关，与干扰没有直接关系。

⑤ 终端电阻的作用是用来防止信号反射的，并不用来抗干扰。如果在通信距离很近、波特率较低或点对点通信的情况下，可不用终端电阻。多点通信的情况下，一般也只需在 USS 主站上加终端电阻就可以取得较好的通信效果。

⑥ 不要带电插拔 USS 通信电缆，尤其是正在通信过程中，这样极易损坏传动装置和 PLC 通信端口。如果使用大功率传动装置，即使传动装置掉电后，也要等几分钟，让电容放电后，再去插拔通信电缆。

9.5.2.2 S7-1200 PLC 与 SINAMICS G120 变频器的 USS 通信实例

S7-1200 PLC 利用 USS 通信协议对 SINAMICS G120 变频器进行调速时，要用到 TIA 博途软件中自带 USS 指令库，不像 STEP7-Micro/WIN V4.0 软件，需要另外安装指令库。

USS 协议通信每个 S7-1200 CPU 最多可带 3 个通信模块，而每个 CM1241（RS-485）通信模块最多支持 16 个变频器。因此用户在一个 S7-1200 CPU 中最多可建立 3 个 USS 网络，而每个 USS 网络最多支持 16 个变频器，总共最多支持 48 个 USS 变频器。

USS 通信协议支持的变频器系列产品有：G110、G120、MM4（不包含 MM430）、6SE70、6RA70 和 S110。

USS 通信协议不支持的变频器系列产品有：非西门子变频器、S120、S150、G120D、G130 和 G150。

【例 9-13】 用一台 CPU1211C 对 G120 变频器进行 USS 无级调速，将 P1120 的参数改为 1，并读取 P1121 参数。已知电动机的技术参数，功率为 0.75kW，额定转速为 1440r/min，额定电压为 400V，额定电流为 3.25A，额定频率为 50Hz。请提出解决方案。

解

(1) 软硬件配置

① 1 套 TIA Portal V13 SP1；

② 1 台 G120 变频器；

③ 1 台 CPU1211C；

④ 1 台 CM1241（RS-485）；

⑤ 1 台电动机；

⑥ 1 根屏蔽双绞线。

原理图如图 9-171 所示。

图 9-171　原理图

▶【关键点】由于网络的物理层是基于 RS-485，PLC 和变频器都在端点，因此在要求较为严格时，端点设备要接入终端电阻，S7-1200 PLC 端要使用 DP 接头（西门子订货号为 6ES7 972-0BA40-0XA0），使用连接器的端子 A1 和 B1（而非 A2 和 B2），因为这样可以接通终端电阻，方法是将 DP 接头上的拨钮拨到"ON"，即接入了终端电阻。G120 变频器侧，按照如图 9-171 所示接线，并将终端电阻设置在"ON"上。

（2）变频器的设置

按照表 9-23 设置变频器的参数。正确设置变频器的参数，对于 USS 通信是非常重要的。

表 9-23　变频器参数

序号	变频器参数	出厂值	设定值	功能说明
1	P0304	400	380	电动机的额定电压(380V)
2	P0305	3.05	3.25	电动机的额定电流(3.25A)
3	P0307	0.75	0.75	电动机的额定功率(0.75kW)
4	P0310	50.00	50.00	电动机的额定频率(50Hz)
5	P0311	0	1440	电动机的额定转速(1440r/min)
6	P0015	7	21	启用变频器宏程序
7	P2030	2	1	USS 通信
8	P2020	6	6	USS 波特率(6-9600)
9	P2009	0	0	0:百分比设定;1:频率设定
10	P2021	0	3	站点的地址
11	P2040	100	0	过程数据监控时间

▶【关键点】①在设置电动机参数和 P0015 时，必须把 P0010＝1，之后设变频器参数和运行时，P0010＝0；②变频器的 P0304 默认为 400V，这个数值可以不修改；③P2021 为站地址，上表为 3，CM1241 的站地址为 2；④默认的 P2040 的监控时间为 100ms，多台设备通信时，可能太小，需要根据需要调大，也可以让 P2040＝0，含义是取消过程数据监控。

(3) 硬件组态

打开 TIA 博途软件，新建项目"USS"，添加新设备 CPU1211C 和 CM1241（RS-485），如图 9-172 所示，选中 CM1241（RS-485）的串口，并不修改串口的参数。

图 9-172　硬件组态

(4) 编写程序

① 相关指令简介　USS_Port_Scan 功能块用来处理 USS 网络上的通信，它是 S7-1200 CPU 与变频器的通信接口。每个 CM1241（RS-485）模块有且必须有一个 USS_PORT 功能块。USS_Port_Scan 指令可以在 OB1 或者时间中断块中调用。USS_Port_Scan 指令的格式见表 9-24。

表 9-24　USS_Port_Scan 指令格式

LAD	SCL	输入/输出	说明
		EN	使能
USS_Port_Scan EN　ENO PORT　ERROR BAUD　STATUS USS_DB	USS_Port_Scan(PORT:=_uint_in_, BAUD:=_dint_in_, ERROR=>_bool_out_, STATUS=>_word_out_, USS_DB:=_fbtref_inout_);	PORT	通过哪个通信模块进行 USS 通信
		BAUD	通信波特率
		USS_DB	和变频器通信时的 USS 数据块
		ERROR	输出是否错误：0-无错误，1-有错误
		STATUS	扫描或初始化的状态

S7-1200 PLC 与变频器的通信是与它本身的扫描周期不同步的，在完成一次与变频器的通信事件之前，S7-1200 通常完成了多个扫描。

USS_Port_Scan 通信的时间间隔是 S7-1200 PLC 与变频器通信所需要的时间，不同的通信波特率对应的不同的 USS_Port_Scan 通信间隔时间。不同的波特率对应的 USS_Port_Scan 最小通信间隔时间见表 9-25。

表 9-25　波特率对应的 USS_Port_Scan 最小通信间隔时间

波特率	最小时间间隔/ms	最大时间间隔/ms
4800	212.5	638
9600	116.3	349
19200	68.2	205
38400	44.1	133
57600	36.1	109
115200	28.1	85

　　USS_Drive_Control 功能块用来与变频器进行交换数据，从而读取变频器的状态以及控制变频器的运行。每个变频器使用唯一的一个 USS_DRV_Scan 功能块，但是同一个 CM1241（RS-485）模块的 USS 网络的所有变频器（最多 16 个）都使用同一个 USS_DRV_Control_DB。USS_Drive_Control 指令必须在主 OB 中调用，不能在循环中断 OB 中调用。USS_Drive_Control 指令的格式见表 9-26。

表 9-26　USS_Drive_Control 指令格式

LAD	SCL	输入/输出	说明
		EN	使能
		RUN	驱动器起始位：该输入为真时，将使驱动器以预设速度运行
	"USS_Drive_Control_DB"(RUN:=_bool_in_, OFF2:=_bool_in_,	OFF2	紧急停止，自由停车
	OFF3:=_bool_in_,	OFF3	快速停车，带制动停车
	F_ACK:=_bool_in_,	F_ACK	变频器故障确认
	DIR:=_bool_in_,	DIR	变频器控制电机的转向
	DRIVE:=_usint_in_,	DRIVE	变频器的 USS 站地址
	PZD_LEN:=_usint_in_,	PZD_LEN	PZD 字长
	SPEED_SP:=_real_in_, CTRL3:=_word_in_,	SPEED_SP	变频器的速度设定值，用百分比表示
	CTRL4:=_word_in_, CTRL5:=_word_in_, CTRL6:=_word_in_,	CTRL3	控制字 3：写入驱动器上用户可组态参数的值，必须在驱动器上组态该参数
	CTRL7:=_word_in_, CTRL8:=_word_in_, NDR=>_bool_out_,	CTRL8	控制字 8：写入驱动器上用户可组态参数的值，必须在驱动器上组态该参数一
	ERROR=>_bool_out_,	NDR	新数据到达
	STATUS=>_word_out_,	ERROR	出现故障
	RUN_EN=>_bool_out_,	STATUS	扫描或初始化的状态
	D_DIR=>_bool_out_, INHIBIT=>_bool_out_,	INHIBIT	变频器禁止位标志
	FAULT=>_bool_out_,	FAULT	变频器故障
	SPEED=>_real_out_,	SPEED	变频器当前速度，用百分比表示
	STATUS1=>_word_out_, STATUS3=>_word_out_, STATUS4=>_word_out_,	STATUS1	驱动器状态字 1：该值包含驱动器的固定状态位
	STATUS5=>_word_out_, STATUS6=>_word_out_, STATUS7=>_word_out_, STATUS8=>_word_out_);	STATUS8	驱动器状态字 8：该值包含驱动器上用户可组态的状态字

LAD 栏图示：

```
        USS_Drive_Control
── EN                      ENO ──
── RUN                     NDR ──
── OFF2                  ERROR ──
── OFF3                 STATUS ──
── F_ACK                RUN_EN ──
── DIR                   D_DIR ──
── DRIVE               INHIBIT ──
── PZD_LEN               FAULT ──
── SPEED_SP              SPEED ──
── CTRL3               STATUS1 ──
── CTRL4               STATUS3 ──
── CTRL5               STATUS4 ──
── CTRL6               STATUS5 ──
── CTRL7               STATUS6 ──
── CTRL8               STATUS7 ──
                       STATUS8 ──
```

USS_Read_Param 功能块用于通过 USS 通信从变频器读取参数。USS_Write_Param 功能块用于通过 USS 通信设置变频器的参数。USS_Read_Param 功能块和 USS_Write_Param 功能块与变频器的通信与 USS_DRV_Control 功能块的通信方式是相同的。

USS_Read_Param 指令的格式见表 9-27，USS_Write_Param 指令的格式见表 9-28。

表 9-27　USS_Read_Param 指令格式

LAD	SCL	输入/输出	说明
		EN	使能
		REQ	读取请求
	USS_Read_Param(REQ:=_bool_in_, DRIVE:=_usint_in_, PARAM:=_uint_in_, INDEX:=_uint_in_, DONE=>_bool_out_, ERROR=>_bool_out_, STATUS=>_word_out_, VALUE=>_variant_out_, USS_DB:=_fbtref_inout_);	DRIVE	变频器的 USS 站地址
		PARAM	读取参数号(0~2047)
		INDEX	参数索引(0~255)
		USS_DB	和变频器通信时的 USS 数据块
		DONE	1表示已经读入
		ERROR	出现故障
		STATUS	扫描或初始化的状态
		VALUE	读到的参数值

表 9-28　USS_Write_Param 指令格式

LAD	SCL	输入/输出	说明
		EN	使能
		REQ	发送请求
	USS_Write_Param(REQ:=_bool_in_, DRIVE:=_usint_in_, PARAM:=_uint_in_, INDEX:=_uint_in_, EEPROM:=_bool_in_, VALUE:=_variant_in_, DONE=>_bool_out_, ERROR=>_bool_out_, STATUS=>_word_out_, USS_DB:=_fbtref_inout_);	DRIVE	变频器的 USS 站地址
		PARAM	写入参数编号(0~2047)
		INDEX	参数索引(0~255)
		EEPROM	是否写入 EEPROM：1—写入，0—不写入
		USS_DB	和变频器通信时的 USS 数据块
		DONE	1表示已经写入
		ERROR	出现故障
		STATUS	扫描或初始化的状态
		VALUE	要写入的参数值

② 编写程序　循环中断块 OB30 中的程序如图 9-173 所示，每次执行 USS_PORT_

Scan 仅与一台变频器通信，主程序块 OB1 中的程序如图 9-174 所示，变频器的读写指令只能在 OB1 中。

图 9-173　循环中断块 OB30 中的 LAD 程序

图 9-174

▼ **程序段2：** 正反转、启停和转速设定

▼ **程序段3：** 读3号变频器的斜坡上升时间参数P1120到MD20

程序段 4： 用MD16中的数值，修改3号变频器的斜坡下降时间参数P1121

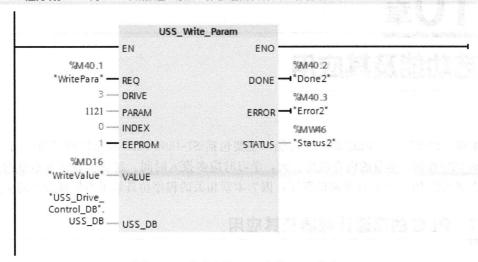

图 9-174　主程序块 OB1 中的 LAD 程序

第10章

工艺功能及其应用

本章介绍 S7-1200 PLC 的工艺功能，主要包括 S7-1200 PLC 高速计数器的应用、运动控制和 PID 控制。本章的内容难度较大，学习时应多投入时间。建议读者学习本章内容时，最好在真实的 PLC 上运行和调试程序，因为本章相关的程序仿真效果不好或者不能仿真。

10.1 PLC 的高速计数器及其应用

10.1.1 高速计数器简介

高速计数器能对超出 CPU 普通计数器能力的脉冲信号进行测量。S7-1200 CPU 提供了多个高速计数器（HSC1～HSC6）以响应快速脉冲输入信号。高速计数器的计数速度比 PLC 的扫描速度要快得多，因此高速计数器可独立于用户程序工作，不受扫描时间的限制。用户通过相关指令和硬件组态控制计数器的工作。高速计数器的典型应用是利用光电编码器测量转速和位移。

10.1.1.1 高速计数器的工作模式

高速计数器有 5 种工作模式，每个计数器都有时钟、方向控制、复位启动等特定输入。对于两个相位计数器，两个时钟都可以运行在最高频率，高速计数器的最高计数频率取决于 CPU 的类型和信号板的类型。在正交模式下，可选择 1 倍速、双倍速或者 4 倍速输入脉冲频率的内部计数频率。高速计数器 5 种工作模式介绍如下。

(1) 单相计数，内部方向控制

单相计数的原理如图 10-1 所示，计数器采集并记录时钟信号的个数，当内部方向信号为高电平时，计数的当前数值增加；当内部方向信号为低电平时，计数的当前数值减小。

图 10-1 单相计数原理

（2）单相计数，外部方向控制

单相计数的原理如图 10-1 所示，计数器采集并记录时钟信号的个数，当外部方向信号（例如外部按钮信号）为高电平时，计数的当前数值增加；当外部方向信号为低电平时，计数的当前数值减小。

（3）两相计数，两路时钟脉冲输入

加减两相计数原理如图 10-2 所示，计数器采集并记录时钟信号的个数，加计数信号端子和减信号计数端子分开。当加计数有效时，计数的当前数值增加；当减计数有效时，计数的当前数值减少。

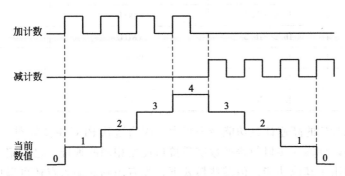

图 10-2　加减两相计数原理

（4）A/B 相正交计数

A/B 相正交计数原理如图 10-3 所示，计数器采集并记录时钟信号的个数。A 相计数信号端子和 B 相信号计数端子分开，当 A 相计数信号超前时，计数的当前数值增加；当 B 相计数信号超前时，计数的当前数值减少。利用光电编码器（或者光栅尺）测量位移和速度时，通常采用这种模式。

S7-1200 PLC 支持 1 倍速、双倍速或 4 倍速输入脉冲频率。

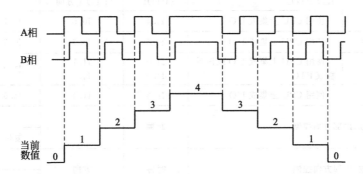

图 10-3　A/B 相正交计数原理

（5）监控 PTO 输出

HSC1 和 HSC2 支持此工作模式。在此工作模式，不需要外部接线，用于检测 PTO 功能发出的脉冲。如用 PTO 功能控制步进驱动系统或者伺服驱动系统，可利用此模式监控步进电动机或者伺服电动机的位置和速度。

10.1.1.2　高速计数器的硬件输入

S7-1200 CPU 提供最多 6 个高速计数器，不同型号略有差别，例如 CPU1211C 最多支持 4 个。S7-1200 CPU 高速计数器的性能见表 10-1。

表 10-1　高速计数器的性能

CPU/信号板	CPU 输入通道	1 相或者 2 相位模式	A/B 相正交相位模式
CPU1211C	Ia. 0～Ia. 5	100kHz	80kHz
CPU1212C	Ia. 0～Ia. 5	100kHz	80kHz
	Ia. 6～Ia. 7	30kHz	20kHz
CPU1214C CPU1215C	Ia. 0～Ia. 5	100kHz	80kHz
	Ia. 6～Ib. 1	30kHz	20kHz
CPU1217C	Ia. 0～Ia. 5	100kHz	80kHz
	Ia. 6～Ib. 1	30kHz	20kHz
	Ib. 2～Ib. 5	1MHz	1MHz
SB1221,200kHz	Ie. 0～Ie. 3	200kHz	160kHz
SB1223,200kHz	Ie. 0～Ie. 1	200kHz	160kHz
SB1223	Ie. 0～Ie. 1	30kHz	20kHz

注意：CPU1217C 的高速计数功能最为强大，因为这款 PLC 主要针对运动控制设计。

高速计数器的硬件输入接口与普通数字量接口使用相同的地址。已经定义用于高速计数器的输入点不能再用于其他功能。但某些模式下，没有用到的输入点还可以用作开关量输入点。S7-1200 PLC 模式和输入分配见表 10-2。

表 10-2　S7-1200 PLC 模式和输入分配

项目	描述		输入点			功能
HSC	HSC1	使用 CPU 上集成 I/O 或信号板或 PTO0	I0. 0 I4. 0 PTO 0	I0. 1 I4. 1 PTO0 方向	I0. 3	
	HSC2	使用 CPU 上集成 I/O 或信号板或 PTO1	I0. 2 PTO1	I0. 3 PTO 1 方向	I0. 1	
	HSC3	使用 CPU 上集成 I/O	I0. 4	I0. 5	I0. 7	
	HSC4	使用 CPU 上集成 I/O	I0. 6	I0. 7	I0. 5	
	HSC5	使用 CPU 上集成 I/O 或信号板或 PTO0	I1. 0 I4. 0	I1. 1 I4. 1	I1. 2	
	HSC6	使用 CPU 上集成 I/O	I1. 3	I1. 4	I1. 5	
模式	单相计数,内部方向控制		时钟			
					复位	
	单相计数,外部方向控制		时钟	方向		计数或频率
					复位	计数
	两相计数,两路时钟脉冲输入		加时钟	减时钟		计数或频率
					复位	计数
	A/B 相正交计数		A 相	B 相		计数或频率
					Z 相	计数
	监控 PTO 输出		时钟	方向		计数

注意：

① 在不同的工作模式下，同一物理输入点可能有不同的定义，使用时需要查看表 10-2；

② 用于高速计数的物理点，只能使用 CPU 上集成 I/O 或信号板，不能使用扩展模块，如 SM1221 数字量输入模块。

10.1.1.3　高速计数器的寻址

S7-1200　CPU 将每个高速计数器的测量值存储在输入过程映像区内。数据类型是双整数型（DINT），用户可以在组态时修改这些存储地址，在程序中可以直接访问这些地址。但由于过程映像区受扫描周期的影响，在一个扫描周期中不会发生变化，但高速计数器中的实际值可能在一个周期内变化，因此用户可以通过读取物理地址的方式读取当前时刻的实际值，例如 ID1000：P。

高速计数器默认的寻址见表 10-3。

表 10-3　高速计数器默认的寻址

高速计数器编号	默认地址	高速计数器编号	默认地址
HSC1	ID1000	HSC4	ID1012
HSC2	ID1004	HSC5	ID1016
HSC3	ID1008	HSC6	ID1020

10.1.1.4　指令介绍

高速计数器（HSC）指令共有 2 条，高速计数时，不是一定要使用，以下仅介绍 CTRL_HSC 指令。高速计数指令 CTRL_HSC 的格式见表 10-4。

表 10-4　高速计数指令 CTRL_HSC 格式

LAD	SCL	输入/输出	参数说明
		HSC	HSC 标识符
		DIR	1：请求新方向
		CV	1：请求设置新的计数器值
		RV	1：请求设置新的参考值
	"CTRL_HSC_1_DB"(hsc:=W#16#0, dir:=False, cv:=False, rv:=False, period:=False, new_dir:=0, new_cv:=L#0, new_rv:=L#0, new_period:=0, busy=>_bool_out_);	PERIOD	1：请求设置新的周期值 （仅限频率测量模式）
		NEW_DIR	新方向，1：向上；-1：向下
		NEW_CV	新计数器值
		NEW_RV	新参考值
		NEW_PERIOD	以秒为单位的新周期值 （仅限频率测量模式）： 1000：1s 100：0.1s 10：0.01s
		BUSY	功能忙
		STATUS	状态代码

注：状态代码（STATUS）为 0 时，表示没有错误，为其他数值表示有错误，具体可以查看手册或者帮助。

10.1.2　高速计数器的应用

与其他小型 PLC 不同，使用 S7-1200 PLC 的高速计数器完成高速计数功能，主要的工作在组态上，而不在程序编写上，简单的高速计数甚至不需要编写程序，只要进行硬件组态即可。以下用一个例子说明高速计数器的应用。

图 10-4　原理图

【例 10-1】　用高速计数器 HSC1 计数，当计数值达到 500～1000 之间时报警，报警灯 Q0.0 亮。原理图如图 10-4 所示（高速输入端子处用一个按钮代替）。

解

（1）硬件组态

① 新建项目，添加 CPU。打开 TIA 博途软件，新建项目"HSC1"，单击项目树中的"添加新设备"选项，添加"CPU1211C"，如图 10-5 所示，再添加硬件中断程序块"OB40"。

图 10-5　新建项目，添加 CPU

② 启用高速计数器。在设备视图中，选中"属性"→"常规"→"高速计数器（HSC）"，勾选"启用该高速计数器"选项，如图 10-6 所示。

③ 配置高速计数器的功能。在设备视图中，选中"属性"→"常规"→"高速计数器（HSC）"→"HSC1"→"功能"，配置选项如图 10-7 所示。

a. 计数类型分为计数、时间段、频率和运动控制四个选项。

b. 工作模式分为单相、两相、A/B 相和 A/B 相四倍分频，此内容在前面已经介绍了。

c. 计数方向的选项与工作模式相关。当选择单相计数模式时，计数方向取决于内部程序控制和外部物理输入点控制。当选择 A/B 相或两相模式时，没有此选项。

d. 初始计数方向分为增计数和减计数。

④ 配置高速计数器的参考值和初始值。在设备视图中，选中"属性"→"常规"→"高速计数器（HSC）"→"HSC1"→"复位为初始值"，配置选项如图 10-8 所示。

a. 初始计数器值是指当复位后，计数器重新计数的起始数值，本例为 0。

b. 初始参考值是指当计数值达到此值时，可以激发一个硬件中断。

图 10-6　启用高速计数器

图 10-7　配置高速计数器的功能

⑤ 事件配置。在设备视图中，选中"属性"→"常规"→"高速计数器（HSC）"→"HSC1"→"事件组态"，单击▒按钮，选择硬件中断事件"Hardware interrupt"选项，配置选项如图 10-9 所示。

⑥ 配置硬件输入。在设备视图中，选中"属性"→"常规"→"高速计数器（HSC）"→"HSC1"→"硬件输入"，配置选项如图 10-10 所示，硬件输入地址可不更改。硬件输入定义了高速输入和复位接线的输入点的地址。

图 10-8 配置高速计数器的参考值和初始值

图 10-9 事件组态

⑦ 配置 I/O 地址。在设备视图中,选中"属性"→"常规"→"高速计数器(HSC)"→"HSC1"→"I/O 地址",配置选项如图 10-11 所示,I/O 地址可不更改。本例占用 IB1000~IB1003,共 4 个字节,实际就是 ID1000。

⑧ 查看硬件标识符。在设备视图中,选中"属性"→"常规"→"高速计数器(HSC)"→"HSC1"→"硬件标识符",如图 10-12 所示,硬件标识符不能更改,此数值

图 10-10　配置硬件输入

图 10-11　配置 I/O 地址

(257) 在编写程序时要用到。

⑨ 修改输入滤波时间。在设备视图中，选中"属性"→"常规"→"DI 6/DO 4"→"数字量输入"→"通道 0"，如图 10-13 所示，将输入滤波时间从原来的 6.4ms 修改到 3.2μs，这个步骤极为关键。此外要注意，在此处的上升沿和下降沿不能启用。

图 10-12　查看硬件标识符

图 10-13　修改输入滤波时间

(2) 编写程序

　　打开硬件中断程序块 OB40，编写 LAD 程序如图 10-14 所示，或者编写 SCL 程序如图 10-15 所示。

图 10-14　OB40 中的 LAD 程序

```
 1 ⊟IF NOT "Tag_1"  THEN
 2 │    "Tag_1":=TRUE;
 3 │END_IF;
 4 ⊟IF "Tag_1" THEN
 5 │    "Tag_2" := 1000;
 6 │    ELSE
 7 │    "Tag_2" := 500;
 8 │END_IF;
 9 ⊟"CTRL_HSC_0_DB_1"(HSC:=257,
10 │                  CV:=1,
11 │                  RV:=1,
12 │                  NEW_CV:=0,
13 │                  NEW_RV:="Tag_2");
```

图 10-15　OB40 中的 SCL 程序

10.2　PLC 在运动控制中的应用

10.2.1　运动控制简介

运动控制起源于早期的伺服控制。简单地说，运动控制就是对机械运动部件的位置、速度等进行实时的控制管理，使其按照预期的运动轨迹和规定的运动参数进行运动。本章的运动控制的驱动对象是伺服系统。

S7-1200 PLC 在运动控制中使用了轴的概念，通过轴的组态，包括硬件接口、位置定义、动态性能和机械特性等，与相关的指令块组合使用，可实现绝对位置、相对位置、点动、转速控制以及寻找参考点等功能。

S7-1200 PLC 的运动控制指令块符合 PLCopen 规范。

10.2.2 伺服控制简介

(1) 伺服系统简介

伺服系统的产品主要包含伺服驱动器、伺服电动机和相关检测传感器（如光电编码器、旋转编码器、光栅等）。伺服产品在我国是高科技产品，得到了广泛的应用，其主要应用领域有机床、包装、纺织和电子设备，其使用量超过了整个市场的一半，特别在机床行业，伺服产品应用十分常见。

一个伺服系统的构成通常包括被控对象（plant）、执行器（actuator）和控制器（controller）等几部分组成，机械手臂、机械平台通常作为被控对象。执行器的主要功能是：提供被控对象的动力，执行器主要包括电动机和功率放大器，特别设计应用于伺服系统的电动机称为"伺服电动机"（servo motor）。通常伺服电动机包括反馈装置，如光电编码器（optical encoder）、旋转变压器（resolver）。目前，伺服电动机主要包括直流伺服电动机、永磁交流伺服电动机、感应交流伺服电动机，其中永磁交流伺服电动机是市场主流。控制器的功能在于提供整个伺服系统的闭路控制，如扭矩控制、速度控制、位置控制等。目前一般工业用伺服驱动器（servo driver）通常包括控制器和功率放大器。图 10-16 所示是一般工业用伺服系统的组成框图。

图 10-16 一般工业用伺服系统的组成框图

(2) 台达伺服驱动系统

台达自动化产品是性价比较高的产品，特别是驱动类产品，在中国有一定的占有率。台达伺服驱动系统使用方法与日系伺服驱动系统类似。本章的控制对象将以台达伺服系统为例进行介绍。

台达 ECMA-C30604PS 永磁同步交流伺服电机和 ASD-B-20421-B 全数字交流永磁同步伺服驱动装置组成的伺服驱动系统将在后续章节用到。

ECMA-C30604PS 的含义：ECM 表示电机类型为电子换相式，C 表示电压及转速规格为 220V/3000rpm，3 表示编码器为增量式编码器，分辨率 2500ppr，输出信号线数为 5 根线，04 表示电机的额定功率为 400W。

ASD-B20421 的含义：ASD-B2 表示台达 B2 系列驱动器，04 表示额定输出功率为 400W，21 表示电源电压规格及相数为单相 220V。

(3) 伺服电动机的参数设定

① 控制模式 驱动器提供位置、速度、扭矩三种基本操作模式，可以用单一控制模式，

即固定在一种模式控制，也可选择用混合模式来进行控制，每一种模式分两种情况，所以总共有 11 种控制模式。

② 参数设置方式操作说明　ASD-B2 伺服驱动器的参数共有 187 个，如 P0-××、P1-××、P2-××、P3-×× 和 P4-××，可以在驱动器上的面板上进行设置。伺服驱动器可采用自动增益调整模式。伺服驱动器参数设置见表 10-5。

表 10-5　伺服驱动器参数设置

序号	参数		设置数值	功能和含义
	参数编号	参数名称		
1	P0-02	LED 初始状态	00	显示电机反馈脉冲数
2	P1-00	外部脉冲列指令输入形式设定	2	2:脉冲列"+"符号
3	P0-01	控制模式及控制命令输入源设定	00	位置控制模式(相关代码 Pt)
4	P1-44	电子齿轮比分子(N)	1	指令脉冲输入比值设定 $$\text{指令脉冲输入}\ f_1 \to \boxed{\frac{N}{M}} \to \text{位置指令}\ f_2 = f_1 \times \frac{N}{M}$$ 指令脉冲输入比值范围:$1/50 < N/M < 200$
5	P1-45	电子齿轮比分母(M)	1	当 P1-44 分子设置为"1"、P1-45 分母设置为"1"时,脉冲数为 10000 一周脉冲数 $= \dfrac{P1-44\ \text{分子}=1}{P1-45\ \text{分母}=1} \times 10000 = 10000$
6	P2-00	位置控制比例增益	35	位置控制增益值加大时,可提升位置应答性及缩小位置控制误差量。但若设定太大时易产生振动及噪声
7	P2-02	位置控制前馈增益	5000	位置控制命令平滑变动时,增益值加大可改善位置跟随误差量。若位置控制命令不平滑变动时,降低增益值可降低机构的运转振动现象
8	P2-08	特殊参数输入	0	10:参数复位

10.2.3　S7-1200 PLC 的运动控制功能

S7-1200 CPU 提供两种方式的开环运动控制。

① 脉宽调制（PWM）：内置于 CPU 中，用于速度、位置或占空比控制。

② 运动轴：内置于 CPU 中，用于速度和位置控制。

CPU 提供了最多四个数字量输出，这四个数字量输出可以组态为 PWM 输出，或者组态为运动控制输出。为 PWM 操作组态输出时，输出的周期是固定的，脉宽或脉冲占空比可通过程序进行控制。脉宽的变化可用于在应用中控制速度或位置。S7-1200 CPU 高速脉冲输出的性能见表 10-6。

表 10-6　高速脉冲输出的性能

CPU/信号板	CPU/信号板输出通道	脉冲频率	支持电压
CPU1211C	Qa.0～Qa.3	100kHz	+24V,PNP 型
CPU1212C	Qa.0～Qa.3	100kHz	
	Qa.4、Qa.5	20kHz	

续表

CPU/信号板	CPU/信号板输出通道	脉冲频率	支持电压
CPU1214C、CPU1215C	Qa. 0～Qa. 3	100kHz	
	Qa. 4～Qb. 1	20kHz	
CPU1217C	Qa. 0～Qa. 3	1MHz	＋24V,PNP 型
	Qa. 4～Qb. 1	100kHz	
SB1222,200kHz	Qe. 0～Qe. 3	200kHz	
SB1223,200kHz	Qe. 0、Qe. 1	200kHz	
SB1223	Qe. 0、Qe. 1	20kHz	

脉冲串操作（PTO）按照给定的脉冲个数和周期输出一串方波（占空比 50%，如图 10-17 所示）。PTO 可以产生单段脉冲串或多段脉冲串。可以 μs 或 ms 为单位指定脉冲宽度和周期。

图 10-17　PTO 原理

10. 2. 4　S7-1200 PLC 的运动控制指令

（1）MC_Power 系统使能指令块

轴在运动之前，必须使能指令块，其具体参数说明见表 10-7。

表 10-7　MC_Power 系统使能指令块的参数

LAD	SCL	输入/输出	参数的含义
	"MC_Power_DB"(Axis:=_multi_fb_in_, Enable:=_bool_in_, StopMode:=_int_in_, Status=>_bool_out_, Busy=>_bool_out_, Error=>_bool_out_, ErrorID=>_word_out_ ErrorInfo=>_word_out_);	EN	使能
		Axis	已组态好的工艺对象名称
		StopMode	模式 0 时,按照组态好的急停曲线停止;模式 1 时,为立即停止,输出脉冲立即封死
		Enable	为 1 时,轴使能;为 0 时,轴停止
		ErrorID	错误 ID 码
		ErrorInfo	错误信息

（2）MC_Reset 错误确认指令块

如果存在一个错误需要确认，必须调用错误确认指令块进行复位，例如轴硬件超程，处理完成后，必须复位才行。其具体参数说明见表 10-8。

表 10-8　MC_Reset 错误确认指令块的参数

LAD	SCL	输入/输出	参数的含义
	"MC_Reset_DB"(Axis:=_multi_fb_in_, Execute:=_bool_in_, Restart:=_bool_in_, Done=>_bool_out_, Busy=>_bool_out_, Error=>_bool_out_, ErrorID=>_word_out_,	EN	使能
		Axis	已组态好的工艺对象名称
		Execute	上升沿使能
		Busy	是否忙

LAD	SCL	输入/输出	参数的含义
	ErrorInfo＝＞_word_out_）；	ErrorID	错误 ID 码
		ErrorInfo	错误信息

（3）MC_Home 回参考点指令块

参考点在系统中有时作为坐标原点，对于运动控制系统是非常重要的。回参考点指令块具体参数说明见表 10-9。

表 10-9　MC_Home 回参考点指令块的参数

LAD	SCL	输入/输出	参数的含义
MC_Home EN　　　ENO Axis　　Done Execute　Error Position Mode	"MC_Home_DB"（ 　Axis：＝_multi_fb_in_， 　Execute：＝_bool_in_， 　Position：＝_real_in_， 　Mode：＝_int_in_， 　Done＝＞_bool_out_， 　Busy＝＞_bool_out_， 　CommandAborted＝＞_bool_out_， 　Error＝＞_bool_out_， 　ErrorID＝＞_word_out_， 　ErrorInfo＝＞_word_out_）；	EN	使能
		Axis	已组态好的工艺对象名称
		Execute	上升沿使能
		Position	当轴达到参考输入点的绝对位置（模式 2、3）；位置值（模式 1）；修正值（模式 2）
		Mode	为 0、1 时直接绝对回零；为 2 时被动回零；为 3 时主动回零
		Done	1：任务完成
		Busy	1：正在执行任务

（4）MC_Halt 停止轴指令块

MC_Halt 停止轴指令块用于停止轴的运动，当上升沿使能 Execute 后，轴会按照组态好的减速曲线停车。停止轴指令块具体参数说明见表 10-10。

表 10-10　MC_Halt 停止轴指令块的参数

LAD	SCL	各输入/输出	参数的含义
MC_Halt EN　　　ENO Axis　　Done Execute　Busy 　　CommandAbort 　　ed 　　Error 　　ErrorID 　　ErrorInfo	"MC_Halt_DB"（Axis：＝_multi_fb_in_， 　Execute：＝_bool_in_， 　Done＝＞_bool_out_， 　Busy＝＞_bool_out_， 　CommandAborted＝＞_bool_out_， 　Error＝＞_bool_out_， 　ErrorID＝＞_word_out_， 　ErrorInfo＝＞_word_out_）；	EN	使能
		Axis	已组态好的工艺对象名称
		Execute	上升沿使能
		Done	1：速度达到零
		Busy	1：正在执行任务
		CommandAborted	1：任务在执行期间被另一任务中止

（5）MC_MoveRelative 相对定位轴指令块

MC_MoveRelative 相对定位轴指令块的执行不需要建立参考点，只需要定义距离、速度和方向即可。当上升沿使能 Execute 后，轴按照设定的速度和距离运行，其方向由距离中的正负号（＋/－）决定。相对定位轴指令块具体参数说明见表 10-11。

表 10-11 MC_MoveRelative 相对定位轴指令块的参数

LAD	SCL	输入/输出	参数的含义

MC_MoveRelative
—EN   ENO—
—Axis   Done—
—Execute Busy
—Distance CommandAborted
—Velocity   Error—
       ErrorID
       ErrorInfo
	"MC_MoveRelative_DB"(
	Axis:=_multi_fb_in_,
	  Execute:=_bool_in_,
	  Distance:=_real_in_,
	  Velocity:=_real_in_,
	  Done=>_bool_out_,
	  Busy=>_bool_out_,
	  CommandAborted=>_bool_out_,
	  Error=>_bool_out_,
	  ErrorID=>_word_out_,
	  ErrorInfo=>_word_out_);
		EN	使能

		Axis	已组态好的工艺对象名称
		Execute	上升沿使能
		Distance	运行距离(正或者负)
		Velocity	定义的速度 限制:启动/停止速度≤Velocity≤最大速度
		Done	1:已达到目标位置
		Busy	1:正在执行任务
		CommandAborted	1:任务在执行期间被另一任务中止

(6) MC_MoveAbsolute 绝对定位轴指令块

MC_MoveAbsolute 绝对定位轴块的执行需要建立参考点,通过定义距离、速度和方向即可。当上升沿使能 Execute 后,轴按照设定的速度和绝对位置运行。绝对定位轴指令块具体参数说明见表 10-12。

表 10-12 MC_MoveAbsolute 绝对定位轴指令块的参数

LAD	SCL	输入/输出	参数的含义

MC_MoveAbsolute
—EN   ENO—
—Axis   Done—
—Execute Busy
—Position CommandAborted
—Velocity   Error—
       ErrorID
       ErrorInfo
	"MC_MoveAbsolute_DB"(Axis:=_multi_fb_in_,
	  Execute:=_bool_in_,
	  Position:=_real_in_,
	  Velocity:=_real_in_,
	  Done=>_bool_out_,
	  Busy=>_bool_out_,
	  CommandAborted=>_bool_out_,
	  Error=>_bool_out_,
	  ErrorID=>_word_out_,
	  ErrorInfo=>_word_out_);
		EN	使能

		Axis	已组态好的工艺对象名称
		Execute	上升沿使能
		Position	绝对目标位置
		Velocity	定义的速度 限制:启动/停止速度≤Velocity≤最大速度
		Done	1:已达到目标位置
		Busy	1:正在执行任务
		CommandAborted	1:任务在执行期间被另一任务中止

10.2.5 S7-1200 PLC 的运动控制实例

S7-1200 PLC 的运动控制任务的完成,正确组态运动控制参数是非常关键,下面将用例子介绍一个完整的运动控制实施过程,其中包含组态运动控制参数内容。

【例 10-2】 某设备上有一套伺服驱动系统,伺服驱动器的型号为 ASD-B-20421-B,伺服电动机的型号为 ECMA-C30604PS,是三相交流同步伺服电动机,控制要求如下。

① 压下复位 SB1 按钮,伺服驱动系统回原点。

② 压下启动 SB2 按钮,伺服电动机带动滑块向前运行 50mm,停 2s,然后返回原点完

成一个循环过程。

③ 压下急停按钮 SB3 时，系统立即停止。

④ 运行时，信号灯以 1s 为周期闪亮。

请设计原理图，并编写程序。

解

(1) 主要软硬件配置

① 1 套 TIA Portal V13 SP1；

② 1 台伺服电动机，型号为 ECMA-C30604PS；

③ 1 台伺服驱动器，型号为台达 ASD-B-20421-B；

④ 1 台 CPU1211C 。

原理图如图 10-18 所示。

图 10-18　原理图

(2) 硬件组态

① 新建项目，添加 CPU。打开 TIA 博途软件，新建项目"MotionControl"，单击项目树中的"添加新设备"选项，添加"CPU1211C"，如图 10-19 所示。

② 启用脉冲发生器。在设备视图中，选中"属性"→"常规"→"脉冲发生器（PTO/PWM）"→"PTO1/PWM1"，勾选"启用该脉冲发生器"选项，如图 10-20 所示，表示启用了"PTO1/PWM1"脉冲发生器。

③ 选择脉冲发生器的类型。设备视图中，选中"属性"→"常规"→"脉冲发生器（PTO/PWM）"→"PTO1/PWM1"→"参数分配"，选择信号类型为"PTO（脉冲 A 和方向 B）"，如图 10-21 所示。

信号类型有 5 个选项，分别是：PWM、PTO（脉冲 A 和方向 B）、PTO（正数 A 和倒数 B）、PTO（A/B 移相）和 PTO（A/B 移相-四倍频）。

④ 组态硬件输出。设备视图中，选中"属性"→"常规"→"脉冲发生器（PTO/

图 10-19　新建项目，添加 CPU

图 10-20　启用脉冲发生器

PWM）”→“PTO1/PWM1”→“硬件输出”，选择脉冲输出点为 Q0.0，勾选“启用方向输出”，选择方向输出为 Q0.1，如图 10-22 所示。

⑤ 查看硬件标识符。设备视图中，选中“属性”→“常规”→“脉冲发生器（PTO/PWM）”→“PTO1/PWM1”→“硬件标识符”，可以查看到硬件标识符为 265，如图 10-23 所示，此标识符在编写程序时需要用到。

图 10-21　选择脉冲发生器的类型

图 10-22　硬件输出

(3) 工艺对象"轴"配置

工艺对象"轴"配置是硬件组态的一部分，由于这部分内容非常重要，因此单独进行讲解。

"轴"表示驱动的工艺对象，"轴"工艺对象是用户程序与驱动的接口。工艺对象从用户程序收到运动控制命令，在运行时执行并监视执行状态。"驱动"表示步进电动机加电源部

图 10-23   硬件标识符

分或者伺服驱动加脉冲接口的机电单元。运动控制中必须要对工艺对象进行组态才能应用控制指令块。工艺组态包括三个部分：工艺参数配置、轴控制面板和诊断面板。以下分别进行介绍。

1）工艺参数配置   参数配置主要定义了轴的工程单位（如脉冲数/分钟、转/分钟）、软硬件限位、启动/停止速度和参考点的定义等。工艺参数的配置步骤如下。

图 10-24   插入新对象

① 插入新对象。在 TIA Portal 软件项目视图的项目树中，选择"MotionControl"→"PLC _ 1"→"工艺对象"→"插入新对象"，双击"插入新对象"，如图 10-24 所示，弹出如图 10-25 所示的界面，选择"运动控制"→"TO _ PositioningAxis"，单击"确定"按钮，弹出如图 10-26 所示的界面。

② 配置常规参数。在"功能图"选项卡中，选择"基本参数"→"常规"，"驱动器"项目中有三个选项：PTO（表示运动控制由脉冲控制）、模拟驱动装置接口（表示运动控制由模拟量控制）和 PROFIdrive（表示运动控制由通信控制），本例选择"PTO"选项，测量单位可根据实际情况选择，本例选用默认设置，如图 10-26 所示。

③ 配置驱动器参数。在"功能图"选项卡中，选择"基本参数"→"驱动器"，选择脉冲发生器为"Pulse _ 1"，其对应的脉冲输出点和信号类型以及方向输出，都已经在硬件配置时定义了，在此不作修改，如图 10-27 所示。

"驱动器的使能和反馈"在工程中经常用到，当 PLC 准备就绪，输出一个信号到伺服驱动器的使能端子上，通知伺服驱动器，PLC 已经准备就绪。当伺服驱动器准备就绪后发出一个信号到 PLC 的输入端，通知PLC，伺服驱动器已经准备就绪。本例中没有使用此功能。

图 10-25 定义工艺对象数据块

图 10-26 配置常规参数

④ 配置机械参数。在"功能图"选项卡中,选择"扩展参数"→"机械",设置"电机每转的脉冲数"为"10000",此参数取决于伺服电动机自带编码器的参数。"电机每转的负载位移"取决于机械结构,如伺服电动机与丝杠直接相连接,则此参数就是丝杠的螺距,本例为"10",如图 10-28 所示。

⑤ 配置位置限制参数。在"功能图"选项卡中,选择"扩展参数"→"位置限制",勾选"启用硬件限位开关"和"启用软件限位开关",如图 10-29 所示。在"硬件下限位开关

图 10-27 配置驱动器参数

图 10-28 配置机械参数

输入"中选择"I0.3",在"硬件上限位开关输入"中选择"I0.5",选择电平为"低电平",这些设置必须与原理图匹配。由于本例的限位开关在原理图中接入的是常闭触点,而且是PNP输入接法,因此当限位开关起作用时为"低电平",所以此处选择"低电平",如果输入端是NPN接法,那么此处应选择"高电平",这一点要特别注意。

软件限位开关的设置根据实际情况确定,本例设置为"-1000"和"1000"。

⑥ 配置动态参数。在"功能图"选项卡中,选择"扩展参数"→"动态"→"常规",根据实际情况修改最大转速、启动/停止速度和加速时间/加速时间等参数(此处的加速时间和减速时间是正常停机时的数值),本例设置如图 10-30 所示。

在"功能图"选项卡中,选择"扩展参数"→"动态"→"急停",根据实际情况修改

图 10-29　配置位置限制参数

图 10-30　配置动态参数（1）

减速时间等参数（此处的减速时间是急停时的数值），本例设置如图 10-31 所示。

　　⑦ 配置回原点参数。在"功能图"选项卡中，选择"扩展参数"→"回原点"→"主动"，根据原理图选择"输入原点开关"是 I0.4。由于输入是 PNP 电平，所以"选择电平"选项是"高电平"。

　　"起始位置偏移量"为 0，表明原点就在 I0.4 的硬件物理位置上。本例设置如图 10-32 所示。

　　回参考点（原点）的过程有以下三种常见的情况。

　　a. 滑块的起始位置在参考点的左侧，在到达参考点的右边沿时，从接近速度减速至到达

图 10-31 配置动态参数（2）

图 10-32 配置回原点（1）

速度已完成，如图 10-33 所示。当检测到参考点的左边沿时，电动机减速至到达速度，轴按照此速度移动到参考点的右边并停止，此时的位置计数器会将参数 Position 中的值设置为当前参考点。

b. 滑块的起始位置在参考点的左侧，在到达参考点的右边沿时，从接近速度减速至到达速度已完成，如图 10-34 所示。由于在右边沿位置，轴未能减速到到达速度，轴会停止当前运动并以到达速度反向运行，直到检测到参考点右边沿上升沿，轴再次停止，然后轴按照此速度移动到参考点的右边下降沿并停止，此时的位置计数器会将参数 Position 中的值设置为当前参考点。

图 10-33　回原点情形之一

图 10-34　回原点情形之二

c. 滑块的起始位置在参考点的右侧，轴在正向运动中没有检测到参考点，直到碰到右限位点，此时轴减速到停止，并以接近速度反向运行，当检测到左边沿后，轴减速停止，并以到达速度正向运行，直到检测到右边沿，回参考点过程完成，如图 10-35 所示。

图 10-35　回原点情形之三

2）轴控制面板　用户可以使用轴控制面板调试驱动设备、测试轴和驱动的功能。轴控制面板允许用户在手动方式下实现参考点定位、绝对位置运动、相对位置运动和点动等功能。

使用轴控制面板并不需要编写和下载程序代码。

① 点动控制。在 TIA Portal 软件项目视图的项目树中，选择"MotionControl"→"PLC_1"→"工艺对象"→"插入新对象"→"Axis1"→"调试"，如图 10-36 所示，双击"调试"选项，打开轴控制面板，如图 10-37 所示。先单击"激活"和"启用"按钮，再选中"点动"选项，之后单击"正向"或者"反向"按钮，伺服电动机以设定的速度正向或者反向运行，并在轴控制面板中，实时显示当前位置和速度。

② 定位控制。在轴控制面板中，先单击"激活"和"启用"按钮，再选中"定位"选项，之后单击"相对"按钮，

图 10-36　打开轴控制面板

图 10-37　用轴控制面板进行点动控制

如图 10-38 所示，伺服电动机以设定的速度从当前位置向设定位置运行，并在轴控制面板中，实时显示当前位置和速度。因为没有回原点，所以不能以绝对位移运动，这种情况，"绝对"按钮显示为灰色。

图 10-38　用轴控制面板进行相对位移位置控制

　　如果已经回原点，如图 10-39 所示，"绝对"和"相对"按钮均是亮色，则表明可以进行绝对位移运动和相对位移运动控制。

　　③ 回原点控制。在轴控制面板中。先单击"激活"和"启用"按钮，再选中"回原点"选项，之后单击"设置回原点位置"按钮，如图 10-40 所示，则当前位置为原点。这样操作后，就可以进行绝对位移位置控制操作。

图 10-39　用轴控制面板进行绝对位移位置控制

图 10-40　用轴控制面板进行回原点控制

3）诊断面板　无论在"手动模式"还是"自动模式"中，都可以通过在线方式查看诊断面板。诊断面板用于显示轴的关键状态和错误消息。

① 状态和错误位。在 TIA Portal 软件项目视图的项目树中，选择"MotionControl"→"PLC_1"→"工艺对象"→"插入新对象"→"Axis1"→"诊断"，如图 10-41 所示，双击"诊断"选项，打开诊断面板，如图 10-42 所示。因为没有错误，右下侧显示"正常"字样，关键的信息用绿色的方块提示用户，无关信息则是灰色方块提示。

在图 10-43 中，错误的信息用红色方框提示用户，如"已逼近硬限位开关"前面有红色的方框，表示硬限位开关已经触发，因此用户必须查看 I0.3 和 I0.5 限位开关。

图 10-41　打开诊断面板

图 10-42　状态和错误位（1）

图 10-43　状态和错误位（2）

　　② 运动状态　选中并双击"运动状态"选项，弹出如图 10-44 所示界面，此界面包含当前位置、目标位置、当前速度和剩余距离等参数。

图 10-44　运动状态

③ 动态设置　选中并双击"动态设置"选项，弹出如图 10-45 所示界面，此界面包含加速度、减速度、加加速度和紧急减速度等参数。

图 10-45　动态设置

(4) 编写程序

梯形图程序如图 10-46 所示。

(a) OB100中的梯形图

(b) OB1中的梯形图

图 10-46

(c) FC1中的梯形图   (d) FC2中的梯形图

(e) FC3中的梯形图

(f) FC4中的梯形图

图 10-46 梯形图程序

10.3 PWM

10.3.1 PWM 功能简介

PWM（Pulse Width Modulation，脉宽调制）是一种周期固定、宽度可调的脉冲输出，如图 10-47 所示，PWM 功能虽然是数字量输出，但其很多方面类似于模拟量，比如它可以控制电机转速、阀门位置等。S7-1200 CPU 提供了四个输出通道用于高速脉冲输出，分别可组态为 PTO 或者 PWM，PTO 的功能只能由运动控制指令来实现，前面的章节已经介绍。PWM 功能使用 CTRL _ PWM 指令块实现，当一个通道被组态成 PWM 时，将不能使用 PTO 功能，反之亦然。

图 10-47 PWM 原理

脉冲宽度可以表示成百分之几、千分之几、万分之几或者 S7 模拟量格式，脉宽的范围可从 0（无脉冲，数字量输出为 0）到全脉冲周期（数字量输出为 1）。

10.3.2 PWM 功能应用举例

【例 10-3】 使用模拟量控制数字量输出，当模拟量值发生变化时，CPU 输出的脉冲宽度随之变化，但周期不变，可用于控制脉冲方式加热设备。此应用通过 PWM 功能实现，脉冲周期为 1s，模拟量值在 0～27648 之间变化。

解 先进行硬件组态，再编写程序。

(1) 硬件组态

① 创建新项目，命名为"PWM0"，如图 10-48 所示。单击"创建"按钮，弹出图 10-49 所示的界面，双击"添加新设备"，弹出图 10-50 所示的界面，选定要组态的硬件，再单击"确定"按钮即可。

图 10-48 创建新项目

图 10-49 添加新设备

② 激活 PWM 功能。先选中 CPU，再选中"属性"选项卡，并展开"PTO/PWM1"，最后勾选"允许使用该脉冲发生器"，如图 10-51 所示。

③ 硬件参数组态。脉冲发生器用作"PWM"，不能选择"PTO"选项；时间基准为"毫秒"，脉冲宽度格式为 S7 模拟格式；循环时间为 1000ms；初始脉冲宽度为 0，如图 10-52 所示。

④ 硬件输出与脉宽地址。设置如图 10-53 所示。

(2) 编写程序

① 指令介绍 S7-1200 CPU 使用 CTRL_PWM 指令块实现 PWM 输出。在使用此指令时，需要添加背景数据块，用于存储参数信息。当 EN 端变为 1 时，指令块通过 ENABLE 端使能或者禁止脉冲输出，脉冲宽度通过配置好的 QW 来调节，当 CTRL_PWM 指令块正在运行时，BUSY 位将一直为 0。有错误发生时，ENO 为 0，STATUS 显示错误信息。

图 10-50　选定 CPU

图 10-51　激活 PWM 功能

图 10-52　硬件参数组态

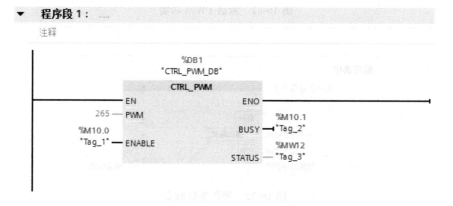

图 10-53 硬件输出与脉宽地址

CTRL ＿PWM 指令块的各个参数的含义见表 10-13。

表 10-13 CTRL ＿PWM 指令块参数含义

LAD	SCL	参数	说明

%DB1
"CTRL_PWM_DB"
CTRL_PWM
— EN   ENO —
— PWM
    BUSY ⊣
— ENABLE
    STATUS —
	"CTRL_PWM_DB"(
	　PWM:=_uint_in_,
	　ENABLE:=_bool_in_,
	　BUSY=>_bool_out_,
	　STATUS=>_word_out_);
		PWM	硬件标识号,即组态参数中的 HW ID

		ENABLE	为 1 使能指令块,为 0 禁止指令块
		BUSY	功能应用中
		STATUS	状态显示

② 编写程序 LAD 程序如图 10-54 所示,SCL 程序如图 10-55 所示。

▼　程序段 1:　....

注释

```
                      %DB1
                   "CTRL_PWM_DB"

                     CTRL_PWM
            EN                    ENO
      265 — PWM
                                          %M10.1
                            BUSY —┤"Tag_2"
   %M10.0
   "Tag_1" — ENABLE
                                          %MW12
                          STATUS — "Tag_3"
```

程序段 2：

通道0的模拟量转换成数字量后输出QW1000

```
                    MOVE
               EN ── ENO
    %IW64                    %QW1000
   "Tag_4" ── IN  ✴ OUT1 ── "Tag_5"
```

图 10-54　LAD 程序

```
1 ┌ "CTRL_PWM_DB_1"(PWM:=265,
2                    ENABLE:="Tag_1",
3                    BUSY=>"Tag_2",
4 └                  STATUS=>"Tag_3");
5   "Tag_5" := "Tag_4";
```

图 10-55　SCL 程序

10.4　PLC 在过程控制中的应用

10.4.1　PID 控制原理简介

在过程控制中，按偏差的比例（P）、积分（I）和微分（D）进行控制的 PID 控制器（也称 PID 调节器）是应用最广泛的一种自动控制器。它具有原理简单，易于实现，适用面广，控制参数相互独立，参数选定比较简单，调整方便等优点；而且在理论上可以证明，对于过程控制的典型对象——"一阶滞后＋纯滞后"与"二阶滞后＋纯滞后"的控制对象，PID 控制器是一种最优控制。PID 调节规律是连续系统动态品质校正的一种有效方法，它的参数整定方式简便，结构改变灵活（如可为 PI 调节、PD 调节等）。长期以来，PID 控制器被广大科技人员及现场操作人员所采用，并积累了大量的经验。

PID 控制器就是根据系统的误差，利用比例、积分、微分计算出控制量来进行控制。当被控对象的结构和参数不能完全掌握，或得不到精确的数学模型时、控制理论的其他技术难以采用时，系统控制器的结构和参数必须依靠经验和现场调试来确定，这时应用 PID 控制技术最为方便。即当不完全了解一个系统和被控对象，或不能通过有效的测量手段来获得系统参数时，最适合采用 PID 控制技术。

（1）比例（P）控制

比例控制是一种最简单、最常用的控制方式，如放大器、减速器和弹簧等。比例控制器能立即成比例地响应输入的变化量。但仅有比例控制时，系统输出存在稳态误差（steady-state error）。

（2）积分（I）控制

在积分控制中，控制器的输出量是输入量对时间积累。对一个自动控制系统，如果在进入稳态后存在稳态误差，则称这个控制系统是有稳态误差的或简称有差系统（system withsteady-state error）。为了消除稳态误差，在控制器中必须引入"积分项"。积分项对误差的运算取决于时间的积分，随着时间的增加，积分项会增大。所以即便误差很小，积分项也会随着时间的增加而加大，它推动控制器的输出增大，使稳态误差进一步减小，直到等于零。因此，采用比例＋积分（PI）控制器，可以使系统在进入稳态后无稳态误差。

（3）微分（D）控制

在微分控制中，控制器的输出与输入误差信号的微分（即误差的变化率）成正比关系。自动控制系统在克服误差的调节过程中可能会出现振荡甚至失稳。其原因是由于存在有较大的惯性组件（环节）或有滞后（delay）组件，具有抑制误差的作用，其变化总是落后于误差的变化。解决的办法是使抑制误差的作用的变化"超前"，即在误差接近零时，抑制误差的作用就应该是零。这就是说，在控制器中仅引入"比例"项往往是不够的，比例项的作用仅是放大误差的幅值，因而需要增加的是"微分项"，它能预测误差变化的趋势，这样，具有比例＋微分的控制器就能够提前使抑制误差的控制作用等于零，甚至为负值，从而避免被控量的严重超调。所以对有较大惯性或滞后的被控对象，比例＋微分（PD）控制器能改善系统在调节过程中的动态特性。

（4）闭环控制系统特点

控制系统一般包括开环控制系统和闭环控制系统。开环控制系统（Open-loop Control System）是指被控对象的输出（被控制量）对控制器（controller）的输出没有影响，在这种控制系统中，不依赖将被控制量反送回来以形成任何闭环回路。闭环控制系统（Closed-loop Control System）的特点是系统被控对象的输出（被控制量）会反送回来影响控制器的输出，形成一个或多个闭环。闭环控制系统有正反馈和负反馈，若反馈信号与系统给定值信号相反，则称为负反馈（Negative Feedback）；若极性相同，则称为正反馈。一般闭环控制系统均采用负反馈，又称负反馈控制系统。可见，闭环控制系统性能远优于开环控制系统。

（5）PID 控制器的参数整定

PID 控制器的参数整定是控制系统设计的核心内容。它是根据被控过程的特性，确定 PID 控制器的比例系数、积分时间和微分时间的大小。PID 控制器参数整定的方法很多，概括起来有如下两大类。

一是理论计算整定法。它主要依据系统的数学模型，经过理论计算确定控制器参数。这种方法所得到的计算数据未必可以直接使用，还必须通过工程实际进行调整和修改。

二是工程整定法。它主要依赖于工程经验，直接在控制系统的试验中进行，且方法简单、易于掌握，在工程实际中被广泛采用。PID 控制器参数的工程整定方法，主要有临界比例法、反应曲线法和衰减法。这三种方法各有其特点，其共同点都是通过试验，然后按照工程经验公式对控制器参数进行整定。但无论采用哪一种方法所得到的控制器参数，都需要在实际运行中进行最后的调整与完善。

现在一般采用的是临界比例法。利用该方法进行 PID 控制器参数的整定步骤如下：

① 首先预选择一个足够短的采样周期让系统工作；

② 仅加入比例控制环节，直到系统对输入的阶跃响应出现临界振荡，记下这时的比例放大系数和临界振荡周期；

③ 在一定的控制度下通过公式计算得到 PID 控制器的参数。

（6）PID 控制器的主要优点

PID 控制器成为应用最广泛的控制器，它具有以下优点。

① PID 算法蕴含了动态控制过程中过去、现在、将来的主要信息，而且其配置几乎最优。其中，比例（P）代表了当前的信息，起纠正偏差的作用，使过程反应迅速。微分（D）在信号变化时有超前控制作用，代表将来的信息。在过程开始时强迫过程进行，过程结束时

减小超调，克服振荡，提高系统的稳定性，加快系统的过渡过程。积分（I）代表了过去积累的信息，它能消除静差，改善系统的静态特性。此三种作用配合得当，可使动态过程快速、平稳、准确，收到良好的效果。

② PID 控制适应性好，有较强的鲁棒性，对各种工业应用场合，都可在不同的程度上应用。特别适于"一阶惯性环节＋纯滞后"和"二阶惯性环节＋纯滞后"的过程控制对象。

③ PID 算法简单明了，各个控制参数相对较为独立，参数的选定较为简单，形成了完整的设计和参数调整方法，很容易为工程技术人员所掌握。

④ PID 控制根据不同的要求，针对自身的缺陷进行了不少改进，形成了一系列改进的PID 算法。例如，为了克服微分带来的高频干扰的滤波 PID 控制，为克服大偏差时出现饱和超调的 PID 积分分离控制，为补偿控制对象非线性因素的可变增益 PID 控制等。这些改进算法在一些应用场合取得了很好的效果。同时当今智能控制理论的发展，又形成了许多智能 PID 控制方法。

（7）PID 的算法

① PID 控制系统原理框　PID 控制系统原理框如图 10-56 所示。

图 10-56　PID 控制系统原理框

② PID 算法　S7-1200/1500 PLC 内置了三种 PID 指令，分别是 PID _ Compact、PID _ 3Step 和 PID _ Temp。

PID _ Compact 是一种具有抗积分饱和功能并且能够对比例作用和微分作用进行加权的PIDT1 控制器。PID 算法根据以下等式工作：

$$y = K_p \left[(bw - x) + \frac{1}{T_I s}(w - x) + \frac{T_D s}{a T_D s + 1}(cw - x) \right] \tag{10-1}$$

式中，y 为 PID 算法的输出值；K_p 为比例增益；s 为拉普拉斯运算符；b 为比例作用权重；w 为设定值；x 为过程值；T_I 为积分作用时间；T_D 为微分作用时间；a 为微分延迟系数（微分延迟 $T_1 = a T_D$）；c 为微分作用权重。

▶【关键点】公式（10-1）是非常重要的，根据这个公式，读者必须建立一个概念：增益 K_p 增加可以直接导致输出值 y 的快速增加，T_I 的减小可以直接导致积分项数值的增加，微分项数值的大小随着微分时间 T_D 的增加而增加，从而直接导致 y 增加。理解了这一点，对于正确调节 P、I、D 三个参数是至关重要的。

PID _ Compact 指令控制系统方框图如图 10-57 所示。

使用 PID _ 3Step 指令可对具有阀门自调节的 PID 控制器或具有积分行为的执行器进行组态。与 PID _ Compact 指令的最大区别在于前者有两路输出，而后者只有一路输出。

PID _ Temp 指令提供了一种可对温度过程进行集成调节的 PID 控制器。

图 10-57 PID_Compact 指令控制系统方框图

10. 4. 2 PID 控制器的参数整定

PID 控制器的参数整定是控制系统设计的核心内容。它是根据被控过程的特性，确定 PID 控制器的比例系数、积分时间和微分时间的大小。PID 控制器参数整定的方法很多，概括起来有如下两大类。

一是理论计算整定法。它主要依据系统的数学模型，经过理论计算确定控制器参数。这种方法所得到的计算数据未必可以直接使用，还必须通过工程实际进行调整和修改。

二是工程整定法。它主要依赖于工程经验，直接在控制系统的试验中进行，且方法简单、易于掌握，在工程实际中被广泛采用。PID 控制器参数的工程整定方法，主要有临界比例法、反应曲线法和衰减法。这三种方法各有其特点，其共同点都是通过试验，然后按照工程经验公式对控制器参数进行整定。但无论采用哪一种方法所得到的控制器参数，都需要在实际运行中进行最后的调整与完善。

(1) 整定的方法和步骤

现在一般采用的是临界比例法。利用该方法进行 PID 控制器参数的整定步骤如下：

① 首先预选择一个足够短的采样周期让系统工作；

② 仅加入比例控制环节，直到系统对输入的阶跃响应出现临界振荡，记下这时的比例放大系数和临界振荡周期；

③ 在一定的控制度下通过公式计算得到 PID 控制器的参数。

(2) PID 参数的经验值

在实际调试中，只能先大致设定一个经验值，然后根据调节效果修改，常见系统的经验值如下。

① 对于温度系统：P(%) 20~60，I(min) 3~10，D(min) 0.5~3。

② 对于流量系统：P(%) 40~100，I(min) 0.1~1。

③ 对于压力系统：P(%) 30~70，I(min) 0.4~3。

④ 对于液位系统：P(%) 20~80，I(min) 1~5。

(3) PID 参数的整定实例

PID 参数的整定对于初学者来说并不容易，不少初学者看到 PID 的曲线往往不知道是什么含义，当然也就不知道如何下手调节了，以下用几个简单的例子进行介绍。

【例 10-4】 某系统的电炉在进行 PID 参数整定，其输出曲线如图 10-58 所示，设定值和测量值重合（55℃），所以有人认为 PID 参数整定成功，请读者分析，并给出自己的见解。

解　在 PID 参数整定时，分析曲线图是必不可少的，测量值和设定值基本重合这是基本要求，并非说明 PID 参数整定就一定合理。

分析 PID 运算结果的曲线是至关重要的，如图 10-58 所示，PID 结算结果的曲线虽然很平滑，但过于平坦，这样电炉在运行过程中，其抗干扰能力弱，也就是说，当负载对热量需要稳定时，温度能保持稳定，但当负载热量变化大时，测量值和设定值就未必处于重合状态了。这种 PID 结算结果的曲线过于平坦，说明 P 过小。

将 P 的数值设定为 30.0，如图 10-59 所示，整定就比较合理了。

图 10-58　PID 曲线图（1）

图 10-59　PID 曲线图（2）

【例 10-5】 某系统的电炉在进行 PID 参数整定，其输出曲线如图 10-60 所示，设定值和测量值重合（55℃），所以有人认为 PID 参数整定成功，请读者分析，并给出自己的见解。

解 如图 10-60 所示，虽然测量值和设定值基本重合，但 PID 参数整定不合理。

这是因为 PID 运算结果的曲线已经超出了设定的范围，实际就是超调，说明比例环节 P 过大。

图 10-60 PID 曲线图 (3)

10.4.3 PID 指令简介

PID _ Compact 指令块的参数分为输入参数和输出参数，指令块的视图分为扩展视图和集成视图，不同的视图中看到的参数不一样：扩展视图中看到的参数多，表 10-14 中的 PID _ Compact 指令是扩展视图，可以看到亮色和灰色字迹的所有参数，而集成视图中可见的参数少，只能看到含亮色字迹的参数，不能看到灰色字迹的参数。扩展视图和集成视图可以通过指令块下边框处的"三角"符号相互切换。

PID _ Compact 指令块的参数分为输入参数和输出参数，其含义见表 10-14。

表 10-14 PID _ Compact 指令块的参数

LAD	SCL	输入/输出	含义
	"PID_Compact_1"(	Setpoint	自动模式下的给定值
	Setpoint：=_real_in_,	Input	实数类型反馈
	Input：=_real_in_,	Input_PER	整数类型反馈
	Input_PER：=_word_in_,		
	Disturbance：=_real_in_,	ManualEnable	0 到 1，上升沿，手动模式；1 到 0，下降模式，自动模式
	ManualEnable：=_bool_in_,		
	ManualValue：=_real_in_,		
	ErrorAck：=_bool_in_,	ManualValue	手动模式下的输出
	Reset：=_bool_in_,	Reset	重新启动控制器
	ModeActivate：=_bool_in_,	ScaledInput	当前输入值
	Mode：=_int_in_,		
	ScaledInput=>_real_out_,	Output	实数类型输出
	Output=>_real_out_,		
	Output_PER=>_word_out_,	Output_PER	整数类型输出

LAD	SCL	输入/输出	含义
	Output_PWM=>_bool_out_, SetpointLimit_H=>_bool_out_, SetpointLimit_L=>_bool_out_, InputWarning_H=>_bool_out_, InputWarning_L=>_bool_out_, State=>_int_out_, Error=>_bool_out_, ErrorBits=>_dword_out_);	Output_PWM	PWM 输出
		SetpointLimit_H	当反馈值高于高限时设置
		SetpointLimit_L	当反馈值低于低限时设置
		InputWarning_H	当反馈值高于高限报警时设置
		InputWarning_L	当反馈值低于低限报警时设置
		State	控制器状态

10.4.4　PID 控制应用

以下用一个例子介绍 PID 控制应用。

【例 10-6】 有一台电炉，要求炉温控制在一定的范围。电炉的工作原理如下：

当设定电炉温度后，CPU 1211C 经过 PID 运算后由 Q0.0 输出一个脉冲串送到固态继电器，固态继电器根据信号（弱电信号）的大小控制电热丝的加热电压（强电）的大小（甚至断开），温度传感器测量电炉的温度，温度信号经过变送器的处理后输入到模拟量输入端子，再送到 CPU 1211C 进行 PID 运算，如此循环。请编写控制程序。

解

(1) 主要软硬件配置

① 1 套 TIA Portal V13 SP1；

② 1 台 CPU 1211C；

③ 1 根网线；

④ 1 台电炉。

设计原理图，如图 10-61 所示。

图 10-61　原理图

(2) 硬件组态

① 新建项目，添加 CPU。打开 TIA 博途软件，新建项目"PID1"，在项目树中，单击"添加新设备"选项，添加"CPU1211C"，如图 10-62 所示。

② 新建变量表。新建变量和数据类型，如图 10-63 所示。

图 10-62　新建项目，添加 CPU

图 10-63　新建变量表

(3) 参数组态

① 添加循环组织块。在 TIA 博途软件的项目树中，选择"PD1"→"PLC_1"→"程序块"→"添加程序块"选项，双击"添加程序块"，弹出如图 10-64 所示的界面，选择"组织块"→"Cyclic interrupt"选项，单击"确定"按钮。

图 10-64　添加循环组织块

② 插入 PID _ Compact 指令块。添加完循环中断组织块后，选择"指令树"→"工艺"→"PID 控制"→"PID _ Compact"选项，将"PID _ Compact"指令块拖拽到循环中断组织中。添加完"PID _ Compact"指令块后，会弹出如图 10-65 所示的界面，单击"确定"按钮，完成对"PID _ Compact"指令块的背景数据块的定义。

图 10-65　定义指令块的背景数据块

③ 基本参数组态。先选中已经插入的指令块，再选择"属性"→"组态"→"基本设置"，作如图 10-66 所示的设置。当 CPU 重启后，PID 运算变为自动模式，需要注意的是"PID _ Compact"指令块输入参数 Mode，最好不要赋值。

图 10-66　基本参数组态

"设定温度""测量温度"和"PWM 输出"三个参数，通过其右侧的 ▤ 按钮选择。

④ 过程值设置。先选中已经插入的指令块，再选择"属性"→"组态"→"过程值设置"，作如图 10-67 所示的设置。把过程值的下限设置为 0.0，把过程值的上限设置为传感器的上限值 200.0。这就是温度传感器的量程。

⑤ 高级设置。选择"项目树"→"PID1"→"PLC _ 1"→"工艺对象"→"PID _ Compact _ 1"→"组态"选项，如图 10-68 所示，双击"组态"，打开"组态"界面。

图 10-67 过程值设置

a. 过程值监视。选择"功能视野"→"高级设置"→"过程值监视"选项,设置如图 10-69 所示。当测量值高于此数值会报警,但不会改变工作模式。

图 10-68 打开工艺对象组态

图 10-69 过程值监视设置

b. PWM 限制。选择"功能视野"→"高级设置"→"PWM 限制"选项，设置如图 10-70 所示。代表输出接通和断开的最短时间，如固态继电器的导通和断开切换时间。

图 10-70　PWM 限制

c. PID 参数。选择"功能视野"→"高级设置"→"PID 参数"选项，设置如图 10-71 所示，不启用"启用手动输入"，使用系统自整定参数；调节规则使用"PID"控制器。

图 10-71　PID 参数

d. 输出值限值。选择"功能视野"→"高级设置"→"输出值限值"选项，设置如图 10-72 所示。"输出值限值"一般使用默认值，不修改。

图 10-72　输出值限值

而"将 Output 设置为："有三个选项，当选择"错误未决时的替代输出值"时，PID 运算出错，以替代值输出，当错误消失后，PID 运算重新开始；当选择"错误待定时的当前值"时，PID 运算出错，以当前值输出，当错误消失后，PID 运算重新开始；当选择"非活动"时，PID 运算出错，之后错误消失后，PID 运算不会重新开始，在这种模式下，如希望重启，则需要用编程的方法实现。这个项目的设置至关重要。

（4）程序编写

编写 LAD 程序，如图 10-73 所示，编写 SCL 程序，如图 10-74 所示。

图 10-73　LAD 程序

```
1  □"PID_Compact_1"(Setpoint:="设定温度",
2  □                 Input:=0.0,
3                     Input_PER:="测量温度",
4                     Disturbance:=0.0,
5                     ManualEnable:="手动",
6                     ManualValue:=50.0,
7                     ErrorAck:=FALSE,
8                     Reset:=FALSE,
9                     ModeActivate:=FALSE,
10                    Output_PWM=>"PWM输出",
11                    State=> "PID_State",
12                    ErrorBits=>"Eroor"  );
```

图 10-74　SCL 程序

（5）自整定

很多品牌的 PLC 都有自整定功能。S7-1200/1500 PLC 有较强的自整定功能，这大大减少了 PID 参数整定的时间，对初学者更是如此，可借助 TIA 博途软件的调试面板进行 PID 参数的自整定。

① 打开调试面板　打开 S7-1200/1500 PLC 调试面板有两种方法。

方法 1，选择"项目树"→"PID1"→"PLC_1"→"工艺对象"→"PID_Compact_1"→"调试"选项，如图 10-75 所示，双击"调试"，打开"调试面板"界面。

方法 2，单击指令块 PID＿Compact 上的图标，如图 10-76 所示，即可打开"调试面板"。

图 10-75　打开调试面板方法 1　　　　　　　图 10-76　打开调试面板方法 2

② 自整定的条件　自整定正常运算需满足以下两个条件：

a. |设定值－反馈值|＞0.3×|输入高限－输入低限|；

b. |设定值－反馈值|＞0.5×|设定值|。

当自整定时，有时弹出"启动预调节出错。过程值过于接近设定值"信息，通常问题在于不符合以上两条整定条件。

③ 调试面板　调试面板如图 10-77 所示，包括四个部分，分别介绍如下。

图 10-77　调试面板

a.调试面板控制区：启动和停止测量功能、采样时间以及调试模式选择。

b.趋势显示区：以曲线的形式显示设定值、测量值和输出值。这个区域非常重要。

c.调节状态区：包括显示 PID 调节的进度、错误、上传 PID 参数到项目和转到 PID 参数。

d.控制器的在线状态区：用户可以在此区域可以监视给定值、反馈值和输出值，并可以手动强制输出值，勾选"手动"前方的方框，用户在"Output"栏内输入百分比形式的输出值，并单击"修改"按钮 💉 即可。

④ 自整定过程　单击如图 10-78 所示界面中"1"处的"Start"按钮（按钮变为"Stop"），开始测量在线值，在"调节模式"下面选择"预调节"，再单击"2"处的"Start"按钮（按钮变为"Stop"），预调节开始。当预调节完成后，在"调节模式"下面选择"精确调节"，再单击"2"处的"Start"按钮（按钮变为"Stop"），精确调节开始。预调节和精确调节都需要消耗一定的运算时间，需要用户等待。

图 10-78　自整定

(6) 上传参数和下载参数

当 PID 自整定完成后，单击如图 10-78 所示左下角的"上传 PID 参数"按钮 🔼，参数从 CPU 上传到在线项目中。

单击"转到 PID 参数"按钮 ↗，弹出如图 10-79 所示，单击"监控所有" 👓，勾选"启用手动输入"选项，单击"下载"按钮 ⬇，修正后的 PID 参数可以下载到 CPU 中去。

需要注意的是单击工具栏上的"下载到设备"按钮，并不能将更新后 PID 参数下载到 CPU 中，正确的做法是：在菜单栏中，选择"在线"→"下载并复位 PLC 程序"，如图 10-80 所示，单击"下载并复位 PLC 程序"选项，之后的操作与正常下载程序相同，在此不再赘述。

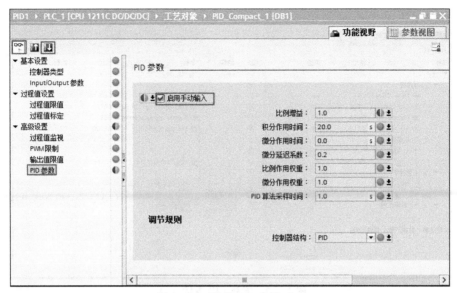

图 10-79　下载 PID 参数（1）

　　下载 PID 参数还有一种方法。在项目树中，如图 10-81 所示，选择"PLC _ 1"，单击鼠标右键，弹出快捷菜单，单击"比较"→"离线在线"选项，弹出如图 10-82 所示的界面。选择"有蓝色和橙色标识的选项"，单击下拉按钮 ▼，在弹出的菜单中，选中并单击"下载到设备"选项，最后单击工具栏中的"执行"按钮 ⇄，PID 参数即可下载到 CPU 中去。下载完成后"有蓝色和橙色标识的选项"变为"绿色"，如图 10-83 所示，表明在线项目和 CPU 中的程序、硬件组态和参数都是完全相同的。

图 10-81　离线在线比较

图 10-80　下载 PID 参数（2）

图 10-82　下载 PID 参数（3）

图 10-83　PID 参数下载完成

第**11**章

西门子人机界面（HMI）应用

本章主要介绍人机界面的入门知识，并介绍如何用 WinCC Comfort（TIA 博途软件）完成一个简单人机界面项目的过程。

11.1 人机界面简介

11.1.1 初识人机界面

人机界面（Human Machine Interface）又称人机接口，简称 HMI，在控制领域，HMI 一般特指用于操作员与控制系统之间进行对话和相互作用的专用设备，中文名称触摸屏。触摸屏技术是起源于 20 纪 70 年代出现的一项新的人机交互作用技术。利用触摸屏技术，用户只需轻轻触碰计算机显示屏上的文字或图符就能实现对主机的操作，部分取代或完全取代键盘和鼠标。它作为一种新的计算机输入设备，是目前最简单、自然和方便的一种人机交互方式。目前，触摸屏已经在消费电子（如手机、平板电脑）、银行、税务、电力、电信和工业控制等部门得到了广泛的应用。

（1）触摸屏的工作原理

触摸屏工作时，用手或其他物体触摸触摸屏，然后系统根据手指触摸的图标或文字的位置来定位选择信息输入。触摸屏由触摸检测器件和触摸屏控制器组成。触摸检测部件安装在显示器的屏幕上，用于检测用户触摸的位置，接收后送至触摸屏控制器，触摸屏控制器将接收到的信息转换成触点坐标，再送给 PLC，它同时接收 PLC 发来的命令，并加以执行。

（2）触摸屏的分类

触摸屏主要有电阻式触摸屏、电容式触摸屏、红外线式触摸屏和表面声波触摸屏等。

11.1.2 西门子常用触摸屏的产品简介

西门子触摸屏的产品比较丰富，从低端到高端，品种齐全。目前在售的产品有：精彩系列面板（SMART Line）、按键面板、微型面板、移动面板、精简面板（Basic Line）、精智面板（Comfort Line）、多功能面板和瘦客户端。以下仅对其中几款主流使用的产品系列进行介绍。

（1）精彩系列面板（SMART Line）

西门子顺应市场需求推出的 SIMATIC 精彩系列面板（SMART Line），准确地提供了人机界面的标准功能，经济适用，具备高性价比。现在，全新一代精彩系列面板——SMART Line V3 的功能得到了大幅度提升，与 S7-200 SMART PLC 组成完美的自动化控制与人机交互平台，为便捷操控提供了理想的解决方案。其特点如下。

① 宽屏 7in、10in（1in＝25.4mm，下同）两种尺寸，支持横向和竖向安装。

② 高分辨率：800×480（7in）、1024×600（10in）、64K 色和 LED 背光。

③ 集成以太网口，可与 S7-200 PLC、S7-200 SMART PLC 以及 LOGO! 进行通信（最多可连接 4 台）。

④ 隔离串口（RS-422/485 自适应切换），可连接西门子、三菱、施耐德、欧姆龙以及台达部分系列 PLC。

⑤ 支持 Modbus RTU 协议。

⑥ 支持硬件实时时钟功能。

⑦ 集成 USB 2.0 host 接口，可连接鼠标、键盘、Hub 以及 USB 存储。

这个系列的触摸屏，价格较低，部分功能进行了删减，还不能直接与 SIMATIC S7-300/400/1500 PLC 进行通信。

(2) 精简面板（Basic Line）

该系列面板可以有 4in、6in、10in 或者 15in 显示屏，键盘或触摸控制。每个 SIMATIC Basic Panel 都设计采用了 IP65 防护等级，可以用在简单的可视化任务中甚至是恶劣的环境中。其他优点包括集成了软件功能，如报告系统、配方管理，以及图形功能。

适用于中等性能范围的任务的 HMI，根据所选的版本可用于 PROFIBUS 或 PROFINET 网络；可以与 SIMATIC S7-1200 控制器或其他控制器组合使用。

这个系列的触摸屏价格适中，部分功能进行了删减，但功能比精彩系列面板完善，读者在选型时要特别注意。

(3) 精智面板（Comfort Line）

SIMATIC HMI Comfort Panel 是高端 HMI 设备，用于 PROFIBUS 中先进的 HMI 任务以及 PROFINET 环境。由于可以在触摸和按键面板中 4、7、9 到 12（in）中自由选择显示尺寸，可以横向和竖向安装触摸面板，几乎可以将它们安装到任何机器上，发挥最高的性能。其优点如下。

① 连续的功能性确保自由选择理想的显示屏。

② 具有开孔完全相同框架的宽屏，最多可为客户增加 40％的显示尺寸；空间增加后增加了可在显示屏中可视化的应用部分。可实现其他新的操作概念，例如，在显示屏侧面上符合人体工程学放置的菜单栏。

③ 可调光的显示屏提供节能潜力以及新应用，例如在造船方面。

④ 在空闲时间，规范化的 PROFIenergy 外形允许对设备进行协调而集中关闭。

⑤ 由于在一个框架中映射具有 TIA 门户的 HMI 和控制器，减少了工程量。

11.1.3 触摸屏的通信连接

触摸屏的图形界面是在计算机的专用软件［如 SIMATIC WinCC（TIA 博途）］上设计和编译的，需要通过通信电缆下载到触摸屏；触摸屏要与 PLC 交换数据，它们之间也需要通信电缆。西门子不同产品系列人机界面的使用方法类似，以下以精智面板（Comfort Line）为例介绍。

(1) 计算机与西门子触摸屏之间的通信连接

计算机上通常至少有一个 USB 接口，西门子触摸屏有一个 RS-422/485 接口，个人计算机与触摸屏就通过这两个接口进行通信，通常采用 PROFIBUS-DP 通信（也可以采用 PPI、

MPI、以太网通信等，具体根据型号不同而不同），市场上有专门的 PC/Adapter 电缆（此电缆也用于计算机与 SIMATIC S7-200/300/400 PLC 的通信）出售。计算机与触摸屏通信连接如图 11-1 所示。

图 11-1　计算机与触摸屏通信连接

如果触摸屏有以太网接口，PC 和触摸屏采用以太网通信是最为便捷的方式。

计算机与西门子触摸屏之间的联机还有其他方式，例如在计算机中安装一块通信卡，通信卡自带一根通信电缆，将两者连接即可。如西门子的 CP5621 通信卡是 PCI 卡，安装在计算机主板的 PCI 插槽中，可以提供 PPI、MPI 和 PROFIBUS 等通信方式。

（2）触摸屏与 PLC 的通信连接

西门子触摸屏有一个 RS-422/485 接口，西门子 SIMATIC S7-200/300/400 可编程控制器有一个编程口（PPI/MPI 口），两者互联实现通信采用的通信电缆，接线如图 11-2 所示。

如果触摸屏和 PLC 上有以太网接口，PLC 和触摸屏采用以太网通信是最为便捷的方式。

图 11-2　触摸屏与 SIMATIC S7-200/300/400 的通信连接

11.2　使用变量与系统函数

11.2.1　变量分类与创建

触摸屏中使用的变量类型和选用的控制器的变量是一致的，例如读者若选用西门子的 S7-1500 PLC，那么触摸屏中使用的变量类型就和 S7-1500 PLC 的变量类型基本一致。

（1）HMI 变量的分类

变量（Tag）分为外部变量和内部变量，每个变量都有一个符号名称和数据类型，外部变量是人机界面和 PLC 进行数据交换的桥梁，是 PLC 中定义的存储单元的映像，其值随着 PLC 程序的执行而改变。可以在 HMI 设备和 PLC 中访问外部变量。

内部变量存储在 HMI 设备的存储器中，与 PLC 没有连接关系，只有 HMI 设备能访问内部变量。内部变量用于 HMI 设备内部的计算或者执行其他任务。内部变量用名称区分。

（2）创建变量

① 创建内部变量。在 TIA 博途软件项目视图的项目树中，选中"HMI 变量"→"显示所有变量"，创建内部变量，名称"X"，如图 11-3 所示。

② 创建外部变量。在 TIA 博途软件项目视图项目树中，选中"HMI 变量"→"显示所有变量"，创建外部变量，名称"M01"，如图 11-4 所示，点击"连接"栏目下面的 ⋯

按钮，选择与 HMI 通信的 PLC 设备，本例的连接为"HMI_连接_1"；再单击"PLC 变量"栏目下的■按钮，弹出"HMI 变量"窗口，选择"PLC_1"→"PLC 变量"→"默认变量表"→"M01"，单击"√"按钮，"PLC_1"的变量 M01 与 HMI 的 M01 关联在一起了。

图 11-3　创建 HMI 内部变量

图 11-4　创建 HMI 外部变量

11.2.2　系统函数

西门子精智面板（Comfort Line）有丰富的系统函数，可分为报警函数、编辑位函数、打印函数、画面函数、画面对对象的键盘操作函数、计算脚本函数、键盘函数、历史数据函数、配方函数、用户管理函数、设置函数、系统函数和其他函数。一般而言越高档的人机界面函数越丰富，使用越方便。以下介绍几个常用的函数。

11.2.2.1　编辑位函数

(1) InvertBit（对位取反）

其作用是对给定的"Bool"型变量的值取反。如果变量现有值为 1（真），它将被设置为 0（假）；如果变量现有值为 0（假），它将被设置为 1（真）。

• 在函数列表中使用：

对位取反（变量）。

• 在用户自定义函数中使用：

InvertBit（Tag）。

(2) ResetBit（复位）

将"Bool"型变量的值设置为 0（假）。

• 在函数列表中使用：

复位（变量）。

• 在用户自定义函数中使用：

ResetBit（Tag）。

(3) SetBit（置位）

将"Bool"型变量的值设置为 1（真）。

• 在函数列表中使用：

置位（变量）。

• 在用户自定义函数中使用：

SetBit（Tag）。

(4) SetBitWhileKeyPressed（按下键时置位）

只要用户按下已组态的键，给定变量中的位即设置为 1（真）。在改变了给定位之后，系统函数将整个变量传送回 PLC。但是并不检查变量中的其他位是否同时改变。在变量被传送回 PLC 之前，操作员和 PLC 只能读该变量。

11.2.2.2　计算脚本函数

(1) Increase Tag（增加变量）

将给定值添加到变量值上，用方程表示为：$X=X+a$。

系统函数使用同一变量作为输入和输出值。当该系统函数用于转换数值时，必须使用辅助变量。可以使用"SetTag"系统函数为辅助变量指定变量值。

如果在报警事件中组态了该系统函数但变量未在当前画面中使用，则无法确保在 PLC 中使用实际的变量值。通过设置"连续循环"采集模式可以改善这种情况。

• 在函数列表中使用：

增加变量（变量，值）。

• 在用户自定义函数中使用：

IncreaseTag（Tag，Value）。

(2) SetTag（设置变量）

将新值赋给给定的变量。该系统函数可用于根据变量类型分配字符串和数字。

• 在函数列表中使用：

设置变量（变量，值）。

• 在用户自定义函数中使用：

SetTag（Tag，Value）。

11.2.2.3 画面函数

(1) ActivateScreen (激活画面)

使用"激活画面"系统函数可以将画面切换到指定的画面。

在函数列表中使用：

• 激活画面（画面名称，对象编号）。

在用户自定义函数中使用：

• ActivateScreen (Screen_name，Object_number)。

(2) ActivatePreviousScreen (激活前一画面)

将画面切换到在当前画面之前激活的画面。如果先前没有激活任何画面，则画面切换不执行。最近调用的10个画面被保存。当切换到不再保存的画面时，会输出系统报警。

• 在函数列表中使用：

激活前一画面。

• 在用户自定义函数中使用：

ActivatePreviousScreen。

11.2.2.4 用户管理函数

(1) Logoff (注销)

在 HMI 设备上注销当前用户。

• 在函数列表中使用：

注销。

• 在用户自定义函数中使用：

Logoff。

(2) Logon (登录)

在 HMI 设备上登录当前用户。

• 在函数列表中使用：

登录（密码，用户名）。

• 在用户自定义函数中使用：

Logon (Password，User_name)。

(3) GetUserName (获取用户名)

在给定的变量中写入当前登录到 HMI 设备用户的用户名。如果给出的变量具有控制连接，则用户名在 PLC 上也可用。该系统函数将使诸如执行某些功能与用户有关的版本成为可能。

• 在函数列表中使用：

获取用户名（变量）。

• 在用户自定义函数中使用：

GetUserName (Tag)。

(4) GetPassword (获取密码)

在给定的变量中写入当前登录到 HMI 设备的用户的密码。确保给定变量的值未显示在项目中的其他位置。

• 在函数列表中使用：

获取密码（变量）。

• 在用户自定义函数中使用：

GetPassword（Tag）。

11. 2. 2. 5　报警函数

（1）EditAlarm（编辑报警）

为选择的所有报警触发"编辑"事件。如果要编辑的报警尚未被确认，则在调用该系统函数时自动确认。

- 在函数列表中使用：

编辑报警。

- 在用户自定义函数中使用：

EditAlarm。

（2）ShowAlarmWindow（显示报警窗口）

隐藏或显示 HMI 设备上的报警窗口。

- 在用户自定义函数中使用：

显示报警窗口（对象名称，布局）。

- 在用户自定义函数中使用：

ShowAlarmWindow（Object _ name，Display _ mode）。

（3）ClearAlarmBuffer（清除报警缓冲区）

删除 HMI 设备报警缓冲区中的报警。尚未确认的报警也被删除。

- 在函数列表中使用：

清除报警缓冲区（报警类别编号）。

- 在用户自定义函数中使用：

ClearAlarmBuffer（Alarm _ class _ number）。

（4）ShowSystemAlarm（显示系统报警）

显示作为系统事件传递到 HMI 设备的参数的值。

- 在函数列表中使用：

显示系统报警（文本/值）。

- 在用户自定义函数中使用：

ShowSystemAlarm（Text/value）。

11. 3　画面组态

11. 3. 1　按钮组态

按钮的主要功能是：在点击它的时候执行事先组态好的系统函数，使用按钮可以完成很多的任务。以下介绍按钮的几个应用。

（1）用按钮增减变量值

先新建一个项目，打开画面，选中"工具箱"中的"元素"，将其中的"按钮"拖拽到画面的工作区，选中按钮。在按钮属性视图的"常规"对话中，设置按钮模式为"文本"。设置"未按下"状态为"＋10"，如图 11-5 所示。如果未选中"按下"复选框，按钮在按下时和弹起时的文本相同。如果选中它，按钮在按下时和弹起时，文本的设置可以不相同。

打开按钮属性视图的"事件"内的"单击"对话框，如图 11-6 所示，单击按钮时，执

图 11-5　按钮的属性组态

行系统函数列表"计算脚本"文件夹中的系统函数"增加变量",被增加的整型变量是"X",增加值是 10。

图 11-6　按钮触发事件组态（1）

图 11-7　按钮和 I/O
域的画面（1）

在按钮的下方拖入一个 5 位整数的输出 I/O 域,如图 11-7 所示,将变量"X"与此 I/O 域关联。当按下工具栏的仿真按钮" 　",仿真器开始模拟运行。每单击一次按钮,I/O 域中的数值增加 10。

（2）用按钮设定变量的值

先新建一个项目,打开画面,选中"工具箱"中的"元素",将其中的"按钮"拖拽到画面的工作区,选中按钮。在按钮的属性视图的"常规"对话中,设置按钮模式为"文本"。设置"未按下"状态为"1",方法与以上例子相同。

打开按钮属性视图"事件"内的"单击"对话框,如图 11-8 所示,单击按钮时执行系统函数列表"计算脚本"文件夹中的系统函数"设置变量",被设置的整型变量是"Y",Y数值变成 1。

图 11-8　按钮触发事件组态（2）

在按钮的下方拖入一个 5 位整数的输出 I/O 域，如图 11-9 所示，将变量"Y"与此 I/O 域关联。当按下工具栏的仿真按钮" "，开始模拟运行。每次单击按钮，I/O 域中的数值均为 1。

图 11-9　按钮和 I/O 域的画面（2）

11.3.2　I/O 域组态

I 是输入（Input）的简称，O 是输出（Output）的简称，输入域和输出域统称 I/O 域。I/O 域在触摸屏中的应用比较常见。

(1) I/O 域的的分类

① 输入域：用于操作员输入要传送到 PLC 的数字、字母或符号，将输入的数值保存到变量中。

② 输出域：只显示变量数据。

③ 输入输出域：同时具有输入和输出功能，操作员可以用它来修改变量的数值，并将修改后的数值显示出来。

(2) I/O 域的的组态

先建立连接"HMI _ 连接 _ 1"，就是 PLC 与 HMI 的连接，再在变量表中建立整型（Int）变量"MW10""MW12"和"MW14"，如图 11-10 所示。再添加和打开"I/O 域"画面，选中工具箱中的"元素"，将"I/O 域"对象拖到画面编辑器的工作区。在画面上建立 3 个 I/O 域对象，如图 11-11 所示。分别在 3 个 I/O 域的属性视图的"常规"对话框中，设置模式为"输入""输出"和"输入/输出"，如图 11-12 所示。

HMI 变量

名称 ▲	变量表	数据类型	连接	PLC 名称	PLC 变量	地址	访问模式	采集周期
MW10	默认变量表	Int	HMI_连接_1	PLC_1	MW10		<符号访问>	1 s
MW12	默认变量表	Int	HMI_连接_1	PLC_1	MW12		<符号访问>	1 s
MW14	默认变量表	Int	HMI_连接_1	PLC_1	MW14		<符号访问>	1 s

图 11-10　新建变量

图 11-11　I/O 域组态

图 11-12　输入域的常规属性组态

输入域显示5位整数，为此组态"移动小数点"（小数部分的位数）为0，"格式样式"为"99999"，表示整数为5位。

11.3.3 开关组态

开关是一种用于布尔（Bool）变量输入、输出的对象，它有两项基本功能：一是用图形或者文本显示布尔变量的值（0或者1）；二是点击开关时，切换连接的布尔变量的状态。如果原来是1则变为0，如果原来是0则变为1，这一功能集成在对象中，不需要用户组态，发生"单击"事件时执行函数。

（1）切换模式的开关组态

将"工具箱"的"元素"中的"开关"拖放到画面的编辑器中。切换模式开关如图11-13所示，方框的上部是文字标签，下部是带滑块的推拉式开关，中间是打开和关闭对应的文本。

图11-13　开关画面

在开关属性视图的"常规"对话框中，选择开关模式为"开关"，如图11-14所示，开关与变量"启停"连接，将标签"Switch"改为"变频器"，ON和OFF状态的文本由"ON"和"OFF"改为"启"和"停"。

当按下工具栏的仿真按钮"![仿真按钮]"时，仿真器开始模拟运行。

图11-14　开关常规属性

（2）通过图形切换模式的开关组态

TIA博途软件的图形库中有大量的控件可供用户使用。在库的"全局库"组中，选中"Buttons-and-Switches"→"主模板"→"RotarySwitches"→"Rotary_N"，如图11-15所示。再将Rotary_N旋钮拖拽到画面，如图11-13所示。

如图11-16所示，在常规视图的对话框中，将组态开关的类型设置成"通过图形切换"，内部变量与"启停"连接。这样两个开关就组态完成。

图 11-15　图形库路径

图 11-16　图形切换开关组态

(3) 通过文本切换模式的开关组态

将工具箱的"元素"中的"开关"拖放到画面编辑器中，如图 11-13 所示。在常规视图的对话框中，将组态开关的类型设置成"通过文本切换"，过程变量与"启停"连接，将 ON 状态设置为"启"，将 OFF 状态设置为"停"，如图 11-17 所示。当按下工具栏的"🖳"时，仿真器开始模拟运行。文本在启动和停止之间切换时，灯随之亮或灭。

图 11-17　开关常规属性

11.3.4 图形输入输出对象组态

(1) 棒图的组态

棒图以带刻度的棒图形式表示控制器的值。通过 HMI 设备，操作员可以立即看到当前值与组态的限制值相差多少或者是否已经达到参考值。棒图可以显示诸如填充量（水池的水量、温度数值）或批处理数量等值。

图 11-18　棒图画面组态

在变量表中创建整型（INT）变量"温度"，只要单击工具栏中"元素"中的"棒图"，用鼠标拖动即可得到如图 11-18 所示的棒图（图的左边是拖动过程中，图的右边是拖动完成的棒图）。

在属性的"常规"对话框中，设置棒图连接的整型变量为"温度"，如图 11-19 所示，温度的最大值和最小值分别是 100 和 0，这两个数值是可以修改的。当温度变化时，棒图画面中的填充色随之变化，就像温度计一样。

图 11-19　棒图常规属性组态

(2) 量表的组态

量表是一种动态显示对象。量表通过指针显示模拟量数值。例如，通过 HMI 设备，操作员一眼就能看出锅炉压力是否处于正常范围之内。以下是量表的组态方法。

添加和打开"量表"画面，如图 11-20 所示，将工具箱"元素"中的"量表"图标，拖到画面中，在量表属性视图的"常规"对话框中，可以设置显示物理量的单位，本例为"km/h"，"标签"在量表圆形表盘的下部显示，可以选择是否显示峰值（一条沿半径方向的红线，本例在刻度 0 处），如图 11-21 所示。读者还可以自定义背景图形和表盘图形。

图 11-20　量表画面组态

量表除了有"常规"属性和"刻度"属性外，还有"外观"属性（主要设置背景颜色、钟表颜色和表盘样式等），"文本格式"属性（主要设置字体大小和颜色等），"布局"属性（主要是表盘画面的位置和尺寸），这些属性都比较简单，在此不再赘述。

11.3.5 时钟和日期的组态

添加和打开"日期时间"的画面，如图 11-22 所示，将工具箱中"元素"组中的"时钟"图标拖至画面中。

图 11-21　量表常规属性组态

运行 HMI，则此控件显示 HMI 中的系统时间。

11.3.6　符号 I/O 域组态

符号 I/O 域的组态相对前述对象的组态要复杂一些，以下用一个例子说明其组态过程。此例子用符号 I/O 域控制一盏灯的亮灭。

选中工具箱"元素"中的"符号 I/O 域"，用鼠标拖拽到 HMI 的画面。用同样的方法，将工具箱"基本对象"中的"圆"也拖拽到画面。

图 11-22　日期时间的画面组态

在 TIA 博途软件项目视图项目树中，选中"文本和图形列表"选项，单击"添加"按钮，在文本列表中，添加一个"Text_list_1"文本，如图 11-23 所示。再在文本列表中添加两个项目，其中"0"对应"停止"，"1"对应"启动"。

图 11-23　符号 I/O 域的文本列表

如图 11-24 所示，将符号 I/O 域过程变量与位变量"QT"关联，文本列表与前述创建的"Text_list_1"文本关联。

图 11-24　符号 I/O 域的常规组态

选中"圆"→"属性"→"动画"，双击"添加新动画"选项，在弹出的选项中，选择"外观"，将变量与"QT"关联，最后将"0"与红色背景颜色关联，将"1"与白色背景颜色关联，如图 11-25 所示。

图 11-25　圆的动画组态

图 11-26　运行

当按下工具栏的仿真按钮"🖥"，仿真器开始模拟运行，如图 11-26 所示。操作员从文本列表中选择文本"启动"或"停止"。根据选择，随后将启动或关闭灯。符号 I/O 域显示灯的相应状态。

11.3.7　图形 I/O 域组态

前述的文本 I/O 域，可以用位变量实现文本的切换，而图形 I/O 域和图形列表的功能是切换多幅图形，从而实现丰富多彩的动画效果。图形 I/O 域有输入、输出、输入/输出和双状态四种。以下用一个例子来讲解图形 I/O 域的使用方法，其步骤如下。

(1) 新建项目和画面

先新建一个 HMI 项目，并将工具箱中"元素"中的"图形 I/O 域"和"按钮"拖拽到画面，并将按钮的文本改名为"＋1"，如图 11-27 所示。再在"变量"表中创建变量"NB"，数据类型为"UInt"，如图 11-28 所示。

图 11-27　图形画面

HMI 变量

名称 ▲	变量表	数据类型	连接	PLC 名称
NB	默认变量表	UInt	<内部变量>	

图 11-28 新建变量

（2）绘制用于动画叶片图

在其他的绘图工具（如 Visio 或者 AutoCAD 等）中，绘制叶片转动时的六个状态，并将其保存为"1.gpg"、"2.gpg"、"3.gpg"、"4.gpg"、"5.gpg"和"6.gpg"，存放到计算机的某个空间上。这六个图形外观如图 11-29 所示，当在图形域中不断按顺序装载这六幅图片时，就产生动画效果（类似电影的原理）。

（3）编辑图形列表

在图形列表中创建"Graphic_list_1"，如图 11-29 所示的"1"处，再单击"2"处（单击之前，并没有"1"字样），将图形"1"装载到位，装载图形时，读者要明确事先将"1.gpg"、"2.gpg"、"3.gpg"、"4.gpg"、"5.gpg"和"6.gpg"存放在计算机中的确切位置。

图 11-29 图形列表

（4）组态图形 I/O 域

在画面中选中"图形 I/O 域"，单击"属性"→"属性"→"常规"，将"变量"与"NB"关联，模式改为"输出"，再将"图形列表"与"Graphic_list_1"关联，设置如图 11-30 所示。

图 11-30　图形 I/O 域常规属性组态

（5）组态按钮

在画面中选中按钮，单击"属性"→"事件"→"单击"，选择函数为"增加变量"，将"变量"与"NB"关联，值为"1"，画面如图 11-31 所示。这样当单击"加 1"按钮时，换一幅画面，产生动画效果。

值"0"与"1. gpg"关联，值"1"与"2. gpg"关联，依次类推，值"5"与"6. gpg"关联，当值（NB）大于等于 6 时，没有图片加载。函数 VBFunction _ 1 是脚本函数，其功能是当 NB 大于等于 6 时，使 NB 复位为 0。

图 11-31　按钮组态画面

（6）仿真运行

当按下工具栏的仿真按钮" "时，仿真器开始模拟运行，如图 11-32 所示。当单击"加 1"按钮一次，换一幅画面，产生动画效果是逆时针旋转。

图 11-32　图形 I/O 域运行画面

11.3.8　画面的切换

画面的切换在工程中十分常用，但并不复杂，以下用一个例子介绍三个画面的相互切换。其实施步骤如下。

（1）添加新画面

在 TIA 博途软件项目树中，双击"画面"下的"添加新画面"，新建"画面 _ 1"和"画面 _ 2"，如图 11-33 所示。选中"根画面"，拖入三个按钮，分别命名为"跳转到画面 1"、"跳转到画面 2"和"停止实时运行"。

（2）画面中的按钮组态

在根画面中，选中按钮"跳转到画面 _ 1"，再选中事件中的"单击"，选中函数中的"激活屏幕"，选择激活画面函数的参数为"画面 _ 1"，如图 11-34 所示。此步骤的目的是：

图 11-33　新建画面

当单击按钮"跳转到画面 1"时，从当前画面（根画面）转到画面 _ 1。如图 11-35 所示，其含义是退出运行在 HMI 设备上的项目。

图 11-34　按钮"单击"事件组态（1）

图 11-35　按钮"单击"事件组态（2）

(3) 画面_2中的按钮组态

画面_1画和面_2的组态类似，因此只介绍画面_2的组态。先选中"画面_2"，拖入三个按钮，分别命名为"跳转到画面1""跳转到前一画面"和"返回根画面"，如图 11-36 所示。

图 11-36　画面_2

在如图 11-36 中，选中按钮"跳转到前一画面"，再选中事件中的"单击"，选中函数中的"激活前一屏幕"，无参数，如图 11-37 所示。此步骤的目的是当单击按钮"跳转到前一画面"时，从当前画面（画面_2）转到前一个画面。

图 11-37　按钮"单击"事件组态 (3)

在图 11-36 中，选中按钮"返回根画面"，再选中事件中的"单击"，选中函数中的"根据编号激活屏幕"，画面号为"NB"，如图 11-38 所示。此步骤的目的是当单击按钮"返回根画面"时，从当前画面（画面_2）返回根画面。当 NB 为 1 时，跳转到根画面。当 NB 为 2 时，跳转到画面_2。

图 11-38　按钮"单击"事件组态（4）

11.4　用户管理

11.4.1　用户管理的基本概念

（1）应用领域

控制系统在运行时，有时需要修改某些重要的参数，例如修改温度、压力和时间等参数，修改 PID 控制器的参数值等。很显然这些重要的参数只允许某些指定的人员才能操作，必须防止某些未授权的人员对这些重要的数据的访问和修改，而造成某些不必要的损失。通常操作工只能访问指定输入域和功能键，权限最低，而调试工程师则可以不受限制地访问所有的变量，其权限较高。

（2）用户组和用户

用户管理主要涉及两类对象：用户组和用户。

用户组主要设置某一类用户的组具有的特定的权限。用户属于某一个特定的用户组，一个用户只能分配给一个用户组。

在用户管理中，访问权限不能直接分配给用户，而是分配给特定的用户组，某一特定用户被分配到特定的用户组以获得权限，这样，对待特定用户的管理就和对权限的组态分离开来了，方便编程人员组态。

11.4.2　用户管理的组态

以下用一个例子介绍用户管理组态的步骤，实现用户登录、用户注销等功能。

（1）新建项目，创建用户和用户组

新建 HMI 项目，本例为"用户管理"。在 TIA 博途软件项目视图项目树中，双击"用户管理"选项，弹出如图 11-39 所示的界面，在上面的"用户"表格中，单击"添加"按钮，新建三个用户，分别是："Admin""Liu"和"Wang"，密码按照读者的习惯设定，本例的三个密码均为"123"。

在下面的"组"表格中，单击"添加"按钮，新建三个组，分别是"管理员"、"用户"和"操作员"。当选中上方的"用户"表格中"Admin"时，下面的"组"表格中，对应选择"管理员"；当选中上方的"用户"表格中"Liu"时，下面的"组"表格中，对应选择"用户"；当选中上方的"用户"表格中"Wang"时，下面的"组"表格中，对应选择"操作员"。

图 11-39　用户选项区

如图 1-40 所示，当选中上方的"组"表格中"管理员"时，下面的"权限"表格中，对应选择三项权限；当选中上方的"组"表格中"用户"时，下面的"权限"表格中，对应选择"监视"和"操作"两项权限；当选中上方的"组"表格中"操作员"时，下面的"权限"表格中，对应选择"操作"一项权限。

图 11-40　用户组选项区

(2) 新建变量

新建内部变量 Tag1，数据类型是 WString，如图 11-41 所示。

图 11-41　新建变量

(3) 新建计划任务

在 TIA 博途软件项目视图项目树中，双击"计划任务"选项，弹出如图 11-42 所示的界面，单击"添加"按钮，新建计划任务"Task_1"，触发器选为"用户更改"。

再选择"属性"→"事件"→"更新"选项，选择用户函数"获取用户名"，函数的变量为 Tag1。

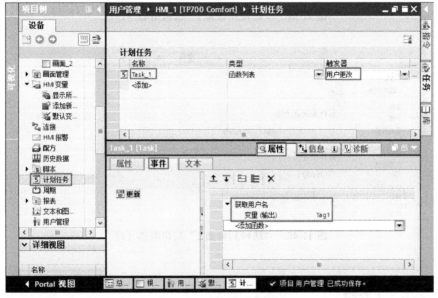

图 11-42　新建计划任务

(4) 新建画面

在 TIA 博途软件项目视图项目树中，双击"添加新画面"选项，添加"画面_1"，在根画面中拖入三个按钮、一个文本框和一个 I/O 域，并修改其属性中的文本，如图 11-43 所示。

图 11-43　根画面

（5）画面中对象元素组态

选中"跳转到画面1"按钮，再选择"属性"→"事件"→"单击"选项，选择"激活屏幕"函数，画面对象选择为"画面1"，如图11-44所示。此操作步骤可实现画面的跳转功能。

选中"跳转到画面1"按钮，再选择"属性"→"属性"→"安全"选项，如图11-45所示，单击"权限"右侧的 ... 按钮，弹出如图11-46所示界面，选择"操作"选项，最后单击"√"按钮以确认。此操作步骤可实现"跳转到画面1"按钮的安全授权功能。

图11-44　"跳转到画面1"按钮组态（1）

图11-45　"跳转到画面1"按钮组态（2）

图11-46　"跳转到画面1"按钮组态（3）

选中"登录"按钮，再选择"属性"→"事件"→"单击"选项，选择"显示登录对话框"函数，如图 11-47 所示。

图 11-47　"登录"按钮组态

选中"注销"按钮，再选择"属性"→"事件"→"单击"选项，选择"注销"函数，如图 11-48 所示。

图 11-48　"注销"按钮组态

（6）I/O 域组态

选中 I/O 域，再选择"属性"→"属性"→"常规"选项，将过程变量与"Tag1"关联，如图 11-49 所示。

图 11-49　I/O 域组态

（7）画面 _ 1 组态

打开画面 _ 1，拖拽按钮和用户视图控件到画面，如图 11-50 所示。

（8）运行项目

当按下工具栏的"▣"按钮时，仿真器开始模拟运行。单击"登录"按钮，弹出"登录"对话框如图 11-51 所示，输入用户名和对应的密码，单击"确定"按钮，登录对话框消失，I/O 域中显示的是已经登录的用户名，本例为"Liu"，如图 11-52 所示。

图 11-50 画面_1

图 11-51 登录对话框界面

图 11-52 登录界面

单击"跳转到画面 1"按钮，弹出用户管理视图界面，如图 11-53 所示，在此视图中可以修改已经登录用户的密码。

图 11-53 用户管理视图界面

11.5 报警组态

11.5.1 报警组态简介

通过报警可以快速检测自动化系统中的过程控制错误，并准确定位和清除这些错误，从而使得工厂停机时间大幅降低。在输出报警前，需要进行配置。

报警分为：用户定义的报警和系统定义的报警。具体介绍如下。

（1）用户定义的报警

用户定义的报警：用户组态的报警，用来在 HMI 上显示过程状态，或者测量和报告从 PLC 接收的过程数据。用户定义的报警分三种。

① 离散量报警：离散量有两种相反的状态，即 1 和 0，1 代表触发离散量报警，0 代表离散量报警的消失。

② 模拟量报警：模拟量的值（如压力）超出上限或者下限时，触发模拟量报警。

③ PLC 报警：自定义控制器报警是由控制系统工程师在 STEP 7 中创建的。状态值（如时间戳）和过程值被映射到控制器报警中。如果在 STEP 7 中组态了控制器报警，则系统在与 PLC 建立连接后立即将其加入集成的 WinCC 操作中。

在 STEP 7 中，将控制器报警分配给一个报警类别。可以将包含上述控制器报警的报警类别作为公共报警类别导入。

（2）系统定义的报警

系统定义的报警：系统报警用来显示 HMI 设备或者 PLC 中特定的系统状态，系统报警是在这些设备中预定义的。用户定义的报警和系统定义的报警都可以由 HMI 设备或者 PLC 触发，在 HMI 设备上显示。系统定义的报警有两种类型。

① HMI 设备触发的系统定义的报警：如果出现某种内部状态，或者与 PLC 通信时出现错误，由 HMI 设备触发 HMI 系统报警。

② PLC 设备触发的系统定义的报警：这类报警由 PLC 触发，不需要在 WinCC 中组态。

11.5.2　离散量报警组态

以下用一个例子介绍离散量报警的组态过程。

（1）新建项目

新建项目，命名为"报警"，并进行硬件组态，如图 11-54 所示。

图 11-54　网络视图

（2）新建变量

在 TIA 博途软件项目视图项目树的"PLC 变量"中，选中并打开"显示所有变量"，新建变量，如图 11-55 所示。

在 TIA 博途软件项目视图项目树的"HMI 变量"中，选中并打开"显示所有变量"，

图 11-55 新建 PLC 变量

新建变量，如图 11-56 所示。

图 11-56 新建 HMI 变量

(3) 离散量报警组态

在 TIA 博途软件项目视图项目树中，选中并打开"HMI 报警"，在"离散量报警"选项卡中，设置报警文本为"温度过高"，触发变量为"MW10"，触发位为第 0 位，即地址为 M11.0，如图 11-57 所示。注意：触发位为第 8 位，地址为 M10.0。

图 11-57 离散量报警组态

(4) 组态根画面

打开根画面，将"工具箱"→"控件"中的报警控件视图拖拽到根画面，如图 11-58 所示。

(5) 运行仿真

① 先保存和编译项目，选中 PLC 项目，单击工具栏的仿真器"🖳"按钮，启动 PLC 仿真器，再将 PLC 程序下载到仿真器中，然后运行仿真器。

② 选中 HMI 项目，单击工具栏的仿真器"🖳"按钮，HMI 处于模拟运行状态，开始模拟运行。

图 11-58　组态根画面

③ 在 PLC 仿真器中，先选中"SIM 表 _ 1"，再在表格中输入要监控的变量"MW10"，单击工具栏中"启用/禁用非输入修改" <img> 按钮，将 MW10 的数值改为"16＃0001"，最后单击"修改所有选定值" <img> 按钮，如图 11-59 所示。此步骤的操作结果实际就是使得 M11.0＝1，也就是激活离散量报警。HMI 中弹出如图 11-60 所示的报警。

图 11-59　修改变量值

图 11-60　报警画面

11.6 创建一个简单的 HMI 项目

11.6.1 一个简单的 HMI 项目技术要求描述

一个简单的 HMI 项目的技术要求描述如下：

利用一台西门子 TP700 精致面板监控西门子 PLC 系统（CPU1511-1PN、SM521、SM531 和 SM522），要求实现如下功能。

① 控制和显示电动机的启动和停止，显示测量温度。

② 当采样的温度值高于设定数值时，报警。

③ 当模块 SM521 断线时，显示其断线的通道。

④ 创建 3 个画面，能自由切换。

⑤ 显示系统时间，并能实现 PLC 与 HMI 时间同步。

11.6.2 一个简单的 HMI 项目创建步骤

以下将详细介绍此简单 HMI 项目的创建步骤。

(1) 新建项目，并组态硬件

① 启动计算机中的 TIA 博途软件，新建项目，命名为"MyFirstProject"。

② 在 TIA 博途软件项目视图项目树中，选中并双击"添加新设备"选项，选中"控制器"→"SIMATIC S7-1500"→"CPU"→"CPU 1511-1 PN"→"6ES7 511-1AK00-0AB0"，最后单击"确定"按钮，CPU 模块添加完成。

在 TIA 博途软件项目视图项目树中，选中并双击"设备组态"选项，选中"硬件目录"→"DI"→"DI 16×24VDC HF"→"6ES7 521-1BH00-0AB0"，将其拖拽到第 2 槽位，如图 11-61 所示。用同样的方法，添加模块"SM522"和"SM531"。

图 11-61 PLC 设备组态

图 11-62　"DI 16×24VDC HF"模块诊断设置

选中"DI 16×24VDC HF"模块，再选中"属性"→"常规"→"输入 0-15"→"通道 0"，勾选"断路"，这样设置的目的是当该通道的接线断路时，发出信息到 HMI，HMI 上显示诊断故障信息。

③ 在 TIA 博途软件项目视图项目树中，选中并双击"添加新设备"选项，选中"HMI"→"HMI"→"SIMATIC 精智面板"→"7″显示屏"→"TP700 精智面板"→"6AV2 124-0GC01-0AX0"，最后单击"确定"按钮，弹出 HMI 设备向导界面，如图 11-63 所示，单击"浏览"按钮，在弹出的界面中选择"PLC_1"，单击"√"按钮，最后单击"确定"按钮，PLC 和 HMI 的连接创建完成。

图 11-63　PLC 与 HMI 的连接

(2) 新建变量

在 TIA 博途软件项目视图项目树的"PLC 变量"中，选中并打开"显示所有变量"，新建变量，如图 11-64 所示。

		名称	变量表	数据类型	地址	保持
1		Start	默认变量表	Bool	%M0.0	
2		Stop1	默认变量表	Bool	%M0.1	
3		Motor	默认变量表	Bool	%Q0.0	
4		Temperature	默认变量表	Int	%MW2	
5		Alarm	默认变量表	UInt	%MW4	
6		<添加>				

PLC 变量

图 11-64　新建 PLC 变量

在 TIA 博途软件项目视图项目树的"HMI 变量"中，选中并打开"显示所有变量"，新建变量，如图 11-65 所示。

默认变量表

	名称	连接	PLC 名称 ▲	PLC 变量	地址
	Motor	HMI_连接_1	PLC_1	Motor	
	Temperature	HMI_连接_1	PLC_1	Temperature	
	Alarm	HMI_连接_1	PLC_1	Alarm	
	Tag_ScreenNumber	<内部变量>		<未定义>	
	Start	HMI_连接_1	PLC_1	Start	
	Stop1	HMI_连接_1	PLC_1	Stop1	
	<添加>				

图 11-65　新建 HMI 变量

(3) 编写程序

在 TIA 博途软件项目视图项目树的"程序块"中，双击"添加新块"，新建数据块"数据块_1"和循环组织块"OB30"。"数据块_1"如图 11-66 所示。OB30 中的程序如图 11-67 所示，其功能是读取 PLC 的当前时间。

数据块_1

		名称	数据类型	启动值	保持性	可从 HMI...	在 HMI...	设置
1	▼	Static						
2		NowTime	Date_And_Time	DT#1990-01-01-0		✔	✔	
3		Value	DWord	16#0		✔	✔	
4		<新增>						

图 11-66　数据块_1

▼ **程序段 1：** __

注释

图 11-67　OB30 中的程序

（4）新建画面

① 在 TIA 博途软件项目视图项目树的"画面"中，选中并双击"添加新画面"，新建"画面 1"和"画面 2"。

② 将四个按钮、一个文本框、两个矩形框和一个 I/O 域拖拽到根画面，并修改其文本属性，如图 11-68 所示。

图 11-68　根画面组态

（5）画面中控件组态

① 选中"启动"按钮，再选中"属性"→"事件"→"按下"，系统函数为"置位位"，变量为"Start"和"Motor"，如图 11-69 所示，也就是按下启动按钮，变量"Start"和"Motor"置位。

图 11-69　启动按钮组态——按下

选中"启动"按钮，再选中"属性"→"事件"→"释放"，系统函数为"复位位"，变量为"Start"，如图 11-70 所示，也就是释放启动按钮，变量"Start"复位。

选中"启动"按钮上的矩形框，再选中"属性"→"动画"，双击"添加新动画"选项，选择"外观"，如图 11-71 所示，将变量与"Motor"关联。当"Motor"值为 0 时，其背景颜色为红色，代表没有启动；当"Motor"值为 1 时，其背景颜色为绿色，代表启动。

图 11-70　启动按钮组态——释放

图 11-71　启动按钮上矩形框组态

②选中"停止"按钮，再选中"属性"→"事件"→"按下"，系统函数为"置位位"，变量为"Stop1"；系统函数为"复位位"，变量为"Motor"。如图 11-72 所示，也就是按下启动按钮，变量"Stop1"置位，"Motor"复位。

图 11-72　停止按钮组态——按下

选中"停止"按钮，再选中"属性"→"事件"→"释放"，系统函数为"复位位"，变量为"Stop1"，如图 11-73 所示，也就是释放启动按钮，变量"Stop1"复位。

选中"停止"按钮上的矩形框，再选中"属性"→"动画"，双击"添加新动画"选项，选择"外观"，如图 11-74 所示，将变量与"Motor"关联。当"Motor"值为 1 时，其背景颜色为红色，代表停止；当"Motor"值为 0 时，其背景颜色为绿色，代表启动。

③选中"报警画面"按钮，再选中"属性"→"事件"→"单击"，系统函数为"激活屏幕"，画面名称为"画面 1"，如图 11-75 所示，也就是按下此按钮，画面从根画面切换到画面 1。其余的切换按钮组态方法相同，因此不再赘述。

图 11-73　停止按钮组态——释放

图 11-74　停止按钮上矩形框组态

图 11-75　画面切换按钮组态

④ 选中"I/O 域"，再选中"属性"→"属性"→"常规"，将变量与"Temperature"关联，如图 11-76 所示。

图 11-76　I/O 域组态

⑤ 打开画面1，将"报警视图"控件 拖拽到画面中；再打开画面2，将"系统诊断视图"控件 拖拽到画面中。

（6）离散量报警组态

在 TIA 博途软件项目视图项目树中，选中并打开"HMI 报警"，在"离散量报警"选项卡中，设置报警文本为"温度过高"，触发变量为"Alarm"，触发位为第0位，即地址M5.0，如图 11-77 所示。

图 11-77　离散量报警组态

（7）设置区域指针

在 TIA 博途软件项目视图项目树的"HMI 变量"中，选中并打开"连接"，选择"区域指针"选项卡，按照图 11-78 所示设置。这样设置的目的是把从 PLC 中读出的系统时间用于同步 HMI。

图 11-78　设置区域指针

（8）仿真运行

① 先保存和编译项目，选中 PLC 项目，按下工具栏的" "按钮，启动 PLC 仿真器，再将 PLC 程序下载到仿真器中，然后运行仿真器。

② 选中 HMI 项目，按下工具栏的" "按钮，HMI 处于模拟运行状态，仿真器模拟运行，如图 11-79 所示。

③ 在 PLC 仿真器中，先选中"SIM 表_1"，再在表格中输入要监控的变量"Temperarure"，单击工具栏中"启用/禁用非输入修改" 按钮，将 MW4 的数值改为"16 # 0001"，最后单击"修改所有选定值" 按钮，如图 11-80 所示。此步骤的操作结果实际就是使得 M5.0=1，也就是激活离散量报警。HMI 中弹出如图 11-81 所示的报警。

图 11-79　HMI 根画面

图 11-80　PLC 仿真器

图 11-81　报警视图

④ 故障诊断视图如图 11-82 所示。

图 11-82 故障诊断视图

第12章

S7-1200/1500 PLC的故障诊断技术

本章介绍 PLC 的故障诊断方法，重点介绍西门子 S7-1200/1500 PLC 常用故障诊断方法。

12.1 PLC 控制系统的故障诊断概述

PLC 是运行在工业环境中的控制器，一般而言可靠性比较高，出现故障的概率较低，但是，出现故障也是难以避免的。一般引发故障的原因有很多，故障的后果也有很多种。

引发故障的原因虽然不能完全控制，但是可以通过日常的检查和定期的维护来消除多种隐患，把故障率降到最低。故障的后果轻的可能造成设备停机，影响生产；重的可能造成财产损失和人员伤亡，如果是一些特殊的控制对象，一旦出现故障可能会引发更严重的后果。

故障发生后，对于维护人员来说最重要的是找到故障的原因，迅速排除故障，尽快恢复系统的运行。对于系统设计人员来说，在设计时要考虑到系统出现故障后系统的自我保护措施，力争使故障的停机时间最短，故障产生的损失最小。

一般 PLC 的故障主要是由外部故障或内部错误造成。外部故障是由外部传感器或执行机构故障等引发 PLC 产生故障，可能会使整个系统停机，甚至烧坏 PLC。

而内部错误是 PLC 内部的功能性错误或编程错误造成的，可以使系统停机。S7-1500 PLC 具有很强的错误（或称故障）检测和处理能力，CPU 检测到某种错误后，操作系统调用对应的组织块，用户可以在组织块中编程，对发生的错误采取相应的措施。对于大多数错误，如果没有给组织块编程，出现错误时 CPU 将进入 STOP 模式。

12.1.1 引发 PLC 故障的外部因素

（1）外部电磁感应干扰

PLC 外部存在干扰源，通过辐射或者电源线侵入 PLC 内部，引发 PLC 误动作，或者造成 PLC 不能正常工作或者停机，严重时，甚至烧毁 PLC。常见的措施如下。

① PLC 周围有接触器等感性负载，可加冲击电压吸收装置，如 RC 灭弧器。

② 缩短输入和输出线的距离，并与动力线分开。

③ 模拟量、通信线等信号应采用屏蔽线。线路较长时，可以采用中继方式。

④ PLC 的接地端子不能和动力线混用接地。

⑤ PLC 的输入端可以接入滤波器，避免从输入端引入干扰。

（2）外部环境

① 对于振动大的设备，安装电柜需要加橡胶垫等防振垫。

② 潮湿、腐蚀和多尘的场合容易造成生锈、接触不良、绝缘性能降低和短路等故障。

这种情况应使用密封控制柜，有时还要采用户外型电器等特殊电器。

③ 对于温度高的场合，应加装排风扇，过高的场合则要加装空调。温度过低场合则要加装加热器。

(3) 电源异常

主要有缺相、电压波动、停电等，这些故障多半由风、雪和雷电造成。常见措施如下。

① 直接启动电机而造成回路电压下降，PLC 回路应尽量与其分离。

② PLC 的供电回路采用独立的供电回路。

③ 选用 UPS 供电电源，提高供电可靠性和供电质量。

(4) 雷击、感应电

雷击、感应电形成的冲击电压有时也会造成 PLC 损毁。常见措施如下。

① 在 PLC 的输入端加压敏电阻等吸收元件。

② 加装浪涌吸收器或者氧化锌避雷器。

12.1.2　PLC 的故障类型和故障信息

(1) PLC 故障类型

PLC 控制系统的硬件包括电源模块、I/O 模块、现场输入/输出元器件，以及一些导线、接线端子和接线盒。

PLC 控制系统的故障是 PLC 故障和外围故障的总和。外围故障也会造成 PLC 故障。PLC 控制系统的故障也可分为软件故障和硬件故障，其中硬件故障占 80%。

PLC 控制系统的故障分布如下：

CPU 模块故障占 5%；

单元故障占 15%；

系统布线故障占 5%；

输出设备故障占 30%；

输入设备故障占 45%；

控制系统故障中，20% 是由恶劣环境造成，80% 是由用户使用不当造成的。

(2) PLC 控制系统故障的分布与分层

PLC 的外设故障占 95%，外设故障主要是继电器、接触器、接近开关、阀门、安全保护、接线盒、接线端子、螺纹连接、传感器、电源、电线和地线等。

PLC 自身故障占 5%，其中 90% 为 I/O 模块的故障，仅有 10% 是 CPU 模块的故障。首先将故障分为三个层次，第一层（是外部还是内部故障），第二层（是 I/O 模块还是控制器内部），第三层（是软件还是硬件故障）。

① 第一层　利用 PLC 输入、输出 LED 灯判断是否为第一层故障。

② 第二层　利用上位监控系统判断第二层次的故障，例如：I0.0 是输入，显示为 ON，Q0.0 显示为 ON，表示输入和输出都有信号，但 PLC 无输出，则判断 PLC 的外围有故障。

③ 第三层　例如清空 PLC 中的程序，下载一个最简单的程序到 PLC 中，如 PLC 正常运行，则大致判断 PLC 正常。

(3) PLC 控制系统最易发生故障的部分

① 电源和通信系统　PLC 的电源是连续工作的，电压和电流的波动造成冲击是不可避免的，据 IBM 统计大约有 70% 以上的故障，归根结底源自工作电源。

外部的干扰是造成通信故障的主要原因，此外经常插拔模块，印刷电路板的老化和各种环境因素都会影响内部总线通信。

② PLC 的 I/O 端口　I/O 模块的损坏是 PLC 控制系统中较为常见的，减少 I/O 模块的损坏首先要正确设计外部电路，不可随意减少外部保护设备，其次对外部干扰因素进行有效隔离。

③ 现场设备　现场设备的故障比较复杂，不在本书讲解范围。

12.1.3　PLC 故障诊断方法

(1) PLC 故障的分析方法

通常全局性的故障一般会在上位机上显示多处元件不正常，这通常是 CPU、存储器、通信模块和公共电源等发生故障。PLC 故障分析方法如下。

① 根据上位机的故障信息查找，准确而且及时。

② 根据动作顺序诊断故障，比较正常和不正常动作顺序，分析和发现可疑点。

③ 根据 PLC 的输入/输出口状态诊断故障。如果是 PLC 自身故障，则不必查看程序即可查询到故障。

④ 通过程序查找故障。

(2) 电源故障的分析方法

PLC 的电源为 DC24V，范围是 24V±5％，而电源是 AC220V，范围是 220V±10％。

当主机接上电源，指示灯不亮，可能的原因有：如拔出＋24V 端子，指示灯亮，表明 DC 负载过大，这种情况，不要使用内部 24V 电源；如拔出＋24V 端子，指示灯不亮，则可能熔体已经烧毁，或者内部有断开的地方。

当主机接上电源，指示灯 POWER 闪亮，则说明＋24V 和 COM 短路了。

BATF 灯亮表明锂电池寿命结束，要尽快更换电池。

(3) PLC 电源的抗干扰

PLC 电源的抗干扰处理的方法如下。

① 把控制器、I/O 电源和其他设备电源分别用不同的隔离变压器供电会更好。

② 控制器的 CPU 用一个开关电源，外部负载用一个开关电源。

PLC 电源的抗干扰处理的典型例子如图 12-1 所示。

图 12-1　PLC 电源的抗干扰

12.1.4　PLC 外部故障诊断方法

(1) 输入给 PLC 信号出错的原因

① 信号线的短路或者断路，主要原因是老化、拉扯、压砸线路和振动。

② 机械触头抖动。机械抖动压下一次，PLC 可能认为抖动了几次，硬件虽然加了滤波或者软件增加了微分，但由于 PLC 扫描周期短，仍然会影响计数、移位等。

③ 现场传感器、继电器等损坏。

(2) 执行机构出错的可能原因

① 输出负载没有可靠工作，如 PLC 已经发出信号，但继电器没有工作。

② PLC 自身故障，因此负载不动作。

③ 电动阀该动作没动作，或者没到位。

(3) PLC控制系统布线抗干扰措施

1) 电源的接线和接地

① 电源隔离器两端尽量采用双绞线，或者屏蔽电缆；电源线和I/O线要尽量分开布置。

② 交流和直流线要分别使用不同的电缆，分开捆扎，最好分槽走线。

③ 共同接地是传播干扰的常见措施。应将动力线的接地和控制接地分开，动力线的接地应接在地线上，PLC的接地接在机柜壳体上。要保证PLC控制系统的接地线和动力线的屏蔽线尽量等电位。

2) 输入和输出布线 PLC的输入线指外部传感器、按钮等与PLC的输入接口的接线。开关量信号一般采用普通电缆，如距离较远则要采用屏蔽电缆。高速信号和模拟量信号应采用屏蔽电缆。不同的信号线，最好不要共用同一接插件，以减少相互干扰。

尽量减少配线回路的距离。输入和输出信号电缆穿入专用的电缆管，或者独立的线槽中敷设。当信号距离较远时，如300m，可以采用中间继电器转接信号。通常布线要注意以下几点。

① 输入线的长度一般不长于30m。良好的工作环境，距离可以适当加长。

② 输入线和输出线不能使用同一电缆，应分开走线，开关量和模拟量要分开敷设。

③ 输入和输出回路配线时，如使用多股线，则必须压接线端子，多股线与PLC端子直接压接时，容易产生火花。

(4) 外部故障的排除方法详细说明和处理

PLC有很强的自诊断能力，当PLC自身故障或外围设备发生故障，都可用PLC上具有诊断指示功能的发光二极管的亮灭来诊断。

① 故障查找 根据总体检查流程图找出故障点的大方向，逐渐细化，以找出具体故障，如图12-2所示。

图12-2 总体检查流程

② 故障的处理 不同故障产生的原因不同，它们也有不同的处理方法，CPU装置、

I/O 扩展装置故障处理见表 12-1。

表 12-1　CPU 装置、I/O 扩展装置故障处理

序号	异常现象	可能原因	处理
1	[POWER]LED 灯不亮	①电压切换端子设定不良 ②保险丝熔断	①正确设定切换端子 ②更换保险丝
2	保险丝多次熔断	①电压切换端子设定不良 ②线路短路或烧坏	①正确设定切换端子 ②更换电源单元
3	[RUN]LED 灯不亮	①程序错误 ②电源线路不良 ③I/O 单元号重复 ④远程 I/O 电源关	①修改程序 ②更换 CPU 单元 ③修改 I/O 单元号 ④接通电源
4	运行中输出端没闭合([POWER]灯亮)	电源回路不良	更换 CPU 单元
5	编号以后的继电器不动作	I/O 总线不良	更换基板单元
6	特定的继电器编号的输出(入)接通	I/O 总线不良	更换基板单元
7	特定单元的所有继电器不接通	I/O 总线不良	更换基板单元

输入单元故障处理见表 12-2。

表 12-2　输入单元故障处理

序号	异常现象	可能原因	处理
1	输入全部不接通(动作指示灯也灭)	①未加外部输入电压 ②外部输入电压低 ③端子螺钉松动 ④端子板连接器接触不良	①供电 ②加额定电源电压 ③拧紧 ④把端子板重新插入、锁紧。更换端子板连接器
2	输入全部断开(输入指示灯也灭)	输入回路不良	更换单元
3	输入全部不关断	输入回路不良	更换单元
4	特定继电器编号的输入不接通	①输入器件不良 ②输入配线断线 ③端子螺钉松弛 ④端子板连接器接触不良 ⑤外部输入接触时间短 ⑥输入回路不良 ⑦程序的 OUT 指令中用了输入继电器编号	①更换输入器件 ②检查输入配线 ③拧紧 ④把端子板重新插入、锁紧。更换端子板连接器 ⑤调整输入组件 ⑥更换单元 ⑦修改程序
5	特定继电器编号的输入不关断	①输入回路不良 ②程序的 OUT 指令中用了输入继电器编号	①更换组件 ②修改程序
6	输入出现 ON/OFF 动作不规则现象	①外部输入电压低 ②噪声引起的误动作 ③端子螺钉松动 ④端子板连接器接触不良	①使外部输入电压在额定值范围 ②抗干扰措施:安装绝缘变压器、安装尖峰抑制器、用屏蔽线配线等 ③拧紧 ④把端子板重新插入、锁紧。更换端子板连接器

序号	异常现象	可能原因	处理
7	异常动作的继电器编号为8点单位	①COM端螺钉松动 ②端子板联接器接触不良 ③CPU不良	①拧紧 ②把端子板重新插入、锁紧。更换端子板连接器 ③更换CPU单元
8	输入动作指示灯不亮（动作正常）	LED灯坏	更换单元

输出单元故障处理见表12-3。

表12-3　输出单元故障处理

序号	异常现象	可能原因	处理
1	输出全部不接通	①未加负载电源 ②负载电源电压低 ③端子螺钉松动 ④端子板连接器接触不良 ⑤保险丝熔断 ⑥I/O总线接触不良 ⑦输出回路不良 ⑧输出点烧毁	①加电源 ②使电源电压为额定值 ③拧紧 ④把端子板重新插入、锁紧。更换端子板连接器 ⑤更换保险丝 ⑥更换单元 ⑦更换单元 ⑧更换输出模块
2	输出全部不关断	输出回路不良	更换单元
3	特定继电器编号的输出不接通（动作指示灯灭）	①输出接通时间短 ②程序中指令的继电器编号重复 ③输出回路不良	①更换单元 ②修改程序 ③更换单元
4	特定继电器编号的输出不接通（动作指示灯亮）	①输出器件不良 ②输出配线断线 ③端子螺钉松动 ④端子接触不良 ⑤继电器输出不良 ⑥输出回路不良	①更换输出器件 ②检查输出线 ③拧紧 ④端子充分插入、拧紧 ⑤更换继电器 ⑥更换单元
5	特定继电器编号的输出不关断（动作指示灯灭）	①输出继电器不良 ②由于漏电流或残余电压而不能关断	①更换继电器 ②更换负载或加负载电阻
6	特定继电器编号的输出不关断（动作指示灯亮）	①程序OUT指令的继电器编号重复 ②输出回路不良	①修改程序 ②更换单元
7	输出出现不规则的ON/OFF现象	①电源电压低 ②程序OUT指令的继电器编号重复 ③噪声引起的误动作 ④端子螺钉松动 ⑤端子接触不良	①调整电压 ②修改程序 ③抗噪声措施：装抑制器、装绝缘变压器、用屏蔽线配线等 ④拧紧 ⑤端子充分插入、拧紧
8	异常动作的继电器编号为8点单位	①COM端子螺钉松动 ②端子接触不良 ③保险丝熔断 ④CPU不良	①拧紧 ②端子充分插入、拧紧 ③更换保险丝 ④更换CPU单元
9	输出指示灯不亮（动作正常）	LED灯坏	更换单元

12.1.5　S7-1500 PLC 诊断简介

S7-1500 PLC 的故障诊断功能相较于 S7-300/400 PLC 而言，更加强大，其系统诊断功能集成在操作系统中，使用者甚至不需要编写程序就可很方便地诊断出系统故障。

（1）S7-1500 PLC 的系统故障诊断原理

S7-1500 PLC 的系统故障诊断原理如图 12-3 所示，一共分为五个步骤，具体如下。

① 当设备发生故障时，识别及诊断事件发送到 CPU。

② CPU 的操作系统分析错误信息，并调用诊断功能。

③ 操作系统的诊断功能自动生成报警，并将报警发送至 HMI（人机界面）、PC（如安装 WinCC）和 WebServer 等。

④ 在 HMI 中，自动匹配报警文本到诊断事件。

⑤ 报警信息显示在报警控件中，便于使用者诊断故障。

图 12-3　系统故障诊断原理

（2）S7-1500 PLC 系统诊断的优势

① 系统诊断是 PLC 操作系统的一部分，无需额外编辑。

② 无需外部资源。

③ 操作系统已经预定义报警文本，减少了设计者编辑工作量。

④ 无需大量测试。

⑤ 错误最小化，降低了开发成本。

（3）S7-1500 PLC 故障诊断的方法

S7-1500 PLC 故障诊断的方法很多，归纳有如下几种。

① 通过模块或通道的 LED 灯诊断故障。

② 通过 TIA 博途软件 PG/PC 诊断故障。

③ 通过 PLC 系统的诊断功能诊断故障。

④ 通过 PLC 的 Web 服务器诊断故障。

⑤ 通过 PLC 的显示屏诊断故障。

⑥ 通过用户程序诊断故障。

⑦ 通过自带诊断功能的模块诊断故障。

⑧ 通过 HMI 或者上位机软件诊断故障。

实际工程应用中是以上一种或者几种方法组合应用。在后续章节将详细介绍以上的故障诊断方法。

12.2　通过模块或通道的 LED 灯诊断故障

12.2.1　通过模块的 LED 灯诊断故障

与 SIMATIC S7-300/400 PLC 相比，S7-1500 PLC 的 LED 灯较少，只有三盏 LED 灯，用于指示当前模块的工作状态。对于不同类型的模块，LED 指示的状态可能略有不同。模块无故障时，运行 LED 为绿色，其余指示灯熄灭。以 CPU1511-1PN 模块为例，其顶部的三盏 LED 灯，分别是 RUN/STOP（运行/停止）、ERROR（错误）和 MAINT（维护），这三盏 LED 灯不同组合对应不同含义，见表 12-4。

表 12-4　CPU1511-1PN 模块的故障对照

LED 指示灯			含　义
RUN/STOP	ERROR	MAINT	
灭	灭	灭	CPU 电源电压过小或不存在
灭	红色闪烁	灭	发生错误
绿色亮	灭	灭	CPU 处于 RUN 模式
绿色亮	红色闪烁	灭	诊断事件不确定
绿色亮	灭	黄色亮	设备需要维护,必须在短时间内检查/更换故障硬件
			激活了强制作业
			PROFenergy 暂停
绿色亮	灭	黄色闪烁	设备需要维护,必须在短时间内检查/更换故障硬件
			组态错误
黄色亮	灭	黄色闪烁	固件更新已成功完成
黄色亮	灭	灭	CPU 处于 STOP 模式

12.2.2　通过模块通道的 LED 灯诊断故障

对于模拟量模块不仅有模块 LED 指示灯，而且有的模拟量模块（如带诊断功能的模拟量模块），每个通道的 LED 指示灯都是双色的，即可以显示红色或者绿色，这些颜色代表了对应通道的工作状态。以模拟量输入模块 AI 8xU/I HS（SE7531-7NF10-0AB0）为例，其每个通道的 LED 指示灯含义见表 12-5。

表 12-5　模拟量输入模块 AI 8xU/I HS 通道 LED 指示灯的含义

LEDCHx	灯熄灭	绿灯亮	红灯亮
含义	通道禁用	通道已组态,并且组态正确	通道已组态,但有错误

通过 LED 诊断故障简单易行，这是其优势，但这种方法往往不能精确定位故障，因此在工程实践中通常需要其他故障诊断方法配合使用，以达到精确诊断故障。

12.3　通过 TIA 博途软件的 PG/PC 诊断故障

当 PLC 有故障时，可以通过安装了 TIA 博途软件的 PG/PC 进行诊断。在项目视图中，先单击"在线"按钮 <img> 在线，使得 TIA 博途软件与 S7-1500 PLC 处于在线状态。再单击项目树下的 CPU 的"在线和诊断"菜单，即可查看"诊断"→"诊断缓冲区"的消息。如图 12-4 所示，双击任何一条信息，其详细信息将显示在下方"事件详细信息"的方框中。

查看"诊断"→"诊断状态"的消息，如图 12-5 所示，可以查看到故障信息，本例为：

加载的组态和离线项目不完全相同。

图 12-4　通过 TIA 博途软件查看诊断信息 (1)

图 12-5　通过 TIA 博途软件查看诊断信息 (2)

　　在项目视图中，单击"在线"按钮，使得 TIA 博途软件与 S7-1500 PLC 处于在线状态。单击"设备视图"选项卡，如图 12-6 所示，可以看到"1"的两个模块上有绿色的"√"，表明前两个模块正常。而"2"处的模块上有红色的"×"，表明此模块缺失或者有故障，经过检查，发现该硬件实际不存在。在硬件组态中，删除此模块，编译后下载，不再显示故障信息。

　　在项目视图中，单击"在线"按钮，使得 TIA 博途软件与 S7-1500 PLC 处于在线状态。单击"网络视图"选项卡，如图 12-7 所示，可以看到"1"处有红色扳手形状的标识，表明此处有网络故障，检查后发现第二个 CPU1511-1PN 模块的电源没有供电，导致网络断开。

图 12-6　通过 TIA 博途软件查看设备状态

图 12-7　通过 TIA 博途软件查看网络状态

12.4　通过 PLC 的 Web 服务器诊断故障

SIMATIC S7-1500 CPU 内置了 Web 服务器，可以通过 IE 浏览器实现对 PLC Web 服务器的访问，这为故障诊断带来很大的便利，特别是当操作者的计算机没有安装 TIA 博途软件或者未掌握使用此软件时，更是如此。

通过 PLC 的 Web 服务器诊断故障的具体步骤如下。

① 激活 PLC 的 Web 服务器。

选中 CPU 模块，在设备视图选项中，选择"Web 服务器"选项，勾选"启用模块上的 Web 服务器"选项，激活 PLC Web 服务器，如图 12-8 所示。

图 12-8　激活 PLC Web 服务器

点击"新增用户"按钮，添加用户"xxh"。选择其访问级别为"管理"，弹出"用户已授权"界面如图 12-9 所示，激活（勾选）所需的权限，单击"√"按钮，确认激活的权限。最后设置所需的密码，本例为"xxh"。

在"Web 服务器"→"接口概览"中，勾选"启用 Web 服务器访问"选项，如图 12-10 所示。

② 将项目编译和保存后，下载到 S7-1500 PLC 中。

③ 打开 Internet Explorer 浏览器，输入 http：//192.168.0.1，注意：192.168.0.1 是本例 S7-1500 PLC 的 IP 地址。弹出如图 12-11 所示的界面，单击"进入"按钮，弹出如图 12-12 所示的界面，输入正确的登录名和密码，单击"登录"按钮，即可进入主画面。

图 12-9　激活"用户已授权"选项

④ 查看信息。

a. 单击"诊断缓冲区"，可查看诊断缓冲区的信息，如图 12-13 所示。

b. 单击"消息"，可以看到消息文本，如图 12-14 所示，显示本例的错误是"硬件组态已移除或缺失"。

c. 单击"模块信息"，可以看到三个模块信息，如图 12-15 所示，插槽 1 和插槽 3 中的模块均有故障或者错误显示，而插槽 2 中正常。具体故障或者错误信息可以单击右侧的"详细信息"按钮获得。

d. 单击"拓扑"，如图 12-16 所示，可以查看 CPU 的网络拓扑，从此图中可以查看到设备之间的网络连接关系。

图 12-10　启用 Web 服务器访问

图 12-11　S7-1500 Web 服务器进入画面

图 12-12　S7-1500 Web 服务器登录画面

图 12-13　S7-1500 Web 服务器的诊断缓冲区

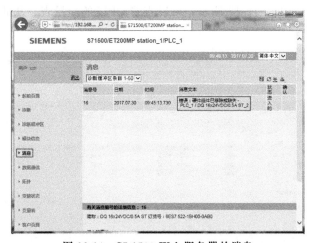

图 12-14　S7-1500 Web 服务器的消息

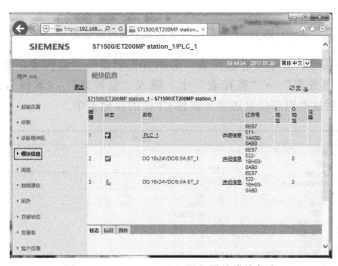

图 12-15　S7-1500 Web 服务器的模块信息

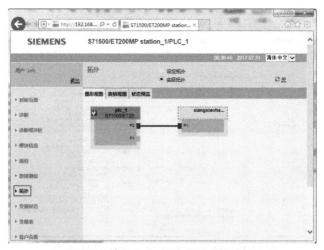

图 12-16   S7-1500 Web 服务器的拓扑

e.单击"变量表",如图 12-17 所示,可以查看 CPU 的变量表,从此图中可以查看到程序中变量的状态。

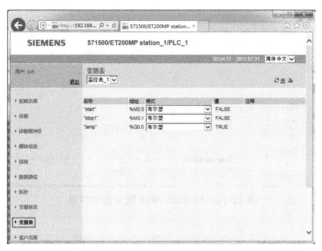

图 12-17   S7-1500 Web 服务器的变量表

注意:如需要在显示屏中查看监控表,必须首先创建一个监控表,然后在"属性"→"常规"→"Web 服务器"→"监控表"中,插入"监控表"(本例为监控表_1),如图 12-18 所示。最后这些组态信息还要下载到 CPU 的存储卡中。

图 12-18   插入监控表

12.5　通过 PLC 的显示屏诊断故障

每个标准的 S7-1500 PLC 都自带一块彩色的显示屏，通过此显示屏，可以查看 PLC 的诊断缓冲区，也可以查看模块和分布式 IO 模块的当前状态和诊断消息。

图 12-19　显示屏面板主界面

12.5.1　显示屏面板简介

在介绍故障诊断前，先对显示屏面板上的菜单图标进行介绍，其主界面如图 12-19 所示，共有五个菜单图标，功能见表 12-6。

表 12-6　显示屏面板菜单的含义

菜单图标	名称	含　义
i	概述	包含有关 CPU 和插入的 SIMATIC 存储卡属性的信息，是否有专有技术保护，是否链接有序列号的信息
诊断	诊断	<ul><li>显示诊断消息</li><li>读/写访问强制表和监控表</li><li>显示循环时间</li><li>显示 CPU 存储器使用情况</li><li>显示中断</li></ul>
设置	设置	<ul><li>指定 CPU 的 IP 地址和 PROFINET 设备名称</li><li>设置每个 CPU 接口的网络属性</li><li>设置日期、时间、时区、操作模式(RUN/STOP)和保护等级</li><li>通过显示密码禁用/启用显示</li><li>复位 CPU 存储器</li><li>复位为出厂设置</li><li>格式化 SIMATIC 存储卡</li><li>删除用户程序</li><li>通过 SIMATIC 存储卡，备份和恢复 CPU 组态</li><li>查看固件更新状态</li><li>将 SIMATIC 存储卡转换为程序存储卡</li></ul>
模块	模块	<ul><li>包含有关组态中使用的集中式和分布式模块的信息</li><li>外围部署的模块可通过 PROFINET 和/或 PROFIBUS 连接到 CPU</li><li>可在此设置 CPU 或 CP/CM 的 IP 地址</li><li>将显示 F 模块的故障安全参数。</li></ul>
显示屏	显示屏	可组态显示屏的相关设置，例如，语言设置、亮度和省电模式。省电模式将使显示屏变暗，待机模式将显示屏关闭

12.5.2　用显示屏面板诊断故障

(1) 用显示屏面板查看诊断缓冲区信息
用显示屏面板查看诊断缓冲区的步骤如下。

① 先用显示屏下方的方向按钮，把光标移到诊断菜单 📈 上，当移到此菜单上时，此菜单图标明显比其他菜单图标大，而且在下方显示此菜单的名称，如图 12-19 所示，表示光标已经

移动到诊断菜单上。单击显示屏下方的"OK"键，即可进入诊断界面，如图12-20所示。

② 如图12-20所示，点击显示屏下方的方向按钮，把光标移到子菜单"诊断缓冲区"，浅颜色代表光标已经移到此处，在实际操作中颜色对比度并不强烈，所以读者要细心区分。之后，单击显示屏下方的"OK"按钮，弹出如图12-21所示的界面，显示了诊断缓冲区的信息。

图 12-20　诊断界面　　　　　　　　　图 12-21　诊断缓冲区界面

(2) 用显示屏面板查看监控表信息

用显示屏面板查看监控表信息的步骤如下。

如图12-20所示，点击显示屏下方的方向按钮，把光标移到子菜单"监视表"，浅颜色代表光标已经移到此处。之后，单击显示屏下方的"OK"按钮，弹出如图12-22所示的界面，显示了监控表的信息。监控表显示了各个参数的运行状态，可以借助此参数诊断故障。

注意：如需在显示屏中查看监控表，必须首先创建一个监控表，然后在"属性"→"常规"→"显示"→"监控表"中，插入"监控表"（本例为监控表_1），如图12-23所示。最后这些组态信息还要下载到CPU的存储卡中。

图 12-22　监控表信息界面　　　　　　　　图 12-23　插入监控表

12.6　通过用户程序诊断故障

S7-1500 PLC有多条用于诊断故障的专用指令，因此S7-1500 PLC也支持通过编写用户程序实现对系统的诊断，以下用几个例子介绍具体诊断方法。

12.6.1　用 LED 指令诊断故障

（1）LED 指令简介

在 PLC 中调用 LED 指令，可以查询 STOP/RUN、ERROR 和 MAINT 三只 LED 指示灯的状态。LED 指令的参数含义见表 12-7。

表 12-7　LED 指令的参数含义

LAD	名称	数据类型	含义
	LADDR	HW_IO	CPU 或接口的硬件标识符 此编号是自动分配的，并存储在硬件配置的 CPU 或接口属性中（CPU 名称＋～Common）
	LED	UINT	LED 的标识号： 1：STOP/RUN 2：ERROR 3：MAINT（维护） 4：冗余 5：Link（绿色） 6：Rx/Tx（黄色）
	Ret_Val	INT	LED 的状态

（2）LED 指令应用

① 创建全局数据块 DB1。在 TIA 博途软件项目视图的程序块中，添加新块"DB1"，其类型为"全局 DB"，数据块有三项，注意其数据类型与 LED 指令三个参数的数据类型对应，如图 12-24 所示。

DB1						
	名称	数据类型	启动值	保持性	可从 HMI …	在 HMI …
1	▼ Static					
2	MyLADDER	HW_IO	50	□	☑	☑
3	MyLED	UInt	2	□	☑	☑
4	ReturnValue	Int	0	□	☑	☑

图 12-24　创建全局数据块 DB1

② 编写程序。编写程序如图 12-25 所示，并使程序处于监视状态，可以看到返回值为 1。因为 LED 管脚赋值为 2，代表需要监控 ERROR 指示灯的状态，返回值为 1，代表 ERROR 指示灯熄灭，这说明系统无故障。

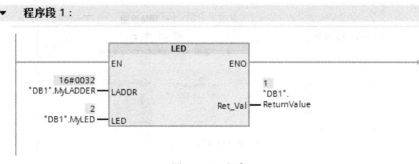

图 12-25　程序

12.6.2 用 DeviceStates 指令诊断故障

(1) DeviceStates 指令简介

在 PLC 中调用 DeviceStates 指令，可以读出 PROFINET IO 或者 PROFIBUS-DP 网络中 IO 设备或者 DP 从站的故障信息，该指令可以在循环中断（如 OB30）或者诊断中断（如 OB82）中调用。DeviceStates 指令的参数含义见表 12-8。

表 12-8　DeviceStates 指令的参数含义

LAD	名称	数据类型	含　义
DeviceStates EN　　　ENO LADDR　Ret_Val MODE STATE	LADDR	HW_IOSYSTEM	PROFINET IO 或 DP 主站系统的硬件标识符 　硬件标识符位于 PROFINET IO 或 DP 主站系统属性的网络视图中。或数据类型为 HW_IOSYSTEM 的所列系统常量的 PLC 变量表中
	MODE	UINT	选择要读取的状态信息 1:IO 设备/DP 从站已组态 2:IO 设备/DP 从站故障 3:IO 设备/DP 从站已禁用 4:IO 设备/DP 从站存在 5:出现问题的 IO 设备/DP 从站
	Ret_Val	INT	指令的状态(参见软件帮助)
	STATE	VARIANT	IO 设备或 DP 从站的状态缓冲区 　输出由 MODE 参数选择的 IO 设备/DP 从站的状态。如果使用 MODE 选择的状态适用于 IO 设备/DP 从站，则在 STATE 参数中将下列位设置为"1" 　位 0=1:组显示。至少有一个 IO 设备/DP 从站的第 n 位设置为"1" 　位 n=1:通过 MODE 选择的状态将应用到 IO 设备/DP 从站

(2) DeviceStates 指令应用

① 新建项目"DeviceStates"并组态硬件。系统的配置如图 12-26 所示，选中"1"处，单击鼠标右键，弹出快捷菜单，单击"属性"命令，弹出如图 12-27 所示的界面，显示此硬件的硬件标识符是 258，即 DeviceStates 指令中的 LADDR。

图 12-26　系统配置图

图 12-27　查看硬件标识符

② 创建全局数据块 DB1。在 TIA 博途软件项目视图的程序块中，添加新块"DB1"，其类型为"全局 DB"，数据块有四项，注意其数据类型与 DeviceStates 指令四个参数的数据类型对应，如图 12-28 所示。myLADDR 的启动值是 258，实际就是硬件标识符。

图 12-28　创建全局数据块 DB1

③ 在循环组织块 OB30 中，编写程序，如图 12-29 所示。

▼　程序段 1:

```
                        DeviceStates
                    EN              ENO
"DB1".myLADDR — LADDR      Ret_Val — "DB1".returnValue
"DB1".myMODE — MODE
"DB1".mySTATE — STATE
```

图 12-29　OB30 中的程序

将数据块 DB1 置于监视状态，如图 12-30 所示。

	名称	数据类型	启动值	监视值
1	▼ Static			
2	myLADDR	HW_IOSYSTEM	258	16#0102
3	myMODE	UInt	2	2
4	returnValue	Int	0	0
5	▼ mySTATE	Array[0..1023] of B...		
6	mySTATE[0]	Bool	false	TRUE
7	mySTATE[1]	Bool	false	TRUE
8	mySTATE[2]	Bool	false	FALSE
9	mySTATE[3]	Bool	false	FALSE
10	mySTATE[4]	Bool	false	FALSE
11	mySTATE[5]	Bool	false	FALSE

图 12-30　监视数据块 DB1

从表 12-8 可知：通过对 MODE 赋值不同，可以对分布式 IO 站的不同状态进行诊断，例如本例中 MODE＝2，表示要诊断 IO 设备/DP 从站故障。

STATE 的每一位信号代表一个 IO 设备/DP 从站的状态，与 MODE 参数有关。例如本例中 MODE＝2，第 0 位为 1（mySTATE [0] ＝TRUE）表示网络上至少有一个设备有故障，第 1 位为 1（mySTATE [1] ＝TRUE）表示网络上设备编号为 1 的设备有故障。

在同一网络中设备编号是唯一的，选中该网络设备后，单击"属性"→"常规"→"PROFINET 接口"→"以太网地址"，可以查看到本设备的编号是 1，如图 12-31 所示。

图 12-31　查看设备编号

12.6.3　用 ModuleStates 指令诊断故障

（1）ModuleStates 指令简介

在 PLC 中调用 ModuleStates 指令，对某个分布式 IO 上的模块进行诊断，例如可以读出 PROFINET IO 或者 PROFIBUS-DP 网络中 IO 设备或者 DP 从站中的模块被拔出时的当前信息，或者该模块存在的故障信息。该指令可以在循环中断（如 OB30）或者诊断中断（如 OB82）中调用。ModuleStates 指令的参数含义见表 12-9。

表 12-9　ModuleStates 指令的参数含义

LAD	名称	数据类型	含　义
	LADDR	HW_DEVICE	站的硬件标识符 使用 LADDR 参数通过站硬件标识符选择 IO 设备或 DP 从站。 硬件标识符位于： IO 设备站或 DP 从站属性的网络视图中 或数据类型为 HW_DEVICE（对于 IO 设备）或 HW_DPSLAVE（对于 DP 从站）的所列系统常量的 PLC 变量表中
ModuleStates EN　　ENO LADDR　Ret_Val MODE STATE	MODE	UINT	选择要读取的状态信息 1：模块已组态 2：模块故障 3：模块禁用 4：模块存在 5：模块中存在故障
	Ret_Val	INT	指令的状态（参见软件帮助）

续表

LAD	名称	数据类型	含　义
	STATE	VARIANT	IO 设备或 DP 从站的状态缓冲区 STATE 参数输出使用 MODE 参数选择的模块状态。 　如果使用 MODE 选择的状态适用于某个模块,那么下列位将设置为"1"。 　位 0＝1:组显示。至少一个模块的第 n 位设置为"1" 　位 n＝1:使用 MODE 选择的状态将应用到插槽 n－1(例如:位 3 对应插槽 2)中的模块

（2）ModuleStates 指令应用

① 新建项目"ModuleStates"并组态硬件。系统的配置如图 12-32 所示。

图 12-32　系统配置图

② 在"PLC 变量"→"显示所有的变量"→"系统常量"中,可以看到 IODevice 字样,数据类型为"Hw_Device"。在本例中,IODevice1 的硬件标识数值是 263,而 IODevice2 硬件标识数值是 267,如图 12-33 所示。

49	IO_device_1~Proxy	Hw_SubModule	265
50	IO_device_1~IODevice	Hw_Device	263
51	IO_device_1~PROFINET_接口	Hw_Interface	266
52	IO_device_1~PROFINET_接口~Port_1	Hw_Interface	259
53	IO_device_1~PROFINET_接口~Port_2	Hw_Interface	260
54	IO_device_1~Head	Hw_SubModule	261
55	IO_device_1~DI_16x24VDC_HF_1	Hw_SubModule	262
56	IO_device_2~Proxy	Hw_SubModule	269
57	IO_device_2~IODevice	Hw_Device	267
58	IO_device_2~PROFINET_接口	Hw_Interface	270

图 12-33　查看硬件标识符

③ 创建全局数据块 DB2。在 TIA 博途软件项目视图的程序块中,添加新块"DB2",其类型为"全局 DB"。数据块有四项,注意其数据类型与 ModuleStates 指令四个参数的数据类型对应,如图 12-34 所示。myLADDR 的启动值是 263,实际就是硬件标识符。

④ 在循环组织块 OB30 中,编写程序,如图 12-35 所示。

将数据块 DB2 置于监视状态,如图 12-36 所示。

从表 12-9 可知:通过对 MODE 赋值不同,可以对分布式 IO 站上不同模块进行诊断,例如本例中 MODE＝2,表示要诊断 IO 站的故障模块的槽位。

STATE 的每一位信号代表一个 IO 设备/DP 从站模块槽位的状态,与 MODE 参数有

	名称	数据类型	启动值	保持性	可从 HMI ...	在 HMI ...
DB2						
1	▼ Static					
2	myLADDR	HW_DEVICE	263	☐	☑	☑
3	myMODE	UInt	4	☐	☑	☑
4	returnValue	Int	0	☐	☑	☑
5	▼ mySTATE	Array[0..1023] of Bool		☐	☑	☑
6	mySTATE[0]	Bool	false		☑	☑
7	mySTATE[1]	Bool	false		☑	☑
8	mySTATE[2]	Bool	false		☑	☑
9	mySTATE[3]	Bool	false		☑	☑
10	mySTATE[4]	Bool	false		☑	☑
11	mySTATE[5]	Bool	false		☑	☑

图 12-34　创建全局数据块 DB2

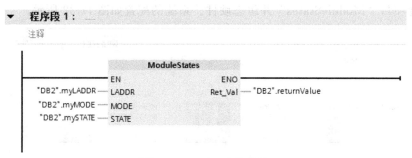

▼ 程序段 1：

注释

ModuleStates
EN　　　　　　　　　　ENO
"DB2".myLADDR — LADDR　　　Ret_Val — "DB2".returnValue
"DB2".myMODE — MODE
"DB2".mySTATE — STATE

图 12-35　OB30 中的程序

	名称	数据类型	启动值	监视值	保持性
DB2					
1	▼ Static				
2	myLADDR	HW_DEVICE	263	16#0107	☐
3	myMODE	UInt	2	2	☐
4	returnValue	Int	0	0	☐
5	▼ mySTATE	Array[0..1023] of Bool			☐
6	mySTATE[0]	Bool	false	TRUE	☐
7	mySTATE[1]	Bool	false	FALSE	☐
8	mySTATE[2]	Bool	false	TRUE	☐
9	mySTATE[3]	Bool	false	TRUE	☐
10	mySTATE[4]	Bool	false	FALSE	☐
11	mySTATE[5]	Bool	false	FALSE	☐

图 12-36　监视数据块 DB2

关。例如本例中 MODE＝2，第 0 位为 1（mySTATE［0］＝TRUE）表示该站点（硬件标识符 263）上至少有一个模块有故障，第 2 位为 1（mySTATE［2］＝TRUE），表示该站点上 1（2－1＝1）号模块有故障，第 3 位为 1（mySTATE［3］＝TRUE），表示该站点上 2（3－1＝2）号模块有故障。

12.7　通过报警指令诊断故障

（1）使用 Program ＿ Alarm 指令产生系统诊断信息的原理

首先用户程序中触发一个报警事件，Program ＿ Alarm 指令生成程序报警信息，最后将该报警信息发布到 STEP 7、HMI、PLC Web 服务器和 SIMATIC S7-1500 CPU 的显示屏，如图 12-37 所示。

图 12-37　使用 Program ＿ Alarm 指令产生系统诊断信息的原理

（2）Program ＿ Alarm 指令简介

Program ＿ Alarm 指令的功能是："生成具有相关值的程序报警"，将监视信号在程序报警参数 SIG 处生成信号。当信号从 0 变为 1 时，将生成一个到达的程序报警；而信号从 1 变为 0 时，则生成一个离去的程序报警。在程序的执行过程中，将同步触发该程序报警。Program ＿ Alarm 指令只能在函数块 FB 中调用。Program ＿ Alarm 指令的参数含义见表 12-10。

表 12-10　Program ＿ Alarm 指令的参数含义

LAD	名称	数据类型	含　义
	SIG	BOOL	要监视的信号 信号上升沿：生成一个到达的程序报警 信号下降沿：生成一个离去的程序报警
	TIMESTAMP	LDT	通过一个带有分布式时间戳的输入信号，为报警指定一个时间戳。必须始终在系统时间（即 UTC）中指定该时间值
	SD_i	VARIANT	第 i 个相关值（1≤i≤10） 可以使用二进制数、整数、浮点数或字符串作为关联值
	Error	BOOL	Error＝TRUE 表示处理过程中出错。可能的错误原因将通过 Status 参数显示
	Status	WORD	显示错误信息

（3）Program ＿ Alarm 指令应用

以下用一个例子介绍 Program ＿ Alarm 指令的应用，其具体步骤如下。

① 创建项目 "Program ＿ Alarm"。创建一个项目 "Program ＿ Alarm"，并进行硬件配置，如图 12-38 所示。

图 12-38　硬件配置

② 编写程序。

在 TIA 博途软件项目视图中，新添加程序块"FB1"。在"指令"→"扩展指令"→
"报警"目录下，选中并插入 Program＿Alarm 指令，系统将自动生成多重背景数据块，编
写如图 12-39 所示的程序。再在 OB1 中调用 FB1，程序如图 12-40 所示。

图 12-39　FB1 中的程序

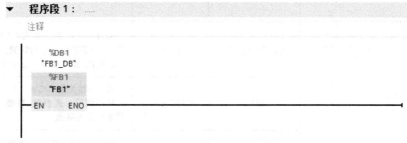

图 12-40　OB1 中的程序

③ 设置报警类别和报警文本。

在项目树中，选中并双击"PLC 报警"选项，打开"PLC 报警"界面，如图 12-41 所
示，在"报警文本"的下方，输入"温度过高，当前温度为："，单击鼠标右键，弹出快捷菜
单，单击"插入动态参数（变量）…"，弹出如图 12-42 所示的界面，选取过程变量为
"Temperature"，数据显示类型为"浮点"，最后单击"确认"按钮 即可。

图 12-41　PLC 报警——设置报警类别和报警文本（1）

图 12-42　PLC 报警——设置报警类别和报警文本（2）

④ 配置 HMI。

在项目树中，单击"添加新画面"，新添加一个画面，并把"工具箱"→"控件"目录中的"报警视图"控件添加到画面中，用同样的方法，把"工具箱"→"元素"目录中的"I/O 域"控件添加到画面中，如图 12-43 所示。

将左侧的 I/O 域与变量 M0.0 关联，右侧的 I/O 域与变量 MD10 关联。编译和保存整个项目。

⑤ 运行仿真。

下载项目到仿真器，并运行。在右侧的 I/O 域中输入当前温度 98.0000，在左侧的 I/O 域输入 1，激活报警，HMI 的报警视图如图 12-44 所示。

图 12-43　添加新画面

图 12-44　报警视图画面

12.8　在 HMI 上通过调用诊断控件诊断故障

（1）故障诊断原理简介

与 S7-300/400 PLC 不同，S7-1500 PLC 的系统诊断功能已经作为 PLC 操作系统的一部分，并在 CPU 固件中集成，无需单独激活，也不需要生成和调用相关的程序块。PLC 系统进行硬件编译时，TIA 博途软件根据当前的固件自动生成系统报警消息源，该消息源可以在项目树下的"PLC 报警"→"系统报警"中查看，也可以通过 CPU 的显示屏、Web 浏览器、TIA 博途软件在线诊断方式显示。

由于系统诊断功能通过 CPU 的固件实现，所以即使 CPU 处于停止模式，仍然可以对 PLC 系统进行系统诊断。如果配上 SIMATIC HMI，可以更加直观地在 HMI 上显示 PLC 的诊断信息。使用此功能，要求在同一项目中配置 PLC 和 HMI，并建立连接。非西门子公司的 HMI 不能实现以上功能。

（2）在 HMI 上通过调用诊断控件诊断故障应用

以下用一个例子介绍在 HMI 上通过调用诊断控件诊断故障的应用，其具体步骤如下。

① 创建项目"Diag_Control"。创建一个项目"Diag_Control"，并进行硬件配置，硬件配置的网络视图如图 12-45 所示，PLC_1 硬件配置的硬件视图如图 12-46 所示。

图 12-45　硬件配置——网络视图

图 12-46　硬件配置——硬件视图

② 配置 HMI。

在项目树中，单击"添加新画面"，新添加一个画面，并把"工具箱"→"控件"目录中的"系统诊断视图"控件添加到画面中，如图 12-47 所示。

③ 运行。

下载项目到 HMI，并运行。HMI 的视图如图 12-48 所示，单击"1"处，弹出如图 12-49 所示的界面，可以看到"station_1"上的三个模块。模块前面都是绿色对号"√"，表明无故障，如有故障则有红色扳手形状的故障标记 弹出。

图 12-47 添加新画面

图 12-48 HMI 运行画面 (1)

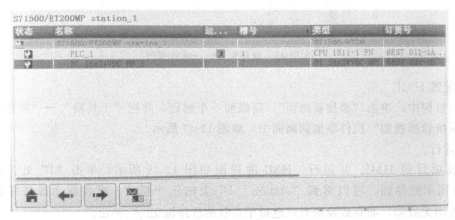

图 12-49 HMI 运行画面 (2)

12.9　利用 WinCC 诊断故障

WinCC 是西门子公司联合微软公司开发的一款优秀的组态软件。它安装在上位机上可对 PLC 等进行监控和数据采集，且具有故障诊断功能。

以下用一个实例介绍利用 WinCC 诊断故障的过程。

① 新建项目。

打开 TIA 博途软件，新建项目，本例为 "Diagnose"，在左侧的硬件目录中，拖拽硬件 "CPU1511-1 PN" 到硬件视图中，如图 12-50 所示。

图 12-50　新建项目

② 设置 CPU 的 IP 地址。

在项目树中选中 "设备和网络"，然后选中设备视图中的 "网口"，然后选中 "属性" 选项卡，选中 "以太网地址"，输入 IP 地址，本例为 "192.168.0.1"，如图 12-51 所示。最后，单击工具栏的 "编译" 按钮，编译项目，单击工具栏的 "保存" 按钮，保存此项目。

③ 打开仿真器，下载程序到仿真器。

打开 S7-PLCSIM V13 仿真器，新建仿真器项目，本例项目名称为 "Diagnose"。单击 TIA 博途软件工具栏的 "下载" 按钮，弹出如图 12-52 所示的界面，先按照标记 "1" 处选择选项，再单击 "开始搜索" 按钮，当搜索到 CPU 后，单击 "下载" 按钮，下载程序到仿真器中。

④ 设置接收报警。

先单击 TIA 博途软件工具栏的 "在线" 按钮 转到在线，使得 CPU 和 S7-PLCSIM V13 仿真器处于在线状态，此时，项目树上出现橙色条，如图 12-53 所示。选中 PLC _ 2，单击鼠标右键，在弹出的快捷菜单中勾选 "接收报警"。当 PLC 停机时，图 12-53 下方有报警显示。

图 12-51 设置 CPU 的 IP 地址

图 12-52 下载设置

⑤ 新建 WinCC 项目和连接。

新建 WinCC 项目，本例项目名为 "S7-1500"。打开变量管理器，添加驱动程序 "SI-MATIC S7-1200, S7-1500 Channel"，再新建连接，本例为 "s7_1500"，如图 12-54 所示。

图 12-53　设置接收报警

图 12-54　新建连接

⑥ 新建画面。

打开 WinCC 的图形编辑器，新建画面，本例为"Main. Pdl"，再将报警控件"WinCC AlarmControl"拖入画面。双击报警控件"WinCC AlarmControl"，弹出其属性，选中消息列表选项卡，使能"选定消息块"选项如图 12-55 所示，单击"确定"按钮。

⑦ 运行 TIA 博途软件、S7-PLCSIM V13 仿真器和 WinCC 运行系统。

先运行 TIA 博途软件和 S7-PLCSIM V13 仿真器，再勾选 WinCC 的"启动项"的"报警记录运行系统"和"图形运行系统"，最后运行 WinCC，确保 WinCC 与 S7-PLCSIM V13 仿真器处于连接状态。打开变量管理器，如图 12-56 所示，可以看到：连接"s7_1500"前面有绿色的对号"√"，这表明 WinCC 与 S7-PLCSIM V13 仿真器处于连接状态。

⑧ 从 AS 加载消息。

打开 WinCC 的报警记录管理器，如图 12-57 所示，选中"s7_1500"，单击鼠标右键，弹出快捷菜单，单击"从 AS 加载"命令，消息加载到右侧的表格中。

图 12-55　消息列表的"选定消息块"

图 12-56　WinCC 和 S7-PLCSIM V13 仿真器的连接

图 12-57　从 AS 加载消息

在 S7-PLCSIM V13 仿真器中，单击"STOP"按钮，如图 12-58 所示，可以看到，"诊断"选项卡中的报警显示为：STOP。

图 12-58　TIA 博途软件中的报警显示

如图 12-59 所示，WinCC 运行系统中的报警显示为：CPU 不处于 RUN 状态。

由此可见，整个组态过程没有编写程序，仅仅做了一些必要的组态，PLC 的信息就传递到 WinCC，并显示在 WinCC 的报警界面，整个过程非常简单高效。

图 12-59　WinCC 中的报警显示

12.10　通过自带诊断功能的模块诊断故障

(1) 自带诊断功能模块及其诊断简介

可以激活带诊断功能模块的诊断选项，从而实现相关的诊断功能。在这种情况下，PLC 自动生成报警消息源，之后，如果模块中出现系统事件，对应的系统报警消息就可以通过 S7-1500 PLC 的 Web 服务器、CPU 显示屏和 HMI 诊断控件等多种方式显示出来。

SIMATIC S7-1500/ET200 MP 和 ET200 SP 模块分为四大系列，以尾部的字母区分，分别是：BA（基本型）、ST（标准型）、HF（高性能型）和 HS（高速型）。基本型不支持诊断功能；标准型支持的诊断类型是组诊断或者模块诊断；高性能型和高速型支持通道级诊断。

（2）自带诊断功能的模块诊断故障应用

以下用一个例子介绍自带诊断功能的模块诊断故障应用。

① 创建一个项目"Diaglose1"。

创建一个项目"Diaglose1"，并进行硬件配置，硬件配置的硬件视图如图 12-60 所示，两个模块是 CP1511-1PN 和 DI16×24VDC HF，数字量输入模块具有通道诊断功能。

图 12-60　硬件配置——硬件视图

② 激活通道的诊断功能。

在"设备视图"中，选中"DI16×24VDC HF 模块"，再选中"属性"→"常规"→"输入"→"通道 0-7"→"通道 0"，把参数设置改为"手动"，激活"断路"选项，如图 12-61 所示。采用同样的方法激活通道 1 的诊断功能。

图 12-61　激活通道 0 诊断功能

③ 启用 Web 服务器。

在前面已经介绍过，故障可以用 Web 服务器、CPU 显示屏和 HMI 诊断控件等多种方式显示，本例采用 Web 服务器显示。

在"设备视图"中，选中"CPU1511-1PN 模块"，再选中"属性"→"常规"→"Web 服务器"，激活"启用模块上的 Web 服务器"和启用"自动更新"选项，如图 12-62 所示。

图 12-62　启用 Web 服务器

再单击"用户管理"中的"访问级别"，把弹出界面中的可选项全部选中，单击"√"按钮。

④ 下载和运行。

将项目编译和保存后，下载到 S7-1500 PLC 中，并运行 PLC。

⑤ 显示故障。

打开 Internet Explorer 浏览器，输入 http：//192.168.0.2，注意：192.168.0.2 是 S7-1500 PLC 的 IP 地址。单击"模块信息"按钮，弹出如图 12-63 所示界面，状态栏下有故障标识 ![icon] 。点击"1"处，弹出如图 12-64 所示的界面，可以看到，数字量模块的通道 0 和 1 处于断路状态。

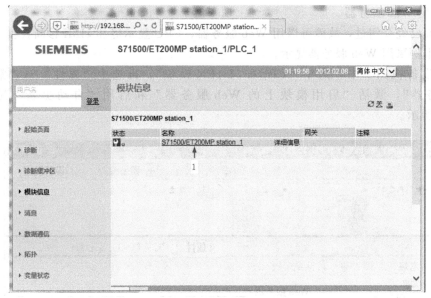

图 12-63　在 Web 服务器上显示故障（1）

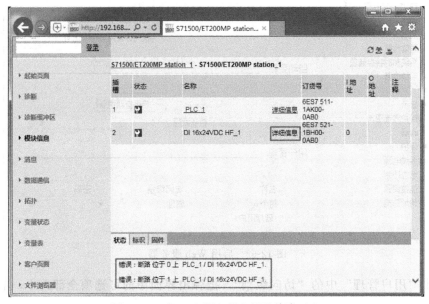

图 12-64　在 Web 服务器上显示故障（2）

12.11　利用诊断面板诊断故障

　　在西门子的运动控制调试过程中，使用诊断面板可以比较容易诊断出常见的故障。无论在"手动模式"还是"自动模式"中，都可以通过在线方式查看诊断面板。诊断面板用于显示轴的关键状态和错误消息。以下将介绍这种故障诊断方法。

　　在 TIA Portal 软件项目视图的项目树中，选择"MotionControl"→"PLC_1"→"工艺对象"→"插入新对象"→"Axis_1"→"诊断"，如图 12-65 所示，双击"诊断"选项，打开诊断面板，如图 12-66 所示。因为没有错误，右下侧显示"正常"字样，关键的信息用绿色的方块提示用户，无关信息则是灰色方块提示。

图 12-65　打开诊断面板

图 12-66　状态和错误位（1）

　　在如图 12-67 中，错误的信息用红色方框提示用户，如"已逼近硬件限位"前面有红色的方框，表示硬件限位开关已经触发，因此用户必须查看用于硬件限位的限位开关。

图 12-67　状态和错误位（2）

12.12　通过 SIMATIC Automation Tool 诊断故障

12.12.1　SIMATIC Automation Tool 功能

　　SIMATIC Automation Tool 是西门子全集成自动化的工具，适用的产品系列包括：S7-

1200、S7-1500、SIMATIC ET 200、SIMATIC HMI Basic/Comfort/Mobile Panels、SITOP 和 RFID。其功能如下。

　　① 扫描整个网络，识别所有连接到该网络的设备。

　　② 设置 CPU 的指示灯闪烁，以协助确认具体被操作的 CPU。

　　③ 设置设备的站地址（IP、Subnet、Gateway）及站名（PROFINET Device）。

　　④ 同步 PG/PC 与 CPU 的时钟。

　　⑤ 下载新程序到 CPU。

　　⑥ 更新一个 CPU 及其扩展模块的固件。

　　⑦ 设置 CPU 的运行（RUN）或停止（STOP）模式。

　　⑧ 执行 CPU 内存复位。

　　⑨ 读取 CPU 的诊断日志。

　　⑩ 上载 CPU 的错误信息。

　　⑪ 恢复 CPU 到出厂设置。

12. 12. 2　SIMATIC Automation Tool 诊断故障

利用 SIMATIC Automation Tool 软件诊断故障的步骤如下。

(1) 扫描网络设备

启动 SIMATIC Automation Tool 软件，如图 12-68 所示，单击"扫描"按钮 ，软件开始扫描网络设备。当扫描到网络设备（如 PLC），所有网络设备将以列表的形式显示出来，如图 12-69 所示，此列表中包含设备名称、运行状态、设备类型、设备系列号和 IP 地址等信息。

图 12-68　扫描网络设备

(2) 诊断故障

如图 12-69 所示，勾选需要诊断的网络设备（本例为 PLC＿1），单击"诊断"按钮 ，弹出诊断缓冲区画面，如图 12-70 所示，序号 5 显示为"Hardware component removed or missing"（硬件已经移除或者缺失），经过检查，的确是缺少一个硬件。

图 12-69　扫描到网络设备

图 12-70　诊断缓冲区

第**13**章

TIA博途软件的其他常用功能

本章主要介绍移植和库功能。移植主要是把早期的经典 STEP 7 项目或者 WinCC Flexible 2008 SP2/SP3 项目移植到 TIA 博途软件中。库功能主要是把反复用到对象存储在库中，以便需要时调用。移植和库功能都能大幅度提高工程效率。

13.1 移植

如果要在 TIA 博途的新项目中，最大限度地使用早期 S7-300/400 PLC 的项目或者 WinCC Flexible 2008 SP2/SP3 项目，以缩短新项目的开发周期，可以将早期 S7-300/400 PLC 的项目或者 WinCC Flexible 2008 SP2/SP3 项目移植到 TIA 博途软件中。

13.1.1 移植 S7-300/400 PLC 项目到 TIA 博途软件的必要条件

(1) 软件需求

在希望执行项目移植的计算机上，必须安装以下软件：

- TIA 博途软件 V11 或更高版本；
- STEP7 V5.4＋SP5 或更高版本及相关许可证；
- 被移植项目中，必须安装 STEP 7 需要用到的选项包（如 S7-SCL、S7-Graph 等）和授权。

(2) 项目一致性

一个完整的 STEP7 V5.x 项目（包括 S7 程序，硬件和网络组态）必须是一致的。每种情况下执行检查一致性的相应功能，以便检查并保证一致性。

对于早期 STEP7 版本编译的项目，如果需要移植早期 STEP7 版本（例如 V5.3）项目到 TIA 博途软件，必须在 STEP7 V5.4＋SP5（或更高版本）中重新编译项目。

(3) 硬件组件

默认移植过程中只移植软件，并为原项目中的每个设备在目标项目中创建非指定的设备。硬件和网络组态以及网络连接不移植。

如果希望移植 STEP7 V5.x 项目中的硬件组件，必须在"移植项目"对话框里勾选"包含硬件组态"选项。

如果进行硬件组态移植，STEP7 V5.x 项目中所有的硬件组件必须包含在 TIA 博途硬件对话框中。能够订购并且到 2007 年 10 月 1 日之前没有停止供货的模块，可以被 TIA 博途支持，并存储在 TIA 博途软件的硬件对话框中。如果项目包含 TIA 博途软件硬件对话框中没有的硬件组件，移植操作会被终止。

（4）可移植的和不可移植的组件/软件工具

可移植或不可移植到 TIA 博途软件的组件/软件工具见表 13-1。

表 13-1　可移植或不可移植到 TIA 博途软件的组件/软件工具

可移植	不可移植
LAD	S7-HiGraph（块可以移植，但是标识为不支持）
FBD	iMap
STL	FMS 连接
S7-Graph 和 S7-SCL 块必须保持一致性，并且在移植到 TIA 博途后重新编译。必须重新下载项目。只有在重新编译下载后才能在线浏览块。	用 STEP7 V5.x 创建的库 补救方法：拷贝块到 STEP7 V5.x 项目。移植后在 TIA 博途中为块创建库
	S7-PDIAG 块（FB44，DB44，…）可以移植但是被标识为不支持。只能下载这些块但不能编辑。消息文本和地址监视实例在 TIA 博途项目中不再被支持
	冗余系统
单项目	多项目

13.1.2　从 S7-300/400 PLC 的项目移植到 S7-1500 PLC 项目

以下用一个例子介绍，具体步骤如下。

（1）在 STEP7 V5.5 SP4 中，对原项目进行检查

① 对块进行一致性检查。用 STEP7 V5.5 SP4 打开需要移植的项目，如图 13-1 所示，选中"块"→"检查块的一致性…"，打开"检查块的一致性…"命令，弹出如图 13-2 所示的界面，单击工具栏中的"编译"按钮，开始重新编译块，编译结果显示在"编译"窗口中，本例为"0 个错误，0 个警告"。

图 13-1　对块进行一致性检查

图 13-2　重新编译所有的块

　　② 确保所有消息基于 CPU 的类型。重新编译块后，如图 13-3 所示，选中"块"→"特殊的对象属性"，打开"特殊的对象属性"命令，弹出"设置消息范围"界面，单击"选项"按钮，弹出如图 13-4 所示的界面，选中"始终分配面向 CPU 的唯一消息号"选项，单击"确定"按钮。

图 13-3　检查消息号属性

③ 重新编译项目。在 SIMATIC Manager 的菜单栏中，单击"文件"→"另存为"，弹出如图 13-5 所示的界面，勾选"通过重新组织（慢速）（W）"选项，填写要另存的路径和名称，单击"确定"按钮。

图 13-4　设置消息范围　　　　　　　　　　图 13-5　项目进行另存

（2）把 S7-300/400 PLC 项目移植到 TIA 博途软件

① 项目移植。打开 TIA 博途软件，切换到项目视图，单击菜单栏中的"项目"→"移植项目"，弹出如图 13-6 所示的界面，单击目标路径右侧的 ⋯ 按钮，在需要移植项目路径下，打开此项目文件夹，如图 13-7 所示，选中有".s7p"后缀的文件，单击"打开"按钮，弹出如图 13-8 所示的界面，选择"包含硬件组态"，单击"移植"按钮，程序开始移植。

图 13-6　选择要移植的项目（1）

移植正在进行如图 13-9 所示，移植结束如图 13-10 所示，单击"确定"按钮，移植完成。

② 编译和保存项目。项目移植完成后，如图 13-11 所示，在 TIA 博途软件项目视图的工具栏中，单击"编译"按钮 🔧 进行编译，在"信息"视图中查看有无错误，如有错误需要进行修改，如无错误，则单击工具栏的"保存项目"按钮 💾，保存此项目。

图 13-7　打开要移植的项目

图 13-8　选择要移植的项目（2）

图 13-9　移植进行中

图 13-10　移植结束

图 13-11　编译和保存

(3) 把 TIA 博途软件中的 S7-300/400 PLC 项目移植到 S7-1500 PLC

① 项目移植。在 TIA 博途软件的设备视图中,如图 13-12 所示,选中 CPU 模块(本例为 CPU315-2DP),点击鼠标右键,在弹出的快捷菜单中,选择并单击"移植到 S7-1500"命令,弹出如图 13-13 所示的界面,选择新的 CPU 替代 S7-300/400 CPU,本例选择"6ES7 511-1AK00-0AB0",单击"确定"按钮,弹出如图 13-14 所示的界面,选择 SIMATIC S7-1500 使用的串行通信命令,本例选择"对于 S7-1500 的集成通信模块,使用新的 PtP 指令",单击"确定"按钮即可。

图 13-12　把 S7-300/400 PLC 项目移植到 S7-1500 PLC

② 编译和保存项目。项目移植完成后,如图 13-15 所示,在 TIA 博途软件项目视图的工具栏中,单击"编译"按钮 进行编译,在"信息"视图中查看有无错误,如有错误需要进行修改,如无错误,则单击工具栏的"保存项目"按钮 ,保存此项目。

对比图 13-11 和图 13-15,可以看到,移植之前的项目中有 OB87,而移植后的项目中没有 OB87,这是因为 SIMATIC S7-1500 项目不支持 OB87,OB87 的功能已经并入 OB82 中。

图 13-13　选择新的 CPU（S7-1500）

图 13-14　选择 SIMATIC S7-1500 使用的串行通信命令

13.1.3　从 WinCC Flexible 2008 项目移植到 TIA 博途软件

（1）移植条件

只能直接从 WinCC Flexible 2008 SP2/SP3 项目移植到 TIA 博途软件，其他版本不能直接移植。例如不能直接将 WinCC Flexible 2008 SP4 项目移植到 TIA 博途软件，一般先将 WinCC Flexible 2008 SP4 项目另存为 WinCC Flexible 2008 SP3 项目，然后再将 WinCC Flexible 2008 SP3 项目移植到 TIA 博途软件。

此外，要注意如 WinCC Flexible 2008 SP4 项目中有精彩系列触摸屏（SMART LINE），是不能移植的，因为 TIA 博途软件不支持这个系列的触摸屏，必须先替换成如 TP 系列等触摸屏。

（2）应用实例

以下用一个例子介绍从 WinCC Flexible 2008 SP4 项目移植到 TIA 博途软件，具体步骤如下。

图 13-15　移植完成的项目

① 将项目版本另存为 SP2/SP3 版本。打开 WinCC Flexible 2008 SP4 项目，如图 13-16 所示，单击菜单栏中的"项目"→"另存为版本"，弹出如图 13-17 所示的界面，选择文件类型为 "WinCC Flexible 2008 SP3"，输入文件名为 "移植 2a"，单击 "保存" 按钮，WinCC Flexible 2008 SP4 项目另存为 "WinCC Flexible 2008 SP3 项目"。

图 13-16　另存为版本（1）

② 移植项目。运行 TIA 博途软件，如图 13-18 所示，选择"启动"→"移植项目"，点击 "源路径" 右侧的 [...] 按钮，弹出如图 13-19 所示的界面，选择要打开的项目，本例为 "移植 2a"，再单击 "打开" 按钮，弹出如图 13-20 所示的界面，单击 "移植" 按钮，移植开始，如图 13-21 所示显示正在移植项目，这个过程需要一段时间。

图 13-17　另存为版本（2）

图 13-18　运行 TIA 博途软件

图 13-19　打开要移植的项目

图 13-20　移植项目

图 13-21　正在移植项目

③ 编译和保存项目。移植完成后如图 13-22 所示，在 TIA 博途软件项目视图的工具栏中，单击"编译"按钮 进行编译，在"信息"视图中查看有无错误，如有错误需要进行修改，如无错误，则单击工具栏的"保存项目"按钮 ，保存此项目。

图 13-22　移植后的项目

13.2　库功能

13.2.1　库的概念

TIA 博途软件提供强大的库功能，可以将需要重复使用的对象存储在库中。此对象可以是一个程序块、PLC 数据类型、一个分布式 I/O 站或者一整套 PLC 系统，还可以是 HMI 的画面，或者画面上的几个元素的组合，几乎所有的对象都可以成为库元素。掌握 TIA 博途软件的库功能，能显著提高工程开发的效率。

在 TIA 博途软件中，每个项目都连接一个项目库，项目库跟随着项目打开、关闭和保存。此外，还有全局库。全局库独立于项目数据，存储在扩展名为 *.al13 的文件中。一个项目可以访问多个全局库。一个全局库可以同时用于多个项目中。如果在一个项目中更改了某个库对象，则在所有打开了该库的项目中，该库都会随之更改。如果项目库的库对象要用在其他对象中，可将该库对象移动或复制到全局库。

项目库和全局库中都包含以下两种不同类型的对象。

（1）主模板

基本上所有对象都可保存为主模板。主模板是用于创建常用元素的标准副本。可以创建所需数量的元素，并将其插入到基于主模板的项目中。这些元素都将具有主模板的属性。

主模板既可以位于项目库中，也可以位于全局库中。项目库中的主模板只能在本项目中使用。在全局库中创建主模板时，主模板可用于不同的项目中。

主模板没有版本号，也不能进行二次开发。

（2）类型

运行用户程序所需的元素（例如程序块、PLC 数据类型和画面等）可作为类型。类型有版本号，可以进行二次开发。

在 TIA 博途软件中，单击右侧工具栏的"库"，即可打开库界面，如图 13-23 所示。

图 13-23　库任务栏

13.2.2　项目库类型的使用

以下用一个例子介绍项目库类型的使用方法。

① 添加新类型。如图 13-24 所示，先展开"库" → "项目库" → "类型"，再选中项目树中的函数"规格化［FC1］"，并将函数"规格化［FC1］"拖拽到箭头所指的位置，松开鼠标后，弹出如图 13-25 所示的界面，修改新类型的名称、版本号和注释，单击"确定"按钮，新类型成功添加到项目库中，如图 13-26 所示。

注意：如图 13-26 所示，在项目树下，可以看到函数"规格化［FC1］"的右上角有一个黑色的三角符号，代表该程序是库中的一个类型。

② 调用项目库中的类型。本例中，在 PLC _ 1 中创建了函数"规格化［FC1］"，并将其添加到项目库

图 13-24　添加新类型（1）

图 13-25　添加新类型（2）

图 13-26　添加新类型（3）

的类型中，现需要在 PLC＿2 中调用，只要选中类型中的"规格化"，用鼠标将其拖拽到箭头所指的位置即可，如图 13-27 所示。

图 13-27　调用项目库中的类型

13.2.3　项目库主模板的使用

主模板是对象的一个拷贝，没有版本控制，也不支持二次开发。所有可以添加到类型的对象，均可以添加到主模板，反之不成立，因为除了程序块外，硬件也可以添加到主模板，因此主模板的对象范围更加广泛。

以下用一个例子介绍主模板的使用方法。

（1）添加对象到主模板

如图 13-28 所示，先展开"库"→"项目库"→"主模板"，再选中网络中的硬件对象"SINAMICS-G120SV-PN"，并将"SINAMICS-G120SV-PN"拖拽到箭头所指的位置，松开鼠标即可。

图 13-28　添加新主模板

（2）调用项目库中的主模板

本例中，在 PLC＿1 中配置了硬件"SINAMICS-G120SV-PN"，并将其添加到项目库的主模板中，现需要在 PLC＿2 中也配置"SINAMICS-G120SV-PN"，只要选中主模板中的

"SINAMICS-G120SV-PN"，用鼠标将其拖拽到箭头所指的位置即可，如图 13-29 所示，而不需要进行配置，节省了开发工程的时间，提高了工作效率。

图 13-29　调用项目库中的主模板

13. 2. 4　全局库的使用

如果在不同的库中使用相同的库元素，就需要通过全局库的功能来实现。全局库中的文件可以单独保存，因此可以很方便地在另一个项目或者另一台计算机上使用。

以下用一个例子介绍全局库的创建，并在全局库中添加类型和主模板。

（1）创建新全局库

在 TIA 博途软件项目视图中，选中"库"→"全局库"，单击全局库工具栏中的"创建新全局库"按钮，弹出如图 13-30 所示的界面，输入库名称，本例为"My_Library"，注释可有可无，本例为"我的库"，单击"创建"按钮，即可创建一个新的全局库。

图 13-30　创建新全局库

（2）添加新类型

在 TIA 博途软件项目视图中，展开"库"→"项目库"→"类型"，选中"规格化"，并用鼠标将其拖拽到"全局库"→"My_Library"→"类型"中，如图 13-31 所示。

在"库 1"项目中，创建的新类型"规格化"可以在其他的项目中调用。

（3）添加新主模板

在 TIA 博途软件项目视图中，展开"库"→"项目库"→"主模板"，选中"SI-NAMICS-G120SV-PN"，并用鼠标将其拖拽到"全局库"→"My_Library"→"主模板"中，如图 13-32 所示。

在"库 1"项目中，创建的新主模板"SINAMICS-G120SV-PN"可以在其他的项目中调用。

图 13-31 向全局库添加新类型

图 13-32 向全局库添加新主模板

(4) 全局库另存为其他路径

全局库不仅能在本计算机上使用，也可以在其他计算机上使用，一般先将全局库保存到容易找到的路径，再拷贝到其他计算机中。全局库另存为其他路径的方法如下：

选中需要全局库另存为其他路径的对象，本例选中"My_Library"，如图 13-33 所示，单击鼠标右键，弹出快捷菜单，单击"将库另存为"命令，弹出如图 13-34 所示的界面，单击"确定"按钮即可。

图 13-33 将全局库另存为其他路径（1）

图 13-34 将全局库另存为其他路径（2）

第14章

S7-1200/1500 PLC工程应用

本章是前面章节内容的综合应用，将介绍三个典型的 PLC 控制系统集成过程的案例，供读者模仿学习。

14.1 送料小车自动往复运动的 PLC 控制

【例 14-1】 现有一套送料小车系统，分别在工位一、工位二、工位三这三个地方来回自动送料，小车的运动由一台交流电动机进行控制。在三个工位处，分别装置了三个传感器 SQ1、SQ2、SQ3 用于检测小车的位置。在小车运行的左端和右端分别安装了两个行程开关 SQ4、SQ5，用于定位小车的原点和右极限位点。

其结构示意图如图 14-1 所示。控制要求如下。

图 14-1　结构示意图

① 当系统上电时，无论小车处于何种状态，首先回到原点准备装料，等待系统的启动。

② 当系统的手/自动转换开关打开自动运行挡时，按下启动按钮 SB1，小车首先正向运行到工位 1 的位置，等待 10s 卸料完成后正向运行到工位 2 的位置，等待 10s 卸料完成后正向运行到工位 3 的位置，停止 10s 后接着反向运行到工位 2 的位置，停止 10s 后再反向运行到工位 1 的位置，停止 10s 后再反向运行到原点位置，等待下一轮的启动运行。

③ 当按下停止按钮 SB2 时系统停止运行，如果电动机停止在某一工位，则小车继续停止等待；当小车正运行在去往某一工位的途中，则当小车到达目的地后再停止运行。再次按下启动按钮 SB1 后，设备按剩下的流程继续运行。

④ 当系统按下急停按钮 SB5 时，要求小车立即停止工作，直到急停按钮取消时，系统恢复到当前状态。

⑤ 当系统的手/自动转换开关 SA1 打到手动运行挡时，可以通过手动按钮 SB3、SB4 控制小车的正/反向运行。

14.1.1 系统软硬件配置

(1) 系统的软硬件配置

① 1 台 CPU 1214C；

② 1 套 TIA Portal V13 SP1；

③ 1 根网线。

(2) PLC 的 I/O 分配

PLC 的 I/O 分配见表 14-1。

表 14-1　PLC 的 I/O 分配

名称	符号	输入点	名称	符号	输出点
启动	SB1	I0.0	电动机正转	KA1	Q0.0
停止	SB2	I0.1	电动机反转	KA2	Q0.1
左点动	SB3	I0.2			
右点动	SB4	I0.3			
工位 1	SQ1	I0.4			
工位 2	SQ2	I0.5			
工位 3	SQ3	I0.6			
原点	SQ4	I0.7			
右限位	SQ5	I1.0			
手/自转换	SA1	I1.1			
急停	SB5	I1.2			

(3) 控制系统的接线

设计原理图如图 14-2 所示。

图 14-2　原理图

14. 1. 2　编写程序

创建变量表如图 14-3 所示，编写 LAD 程序如图 14-4 所示。

		名称	变量表	数据类型	地址	保持	在 H...	可从 ...
1		System_Byte	默认变量表	Byte	%MB1		☑	☑
2		FirstScan	默认变量表	Bool	%M1.0		☑	☑
3		DiagStatusUpdate	默认变量表	Bool	%M1.1		☑	☑
4		AlwaysTRUE	默认变量表	Bool	%M1.2		☑	☑
5		AlwaysFALSE	默认变量表	Bool	%M1.3		☑	☑
6		启动	默认变量表	Bool	%I0.0		☑	☑
7		停止	默认变量表	Bool	%I0.1		☑	☑
8		左点动	默认变量表	Bool	%I0.2		☑	☑
9		右点动	默认变量表	Bool	%I0.3		☑	☑
10		工位一	默认变量表	Bool	%I0.4		☑	☑
11		工位二	默认变量表	Bool	%I0.5		☑	☑
12		工位三	默认变量表	Bool	%I0.6		☑	☑
13		原点	默认变量表	Bool	%I0.7		☑	☑
14		右限位	默认变量表	Bool	%I1.0		☑	☑
15		手自转换	默认变量表	Bool	%I1.1		☑	☑
16		急停	默认变量表	Bool	%I1.2		☑	☑
17		正转	默认变量表	Bool	%Q0.0		☑	☑
18		反转	默认变量表	Bool	%Q0.1		☑	☑

图 14-3　PLC 变量表

图 14-4

▼　程序段4：....

```
  %I0.7        %I0.0        %I1.1           %M3.1        %M3.0
  "原点"       "启动"      "手自转换"       "Tag_4"      "Tag_3"
───┤├──────────┤├──────────┤├──────────┬────┤/├──────────( )───

  %M3.0
  "Tag_3"
───┤├──────────────────────────────────┘
```

▼　程序段5：....

```
  %M3.0        %I0.4        %M3.2                         %M3.1
  "Tag_3"      "工位1"      "Tag_5"                       "Tag_4"
───┤├──────────┤├──────┬─────┤/├───────────────────────────( )───

  %M3.1                 │
  "Tag_4"               │
───┤├──────────────────┘
                              %I1.2        %M2.1          %DB1
                              "急停"       "Tag_2"        "DB1"
                        └──────┤├──────────┤/├─────────( TON )──┤
                                                          Time
                                                          t#10s
```

▼　程序段6：....

```
  %M3.1                     %M3.3                         %M3.2
  "Tag_4"      "DB1".Q      "Tag_6"                       "Tag_5"
───┤├──────────┤├──────┬─────┤/├───────────────────────────( )───

  %M3.2                 │
  "Tag_5"               │
───┤├──────────────────┘
```

▼　程序段7：....

```
  %M3.2        %I0.5        %M3.4                         %M3.3
  "Tag_5"      "工位2"      "Tag_7"                       "Tag_6"
───┤├──────────┤├──────┬─────┤/├───────────────────────────( )───

  %M3.3                 │
  "Tag_6"               │
───┤├──────────────────┘
                              %I1.2        %M2.1          %DB2
                              "急停"       "Tag_2"        "DB2"
                        └──────┤├──────────┤/├─────────( TON )──┤
                                                          Time
                                                          t#10s
```

▼　程序段8：....

```
  %M3.3                     %M3.5                         %M3.4
  "Tag_6"      "DB2".Q      "Tag_8"                       "Tag_7"
───┤├──────────┤├──────┬─────┤/├───────────────────────────( )───

  %M3.4                 │
  "Tag_7"               │
───┤├──────────────────┘
```

图 14-4

程序段 14： ....

```
%M4.1                                      %I0.7              %M4.2
"Tag_14"        "DB5".Q                    "原点"             "Tag_13"
──┤ ├────────────┤ ├──────────┬────────────┤/├────────────────( )──
                              │
%M4.2                         │
"Tag_13"                      │
──┤ ├─────────────────────────┘
```

程序段 15： ....

```
%M3.6          %I1.0          %I1.2         %Q0.1              %Q0.0
"Tag_9"        "右限位"        "急停"         "反转"             "正转"
──┤ ├────┬──────┤/├────────────┤ ├───────────┤/├────────────────( )──
         │
%M4.0    │
"Tag_11" │
──┤ ├────┤
         │
%M4.2    │
"Tag_13" │
──┤ ├────┤
         │
%I1.1    %I0.3 │
"手/自转换" "右点动"│
──┤/├──────┤ ├──┤
         │
%M2.0    │
"Tag_1"  │
──┤ ├────┘
```

程序段 16： ....

```
%M3.0          %I1.0          %I1.2         %Q0.0              %Q0.1
"Tag_3"        "右限位"        "急停"         "正转"             "反转"
──┤ ├────┬──────┤/├────────────┤ ├───────────┤/├────────────────( )──
         │
%M3.2    │
"Tag_5"  │
──┤ ├────┤
         │
%M3.4    │
"Tag_7"  │
──┤ ├────┤
         │
%I1.1    %I0.2 │
"手/自转换" "左点动"│
──┤/├──────┤ ├──┘
```

图 14-4　LAD 程序

14.2　啤酒灌装线系统的 PLC 控制

【例 14-2】　有两条啤酒生产线，由一台 S7-1500 PLC 控制。如果啤酒线启动运行时，当啤酒瓶到位后，传送带停止转动，开始灌装啤酒，定时一段时间灌装满啤酒瓶，传送带转动，当啤酒瓶到达灌装线尾部时，系统自动计数，并显示。1 号线示意图如图 14-5 所示。2 号线示意图如图 14-6 所示。

图 14-5　1 号线示意图　　　　　　　　图 14-6　2 号线示意图

面板示意图如图 14-7 所示。请设计此系统，并编写程序。

图 14-7　面板示意图

14.2.1　系统软硬件配置

(1) 系统的软硬件

① 1 套 TIA Portal V13 SP1；

② 1 台 CPU1511-1PN；

③ 1 台 SM521；

④ 2 台 SM522（16 点和 32 点各一台）。

(2) PLC 的 I/O 分配

PLC 的 I/O 分配见表 14-2。

表 14-2 PLC 的 I/O 分配

名称	符号	输入点	名称	符号	输出点
总控制按钮	SB1	I0.0	1 号线计数		QW0
1 号线启动按钮	SB2	I0.1	2 号线计数		QW2
1 号线停止按钮	SB3	I0.2	1 号线显示	HL1	Q4.0
2 号线启动按钮	SB4	I0.3	2 号线显示	HL2	Q4.1
2 号线停止按钮	SB5	I0.4	1 号线电磁阀	KA1	Q4.2
1 号线瓶子到位传感器	SQ1	I1.0	1 号线电动机	KA2	Q4.3
1 号线计数传感器	SQ2	I1.1	2 号线电磁阀	KA3	Q4.4
2 号线瓶子到位传感器	SQ3	I1.2	2 号线电动机	KA4	Q4.5
2 号线计数传感器	SQ4	I1.3			

(3) 控制系统的接线

控制系统接线，按照如图 14-8 所示的原理图执行。

图 14-8 原理图

(4) 硬件组态

新建项目，命名为"BeerLine"，配置 1 台 CPU1511-1PN、1 台 DI 16×24V（SM521）、1 台 DQ 32×24V（SM522）和 1 台 DQ 16×24V（SM522），如图 14-9 所示。DI 16×24V 模块的输入地址为"IB0～IB1"；DQ 32×24V 模块的输出地址修改为"QB0～QB3"；DQ 16×24V 模块的输出地址修改为"QB4～QB5"。这些地址在编写程序时，必须与之一一对应。

14.2.2 编写程序

(1) 输入 PLC 变量表

按照图 14-10 所示，输入 PLC 变量表，在实际工程中，这项工作不能省略。

图 14-9　硬件组态

		名称	变量表	数据类型	地址	保持	在 H...	可从 ...	注释
1		Stop_L1	默认变量表	Bool	%I0.2		✓	✓	Line1 Stop Signal
2		Filling_Status_1	默认变量表	Bool	%M0.0		✓	✓	Line1 Bottling Status
3		Cntr_2	默认变量表	Counter	%C2		✓	✓	Line2 Bottling Counter
4		Sensor_Full_1	默认变量表	Bool	%I1.1		✓	✓	Line1 Bottling Full Sensor
5		Start_L1	默认变量表	Bool	%I0.1		✓	✓	Line1 Start Signal
6		Stop_All	默认变量表	Bool	%I0.0		✓	✓	Stop All Lines
7		Motor_2	默认变量表	Bool	%Q4.5		✓	✓	Line2 Motor Control
8		Fill_2	默认变量表	Bool	%Q4.4		✓	✓	Line2 Bottling Control
9		Motor_1	默认变量表	Bool	%Q4.3		✓	✓	Line1 Motor Control
10		Fill_1	默认变量表	Bool	%Q4.2		✓	✓	Line1 Bottling Control
11		Line2_Status	默认变量表	Bool	%Q4.1		✓	✓	Line2 Status(Run/Stop)
12		Line1_Status	默认变量表	Bool	%Q4.0		✓	✓	Line1 Status(Run/Stop)
13		Timer_2	默认变量表	Timer	%T2		✓	✓	Line2 Bottling Timer
14		Timer_1	默认变量表	Timer	%T1		✓	✓	Line1 Bottling Timer
15		Display_2	默认变量表	Word	%QW2		✓	✓	Line2 Count Display
16		Display_1	默认变量表	Word	%QW0		✓	✓	Line1 Count Display
17		Sensor_Fill_1	默认变量表	Bool	%I1.0		✓	✓	Line1 Bottling Sensor
18		Sensor_Full_2	默认变量表	Bool	%I1.3		✓	✓	Line2 Bottling Full Sensor
19		Start_L2	默认变量表	Bool	%I0.3		✓	✓	Line2 Start Signal
20		Cntr_1	默认变量表	Counter	%C1		✓	✓	Line1 Bottling Counter
21		Sensor_Fill_2	默认变量表	Bool	%I1.2		✓	✓	Line2 Bottling Sensor
22		Stop_L2	默认变量表	Bool	%I0.4		✓	✓	Line2 Stop Signal
23		Filling_Status_2	默认变量表	Bool	%M0.1		✓	✓	Line2 Bottling Status
24		<添加>					✓	✓	

图 14-10　PLC 变量表

(2) 编写 FC1 的 SCL 程序

① 新建函数 FC1，再在程序编辑器中声明三个输入参数（Input）：Start、Stop1 和 Stop_All，输入输出参数（InOut）：Plant_On，如图 14-11 所示。

		名称	数据类型	默认值	注释
1	▼	Input			
2	■	Start	Bool		启动
3	■	Stop1	Bool		停止
4	■	Stop_All	Bool		总停
5	▶	Output			
6	▼	InOut			
7	■	Plant_On	Bool		灌装线的运行状态

图 14-11　声明 FC1 的参数

② 编写 FC1 的 SCL 程序，如图 14-12 所示，其功能实际就是启停控制。

(3) 编写 FB1 的 SCL 程序

① 新建函数块 FB1，再在程序编辑器中，声明 5 个输入参数（Input），1 个输出参数（Output），2 个输入输出参数（InOut），1 个静态参数（Static）和 2 个临时参数（Temp），要特别注意变量的数据类型，如图 14-13 所示。

```
1 ⊟IF   #Start=1 OR #Plant_On=1   THEN
2 │      #Plant_On:= 1;
3 └END_IF;
4 ⊟IF   #Stop1=1 OR  #Stop_All=1 THEN
5 │      #Plant_On :=0;
6 └END_IF;
7
8
```

图 14-12   FC1 中的 SCL 程序

		名称	数据类型	默认值	保持性	可从 HMI...	在 HMI...	设置值	注释
1	◀ ▼	Input							
2	◀ ■	Plant_On	Bool	false	非保持	☑	☑	☐	灌装线的运行状态
3	◀ ■	Bot_Counter	Counter	0	非保持	☑	☑	☐	灌装计数器
4	◀ ■	Bot_Timer	Timer	0	非保持	☑	☑	☐	灌装定时器
5	◀ ■	Sensor_Full	Bool	false	非保持	☑	☑	☐	计数传感器
6	◀ ■	Sensor_Fill	Bool	false	非保持	☑	☑	☐	灌装传感器
7	◀ ▼	Output							
8	◀ ■	Display	UInt	0	非保持	☑	☑	☐	
9	◀ ▼	InOut							
10	◀ ■	Filling_Active	Bool	false	非保持	☑	☑	☐	灌装状态
11	◀ ■	Filling_Flag	Bool	false	非保持	☑	☑	☐	
12	◀ ▼	Static							
13	◀ ■	Filling_Time	S5Time	S5T#10s	非保持	☑	☑	☐	灌装时间
14	◀ ▼	Temp							
15	◀ ■	Rest_Time	S5Time						
16	◀ ■	Display1	UInt						

图 14-13   声明 FB1 的参数

② 编写 FB1 的 SCL 程序，如图 14-14 所示。

```
1 ⊟IF #Plant_On=1 AND #Sensor_Fill=1 THEN
2 │     #Filling_Active:=1;
3 └END_IF;
4 ⊟IF #Plant_On=0 OR #Sensor_Fill=0 OR #Filling_Flag=1 THEN
5 │     #Filling_Active := 0;
6 └END_IF;
7  #Rest_Time:=S_ODT(
8 ⊟            T_NO := #Bot_Timer,
9 │            S := #Filling_Active,
10│            TV := #Filling_Time,
11│            Q =>  #Filling_Flag);
12 #Display:=S_CU(
13⊟            C_NO := #Bot_Counter,
14│            CU := #Plant_On AND #Sensor_Full,
15│            CV =>#Display1);
```

图 14-14   FB1 中的 SCL 程序

(4) 编写 FC2 的 SCL 程序

① 新建函数 FC2，再在程序编辑器中声明 2 个输入参数（Input）和 2 个输出参数（Output），如图 14-15 所示。

② 编写 FC2 的 SCL 程序，如图 14-16 所示。

		名称	数据类型	默认值	注释
1	▼	Input			
2	■	Run_Status	Bool		
3	■	Filling_Status	Bool		
4	▼	Output			
5	■	Motor_Contol	Bool		电动机
6	■	Fill_Control	Bool		电磁阀

图 14-15　声明 FC2 的参数

```
1 ┌IF #Run_Status=1  AND #Filling_Status=0 THEN
2 │      #Motor_Contol:=1 ;
3 └END_IF;
4 ┌IF #Run_Status = 1 AND #Filling_Status = 1 THEN
5 │      #Fill_Control := 1;
6 └END_IF;
```

图 14-16　FC2 中的 SCL 程序

(5) 编写 OB1 的梯形图

主程序梯形图如图 14-17 所示。

图 14-17

▼ **程序段 3：** ...

1号线计数输出和灌装信号输出

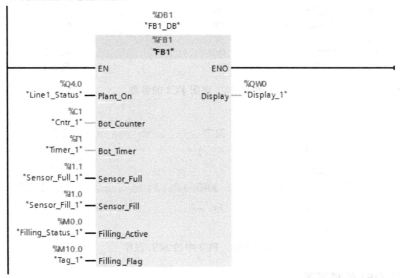

▼ **程序段 4：** ...

2号线计数输出和灌装信号输出

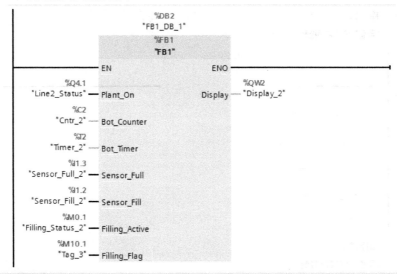

▼ **程序段 5：** ...

1号线电动机和灌装电磁阀动作

图 14-17　OB1 中的梯形图

14.3　刨床的 PLC 控制

【例 14-3】 已知某刨床的控制系统主要由 PLC 和变频器组成，PLC 对变频器进行通信速度给定，变频器的运动曲线如图 14-18 所示，变频器以 20Hz、30Hz、50Hz、0Hz 和反向 50Hz 运行，每种频率运行的时间都是 8s，而且减速和加速时间都是 2s（这个时间不包含在 8s 内），如此工作 2 个周期自动停止。要求如下：

① 试设计此系统，画出原理图；

② 正确设置变频器的参数；

③ 编写程序。

图 14-18　刨床的变频器的运行频率-时间曲线

14.3.1　系统软硬件配置

(1) 系统的软硬件

① 1 套 TIA Portal V13 SP1；

② 1 台 CPU1511-1PN；

③ 1 台 SM521；

④ 2 台 SM522；

⑤ 1 台 G120 变频器（含 PN 通信接口）。

系统的硬件组态如图 14-19 所示。

图 14-19　系统硬件组态图

(2) PLC 的 I/O 分配

PLC 的 I/O 分配见表 14-3。

表 14-3　PLC 的 I/O 分配

名称	符号	输入点	名称	符号	输出点
启动按钮	SB1	I0.0	接触器	KM1	Q0.0
停止按钮	SB2	I0.1	指示灯	HL1	Q0.1
前限位	SQ1	I0.2			
后限位	SQ2	I0.3			

(3) 控制系统的接线

控制系统的接线，按照图 14-20 和图 14-21 所示执行。图 14-20 是主电路原理图，图 14-21 是控制电路原理图。

图 14-20　主电路原理图

PLC模块	输入/输出设备	设备名称	注释

模块编号：A02　　　PLC柜号：1　　　输入模块　模块型号：6ES7 521-1BH10-0AA0

图 14-21

模块编号：A03	PLC柜号：1	输出模块 模块型号：6ES7 522-1BH00-0AA0		
PLC模块	输入/输出设备		设备名称	注释

KM1	接触器	
HL1	指示灯	
	备用	
	备用	
	备用	
	备用	
	备用	
	备用	
	+24V电源	
	备用	
	备用	
	备用	
	备用	
	备用	
	备用	
	备用	
	备用	
	+24V电源	

图 14-21 控制电路原理图

（4）硬件组态

① 创建项目，组态主站。创建项目，命名为"Planer"，先组态主站。添加"CPU15511-1PN"、"SM521"和"SM522"模块，SM521 模块（DI 16×24VDC）的输入地址是"IB0～IB1"，SM522 模块（DQ 16×24VDC）的输出地址是"QB0～QB1"，如图 14-22 所示。

图 14-22　主站的硬件组态

② 设置"CPU1511-1PN"的 IP 地址是"192.168.0.1"，子网掩码是"255.255.255.0"，如图 14-23 所示。

图 14-23　设置 CPU 的 IP 地址

③ 组态变频器。

选中"其他现场设备"→"PROFINET IO"→"Drives"→"SIEMENS AG"→"SINAMICS"→"SINAMICS G120S"，并将"SINAMICS G120S"拖拽到如图 14-24 所示位置。

图 14-24　变频器的硬件组态

④ 设置"SINAMICS G120S"的 IP 地址是"192.168.0.2",子网掩码是"255.255.255.0",如图 14-25 所示。

图 14-25　设置变频器的 IP 地址

⑤ 创建 CPU 和变频器连接。用鼠标左键选中图 14-26 所示的"1"处,按住不放,拖至"2",这样主站 CPU 和从站变频器创建起 PROFINET 连接。

图 14-26　创建 CPU 和变频器连接

⑥ 组态 PROFINET PZD。将硬件目录中的"Standard telegram 1,PZD-2/2"拖拽到"设备预览"视图的插槽中,自动生成输出数据区为"QW2~QW4",输入数据区为"IW2~IW4",如图 14-27 所示。这些数据在编写程序时都会用到。

图 14-27　组态 PROFINET PZD

(5) 变频器参数设定

G120 变频器自动设置的参数见表 14-4。

表 14-4　G120 变频器自动设置的参数

序号	变频器参数	设定值	单位	功能说明
1	P0003	3	—	权限级别,3 是专家级
2	P0010	1/0	—	驱动调试参数筛选。先设置为 1,当把 P15 和电动机相关参数修改完成后,再设置为 0
3	p0015	7	—	驱动设备宏 7 指令,表示报文 1

14.3.2　编写程序

(1) 编写主程序和初始化程序

在编写程序之前,先填写变量表如图 14-28 所示。

		名称	变量表	数据类型	地址	保持
1		Start	默认变量表	Bool	%I0.0	
2		Stp	默认变量表	Bool	%I0.1	
3		Limit1	默认变量表	Bool	%I0.2	
4		Limit2	默认变量表	Bool	%I0.3	
5		ControlWord	默认变量表	Word	%QW2	
6		SpeedValue	默认变量表	Word	%QW4	
7		Speed	默认变量表	Real	%MD10	
8		Flag	默认变量表	Bool	%M20.0	
9		NowTime	默认变量表	Time	%MD16	
10		Tag_2	默认变量表	DWord	%MD30	
11		VALUE	默认变量表	Real	%MD38	
12		KM	默认变量表	Bool	%Q0.0	
13		LAMP	默认变量表	Bool	%Q0.1	

图 14-28　PLC 变量表

从图 14-18 可看到,一个周期的运行时间是 52s,上升和下降时间直接设置在变频器中,也就是 P1120=P1121=2s,编写程序不用考虑上升和下降时间。编写程序时,可以将两个周期当作一个工作循环考虑,编写程序更加方便。OB1 的梯形图如图 14-29 所示。OB100 的 SCL 程序如图 14-30 所示,其功能是初始化。

图 14-29　主程序 (OB1)

图 14-30 OB100 的程序

（2）编写程序 FC1

在变频的通信中，主设定值 16#4000 是十六进制，变换成十进制就是 16384，代表的是 50Hz，因此设定变频器的时候，需要规格化。例如要将变频器设置成 40Hz，主设定值为：

$$f=\frac{40}{50}\times 16384=13107.2$$

而 13107 对应的 16 进制是 16#3333，所以设置时，应设置数值是 16#3333，实际就是规格化。FC1 的功能是通信频率给定的规格化。

FC1 的程序主要是自动逻辑，如图 14-31 所示。

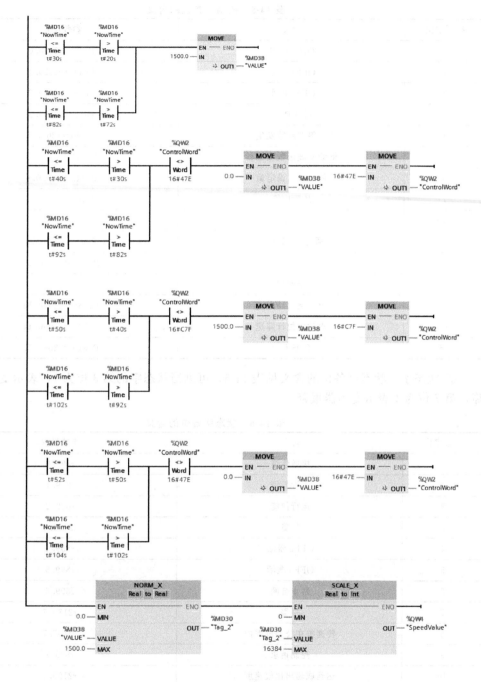

图 14-31　FC1 的程序

（3）编写运行程序 FC2

S7-1500PLC 通过 PROFINET PZD 通信方式将控制字 1 和主设定值周期性地发送至变频器，变频器将状态字 1 和实际转速发送到 S7-1500 PLC。因此掌握控制字和状态字的含义对于编写变频器的通信程序非常重要。

① 控制字　控制字各位的含义见表 14-5。可见：在 S7-1500 PLC 与变频器的 PROFINET 通信中，16#47E 代表停止；16#47F 代表正转；16# C7F 代表反转。

表 14-5　控制字各位的含义

控制字位	含义	参数设置
0	ON/OFF1	P840＝r2090.0
1	OFF2 停车	P844＝r2090.1
2	OFF3 停车	P848＝r2090.2
3	脉冲使能	P852＝r2090.3
4	使能斜坡函数发生器	P1140＝r2090.4
5	继续斜坡函数发生器	P1141＝r2090.5
6	使能转速设定值	P1142＝r2090.6
7	故障应答	P2103＝r2090.7
8,9	预留	
10	通过 PLC 控制	P854＝r2090.10
11	反向	P1113＝r2090.11
12	未使用	
13	电动电位计升速	P1035＝r2090.13
14	电动电位计降速	P1036＝r2090.14
15	CDS 位 0	P0810＝r2090.15

②状态字　状态字各位的含义见表 14-6。可见当状态字的第 3 位为 1，表示变频器有故障，第 7 位为 1 表示变频器报警。

表 14-6　状态字各位的含义

状态字位	含义	参数设置
0	接通就绪	r899.0
1	运行就绪	r899.1
2	运行使能	r899.2
3	故障	r2139.3
4	OFF2 激活	r899.4
5	OFF3 激活	r899.5
6	禁止合闸	r899.6
7	报警	r2139.7
8	转速差在公差范围内	r2197.7
9	控制请求	r899.9
10	达到或超出比较速度	r2199.1
11	I、P、M 比较	r1407.7
12	打开抱闸装置	r899.12
13	报警电机过热	r2135.14
14	正反转	r2197.3
15	CDS	r836.0

停止运行程序 FC2 如图 14-32 所示，报警程序 FC3 如图 14-33 所示。

▼ 程序段 1: .....

图 14-32 FC2 的程序

▼ 程序段 1: .....

图 14-33 FC3 的程序

参 考 文 献

[1]　向晓汉. 西门子 S7-300/400 PLC 完全精通教程 [M]. 北京：化学工业出版社，2015.

[2]　崔坚. SIMATIC S7-1500 PLC 与 TIA 博途软件使用指南 [M]. 北京：机械工业出版社，2016.

[3]　刘长清. S7-1500 PLC 项目设计与实践 [M]. 北京：机械工业出版社，2016.

[4]　廖常初. S7-300/400 PLC 应用技术 [M]. 北京：机械工业出版社，2013.

[5]　向晓汉. 西门子 PLC 工业通信完全精通教程 [M]. 北京：化学工业出版社，2013.

[6]　向晓汉. 西门子 S7-1500 PLC 完全精通教程 [M]. 北京：化学工业出版社，2018.